低压电工上岗技能一本通

DIYA DIANGONG SHANGGANG JINENG YIBENTONG

▸▸▸ 秦钟全　主编

化学工业出版社

·北京·

图书在版编目(CIP)数据

低压电工上岗技能一本通(双色版)/秦钟全主编．—北京：化学工业出版社，2012.4（2024.1 重印）

ISBN 978-7-122-13548-3

Ⅰ.低… Ⅱ.秦… Ⅲ.低电压-电工技术-基本知识 Ⅳ.TM

中国版本图书馆 CIP 数据核字(2012)第 027329 号

责任编辑：卢小林　　文字编辑：冯国庆
责任校对：王素芹　　装帧设计：韩　飞

出版发行：化学工业出版社(北京市东城区青年湖南街 13 号　邮政编码 100011)
印　　装：三河市延风印装有限公司
787mm×1092mm　1/16　印张 20¾　字数 501 千字　2024 年 1 月北京第 1 版第 18 次印刷

购书咨询：010-64518888　　售后服务：010-64518899
网　　址：http://www.cip.com.cn
凡购买本书，如有缺损质量问题，本社销售中心负责调换。

定　　价：59.00 元

前　言

随着经济建设的蓬勃发展，电器应用程度的日益提高，各行各业从事电工作业的人员也在迅速增加，为了满足广大初学电工人员学习低压电子技能的需要，我们编写了《低压电工上岗技能一本通》。

全书内容贴近实际工作需要，以实际工作为主线，对低压电工操作技能要求以图文并茂和问答的形式进行了详细的讲解，真正做到了书中详解帮你忙，犹如师傅在身旁。

《低压电工上岗技能一本通》是《高压电工上岗技能一本通》的姐妹篇，是专门针对上岗电工的入门图书。作为一本实用性很强的电工读物，全书立足于求新、求精和手把手：

求新：以图文并茂的形式一看就懂。

求精：对高压电工工作进行提炼，选出最迫切、最实用地奉献给学员。

手把手：力求通俗易懂，步步引导，使学员快速掌握。

本书结合低压电工考核培训教材，能有效地提高低压电工上岗工作的技术水平。

本书在编写及修改的过程中，得到了任永萍、赵亚君、蒋国栋、崔克俭、李屹、张书栋、杨厚刚、张保华等老师的帮助，在此表示由衷感谢！

由于本人知识有限，书中不免有不足之处，敬请专业人员和读者批评指正。

编　者

目录

第一章 电工基础知识

一、电压 /1
二、电流 /2
三、电阻 /2
四、绝缘 /2

第一节 电压 /3

一、电压单位 /3
二、电压的分类 /3
三、了解人们日常常见的电器设备的电压值 /3
四、电路的连接与电压的关系 /4
五、电压偏高的危害 /4
六、电压偏低的危害 /5

第二节 电流（I）/6

一、电流的形成 /6
二、电流的单位与换算 /6
三、电流的种类 /6
四、电流与电路 /7
五、电路连接与电流的关系 /7
六、电流的三大效应 /8
七、焦耳定律 /8

第三节 电阻（R）/9

一、电阻的性质 /9
二、电阻的单位与换算 /9
三、能够改变电阻大小的因素 /9
四、电阻率 /9
五、电阻电路的连接与阻值 /10
六、欧姆定律 /11

第四节 电容（C）/12

一、电容的形成 /12
二、电容的单位与符号 /13
三、电容的作用 /13

四、电容的连接与计算 /13

五、容抗的定义 /14

第五节 电感（*L*）/14

一、电感的定义 /14

二、电感的特性 /15

三、感抗的定义 /15

四、电感在电路中的应用 /16

第六节 磁的特性 /16

一、磁场 /16

二、电流与磁场 /17

三、磁场强度 /17

第七节 交流电的知识 /18

一、交流电与直流电有什么不同 /18

二、交流电的几个要素 /19

三、三相交流电的定义 /20

四、三相交流电的相序 /21

五、三相连接电压、电流的关系 /21

六、三相负载的连接 /22

七、交流纯电阻电路特征与阻抗 /23

八、交流纯电感电路特征与感抗 /23

九、交流纯电容电路特征与容抗 /25

十、电阻与电容 *R-C* 串联电路 /25

十一、电阻与电感 *R-L* 串联电路 /26

十二、电阻、电感与电容 *R-L-C* 串联电路 /27

十三、电阻、电感与电容 *R-L-C* 并联电路 /28

十四、利用三角形计算各种电量 /29

第八节 电功与电功率 /31

一、电功 /31

二、电功率 /31

三、有功功率 /32

四、视在功率 /32

五、无功功率 /32
六、三相交流电路的功率计算 /32
七、根据现场情况算出无功消耗 /33
第九节 电工实用电流速算口诀 /34
一、10/0.4kV 变压器额定电流计算 /34
二、三相电动机额定电流速算 /35
三、220V 单相电动机额定电流速算 /35
四、三相电阻加热器额定电流速算 /35
五、单相电阻加热器额定电流速算 /36
六、380V 电焊机额定电流速算 /36
七、220V 电焊机额定电流速算 /36
八、220V 日光灯额定电流速算 /37
九、220V 白炽灯额定电流速算 /37
十、0.4kV 电力电容器额定电流速算 /37

第二章 绝缘安全用具的检查与使用
第一节 低压电工的安全用具 /39
一、绝缘鞋 /39
二、旋具（螺丝刀）/39
三、电工钳 /40
四、剥线钳 /40
五、电工刀 /41
六、低压试电笔 /41
七、低压试电笔的使用技巧 /42
第二节 高压电工的安全用具 /43
一、绝缘杆 /43
二、绝缘夹钳 /43
三、高压验电器 /44
四、高压设备的辅助绝缘安全用具 /44
第三节 检修安全用具 /44
一、对临时接地线的使用要求 /45

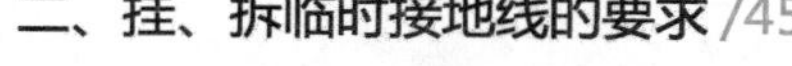

二、挂、拆临时接地线的要求 /45
三、挂、拆接地线操作必须使用操作票的原因 /46
四、挂接地线时，先接接地端，后接导线端的原因 /46
五、标示牌的使用 /46
六、标示牌的用法及悬挂有关规定 /48
七、室外停电检修设备与室内停电检修设备使用临时遮栏的要求 /48
八、安全灯的使用 /49
九、脚扣的使用 /50
十、安全带的使用 /51
十一、安全帽正确使用 /51
第四节 安全用具的检查与维护 /52
一、绝缘杆、绝缘手套、绝缘靴（鞋）使用前应做的检查 /52
二、绝缘杆、绝缘手套、绝缘靴正确使用注意事项 /52
三、使用高压验电器的要求和使用前应检查的内容 /52
四、高压验电实际操作中必须注意的安全事项 /53
五、安全保管注意事项 /53
六、绝缘安全用具的试验周期有何规定 /53

第三章 电工基本操作技能
一、划线 /55
二、錾削 /56
三、锯割 /57
四、锉割 /58
五、孔加工 /61

六、螺纹加工 /62
七、常用的绳扣 /64
八、导线的固定 /65
九、单股绝缘导线线头绝缘层的剥削方法 /66
十、导线的连接方法 /67
十一、导线与接线端的连接 /69
十二、电子元器件的焊接的基本工艺 /74
十三、变配电室硬母线的安装 /75

第四章 常用电工仪表
第一节 电工仪表知识 /79
一、常用电工仪表的测量机构分类与应用 /79
二、电工仪表的准确度 /80
三、电工仪表安装的一般要求 /80
第二节 如何用好万用表 /80
一、万用表的使用的注意事项 /81
二、用万用表测量单个电阻的阻值 /82
三、用万用表测量线圈电阻及好坏 /83
四、用万用表电阻挡测量导线是否断芯 /83
五、用万用表判断直流电压的极性和电压测量 /84
六、用万用表测量直流电流 /85
七、用万用表判断二极管的好坏 /85
八、用万用表判断晶体三极管极性以及是NPN型还是PNP型 /86
九、用万用表测量三极管穿透电流的I_{ceo} /87
十、用万用表判断三极管放大倍数β /88
十一、用万用表电阻挡判断小功率单向晶闸管的极性 /88
十二、用万用表判断单向晶闸管的好坏 /89
十三、用万用表测量交流电压 /89

十四、用万用表判断电容器的好坏 /90

十五、用万用表判断三相笼式电动机定子绕组的首尾端 /91

十六、用万用表判断发光二极管的极性 /92

十七、用万用表判断三相异步电动机的转速 /93

十八、用万用表确定单相电容移相电动机的绕组端 /93

十九、用万用表判断单相有功电能表的内部接线 /94

二十、数字式万用表的使用 /95

第三节 钳形电流表的使用 /96

一、钳形电流表测量前的准备工作 /97

二、钳形电流表测量中应注意的安全问题 /97

三、用钳形电流表测量三相三线电路电流 /97

四、用钳形电流表测量三相四线电路零线电流 /98

五、用钳形电流表测量小电流的方法 /98

六、线路中电流名称 /99

七、利用测无铭牌电动机空载电流判断其额定功率 /99

八、测无铭牌 380V 电焊机空载电流判断视在功率 *S*/99

第四节 绝缘兆欧表的使用 /100

一、正确选用兆欧表的方法 /100

二、兆欧表使用前的检查 /100

三、正确使用兆欧表 /101

四、摇测电动机对地（外壳）绝缘电阻 /102

五、摇测电动机相间绝缘电阻 /102

六、摇测低压电力电缆绝缘电阻 /103

七、摇测低压电容器绝缘电阻 /104

八、低压导线绝缘测量 /105

九、其他电器的绝缘电阻检查 /105
第五节 接地电阻仪的应用与接地装置要求 /106
一、接地的种类 /106
二、接地电阻仪测量前的检查 /107
三、接地电阻仪测量时应注意的事项 /108
四、接地装置的测量周期 /108
五、接地装置的敷设与连接 /108
六、对接地装置导线截面的要求 /109
七、各种接地装置的接地电阻最大允许值 /109
八、对运行中的接地装置进行安全检查 /110
九、接地体在施工安装中的技术要求 /110
十、电气设备的金属外壳及架构要进行接地或接零 /111
十一、人工接地线在施工安装时的要求 /111
第六节 交流电压表的使用 /112
一、电压表线电压、相电压测量接线 /112
二、交流电压表经 LW2-5.5 / F4-X 型转换开关测量三相线电压 /113
三、交流电压表经 LW5-15-0410 / 2 型转换开关测量三相线电压 /114
四、使用电压表核相 /115
五、利用两台电压互感器测量高压电压 /116
六、单相单台电压互感器测量线电压接线 /117
七、三台单相电压互感器测量接线 /118
八、三相五柱式电压互感器 /118
第七节 交流电流表的使用 /120
一、直入式交流电流表接线 /120
二、配电流互感器测量交流大电流应注意的事项 /121
三、一个电流互感器和一个电流表接线 /121
四、两个电流互感器和三个电流表接线 /122

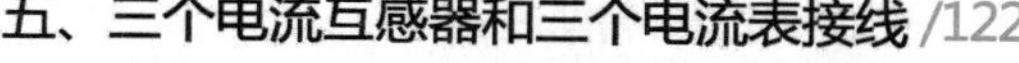

五、三个电流互感器和三个电流表接线 /122
六、运行中电流表损坏时的处理方法 /122
七、没有合适的电流表更换时的处理方法 /123
第八节 电能表 /124
一、单相直入式有功电能表 /124
二、单相有功电能表配电流互感器接线 /125
三、直入式三相四线有功电能表作有功电量接线 /125
四、三相四线有功电能表经电流互感器接线 /126
五、三相三线电能表对三相三线负荷作有功电量计量 /126
六、三相三线有功电能表经电流互感器对三相三线负荷作有功电量计量 /128
七、三个单相电能表计量三相四线负荷作有功电量 /128
八、电能表的安装要求 /129
九、直入式电能表选表的原则 /130
十、配电流互感器电能表的选表及电流互感器的原则 /130
十一、电能表使用时的注意事项 /130
十二、电能表用电量计算 /130
第九节 功率系数表的接线 /131
第十节 温度测量仪表 /132
一、半导体点温计 /132
二、红外线测温仪的知识 /133
第十一节 电工仪表的使用禁忌 /134
一、万用表的使用禁忌 /134
二、钳形电流表的使用禁忌 /134
三、兆欧表的使用禁忌 /135
四、接地摇表的使用禁忌 /136

Contents

五、交流电压表的使用禁忌 /137
六、交流电流表的使用禁忌 /137
七、电能表的使用禁忌 /138

第五章 低压电器选择与应用

第一节 开关电器 /139
一、刀开关 /139
二、DZ 系列断路器的应用 /141
三、框架式断路器的应用 /142
四、交流接触器的应用 /145
五、倒顺开关 /146
第二节 主令电器 /147
一、控制按钮 /148
二、万能转换开关 /149
三、组合开关 /149
第三节 控制电器 /150
一、时间继电器 /150
二、信号灯（指示灯）/152
三、中间继电器 /153
四、行程开关 /154
五、温度继电器 /154
六、电接点温度计 /155
七、压力继电器 /156
八、速度继电器 /156
九、干簧继电器 /157
十、固体继电器 /158
第四节 保护电器 /158
一、低压熔断器 /158
二、热继电器 /160
三、电涌保护器 /161
四、电动机保护器 /162

Contents

第五节 漏电保护器 /163
一、漏电保护器在 TT 系统中的接法 /164
二、漏电保护器在 TN-C 系统中的接法 /164
三、漏电保护器在 TN-S 系统中的接法 /165
四、必须安装漏电保护器的设备和场所 /166
五、使用漏电保护器时主要注意事项 /166
六、漏电保护器的安装要求 /167
七、漏电保护器极数的选用 /168
八、漏电保护器动作参数的选择 /169
第六节 启动器 /170
一、磁力启动器 /170
二、QJ3 自耦减压启动器 /170
三、成套自耦降压启动器 /172
四、频敏变阻启动器 /172
第七节 并联电容器 /173
一、并联电容器的作用 /173
二、并联电容器的操作注意事项 /174
三、电容器运行安全要求 /174
四、电容器的安装 /174
五、电容器组的放电装置 /176
六、电容器的保护 /176
第八节 执行元件 /176
一、电动机 /177
二、电磁制动器 /177
三、电磁阀 /178

第六章 控制电路
第一节 电动机的启动方式 /181
一、笼异步电动机的几种启动方式的比较 /181
二、电动机全压直接启动 /181
三、电动机自耦减压启动 /181

Contents

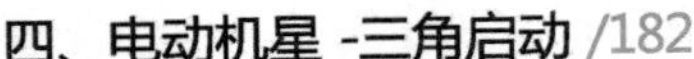

四、电动机星-三角启动 /182
五、软启动器 /182
六、变频器启动 /182
第二节 电动机接线示意图中的图形含义 /183
第三节 基本控制电路 /185
一、点动控制 /185
二、自锁电路 /185
三、两地控制电路 /186
四、双信号“与”控制电路（也称多条件控制）/186
五、按钮互锁电路 /187
六、利用接触器辅助触点的互锁电路 /188
七、顺序启动控制电路图 /188
八、利用行程开关控制的自动循环电路 /188
九、按时间控制的自动循环电路 /189
十、终止运行的保护电路 /190
第四节 电动机单方向运行电路 /191
一、电动机单方向运行电路 /191
二、电动机两地控制单方向运行电路 /191
三、电动机单方向运行带点动的控制电路（一式）/193
四、电动机单方向运行带点动的控制电路（二式）/194
五、电动机多条件启动控制电路 /196
六、电动机多保护启动控制电路 /197
七、电动机单方向运行电路常见故障的检修 /198
第五节 电动机正反转控制电路 /203
一、三相异步电动机正、反向点动控制电路 /203
二、电动机正反转运行控制电路 /204

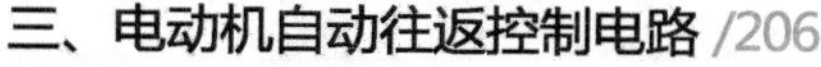

三、电动机自动往返控制电路 /206
四、电动机可逆带限位控制电路 /208
五、电动机正反转控制电路安装与故障检查 /210
第六节 顺序控制电路 /212
一、两台电动机顺序启动控制电路 /213
二、两台电动机顺序停止控制电路 /214
三、两台电动机顺序启动、顺序停止电路 /215
四、先发出开车信号再启动的电动机控制电路 /217
五、按照时间要求控制的顺序启动、顺序停止电路 /218
六、电动机间歇循环运行电路 /219
第七节 有特殊要求的电动机电路 /221
一、电动机断相保护电路 /221
二、继电器断相保护电路 /222
三、零序电流断相保护电路（一式）/223
四、零序电流断相保护电路（二式）/224
五、具有启动熔断器保护的电动机单方向电路 /225
六、防止相间短路的正反转控制电路（一式）/227
七、防止相间短路的正反转电路（二式）/228
八、具有后备保护功能的正反转电路 /229
第八节 电动机制动控制电路 /231
一、机械电磁抱闸制动 /231
二、电动机电容制动电路 /231
三、三相笼式异步电动机反接制动电路 /233
四、笼式电动机半波整流能耗制动控制电路 /235

Contents

五、电动机全波能耗制动控制电路 /236
六、三相笼式电动机定子短接制动电路 /238
第九节 电动机降压启动电路 /239
一、笼式三相异步电动机Y-△启动电路（手动一式）/239
二、笼式三相异步电动机的Y-△启动电路（手动二式）/242
三、笼式异步电动机Y-△启动电路（自动一式）/245
四、笼式异步电动机Y-△启动电路（自动二式）/247
五、笼式电动机自耦降压启动手动控制电路 /248
六、电动机自耦降压启动（自动控制电路）/251
七、绕线式电动机转子回路串频敏变阻器启动电路 /253
八、绕线式电动机频敏变阻器启动电路（二式）/255
第十节 单相交流电动机的控制 /256
一、分相启动式电动机 /257
二、罩极式单相交流电动机 /257
三、单相串激电动机 /257
四、电容式启动电动机 /258
五、单相电动机的接线 /258
六、几种单相电动机接线 /259
七、单相电动机电容选择 /261

第七章 照明与线路

一、照明供电系统 /263
二、照明电力的分配 /263
三、照明支路的安装要求 /264
四、常用的照明光源 /264
五、灯具的选择要求 /265
六、照明线路用熔断器熔丝或自动开关脱扣器电流的整定 /266
七、灯具的固定要求 /266
八、灯具控制开关的安装要求 /267
九、插座的安装要求 /269
十、照明线路的检修 /270
十一、室内布线 /272
十二、电缆的安装 /274
十三、电缆检查周期 /275
十四、电缆敷设安全的要求 /276
十五、架空线路安全距离的要求 /278
十六、同杆架设线路横担之间的最小垂直距离要求 /278
十七、架空线路相序的排列 /279
十八、导线的安全要求 /280

第八章 现场触电急救方法

一、迅速脱离电源 /285
二、状态简单诊断 /286
三、触电后的处理方法 /287
四、口对口人工呼吸法 /288
五、口对口人工呼吸时应注意事项 /289

Contents

六、体外心脏挤压法 /289
七、心脏挤压法实施时的注意点 /290
八、触电急救中应注意的问题 /291
九、电流对人体的危害程度与主要因素 /292
十、人体的电阻值与安全电压 /292

第九章 电气安全工作的基本要求

一、在低压线路上检修工作的安全要求 /294
二、暂设电源的安全要求 /298
三、低压配电基本安装规程的安全要求 /301
四、电气火灾的防范安全要求 /307
五、电气安全工作基本要求 /313

第一章 电工基础知识

人们把电的流动比作水的流动，它们的本质的确是非常相似，因此在这里按照这种想法介绍一下电的几个要素，帮助大家建立起一个感性的认识。

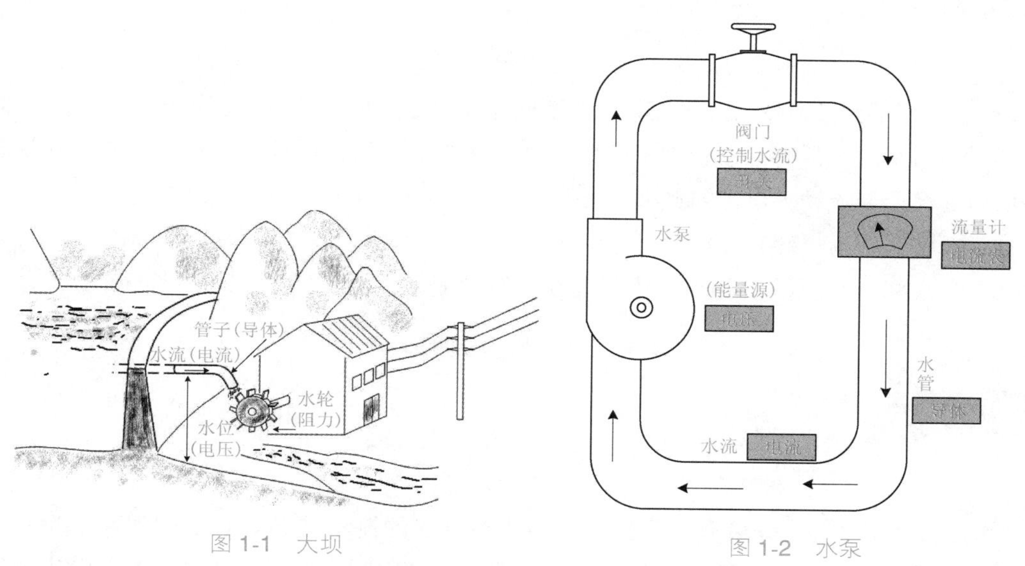

图 1-1　大坝

图 1-2　水泵

一、电压

电压，也称作电动势或电位差，电压是指电路中两点 A、B 之间的电位差(简称为电压)。这个概念与水位高低所造成的“水压”相似，如图 1-1 所示的大坝以及图 1-2 所示的水泵，水的流动是因为有水压或者是有位置差，水才由高水位向低水位流动。在电路中由于有电压或者有电位差，电流就会从高电位流向低电位，两点之间就像有一种力量的存在，这种力称为电压，电压是产生电流不可缺少的条件。

这里需要指出的是，“电压”一词一般只用于实际电路当中，“电势差”和“电位差”则普遍应用于分析一切电的现象。在电路中由于有电压或电位差的存在，电流就会从高电位流向低电位，这就如同图 1-3 中的水塔和水滴一样，都是一样的高度，但做功的能力却不同。

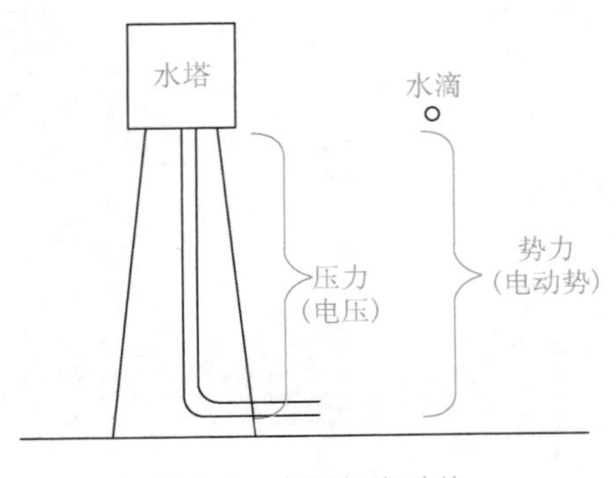

图 1-3　电压与电动势

二、电流

大家都知道什么是“水流”，水流就是水的流动。如果水是静止的，只能叫做水，不能叫水流；只有当水在不平的地方时，它才会流动，这时候就叫做水流，并且总是从高处往低处流动。电流与此非常相似，金属导线里面有大量的自由电子（就像湖泊里面有大量的水滴一样），但这时候还只是叫电子，只有当它们因为某种原因共同流动时，才会被称作“电流”。当然它们只能在导线中流动，不能“流”到导线外面。

三、电阻

在水流动的中途装有阀门，它是为了控制水的流动，又如管子的拐弯影响水的流动，这些都对水产生了阻力，改变了水的流量，与它同样作用的现象在电工学中称为“电阻”。

电流在导线中的流动应该是很流畅的，但当它进入某些电子器件的时候，流动就不会那么顺畅，会受到阻力，人们把这种电子器件叫做电阻器件。

四、绝缘

如同水在水管里流动，在电路中也有用于电流流动的“通道”，人们把这个通道称为“导体”。若导体是裸露的，当它与其他的导体接触时，电流就会脱离原来的通道流到别处去，为了防止这种情况的发生，要把导体用其他材料包裹起来以防止电流流到别处，这就叫做“绝缘”。

第一节　电　　压

一、电压单位

电压的大小是以伏特（V）为单位，简称伏，常用的单位还有千伏（kV）、毫伏（mV）、微伏（μV）等。它们之间的换算关系是：

$$1kV = 1000V \qquad 1V = 1000mV \qquad 1mV = 1000\mu V$$

二、电压的分类

电压可分为：直流电压和交流电压；高电压、低电压和安全电压。

交流电也称“交变电流”，简称“交流”。一般指大小和方向随时间作周期性变化的电流或电压。它的最基本的形式是正弦电流。我国交流电供电的标准频率规定为50Hz（赫兹），日本、欧美等国家和地区为60Hz。直流电是指方向不随时间变化的电流或电压，人们使用的手电筒和拖拉机、汽车上的电池都是直流电。

高低压的区别是以电气设备的对地电压值为依据的。对地电压高于250V的为高压；对地电压小于250V的为低压。

其中安全电压指人体较长时间接触而不致发生触电危险的电压。电压按照国家标准GB 3805—83安全电压规定，为了防止触电事故而采用的，由特定电源供电的电压系列。我国对工频安全电压根据使用环境规定了以下五个等级，即42V、36V、24V、12V以及6V。

三、了解人们日常常见的电器设备的电压值

电视信号在天线上感应的电压约为0.1mV。

维持人体生物电流的电压约为1mV。

碱性电池标称电压为1.5V。

电子手表用氧化银电池两极间的电压为1.5V。

一节蓄电池电压为2V。

手持移动电话的电池两极间的电压为3.6V。

对人体安全的电压干燥情况下不高于36V。

家庭电路的电压为220V（日本和一些欧洲国家的家用电压为110V）。

动力电路电压为 380V。

无轨电车电源的电压为直流 550~600V。

地铁电压为直流 815V。

列车上方电网电压为 1500V。

电视机显像管的工作电压为 10kV 以上。

发生闪电的云层间电压可达 10^3kV。

干电池两级间的电压为 1.5V。

四、电路的连接与电压的关系

由于电路中各种电器设备的连接方法不同，各负载两端(元件)的电压也不一样。

在串联电路中：将电路元件(如电阻、电容、电感、电池等)逐个顺次首尾相连接，串联电路两端总电压等于各负载(元件)电路两端电压的和，如图 1-4(a)所示。电源串联等于电压相加，人们日常用的手电筒就是电压的串联，1.5V 的电池 4 个串联得到 6V 的电压，手电筒就很亮，如图 1-4(b)所示。

公式：$U_{总}=U_1+U_2+U_3$。

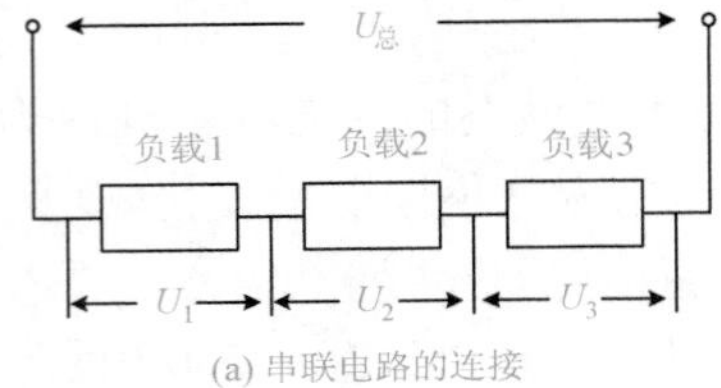

(a) 串联电路的连接

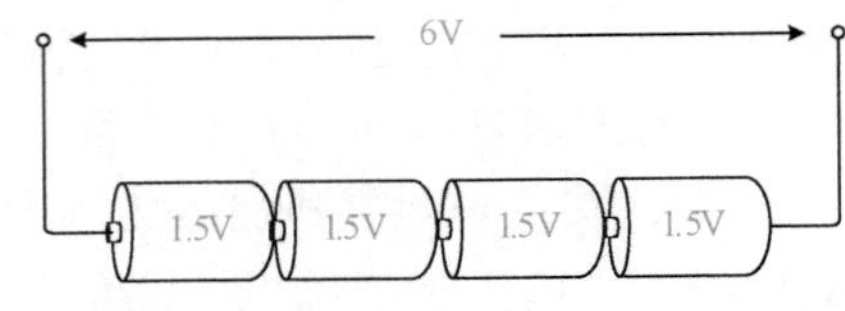

(b) 电池的串联得到高电压

图 1-4　串联电路电压

在并联电路中：并联就是首与首、尾与尾相接连起来并与电源的正负极相连，并联电路各支路两端电压相等，且等于电源电压，如图 1-5(a)所示。电源并联时总电压不变但输出能力增倍，如图 1-5(b)所示。

公式：$U_{总}=U_1=U_2=U_3$

$U_{总}$　支路1　U_1　支路2　U_2　支路3　U_3

(a) 并联电路的连接

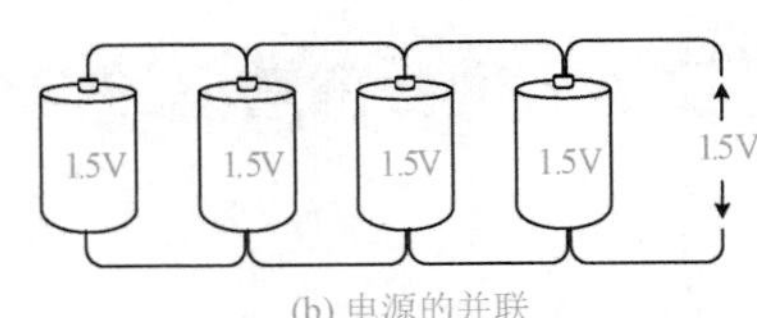

(b) 电源的并联

图 1-5　并联电路电压

五、电压偏高的危害

电器设备应当在额定的电压范围内使用，如果电压偏高，对于电器设备的使用

是不利的。

（1）偏高的工作电压将直接影响灯泡和其他电器的使用寿命　如果普通灯泡的工作电压升高5%，则它的寿命将缩短一半；反过来，若电压降低到额定值的95%，则平均寿命将延长一倍。

偏高的工作电压，将使灯泡和镇流器的耗电明显升高。从高压钠灯的工作情况来看，当工作电压上升至额定电压的1.1倍时，光通量将升至额定值的1.35倍，其功耗将增至额定值的1.3倍。

偏高的工作电压同样对电动机、变压器类的用电设备的使用寿命及工作性能带来诸多不良影响。对于电机类设备，由于其自身损耗几乎与其工作电压的平方成正比，偏高的工作电压将使电机的损耗显著上升，电机发热严重，长时间工作将直接影响电机的正常使用寿命，同时还会使电机的运行噪声增加，整体工作效率下降。

（2）居民用电量大幅增加　电压高于标准值，对于电饭锅、电水壶等短时使用的热功率性电器来说，影响不大，因为电压高造成的功率加大体现为完成任务时间缩短，不会造成用电量加大，但对于电视、电脑、洗衣机、电压力锅等以时间为主要计量单位的电器来说，由于这些电器并非始终工作在额定功率，电压升高，会导致其实际功率加大，就意味着用电量大幅增加，这就是很多住户在搬入新小区后感觉用电量增加的主要原因。

（3）设备损坏可能性加大，跳闸次数增多　大多数民用电器（特别是笔记本电脑等高科技产品）的用电最高电压标准是240V，部分宽电压机型耐压强度为250V，235V作为标准电压输送，遇到电网电压波动时，极易超过240V，特别是在高温、高湿的情况下，容易产生电弧放电，部分合格电器有可能出现漏电跳闸现象，这也是许多新建小区频繁跳闸的一个主要原因；质量不合格的产品则可能被击穿烧毁，严重的甚至引发火灾。电压越高，家用电器漏电的可能性越大。

（4）家用电器失去保修服务　各种家用电器的产品“三包”政策中都明确规定，因电压过高而导致的产品损坏（一般表现为电容击穿或起火冒烟），不属于保修范围。这就意味着在电压过高的情况下，一旦发生电器损坏，所有损失只能由用户个人承担。

六、电压偏低的危害

（1）烧坏电机　电压降低超过10%时，将使电动机的电流过大，线圈的温度过高，严重时会使电动机拖不动机械（如风机、水泵等）而停止运转或无法启动，甚至烧坏电动机。

（2）电灯发暗　电压降低5%，普通电灯的照度降低18%；电压降低10%，则照度降低约35%。

（3）增大线损　在输送一定电力时，电压降低，电流增大，线损也相应增大。以最高负荷为100万千瓦的电力系统为例，每年线损电量增大约5000万千瓦时。

（4）送变电设备能力减低　例如电压降低到额定值的80%时，变压器和线路输送的有功负荷只有额定容量的64%。

（5）发电机有功出力降低　当电网电压过低而迫使发电机电压降低10%~16%时，

发电机的有功和无功出力将减少 10%~15%。如发电机无功负荷较多，将进一步减少有功负荷的能力。

(6) 造成电压崩溃和大面积停电事故　在电网枢纽变电站和受电地区的电压降低到额定电压的 70%左右时就可能发生电压崩溃事故，即送电线路负荷稍有增加，受电地区电压下降，进一步造成线路负荷增加。如此形成恶性循环，只能甩去大量负荷，造成大面积停电事故。

第二节　电　　流（I）

一、电流的形成

电流，是指电荷的定向移动。电源的电动势形成了电压，由此产生了电场力，在电场力的作用下，处于电场内的电荷发生定向移动，就形成了电流。通俗地说电流是电压做功的一种表现，人们用水的时候打开节门水就流动了，要将电能转换成人们需要的其他能量如热能、光能、动能等就必须有电流的作用。水流是以每秒多少立方米水来测量的，电流也是以移动多少电荷来测量的。

二、电流的单位与换算

电流的大小称为电流强度，简称电流，符号为 I，是指单位时间内通过导线某一截面的电荷量，每秒通过 1 库仑(C)的电量称为 1 安培(A)。安培是国际单位制中所有电性的基本单位。除了安培(A)外，常用的单位有毫安(mA)、微安(μA)。

换算方法：1kA=1000A；1A=1000mA；1mA=1000μA。

三、电流的种类

电流分为交流电流和直流电流。插电源的用电器使用的是交流电流。使用外置电源的用电器用的是直流电流。交流电流一般在家庭电路中有着广泛的用途，有 220V 的电压；直流电流则一般被广泛用于手机(锂电池)之中。如电池(1.5V)、锂电池、蓄电池等被称为直流电流电源。电流的波形如图 1-6 所示。

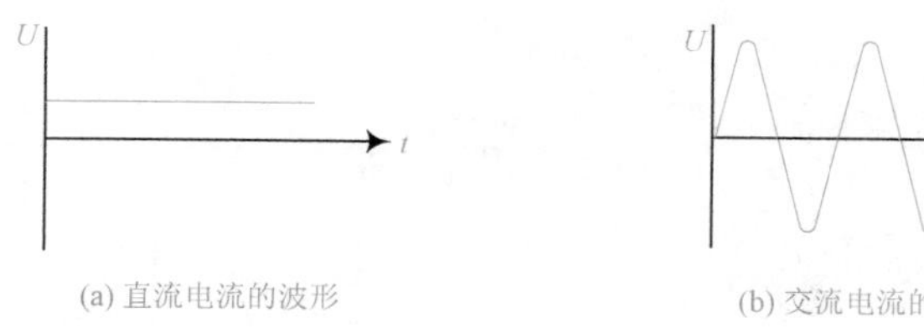

(a) 直流电流的波形　　(b) 交流电流的波形

图 1-6　电流的波形

四、电流与电路

（1）通路　通路是将电路中的电源、导线、开关、负载(用电器)连接好，闭合开关，处处相通的电路，如图 1-7 所示，通路时将有电流产生。

（2）开路　开关未闭合，或电线断裂、接头松脱致使线路在某处断开的电路称为开路，如图 1-8 所示，开路时没有电流产生。

（3）短路　导线不经过用电器直接与电源两极连接的电路称为短路，如图 1-9 所示，短路时有极大的短路电流将造成电源和线路的破坏。

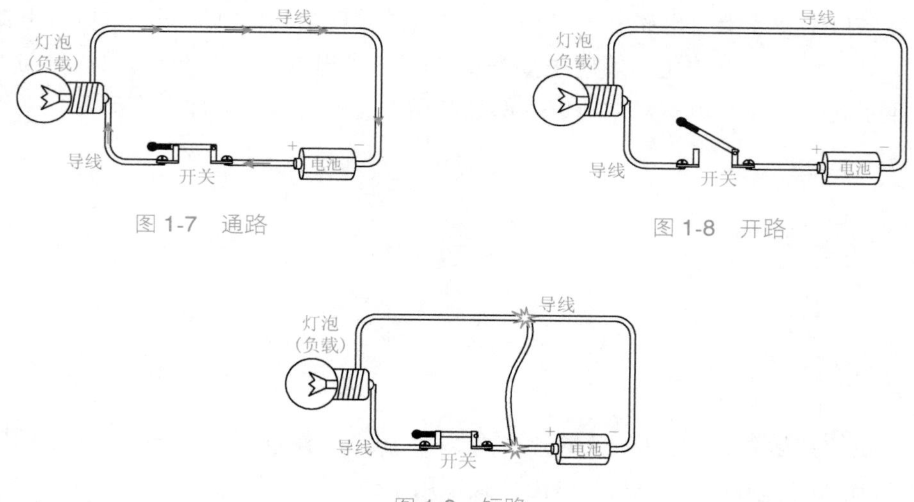

图 1-7　通路

图 1-8　开路

图 1-9　短路

五、电路连接与电流的关系

用电器串联连接时，电路中的电流处处相等。即 $I_{总}=I_1=I_2=I_3$，如图 1-10 所示。

当用电器并联连接时，电路中的电流等于各个支路的总和。即 $I_{总}=I_1+I_2+I_3$ 如图 1-11 所示。

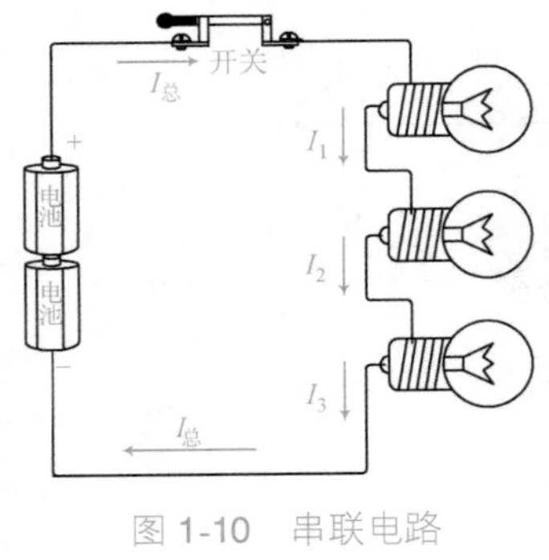

图 1-10 串联电路

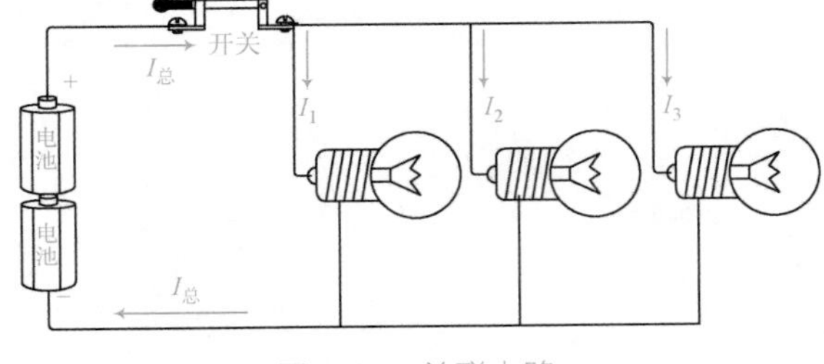

图 1-11 并联电路

六、电流的三大效应

(1) 热效应　即导体通电时会发热，把这种现象叫做电流热效应。人们比较熟悉的焦耳定律，就是定量说明电流在传输过程中将电能转换为热能的定律。

(2) 电流的磁效应　任何通有电流的导线，都可以在其周围产生磁场的现象，称为电流的磁效应。变压器、电磁铁、电动机、电磁炉等就是利用电流的磁效应的电器。

(3) 化学效应　电的化学效应主要是电流中的带电粒子(电子或离子)参与而使得物质发生了化学变化。电解水或电镀等都是利用电流的化学效应加工产品的。

七、焦耳定律

电流通过导体产生的热量与电流的平方成正比，与导体的电阻成正比，与通电的时间成正比。

焦耳定律数学表达式：Q(热量) = I^2Rt，导出公式有 Q(热量) = UIt 和 Q(热量) = $(U^2/R)t$。前式为普遍适用公式，导出公式适用于纯电阻电路。

应用焦耳定律时要注意问题：电流所做的功全部产生热量，即电能全部转化为内能，这时有 Q(热量) = W。电热器和白炽灯属于上述情况。

在串联电路中，因为通过导体的电流相等，通电时间也相等，根据焦耳定律，可知导体产生的热量与电阻成正比。

在并联电路中，导体两端的电压相等，通电时间也相等，根据焦耳定律，可知电流通过导体产生的热量与导体的电阻成反比。

利用电流的热效应来加热的设备称为电热器，如电炉、电烙铁、电熨斗、电饭锅、电烤炉等都是常见的电热器。电热器的主要组成部分是发热体，发热体是由电阻率大、熔点高的电阻丝绕在绝缘材料上制成的。

第三节　电阻（*R*）

一、电阻的性质

电流在物体中通过时所受到的阻力称为电阻。电阻小的物质称为导电体，简称导体。电阻大的物质称为电绝缘体，简称绝缘体。

如同车辆在道路上行驶，道路宽阔通畅，车可以开得飞快，但是当道路混乱时有各种各样的交通标志管理，又如道路有宽的地方、也有窄的地方，都会使汽车的速度减慢。电路与道路有相似的地方，电路中有各种各样影响电流流动的因素，在电工学上称为电阻。导体的电阻越大，则表示导体对电流的阻碍作用越大。不同的导体，电阻一般不同，电阻是导体本身的一种特性。

二、电阻的单位与换算

导体的电阻通常用字母 R 表示，电阻的单位是欧姆，简称欧，用希腊字母 Ω 表示。电阻的单位有 1TΩ = 1000GΩ；1GΩ = 1000MΩ；1MΩ = 1000kΩ；1kΩ = 1000Ω。

三、能够改变电阻大小的因素

电阻的阻值大小一般与温度、湿度有关，还与导体长度、粗细、材料有关。

① 导体电阻与长度成正比，即导体越长电阻越大，导体越短电阻越小。

② 电阻与导体的横截面积成反比，即导体越细电阻越大，导体越粗电阻越小。

③ 同长度、同截面导体的电阻因选用材料的不同而有差异，为说明不同材料有不同的阻值，采用了电阻率这个概念。

④ 导体电阻与温度成正比，即导体温度越高电阻增大，导体温度越低电阻减小。

⑤ 湿度不同，电阻也不同，湿度大时电阻低。

四、电阻率

电阻率是用来表示各种物质电阻特性的物理量。某种材料制成的长 1m、横截面

积是 $1mm^2$ 的导线的电阻，叫做这种材料的电阻率。在温度一定的情况下，ρ 是电阻率；L 为材料的长度，单位为 m；S 为面积，单位为 m^2，这时，电阻率的单位为 Ω · m。

但在电工实用上常以某种导体长 1m，横截面积为 $1mm^2$，在 20℃时所具有的电阻值，作为该种导体的电阻率。用字母“ρ”表示。其单位为：欧姆 · 毫米²/米(Ω · mm^2/m)。

各种导体的电阻可用下列公式表示：

$$R=\rho\frac{L}{S}$$

式中 ρ——电阻率，Ω · mm^2/m；

R——导体电阻，Ω；

L——导体长度，m；

S——导体截面积，mm^2。

可以看出，材料的电阻大小正比于材料的长度，导线越长，电阻越大；而反比于其截面，截面越大，电阻越小。

常用金属导体在 20℃时的电阻率(Ω · m)：①银 1.56×10^{-8}；②铜 1.75×10^{-8}；③铝 2.83×10^{-8}；④钨 5.48×10^{-8}；⑤铁 9.78×10^{-8}；⑥铂 2.22×10^{-7}；⑦锰铜 4.4×10^{-7}；⑧汞 9.6×10^{-7}；⑨康铜 5.0×10^{-7}；⑩镍铬合金 1.0×10^{-6}；⑪铁铬铝合金 1.4×10^{-6}；⑫铝镍铁合金 1.6×10^{-6}；⑬石墨 $(8\sim13)\times10^{-6}$。

电阻与温度关系：

$$R_t=R_{20}[1+\alpha(t-20)]$$

式中 R_t——导体在 t℃时的电阻；

R_{20}——导体在 20℃时的电阻；

α——导体电阻温度系数(常用金属导体约 0.4%)；

t——当时的温度。

电阻率说明如下。

(1) 电阻率 ρ 不仅与导体的材料有关，而且还与导体的温度有关。在温度变化不大的范围内，几乎所有金属的电阻率随温度的变化发生线性变化。

(2) 由于电阻率随温度改变而改变，所以对于某些电器的电阻，必须说明它们所处的物理状态，如一个 220V、100W 电灯灯丝的电阻，通电时是 484Ω，未通电时只有 40Ω 左右。

(3) 电阻率和电阻是两个不同的概念。电阻率是反映物质对电流阻碍作用的属性，电阻是反映物体对电流阻碍作用的属性。通俗地讲电阻率是反应物质对电流阻碍作用的变化率，电阻是实际对电流的阻碍作用力。

五、电阻电路的连接与阻值

(1) 电阻串联电路　在电阻串联电路中，总电阻等于在各支路(分路)上的电阻之和，如图 1-12 所示。总电阻 $R_{总}=R_1+R_2+R_3=1+2+3=6(\Omega)$。可见串联电阻的总阻值比任何一个支路的电阻都大。

$$R_{总}=R_1+R_2+R_3+\cdots+R_n$$

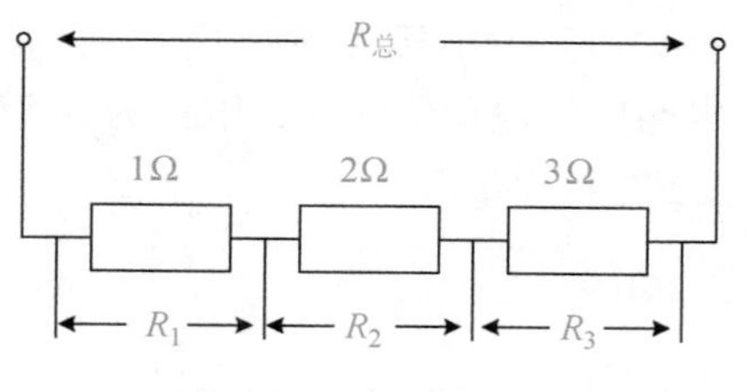

图 1-12　电阻的串联

（2）电阻并联电路　在电阻并联的电路中，总电阻的倒数等于在各支路上的电阻的倒数之和，如图 1-13 所示，总电阻 $1/R_总=1/1+1/2+1/3=11/6\approx0.54(\Omega)$。可见并联电阻的总阻值比任何一个支路的电阻都小。

$$\frac{1}{R_总}=\frac{1}{R_1}+\frac{1}{R_2}+\frac{1}{R_3}$$

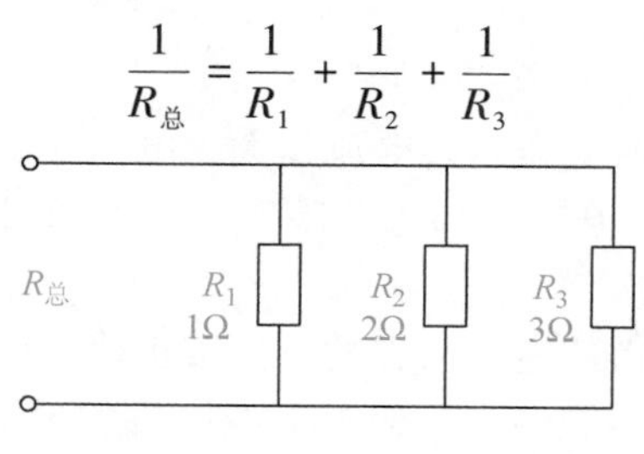

图 1-13　电阻的并联

六、欧姆定律

已经了解电路中的三个基本要素电压、电流和电阻，在实际中它们之间又有哪些关系呢？欧姆定律就是用来说明它们三者之间关系的定律。即当电阻不变时，通过导体中的电流与导体两端的电压成正比；当导体两端的电压不变时，通过导体中的电流与导体的电阻成反比。**由此得到了电路中的电流与电压、电阻之间的关系。如果已知其中的任何两个物理量，则可以根据欧姆定律求出第三个物理量。**

欧姆定律的表达式 1：已知电路中的电压 U 和电阻 R，可求得电路电流 I，$I=U/R$。如图 1-14 所示。举例：电路电压为 12V，电阻为 6Ω，求电流 I。解：$I=U/R=12/6=2(A)$，电路电流为 2A。

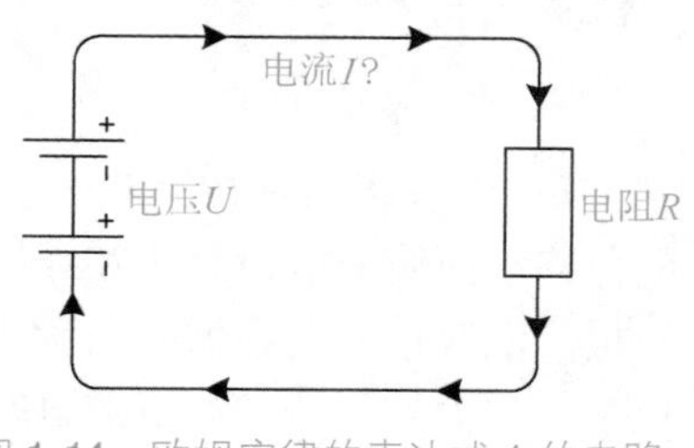

图 1-14　欧姆定律的表达式 1 的电路

欧姆定律的表达式 2：已知电路中的电流 I 和电阻 R，可求得电路的电压 U，$U=IR$，如图 1-15 所示。举例，电路中电流为 1A，电阻为 10Ω，求电路电压 U。解：$U=IR=1\times10=10(V)$，电路电压为 10V。

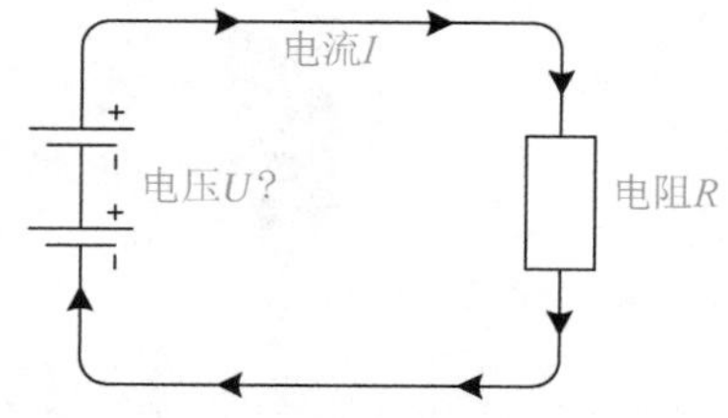

图 1-15　欧姆定律的表达式 2 的电路

欧姆定律的表达式3：已知电路的电压 U 和电流 I，可求得电路中的电阻 R，$R=U/I$。如图1-16所示。举例：电路中的电压为36V，电流为0.5A，求电路电阻 R。解：$R=U/I=36/0.5=72(\Omega)$，电路电阻为72Ω。

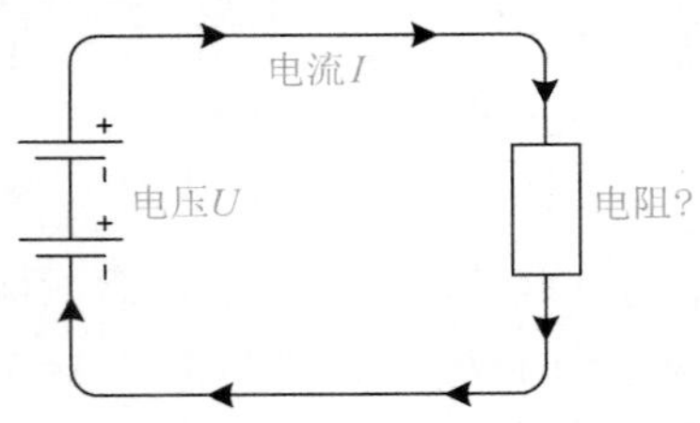

图1-16　欧姆定律的表达式3的电路

欧姆定律在实际工作中说明的问题如下。

（1）说明了当电阻不变时电压越高电流越大，电压不变时电阻越小电流越大，通过欧姆定律就可以理解"为什么电压越高越危险"、"为什么不能用湿手触摸电器"等安全用电知识。

（2）说明了导体两端获得的电压与它的电阻成正比。要注意式中的电压与电流之间的数量对应关系与因果关系不能混为一谈，不能说成"导体的电阻一定时，导体两端的电压与通过的电流成正比"，因为电压是形成电流的原因，是电压的高低决定电流的大小，而不是电流的大小决定电压的大小。

（3）通过欧姆定律能够更好地理解短路的危害。

第四节　电容（C）

一、电容的形成

电容指的是在给定电位差下的电荷储藏量，当两个导体之间有介质时，则阻碍了电荷移动而使得电荷累积在导体上，造成电荷的累积储存，最常见的例子就是两片平行金属板。电容也是电容器的俗称。其结构如图1-17所示。电容器实物如图1-18所示。电容也是电路中的现象，如电缆电路、变压器等当工作电压越高、绝缘越好时，停电以后仍带有很高的危险电压，这就是一种电容现象，必须经过彻底地放电后才能进行人工操作。

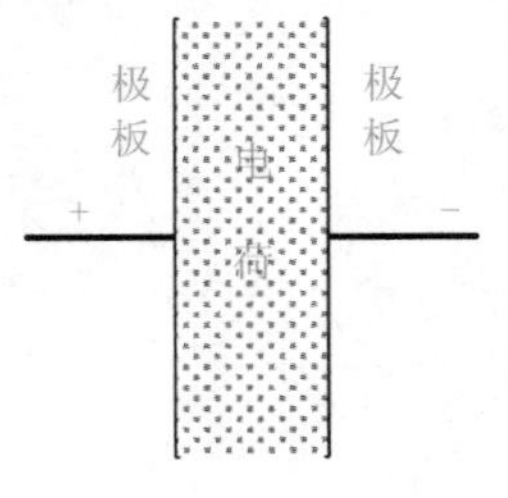

图1-17　电容器的结构

图1-18　电容器实物

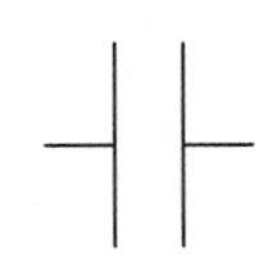

图1-19　电容的符号

二、电容的单位与符号

电容的单位是法拉，简称法，符号是 C，电容的符号如图 1-19 所示。常用的电容单位有毫法(mF)、微法(μF)、纳法(nF)和皮法(pF)(皮法又称微微法)等。

换算关系是：1 法拉(F) = 1000 毫法(mF) = 1000000 微法(μF)；1 微法(μF) = 1000 纳法(nF) = 1000000 皮法(pF)。

三、电容的作用

电容器的特点是隔离直流通过交流，在电子电路中主要用于电源滤波、元件的旁路、上下级之间的耦合、整流电路的储能。

在交流电路中利用电容器的充放电特点，可以补偿线路的无功功率，提高功率系数，降低功率损耗，改善电压质量。

电容器充放电实验如图 1-20 所示，一个 12V 的直流电源、一个开关、一个 12V 的灯泡、一个 1000μF 的电容。

① 按图 1-20 接好线，接通开关，这时灯泡瞬间发光，但马上变暗直到不亮，此时电容充电完成。

② 把电容两端导线碰一下，会听到"叭"的一声，并有火花产生，这是电容在放电。

实验表明尽管在开关接通的一瞬间，有直流电流流过(灯泡亮)，但马上电流就变为零(灯泡熄灭)，由此可以证明电容器不能流过直流电流。

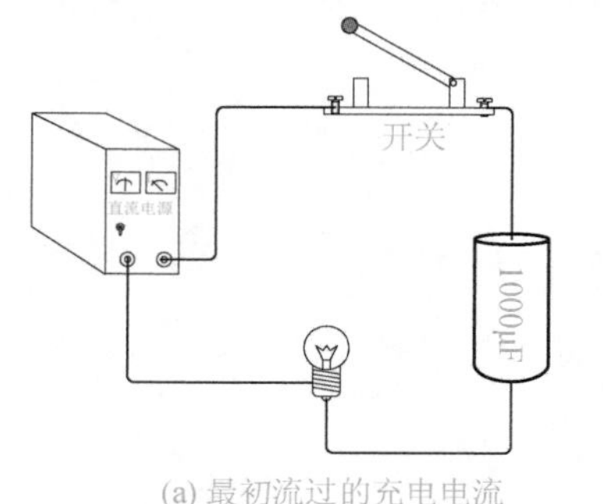

(a) 最初流过的充电电流

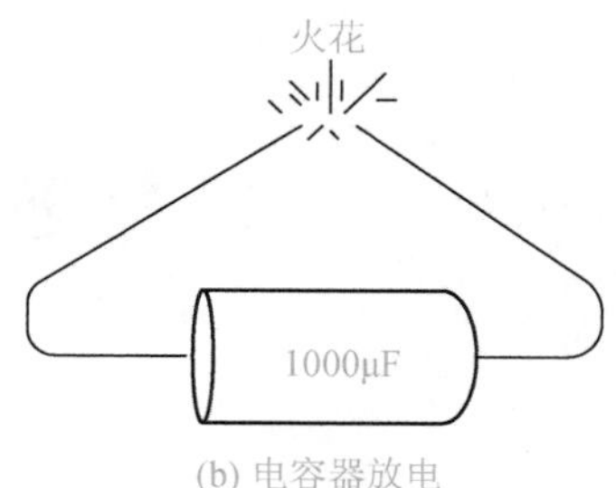

(b) 电容器放电

图 1-20 电容器的充放电试验

四、电容的连接与计算

(1) 电容的串联 两个或两个以上的电容器串联后如图 1-21 所示，等于增加了电容器介质的厚度，也就是增加了电容器两片之间的距离，因此总的电容量就会减小。

串联的电容器越多，总的电容量越小，并小于其中最小的一个电容量。串联后的总电容量的倒数等于各个电容器电容量倒数之和。$\frac{1}{C}=\frac{1}{C_1}+\frac{1}{C_2}+\frac{1}{C_3}$

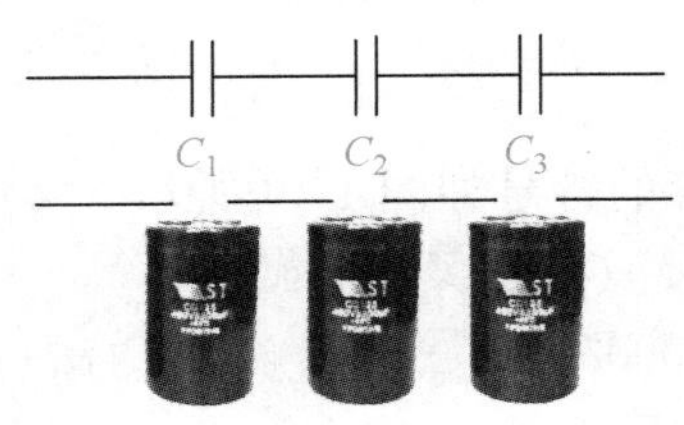

图 1-21　电容的串联

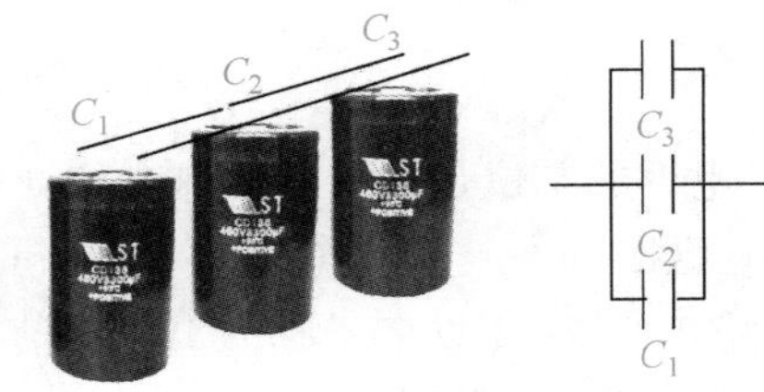

图 1-22　电容的并联

（2）电容的并联　把两个或两个以上的电容器并联，如图 1-22 所示，等于增加了电容器极片的有效面积，也就增加了电容量。并联的个数越多，电容量就越大。所以，无论有多少个电容器并联，其总电容量等于各个并联电容器电容量之和。

$$C = C_1 + C_2 + C_3$$

五、容抗的定义

交流电是能够通过电容器的，但是将电容器接入交流电路中时，由于电容器的不断充电、放电，所以电容器极板上所带电荷对移动的电荷具有阻碍作用，人们把这种阻碍作用称为容抗，用字母χ_C表示。电容量大，交流电容易通过电容，说明电容量大，电容的阻碍作用小；交流电的频率高，交流电也容易通过电容，说明频率高，电容的阻碍作用也小。

$$\chi_C = \frac{1}{2\pi f C}$$

第五节　电感（*L*）

一、电感的定义

在电路中，当电流流过导体时，会产生电磁场，电磁场的大小除以电流的大小就是电感，电感器（电感线圈）和变压器、电动机均是用绝缘导线（例如漆包线、纱包线等）绕制而成的电磁感应元件，电感也是电子电路中常用的元器件之一。电感线圈与符号如图 1-23 所示，变压器与符号如图 1-24 所示。

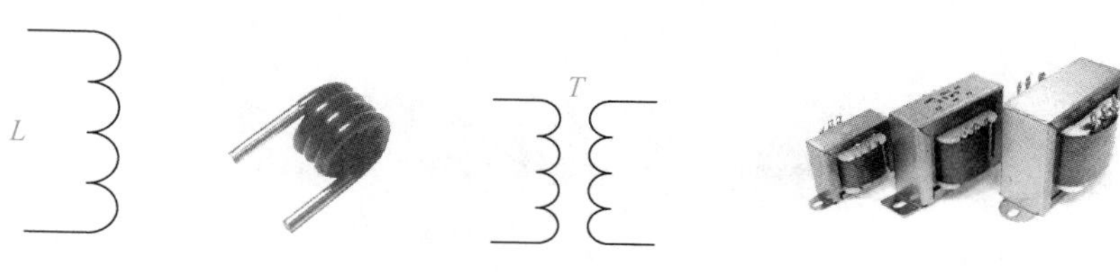

图 1-23　电感线圈与符号

图 1-24　变压器与符号

电感是衡量线圈产生电磁感应能力的物理量。给一个线圈通入电流，线圈周围就会产生磁场，线圈就有磁通量通过。通入线圈的电流越大，磁场就越强，通过线圈的磁通量就越大。实验证明，通过线圈的磁通量和流入的电流是成正比的，它们的比值叫做自感系数，也叫做电感。如果通过线圈的磁通量用 φ 表示，电流用 I 表示，电感用 L 表示，那么 L=φ/I，电感的单位是亨(*H*)。

二、电感的特性

电感的特性与电容的特性正好相反，它具有阻止交流电通过而让直流电顺利通过的特性。电感的特性是通直流、阻交流，频率越高，线圈阻抗越大。电感器在电路中经常和电容一起工作，构成 LC 滤波器、LC 振荡器等。另外，人们还利用电感的特性，制造了阻流圈、变压器、继电器等。

在电路中电流发生变化时能产生电动势的性质称为电感，电感又分为自感和互感。

（1）自感　当线圈中有电流通过时，线圈的周围就会产生磁场。当线圈中电流发生变化时，其周围的磁场也产生相应的变化，此变化的磁场可使线圈自身产生感应电动势(电动势用以表示有源元件理想电源的端电压)，这就是自感。

（2）互感　两个电感线圈相互靠近时，一个电感线圈的磁场变化将影响另一个电感线圈，这种影响就是互感。互感的大小取决于电感线圈的自感与两个电感线圈耦合的程度。

利用电感的特性制造出电感器在电路中对交流信号进行隔离、滤波或与电容器、电阻器等组成谐振电路，而制造出变压器起到隔离或改变电压作用，制造电动机做设备的动力。

三、感抗的定义

交流电也可以通过线圈，但是线圈的电感对交流电有阻碍作用，这个阻碍叫做感抗。交流电越难以通过线圈，说明电感量越大，电感的阻碍作用就越大；交流电的频率高，也难以通过线圈，电感的阻碍作用也大。实验证明，感抗和电感成正比，和频率也成正比，即频率越高感抗越大。如果感抗用 X_L 表示，电感用 L 表示，频率用 f 表示，则：

$$X_L = 2\pi fL$$

四、电感在电路中的应用

人们利用电感的特性，制造了阻流圈，在电容补偿电路中，为了防止因为电路产生谐振频率对电容器的破坏作用，在电容器组的电路中串接一个电感线圈，如图 1-25(a)所示，就是利用感抗与频率呈正比的关系阻止电容器电流因为谐振频率的增大而增大造成电容器的损坏。灯具中使用的镇流器也是一个电感元件，它是利用电流突变、镇流器自感电压升高，使日光灯点亮，如图 1-25(b)所示。

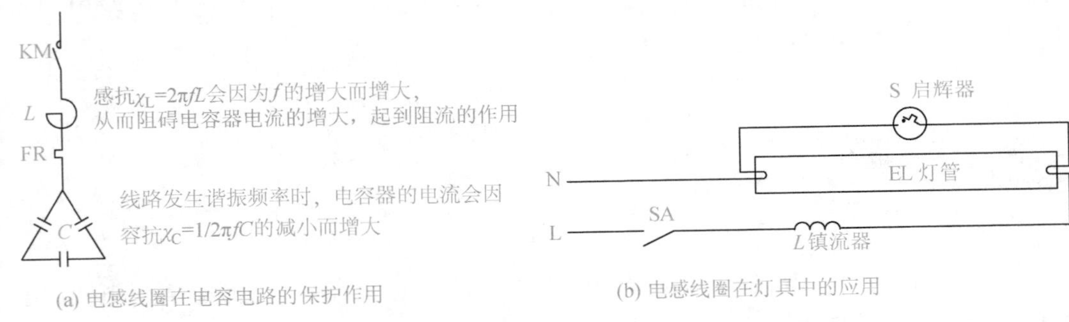

(a) 电感线圈在电容电路的保护作用　　(b) 电感线圈在灯具中的应用

图 1-25　电感线圈在电路中的应用

第六节　磁的特性

一、磁场

磁场是一种看不见而又摸不着的特殊物质，它具有波粒的辐射特性。在磁极或任何电流回路的周围以及被磁化后的物体内外，都对磁针或运动的电荷具有磁力作用，这种有磁力作用的空间称为磁场。它与电场相似，也具有力和能的特性。由于磁体的磁性来源于电流，电流是电荷的运动，因而概括地说，磁场是由运动电荷或变化电场产生的，也就是说有电流就有磁场的存在，如图 1-26 所示是几种常见的磁场。

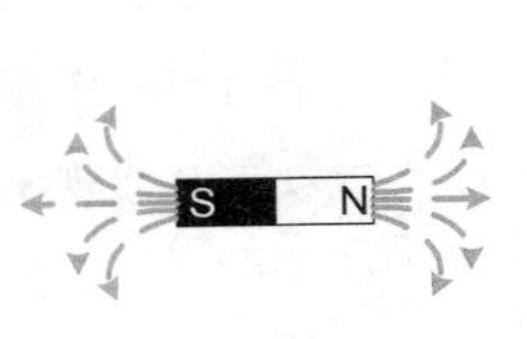

(a) 条形磁铁的磁场

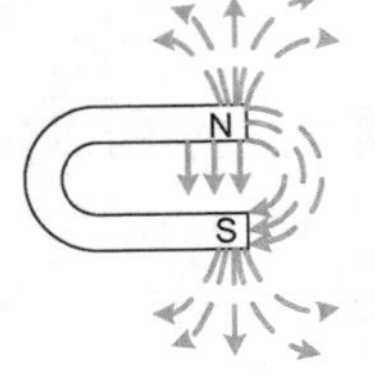

(b) 马蹄磁铁的磁场

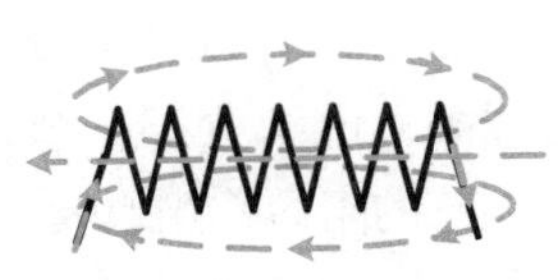

(c) 螺旋线圈的磁场

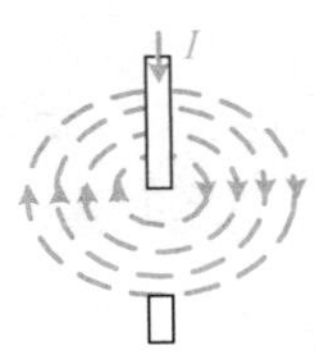

(d) 电流周围的磁场

图 1-26　几种常见的磁场

电磁场的方向：在磁体外部是从北极(N)出发到南极(S)的方向，在磁体内部是由南极(S)到北极(N)的。

二、电流与磁场

(1) 左手定则(电动机定则) 左手平展，使大拇指与其余四指垂直，并且都与手掌在一个平面内。把左手放入磁场中，让磁感线垂直穿入手心，四指指向电流方向，则大拇指的方向就是导体受力的方向，如图 1-27 所示。

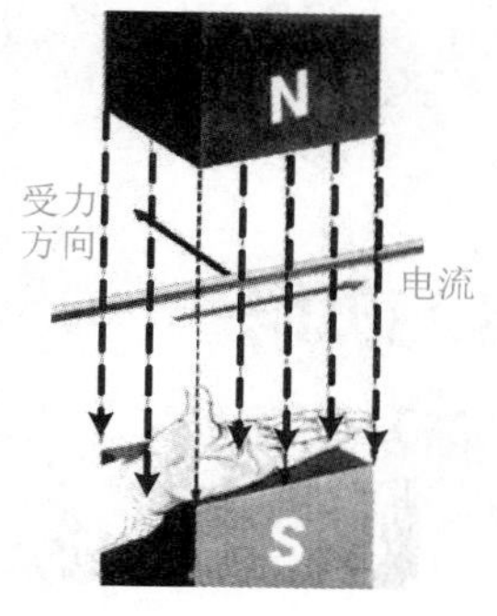

图 1-27 左手定则

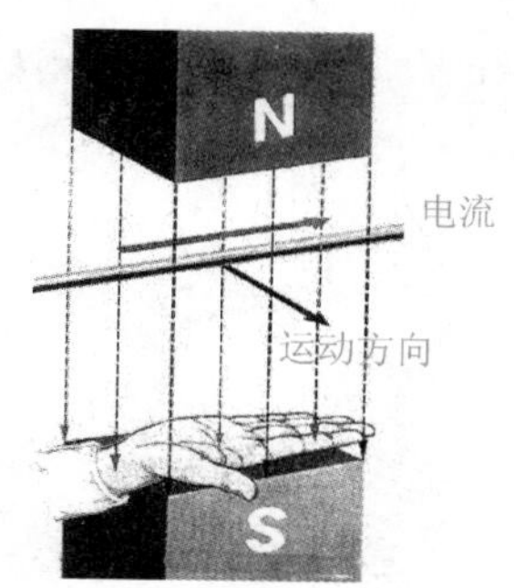

图 1-28 右手定则

(2) 右手定则(发电机定则) 伸开右手，使大拇指与其余四个手指垂直并且都与手掌在一个平面内，把右手放入磁场中，让磁感线垂直穿入手心，大拇指指向导体运动方向，则其余四指指向感应电流的方向，如图 1-28 所示。

(3) 右手螺旋定则(通电螺线管 N、S 判定) 用右手握住螺线管，弯曲四指表示通以电流的方向，则大拇指所指的是通电螺线管的 N 极，如图 1-29 所示。

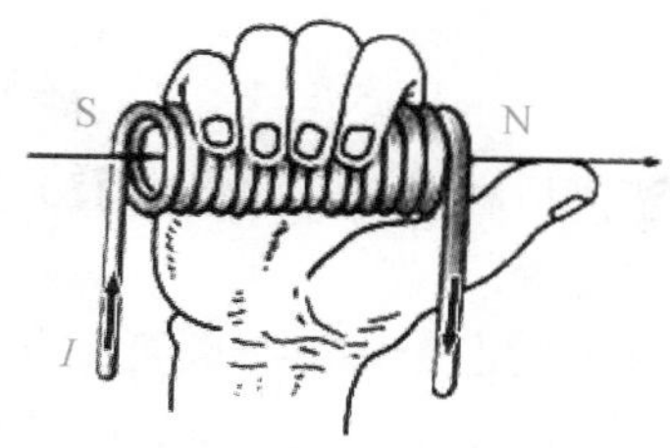

图 1-29 右手螺旋定则

图 1-30 右手安培定则

(4) 右手安培定则 (直线电流磁场方向判定) 右手握住导线，大拇指表示通以的电流方向，弯曲四指表示磁力线方向，四指指尖所指的就是该点的磁场方向(切线方向)，如图 1-30 所示。

三、磁场强度

磁场强度应该与磁感应强度对比认识，磁场强度和磁感应强度均为表征磁场性质(即磁场强弱和方向)的物理量。由于磁场是电流或者说运动电荷引起的，而磁介质(除超导体以外不存在磁绝缘的概念，故一切物质均为磁介质)在磁场中发生的磁化对源磁场也有影响，因此，磁场的强弱可以有两种表示方法。

在充满均匀磁介质的情况下，若包括介质因磁化而产生的磁场在内时，用磁感应强度 B 表示，其单位为特斯拉 T，是一个基本物理量；单独由电流或者运动电荷所引起的磁场(不包括介质磁化而产生的磁场时)则用磁场强度 H 表示，其单位为 A/m^2，是一个辅助物理量。

在各向同性的磁介质中，B 与 H 的比值即介质的绝对磁导率 μ。

从定义的操作方面来看，磁感应强度只是考虑磁场对于电流的作用，而不考虑这种作用是否受到磁场空间所在的介质的影响，这样磁感应强度就是同时由磁场的产生源与磁场空间所充满的介质来决定的；相反，磁场强度则完全只是反映磁场来源的属性，与磁介质没有关系。

第七节　交流电的知识

一、交流电与直流电有什么不同

(1) 交流电　电流电压的大小和方向都随时间按一定规律(频率)交替变换，比如 50Hz 就是它的频率，1s 内大小和方向变换 50 次。电压有时为 220V，有是为 0V，有时为−220V。平时所说的 220V 指的是电压有效值。普通应用的交流电是按正弦函数规律变化的，也有非正弦交流电。

(2) 直流电　电流电压方向一致，不随时间的变化而变化，并有“+”、“−”极之分。但直流电的电压和电流也有变动，比如二极管整流后在未滤波稳压之前，叫做脉动直流电，但直流电的方向永远一致，由正到负，如电池等。

交流电的优点主要表现在发电和配电方面：利用电磁感应原理交流发电机可以很经济方便地把机械能(水流能、风能……)、化学能(石油、天然气……)等其他形式的能转化为电能，交流电源和交流变电站与同功率的直流电源和直流换流站相比，具有造价低廉等特点，交流电可以方便地通过变压器升压和降压，这给配送电能带来极大的方便，这是交流电与直流电相比所具有的独特优势。

直流电的优点主要在输电方面。

① 输送相同功率时，直流输电所用线材仅为交流输电的 1/2～2/3。直流输电采用两线制，或以大地或海水作回线，与采用三线制三相交流输电相比，在输电线截面积相同和电流密度相同的条件下，即使不考虑趋肤效应，也可以输送相同的电功率，而输电线和绝缘材料可节约 1/3。

② 在电缆输电线路中，直流输电线路没有电容电流产生，而交流输电线路存在电容电流，引起损耗。

③ 直流输电时，其两侧交流系统不需同步运行，而交流输电时必须同步运行。

④ 直流输电发生故障的损失比交流输电小，两个交流系统若用交流线路互连需要很多的技术条件必须一致(如相位、频率、初相角、电压等)，而直流电只需要电压一致。

二、交流电的几个要素

(1) 周期(T)　交流电从“0”开始：0→正最大→0→负最大→0，完成上述的一个循环所用的时间称为交流电的周期。用字母“T”表示，单位为“s”，如图 1-31 所示。

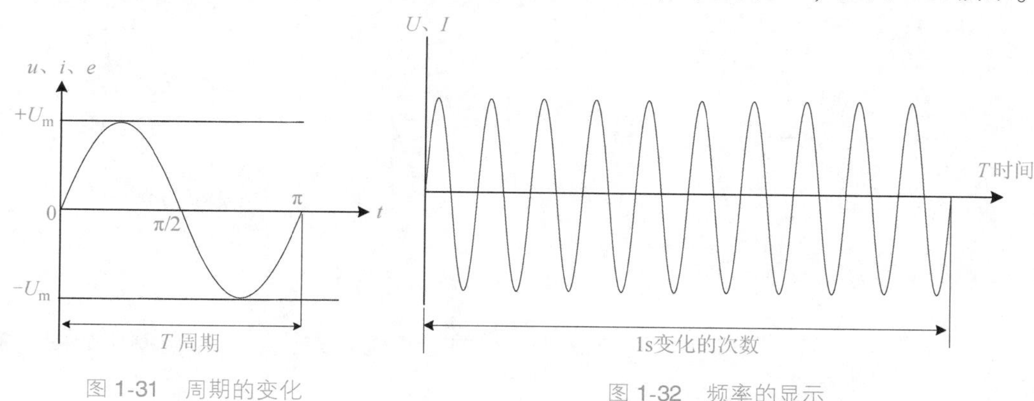

图 1-31　周期的变化　　图 1-32　频率的显示

(2) 频率(f)　正弦交流电每秒变化的次数，称为交流电的频率，用字母“f”表示，单位为“周/秒”或称为“赫兹”(Hz)，如图 1-32 所示，一般 50Hz、60Hz 的交流电称为工频交流电。

频率和周期的关系是互为倒数：$f=1/T$，$T=1/f$。

(3) 瞬时值　正弦交流电在变化过程中，任一瞬时所对应的交流电的数值，称为交流电的瞬时值。用小写字母 e、i、u 等表示，如图 1-33 所示的 e_1。

瞬时值的函数表达式为：$e=E_m\sin(\omega t+\varphi)$。

(4) 最大值　正弦交流电变化一周中出现的最大瞬时值，称为最大值(也称为极大值、峰值、振幅值)。用字母 E_m、U_m、I_m 表示，如图 1-33 所示的 E_m。

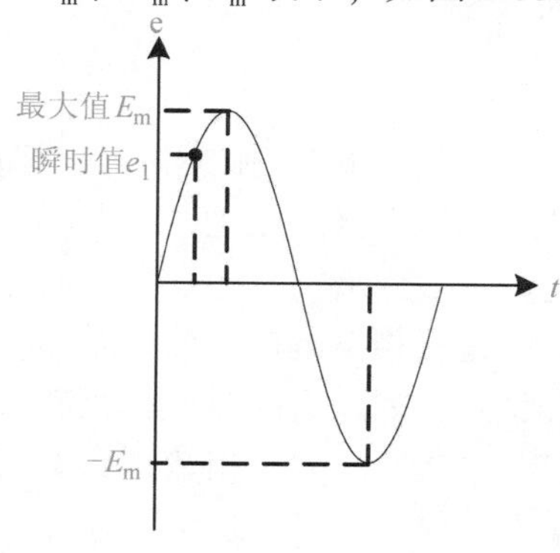

图 1-33　最大值与瞬时值

（5）有效值　当交流电流和直流电流，分别通过阻值相同的电阻，经过相同的时间、产生同样的热量时，把这个直流电流值叫做这个交流电流的有效值。用大写字母“E、U、I”表示。通常说交流电是220V、380V，就是指交流电的有效值为220V、380V。在实际工作中，如不特别指明均为电压的有效值。

有效值与最大值的关系为：最大值为有效值的$\sqrt{2}$倍，即：

$$U_{\mathrm{m}} = \sqrt{2}U = 1.414U \quad \text{或} \ U = \frac{1}{\sqrt{2}}U_{\mathrm{m}} = 0.707U_{\mathrm{m}}$$

（6）初相位　对正弦交流电开始时刻（常定为$t=0$的时刻）已经变化过的角度（以小于360°）称为该正弦交流电的初相位。用字母“ϕ”表示，单位是“（°）”或“rad”。

初相位也可称作初相角。其值可能为零，也可能为正或为负，如图1-34所示。

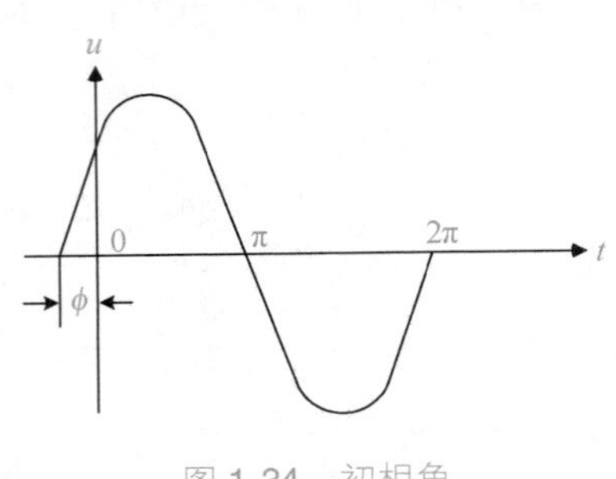

图1-34　初相角

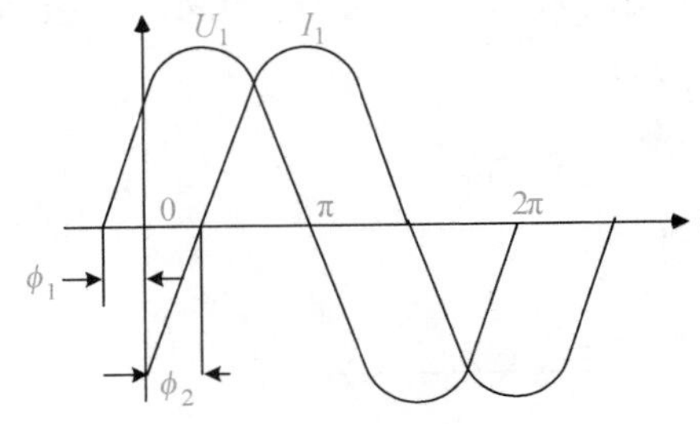

图1-35　相位差

（7）相位差　两个同频率正弦交流量之间的初相位之差，叫作相位差，如图1-35所示。

例如：$U_1=U_{\mathrm{m}}\sin(\omega t+\phi_1)$，$I_1=I_{\mathrm{m}}\sin(\omega t+\phi_2)$。

则电压与电流之间相位差为：

$$\phi_{12} = \phi_1 - \phi_2$$

相同频率的两个交流量在变化过程中，先达到最大值的一个量称作超前于另一个量。也可说后者滞后于前者。且习惯上超前或滞后的值以180°为限，否则将超前的值化作滞后的值。

两个同频交流量的相位差为零对，称作同相，相位差为180°时，称作反相。

三、三相交流电的定义

三相交流电源，是由三个频率相同、振幅相等、相位依次互差120°的交流电势组成的电源。如图1-36所示为三相交流电的波形。

三相交流电较单相交流电有很多优点，它在发电、输配电以及电能转换为机械能方面都有明显的优越性。例如：制造三相发电机、变压器都较制造单相发电机、变压器省材料，而且构造简单、性能优良。又如，用同样材料所制造的三相电机，其容量比单相电机大50%；在输送同样功率的情况下，三相输电线较单相输电线可节省有色金属25%，而且电能损耗较单相输电时少。由于三相交流电具有上述优点，所以获得了广泛应用。

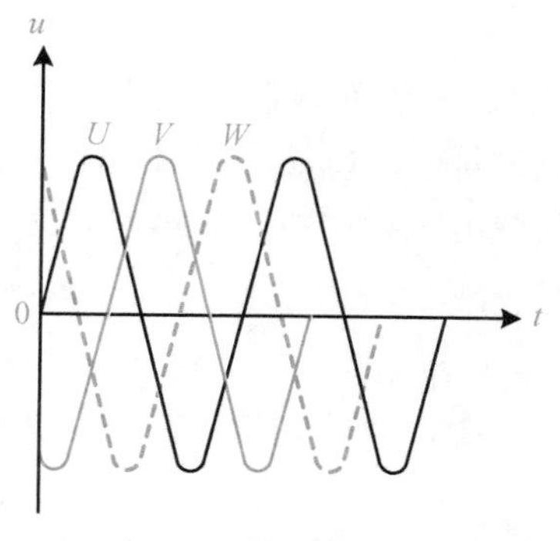

图 1-36 三相交流电的波形

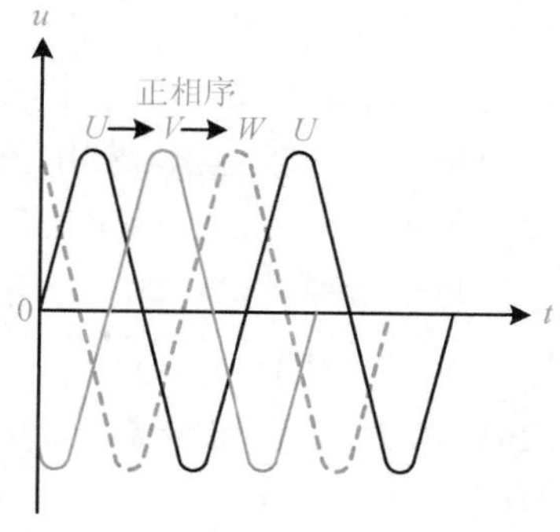

图 1-37 正相序

四、三相交流电的相序

三相交流电动势在时间上出现最大值的先后次序称为相序。相序一般分为正相序、负相序、零相序。

最大值按 $U \to V \to W \to U$ 顺序循环出现的为正相序，如图 1-37 所示。最大值按 $U \to W \to V \to U$ 顺序循环出现的为负相序。

五、三相连接电压、电流的关系

（1）星形连接电压、电流的关系　在生产中，三相交流发电机的三个绕组都是按一定规律连接起来向负载供电的。将电源三相绕组的末端 U_2、V_2、W_2 连接在一起，成为一个公共点(中性点)，而由三个首端 U_1、V_1、W_1 分别引出三条导线向外供电的连接形式，称为星形(Y)连接，如图 1-38 所示。以这种连接形式向负载供电的方式称为三相三线制供电。这三条导线称为相线，分别用 L_1、L_2、L_3 表示。在这三条相线中，任意两条相线间的电压称为线电压，用符号“U_L”表示。

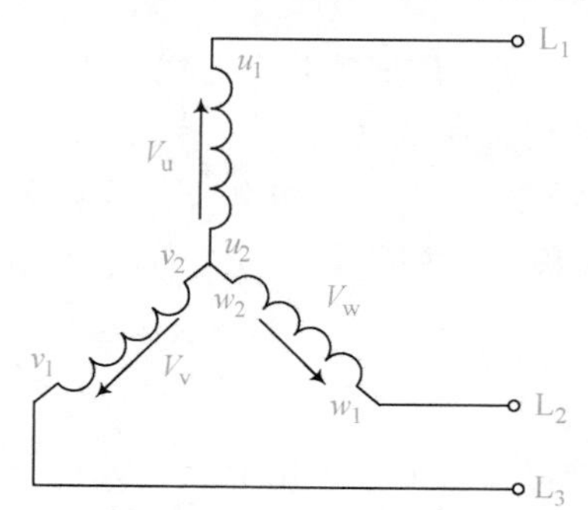

图 1-38 三相三线星形连接

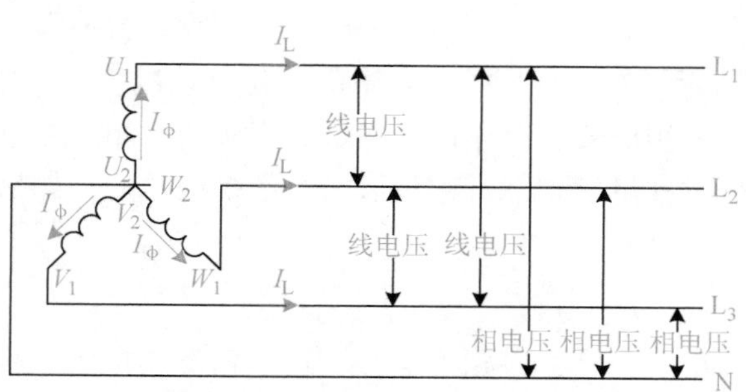

图 1-39 三相四线星形连接

由中性点(已采取中性点工作接地的)引出的一条导线，称为零线，用字母“N”表示。任一条相线与零线间的电压称为相电压，用“U_ϕ”表示。这种以四条导线向负载供电的方式，称为三相四线制供电，如图 1-39 所示。三相四线制供电方式，可向负载提供两种电压，即相电压和线电压。相电流是指流过每一相电源绕组或每一相负载中的电流。用符号“I_ϕ”表示。任一条相线上的电流称为线电流，用“I_L”表示。在三相交流电的星形接法中，经数学推导可以证明，三相平衡时，线电压为相电压的$\sqrt{3}$倍，线电流等于相电流。即：　电压关系为 $U_L=\sqrt{3}U_\phi$、电流关系为 $I_L=I_\phi$。

因此，220V/380V 的三相四线制供电线路可以提供给电动机等三相负载用电，同时还可以供给照明等单相用电。

（2）三角形连接电压、电流的关系　将三相绕组的各相末端与相邻绕组的首端依次相连，即 U_2 与 V_1、V_2 与 W_1、W_2 与 U_1 相连，使三个绕组构成一个闭合的三角形回路，这种连接方式，称为三角形连接（△），如图 1-40 所示。

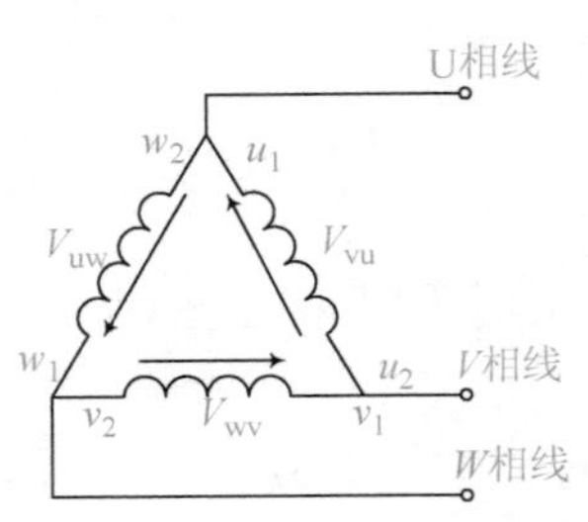

图 1-40　三角形连接

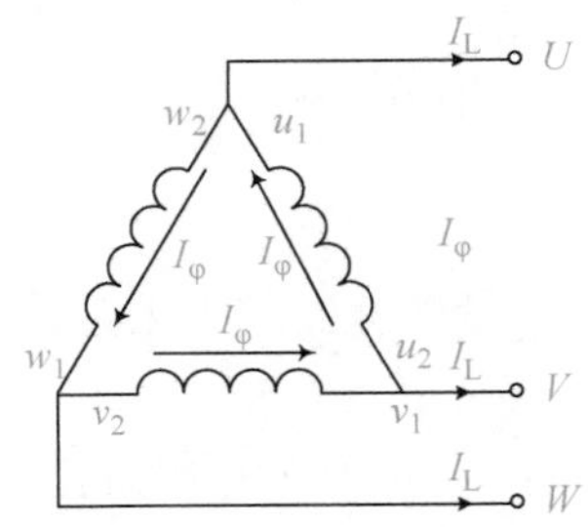

图 1-41　三角形连接电压、电流关系

三角形连接方法只能引出三条相线向负载供电。因其不存在中性点，故引不出零线（N 线）。所以这种供电方式只能提供给电动机等三相负载的用电，或仅提供线电压的单相用电。

三角形连接的电压、电流关系如图 1-41 所示，线电压等于相电压；线电流等于$\sqrt{3}$倍相电流，即：电压关系为 $U_L=U_\phi$、电流关系为 $I_L=\sqrt{3}I_\phi$。

六、三相负载的连接

（1）负载的星形连接　三相负载常采用星形连接或三角形连接的形式，如图 1-42 所示。对于低压较大容量的三相电动机，应采用三角形连接的方式。

三相负载星形连接：在星形连接的三相负载电路中，线电流等于相电流，这种关系对于对称星形和不对称星形电路都是成立的；如果是对称的三相负载，线电压等于相电压的$\sqrt{3}$倍。

即：$U_L=\sqrt{3}U_\phi$，$I_L=I_\phi$。

（2）负载的三角形连接　在三角形连接的三相负载。线电压等于相电压，无论三角形负载对称与否都成立。三相对称负载作三角形连接时，线电流等于相电流的$\sqrt{3}$倍，即：$U_L=U_\phi$，$I_L=\sqrt{3}I_\phi$

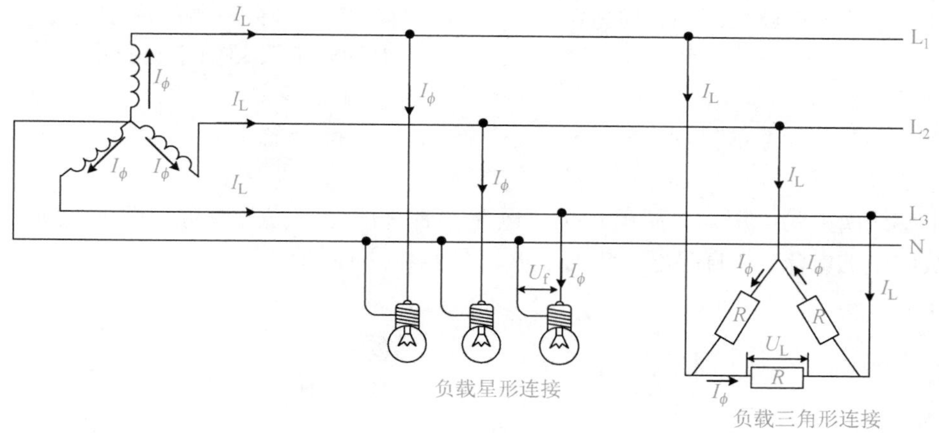

图 1-42　负载星形的连接

七、交流纯电阻电路特征与阻抗

在交流电路中只含有电阻用电器的电路，称为纯电阻电路。在实用中常常遇到纯电阻电路，如白炽灯、电炉子等。电路中电阻起决定性作用，电感和电容的影响可忽略不计的电路可视为纯电阻电路。这种电路的特点是电压和电流的初相角相同，如图 1-43 所示，所以电压和电流是同相的。在纯电阻电路中由于电阻是一个确定的值，所以电压与电流成正比，其有效值之间的关系为 $I=U/R$。

由于电压和电流是同相的，则纯电阻电路消耗功率 $P=I^2R=U^2/R$。

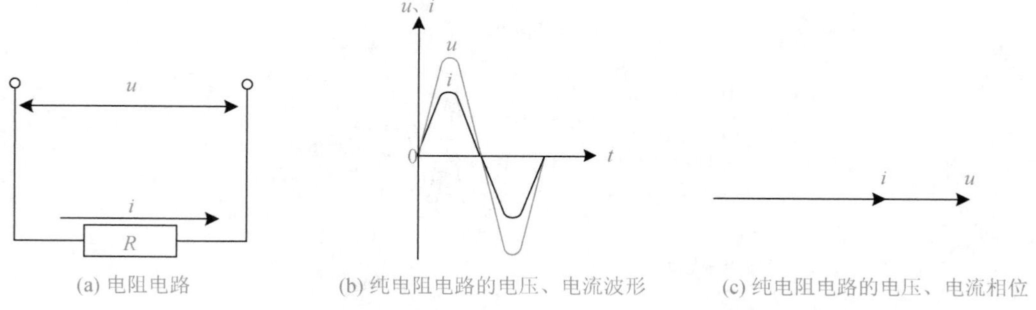

(a) 电阻电路　(b) 纯电阻电路的电压、电流波形　(c) 纯电阻电路的电压、电流相位

图 1-43　纯电阻电路的电压、电流波形

八、交流纯电感电路特征与感抗

（1）电感电路特征　电路中电感起决定性作用，而电阻和电容的影响则忽略不计的电路则视为纯电感电路，如图 1-44(a) 所示，在纯电感电路中，实际工作中的变压器、电动机就是电感类的设备，当电感类的设备通过交流电流时，由于电磁感应的存

在，在电感线圈中就要产生自感电动势 e_L，这个自感电动势会阻碍线圈中的电流变化。这样，使得电感上的电压超前于电流 90°，而电感上的电流又超前于自感电动势 e_L90°。因此，自感电动势与电压反相。这种现象就可以解释在维修工作中用万用表测量线圈电阻只有几十欧姆，可是接到电源上时电流并不大，不符合电压除以电阻等于电流的公式，这就是自感电动势具有反抗电源电压的作用。

电感线圈上的电压、自感电动势、电流三者之间的相位关系可如图 1-44(c)所示，电感线圈中的电流 i 和自感电动势的波形如图 1-44(b)所示。

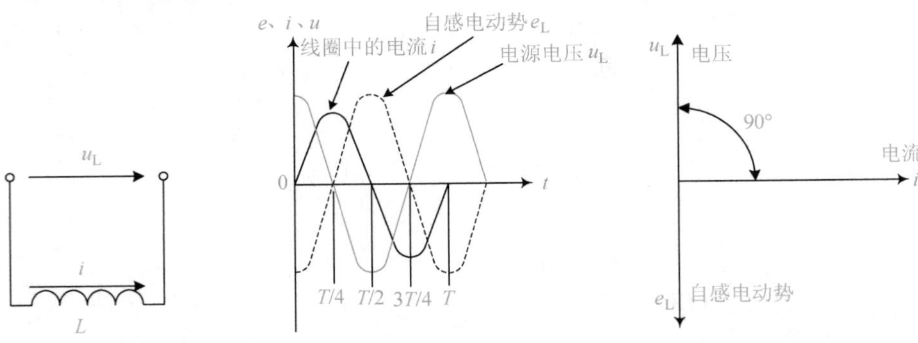

(a) 电感电路　(b) 线圈中的电流 i 和自感电动势的波形　(c) 电压、自感电动势、电流三者之间的相位关系

图 1-44　电感电路及其电压、电流的曲线和相量

（2）感抗　交流电也可以通过线圈，但是线圈中的自感电动势对交流电有阻碍作用，如图 1-45 所示，这个阻碍就叫做感抗。电感量大，交流电难以通过线圈，说明电感量大，电感的阻碍作用大；交流电的频率高，也难以通过线圈，说明频率高，电感的阻碍作用也大。实验证明，感抗和电感成正比，和频率也成正比。如果感抗用 X_L 表示，电感用 L 表示，频率用 f 表示，则：

$$X_L = 2\pi fL = \omega L$$

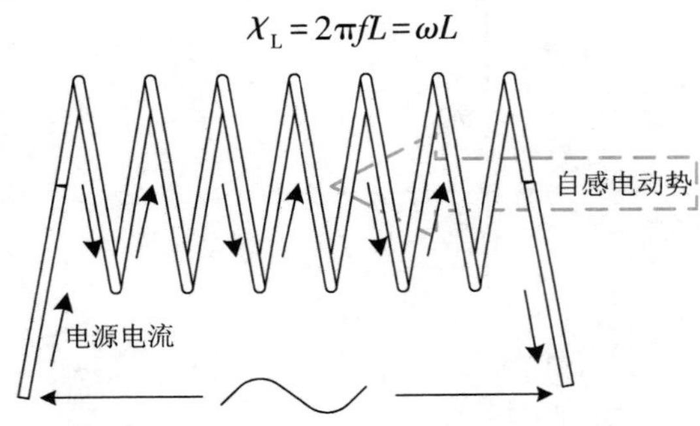

图 1-45　感抗的方向

感抗的单位是 Ω，知道了交流电的频率 f 和线圈的电感 L，就可以用上式把感抗计算出来。

由于感抗与频率成正比，所以电感线圈对高频电流所呈现的阻力很大，频率极高时，电路中几乎没有电流通过，而直流电没有频率变化，稳定时不产生自感电动势。电路相当于短路，电流很大。在使用电抗器、接触器等有电感线圈的设备时，应特别注意这一点。

九、交流纯电容电路特征与容抗

由纯电容组成的电路应用十分广泛，在电力系统中常用来调整电压、改善功率系数等。

交流电流能使电容器两极间电压的大小和方向都随时间做周期性变化，当电压增大时，导体中的电流流向电容器，给电容器充电，在电路中形成充电电流；当电压减小时，电容器放电，电流流出电容器，在电路中形成放电电流。所以，尽管自由电子不能通过电容器两极间的绝缘介质，但在周期性交变电压作用下，电容器不断充电、放电，电路中就会形成持续的交变电流。

通过电容器电流的大小与电压变化率成正比。在电容器两端加一个正弦交流电压，如图 1-46(a)所示。通过对如图 1-46(b)所示的电压、电流曲线图的分析可以得知，电压与电流之间存在着相位差，即通过电容器的电流超前于电容器两端电压 90°，它们的相量图如图 1-46(c)所示。同时得知电容器上电流变化的规律及频率与电压相同，均为正弦波。

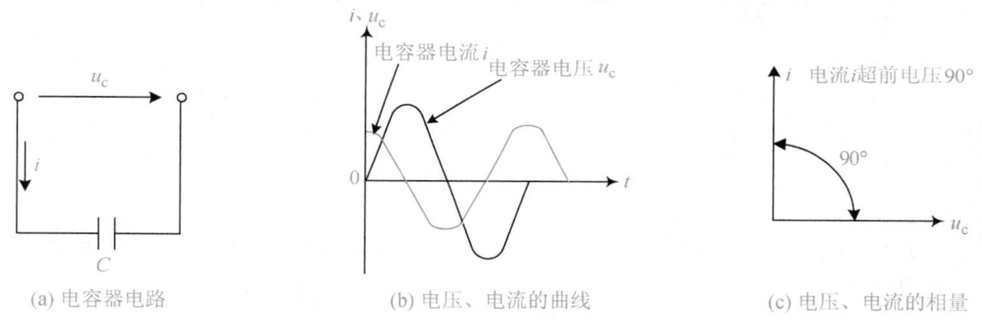

图 1-46　电容电路及其电压、电流的曲线图和相量图

电容器对交流电也有阻碍作用，这种阻碍作用叫做容抗。容抗用符号“X_C”表示，单位是欧姆。其表达式为：

$$X_C = \frac{1}{2\pi fC}$$

从公式中可以分析出容抗的大小与电容器本身的电容量、交变电流的频率有关：电容量越大、交变电流的频率越高，容抗就越小，电容器对交流的阻碍作用也就越小；反之，电容量越小、交变电流的频率越低，容抗就越大，电容器对交流的阻碍作用也就越大。当频率等于零时，容抗 X_C 无穷大，所以电容有隔离直流、通交流的特性。

十、电阻与电容 *R-C* 串联电路

R-C 串联电路是指电路中电感特性可忽略不计，电阻、电容特性起主导作用的串联电路，简称 R-C 串联电路。这种电路在电子技术中应用极为广泛，如阻容耦合放大器、R-C 正弦振荡器等。其电路如图 1-47(a)所示。

在 R-C 串联电路中，流过电阻及电容器的为同一电流，且电阻两端电压与电流同相，但电容器两端电压滞后于电流 90°，如图 1-47(b)所示。

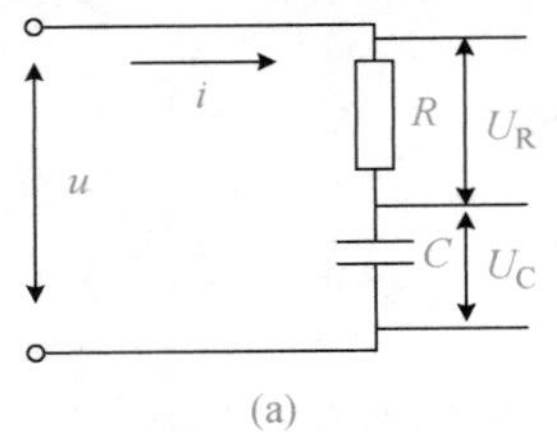

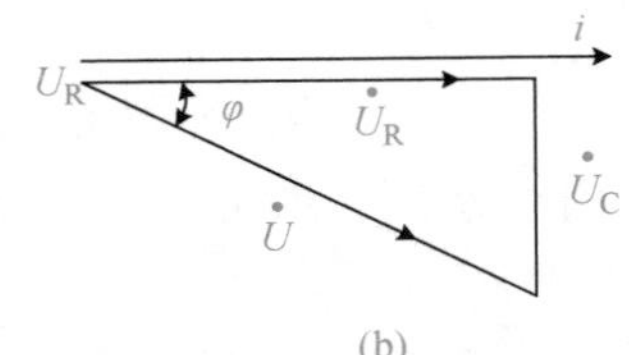

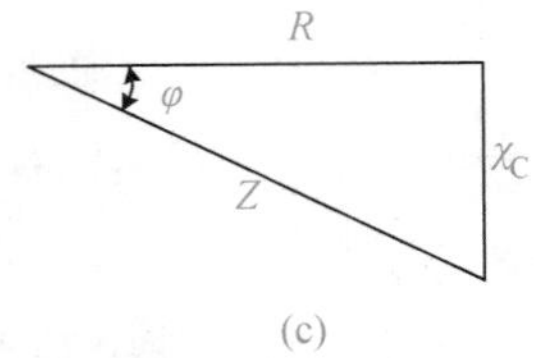

图 1-47　R-C 串联电路的特征

R-C 串联电路实验如图 1-48 所示；100V 交流电、白炽灯 60W、电容 20μF，接通电源后灯泡稍亮。读取电表的数值发现，U=100V、U_1=80V、U_2=60V、I=0.4A。

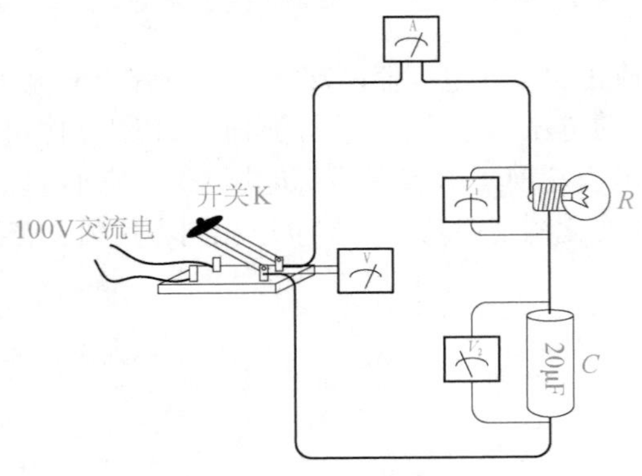

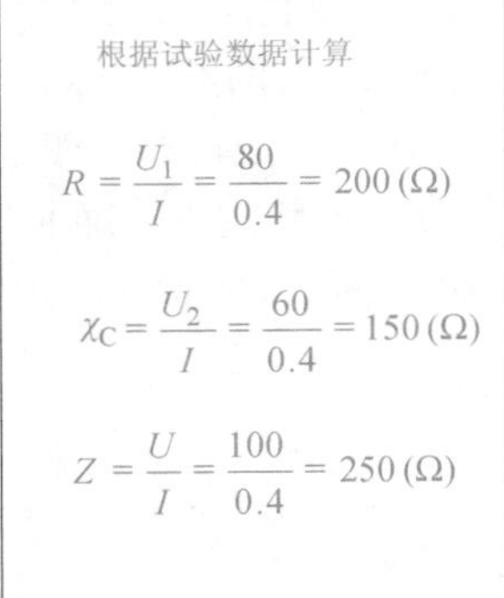

图 1-48　R-C 串联电路实验

U_1=80V，U_2=60V，它们相加应等于 140V，比电源电压 100V 高，这是由于电容两端的电压滞后电流 90°，不能用加法直接计算，应该使用三角公式计算。

计算方法：$U=\sqrt{U_1^2+U_2^2}=\sqrt{80^2+60^2}=100(\text{V})$

十一、电阻与电感 R-L 串联电路

这种电路是指电容特性可忽略不计，而电阻、电感特性起主导作用的串联电路，简称 R-L 串联电路。如日光灯、电动机、变压器等都可以看作为 R-L 串联电路。其电路如图 1-49(a)所示。

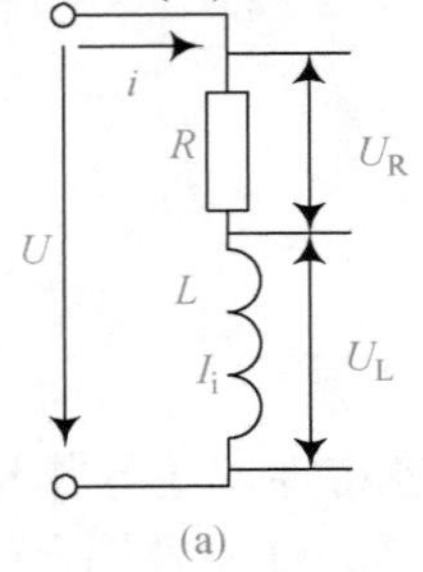

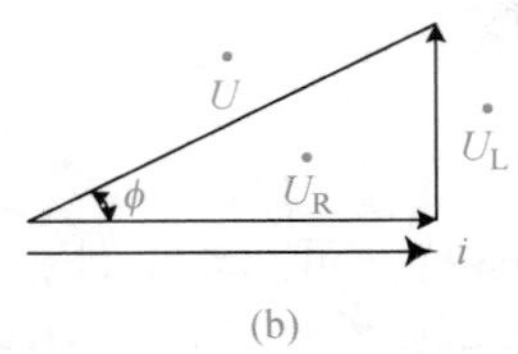

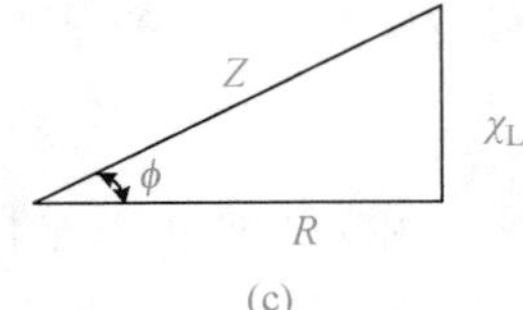

图 1-49　R-L 串联电路特征

R-L 串联电路中，流过电阻和流过电感的为同一电流，但电阻两端电压与电流同相，电感两端电压超前于电流 90°，见图 1-49(b)所示。

R-L 串联电路实验如图 1-50 所示，100V 交流电、白炽灯 60W、电感线圈用变压器，接通电源后灯泡稍亮。读取电表的数值发现，$U=100\text{V}$、$U_1=60\text{V}$、$U_2=80\text{V}$、$I=0.2\text{A}$。

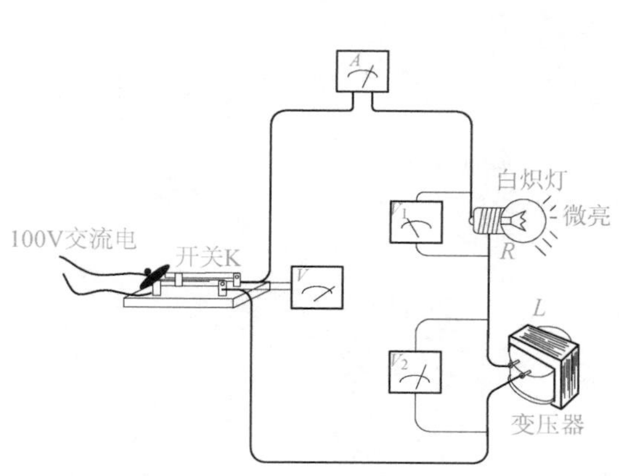

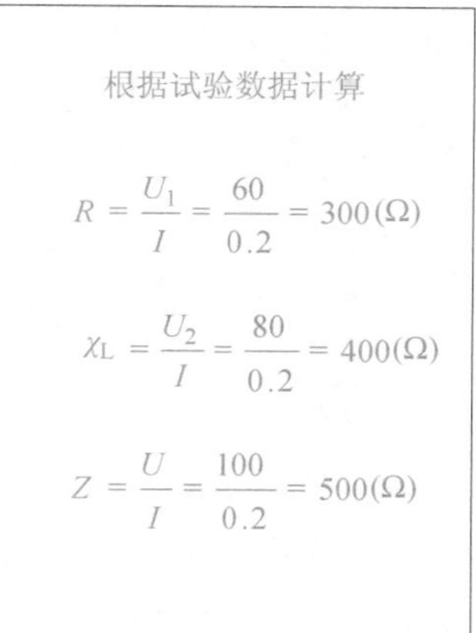

图 1-50　*R-L* 串联电路实验

$U_1=60\text{V}$，$U_2=80\text{V}$，它们相加应等于 140V，与电源电压 100V 不相符，这是由于电感两端的电压超前电流 90°，不能用加法直接计算，应该使用三角公式计算。计算方法：

$$U=\sqrt{U_1^2+U_2^2}=\sqrt{60^2+80^2}=100(\text{V})$$

十二、电阻、电感与电容 *R-L-C* 串联电路

首先做一个实验，按如图 1-51 所示，将电阻元件灯泡、电感元件变压器和电容器串联接好，在电容器的两端接一个开关，接通开关 K_2，再接通电源开关 K_1，这时灯泡微微发亮，若打开 K_2 开关，灯泡突然变亮。当开关 K_2 合上时电容器短路，线路如同 *R-L* 串联电路，电流只有 0.2A。打开 K_2 开关，电容接入电路，这时灯泡变亮，说明电流增大，通过实验数据计算这时的电流为 0.4A，电流变大。从前边的电感、电容介绍中可以知道，电感在交流电路中电流是滞后于电压 90°的，电容在交流电路中是超前电压 90°的，一个正、一个负两个相加就要相抵消掉一部分。

K_2 合上时线路的阻抗 $Z=\sqrt{R^2+X_L^2}=\sqrt{200^2+400^2}=447(\Omega)$，$100\text{V}/447\Omega\approx 0.2\text{A}$。

K_2 断开时线路的阻抗 $Z=\sqrt{R^2+(X_L-X_C)^2}=\sqrt{200^2+(400-250)^2}=250(\Omega)$，$100\text{V}/250\Omega=0.4\text{A}$。

当感抗大于容抗时，总的电抗电压超前于电流 90°，总电压也超前于电流，这样电感的作用大于电容的作用，所以电路为电感性电路。

当感抗小于容抗时，电抗电压滞后于电流 90°，总电压也滞后于电流，电容的作用

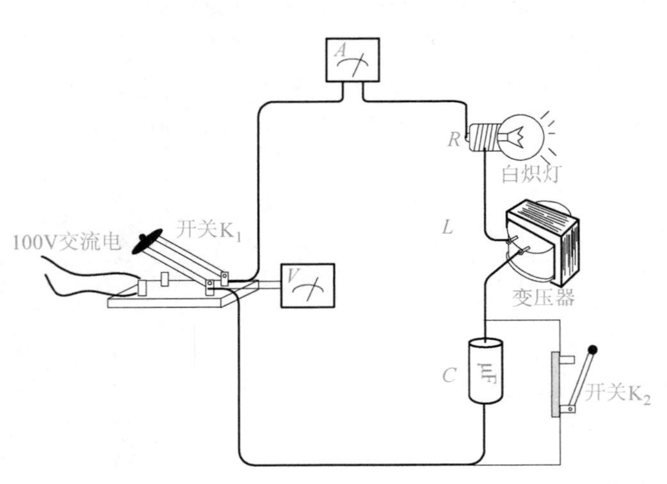

根据实验数据

电源电压（交流）100 V

打开K_2时电流I=0.4A

灯泡电阻R=200 Ω

感抗χ_L=400 Ω

容抗χ_C=250 Ω

[解]

$U_R = RI = 200 \times 0.4 = 80\,(\text{V})$

$U_L = \chi_L I = 400 \times 0.4 = 160\,(\text{V})$

$U_C = \chi_C I = 250 \times 0.4 = 100\,(\text{V})$

图 1-51　*R-L-C* 串联电路实验

大于电感的作用，电路为电容性电路。

当$\chi_L = \chi_C$时，这时总电压与电流同相，电路中呈现电阻性，这种情况称为谐振。因各元件是串联的，所以称为串联谐振。串联谐振也称为电压谐振。收音机的输入调谐回路就是利用调节可变电容器 *C*，使回路对某一频率产生谐振。其特点是，电感或电容两端电压大于电源电压。

十三、电阻、电感与电容 *R-L-C* 并联电路

在家中使用白炽灯电流和电热器电流相加的总电流与配电盘的电流大小相同，若加上洗衣机和电冰箱的电流，发现不等于总配电盘的电流，这是为什么？

这是因为灯泡和电热器都是电阻负载，因此，流过的电流和电压同相位，而洗衣机和电冰箱的电动机是电感负载，流过的电流滞后与电压，这样不同相位的电流不能用普通的计算方法计算。

如图 1-52 所示是一个有趣的实验，先合上开关 K_1，灯泡接通电流 $I_R = 1\text{A}$、$I_N = 1\text{A}$；再合上开关 K_2，变压器通电，变压器电流 $I_L = 0.5\text{A}$、$I_N = 1.1\text{A}$；最后合上电容器开关 K_3，电容器并入电路，电容器电流为 1.25A，可这时总电流 I_N 只等于 1.25A。要使用代数和计算 $I_N = I_R + I_L + I_C = 2.75\text{A}$，这是为什么呢？

因为变压器和电容器的电流是矢量，不能直接用加法计算，要用矢量计算，也就是三角形计算方法，所以总电流的大小为 $I_N = \sqrt{I_R^2 + (I_L - I_C)^2} = \sqrt{1^2 + 0.75^2} = 1.25(\text{A})$。

这种电路是在工作经常遇到的。如为了提高电力系统的功率系数，常在负载端并联电容器，叫做并联补偿。

当 *R-L* 支路中的 $I_L > I_C$ 时，总负载为感性的。

当 *R-L* 支路中的 $I_L < I_C$ 时，总负载为容性的。

当 *R-L* 支路中的 $I_L = I_C$ 时，则总电流和电压同相，这时电路的状态为并联谐振或称为电流谐振。

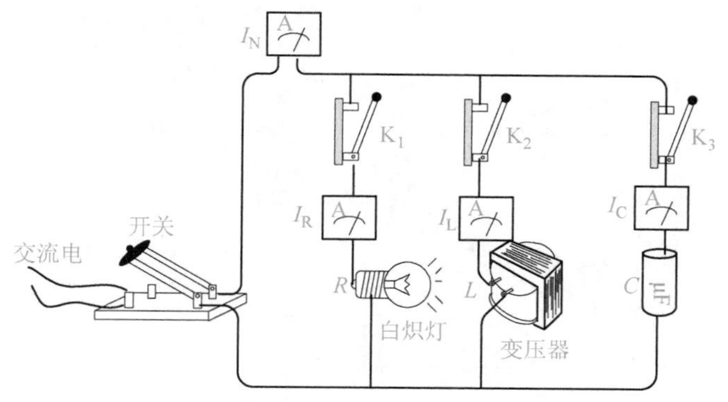

图 1-52　*R-L-C* 并联电路

十四、利用三角形计算各种电量

前面介绍了交流电中的各种现象，当需要计算各种电量时，用普通数学方法计算出来的结果与实际不一样，这是因为在交流电路中各种电量的相位不同，所产生的和也不同，如图 1-53 所示如同两个人拉辆车，两个人方向一致时力量最大，如果两个人是朝两个方向用力那么就大打折扣。

图 1-53　相位相同合力最大

在电工的实践中利用勾股定理是最方便的一种计算方法，可以求出直角三角形的各个边长，如图 1-54 所示，即

$$c^2=a^2+b^2$$

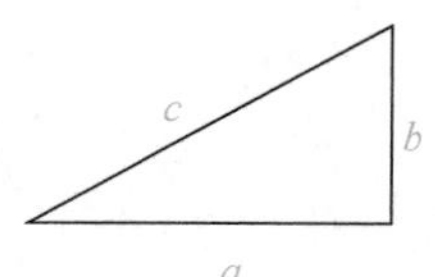

已知边长a和b,则边长c为　$c=\sqrt{a^2+b^2}$

已知边长a和c,则边长b为　$b=\sqrt{c^2-a^2}$

已知边长c和b,则边长a为　$a=\sqrt{c^2-b^2}$

图 1-54　勾股定理各边的关系

（1）阻抗三角形　如图 1-55 所示，阻抗三角形可以计算交流电路中电阻与感抗的关系。

Z 为线路阻抗(Ω)；R 为线路电阻(Ω)；X_L 为线路感抗(Ω)

（2）功率三角形　如图 1-56 所示，功率三角形可以分析交流电路中有功功率(P)、无功功率(Q)、视在功率(S)之间关系。

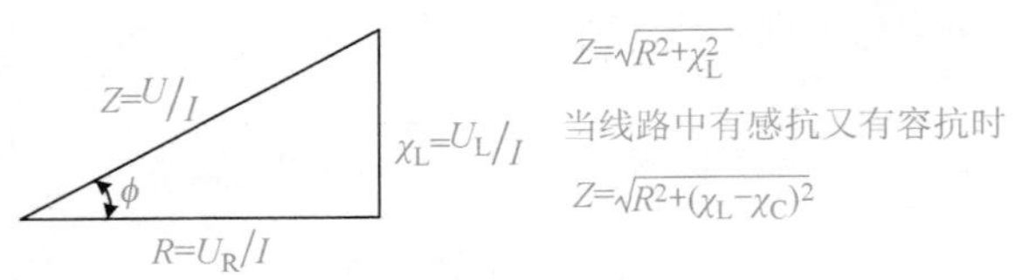

图 1-55　阻抗三角形

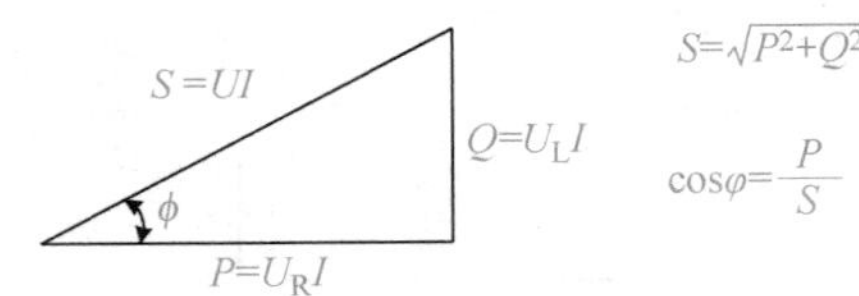

图 1-56　功率三角形

S 为视在功率(kVA)；P 为有功功率(kW)；Q 为无功功率(kVar)

(3) 电压三角形　如图 1-57 所示，电压三角形可以分析交流电路中电阻、电感线圈上的电压。

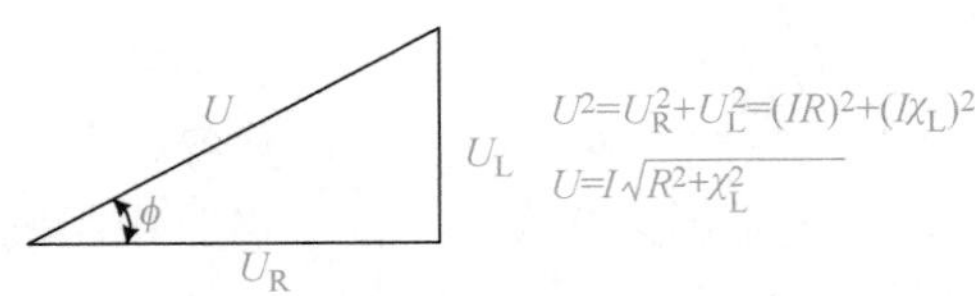

图 1-57　电压三角形

(4) 电流三角形　如图 1-58 所示，电流三角形可以计算交流电路中既有电感元件(无功电流 I_Q)又有电阻元件(有功电流 I_P)的工作总电流。

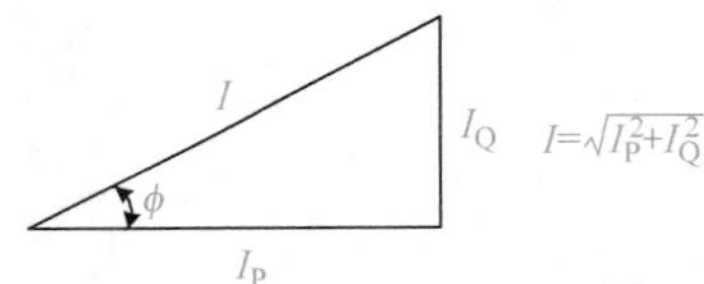

图 1-58　电流三角形

(5) 功率系数　功率系数是反映供电系统运行效率的一种比率。功率系数的大小与电路的负荷性质有关，如白炽灯泡、电阻炉等电阻负荷的功率系数为 1，一般具有电感或电容性负载的电路功率系数都小于 1。功率系数是电力系统的一个重要的技术数据。功率系数是衡量电气设备效率高低的一个尺度。功率系数低，说明电路用于交变磁场转换的无功功率大，从而降低了设备的利用率，增加了线路供电损失。

例如：某设备功率为 100 个单位，也就是说，要有 100 个单位的功率输送到设备中。然而大部分电器系统存在固有的无功损耗，只能使用 70 个单位的功率。虽然仅仅使用 70 个单位，却要付 100 个单位的费用，在这个例子中，功率系数就是 0.7。这种无功损耗主要存在于电动机、变压器等设备中，又叫感性负载。

在交流电路中，电压与电流之间的相位差(ϕ)的余弦叫做功率系数，用符号 $\cos\phi$ 表示，在数值上，功率系数是有功功率和视在功率的比值。即：$\cos\phi = P/S$，也可用阻抗三角形求得，$\cos\phi = R/Z$。

第八节　电功与电功率

一、电功

电功就是在电源的作用下，电流通过电气设备时，把电能转变为动力、光亮、热量等其他形式的能，证明电流做了功。

在一段时间内，电流通过导体时所做的功，称为电功，用字母“W”表示，其单位是“焦耳”，简称为“焦”，用字母“J”表示。

电功的大小与通过用电器具的电流大小及加在它们两端电压的高低和通电时间的长短成正比。用公式表达为：

$$W=IUt \quad 或 \quad W=I^2Rt$$

式中　W——电功，J；

I——电流，A；

R——电阻，Ω；

U——电压，V；

t——时间，s。

1J＝1W×1s。在实际应用中，这级单位显得太小，难以适用。故现在常以“度”表示电能的消耗。1 度＝1 千瓦时（kW·h）。

“度”和“焦耳”的换算关系为：

$$1\text{kW}\cdot\text{h}=3.6\times10^6\text{J}=3.6\text{MJ}$$

二、电功率

电功率是表示消耗能量快慢的物理量，电气设备在单位时间内所做的功叫电功率，简称功率，用字母“P”表示，即：

$$P=\frac{W}{t}$$

在直流电路或纯电阻交流电路中电功率与电压和电流关系：

$$P=UI=\frac{U^2}{R}=I^2R$$

电功率单位为“瓦”（W），常用的单位还有兆瓦（MW）、千瓦（kW）、毫瓦（mW），它们的换算关系为：

$$1\text{MW}=1000\text{kW}=10^3\text{kW}$$

$$1\text{kW}=1000\text{W}=10^3\text{W}$$

$$1\mathrm{W}=1000\mathrm{mW}=10^3\mathrm{mW}$$

三、有功功率

有功功率是保持用电设备正常运行所需的电功率，也就是将电能转换为其他形式能量（机械能、光能、热能）的电功率。有功功率的符号用 P 表示，单位有瓦（W）、千瓦（kW）、兆瓦（MW）。

有功功率　　$P=S\cos\phi=UI\cos\phi$

四、视在功率

交流电源所能提供的总功率称为视在功率或表现功率，在数值上是交流电路中电压与电流的乘积。视在功率用 S 表示，单位为伏安（VA）或千伏安（kVA）。

视在功率既不等于有功功率，又不等于无功功率，但它既包括有功功率，又包括无功功率。能否使视在功率 100kVA 的变压器输出 100kW 的有功功率，主要取决于负载的功率系数。

视在功率　　$S=UI$

五、无功功率

无功功率比较抽象，它是用于电路内电场与磁场的交换，并用来在电气设备中建立和维持磁场的电功率。它不对外做功，而是转变为其他形式的能量。凡是有电磁线圈的电气设备，要建立磁场，就要消耗无功功率。

由于它不对外做功，才被称为“无功”。无功功率的符号用 Q 表示，单位为乏（var）或千乏（kvar）。

无功功率　　$Q=UI\sin\phi$

无功功率绝不是无用功率，它的用处很大。电动机需要建立和维持旋转磁场，使转子转动，从而带动机械运动，电动机的转子磁场就是靠从电源取得无功功率建立的。变压器也同样需要无功功率，才能使变压器的一次线圈产生磁场，在二次线圈感应出电压。因此，没有无功功率，电动机就不会转动，变压器也不能变压，交流接触器也不会吸合。

六、三相交流电路的功率计算

在三相电路中，总有功功率等于各相有功功率之和，总无功功率等于各相无功功率之和。当负载对称时，每相的有功功率都是相等的，因此三相总有功功率为：

$$P=P_u+P_v+P_w=3P=U_uI_u\cos\phi+U_vI_v\cos\phi+U_wI_w\cos\phi$$

式中，U 为线电压，I 为线电流。

当对称负载是星形连接时：

$$U_L=\sqrt{3}U_\phi \quad I_L=I_\phi$$

当对称负载是三角形连接时：

$$U_L=U_\phi \quad I_L=\sqrt{3}I_\phi$$

可见无论对称负载是星形连接或三角形连接，都有：

有功功率 $$P=\sqrt{3}U_LI_L\cos\phi$$

无功功率 $$Q=\sqrt{3}U_LI_L\sin\phi$$

视在功率 $$S=\sqrt{3}U_LI_L$$

七、根据现场情况算出无功消耗

利用配电柜上的电压表和电流表及功率系数表，可以方便地计算出供电系统的各种功率消耗。

配电柜上的电压表和电流表，表示的是系统的线电压和线电流，利用公式可得到：

有功功率 $$P=\sqrt{3}U_LI_L\cos\phi$$

式中 U_L——线电压，V；

I_L——线电流，A。

如某一个系统电压为10kV，电流为40A，$\cos\phi$ 为0.87，求系统的有功功率消耗和无功功率消耗。如果将功率系数提高到0.95，能节电多少？

根据公式 $P=\sqrt{3}U_LI_L\cos\phi=1.732\times10000\times40\times0.87=602(\text{kW})$

$S=\sqrt{3}U_LI_L=1.732\times10000\times40=692(\text{kVA})$

$Q=\sqrt{S^2-P^2}=\sqrt{692^2-602^2}=341(\text{kvar})$

$Q=\sqrt{3}U_LI_L\sin\phi=1.732\times10000\times40\times0.493=341(\text{kvar})$

功率系数提高到 $\cos\phi$ 为0.95：

$P'=\sqrt{3}U_LI_L\cos\phi=1.732\times10000\times40\times0.95=658(\text{kW})$

$Q'=\sqrt{3}U_LI_L\sin\phi=1.732\times10000\times40\times0.312=216(\text{kvar})$

两次的计算结果相减：

$$P'-P=658-602=56(\text{kW})$$

$$Q-Q'=341-216=125(\text{kvar})$$

功率系数提高到 $\cos\phi$ 为0.95后有功功率提高56kW，无功功率减少125kvar

$\cos\phi$ 与 $\sin\phi$ 的对应值见表1-1。

表 1-1　cosϕ 与 sinϕ 的对应值

cosϕ	sinϕ	cosϕ	sinϕ	cosϕ	sinϕ
1. 000	0. 000	0. 900	0. 436	0. 800	0. 600
0. 990	0. 141	0. 890	0. 456	0. 780	0. 626
0. 980	0. 199	0. 880	0. 475	0. 750	0. 661
0. 970	0. 243	0. 870	0. 493	0. 720	0. 694
0. 960	0. 280	0. 860	0. 510	0. 700	0. 714
0. 950	0. 312	0. 850	0. 527	0. 650	0. 760
0. 940	0. 341	0. 840	0. 543	0. 600	0. 800
0. 930	0. 367	0. 830	0. 558	0. 550	0. 835
0. 920	0. 392	0. 820	0. 572	0. 400	0. 916
0. 910	0. 415	0. 810	0. 586		

第九节　电工实用电流速算口诀

一、10/0. 4kV 变压器额定电流计算

根据公式：

$$I_{\mathrm{n}} = \frac{S}{\sqrt{3}U_{\mathrm{n}}} = \frac{S}{U_{\mathrm{n}}} \times \frac{1}{\sqrt{3}} \approx \frac{S}{U_{\mathrm{n}}} \times \frac{6}{10}$$

式中　S——变压器容量；

U_{n}——额定电压；

I_{n}——额定电流。

得出变压器额定电流速算口诀；

变压器一次电流　　$I_{\mathrm{n}_1} \approx S \times 0.06$

变压器二次电流　　$I_{\mathrm{n}_2} \approx S \times 1.5$

例：计算一台 800kVA 的 10/0. 4kV 变压器的一次电流和二次电流。

解：用公式法计算，一次电流 $I_1 = \frac{S}{\sqrt{3}U_1} = \frac{800}{1.732 \times 10} = 46.18(\mathrm{A})$，二次电流 $I_2 = \frac{800}{1.732 \times 0.4} = 1159(\mathrm{A})$。

用速算口诀计算：一次电流 $I_1 = 800 \times 0.06 \approx 48(\mathrm{A})$，二次电路 $I_2 = 800 \times 1.5 \approx 1200(\mathrm{A})$。

二、三相电动机额定电流速算

根据公式：

$$I=\frac{P\times 1000}{\sqrt{3}\eta U\cos\phi}\approx\frac{P\times 1000}{1.732\times 0.85\times 0.9U}$$

式中 P——电机功率，kW；

U——额定电压，V；

η——效率(取 0.9)；

$\cos\phi$——功率系数(取 0.85)。

得出三相电动机额定电流速算口诀：

380V 电机 1kW≈2A

三相 220V 电动机 1kW≈3.5A

660V 电动机 1kW≈1.2A

例：计算一台 380V、功率 10kW 三相电动机的额定电流。

解：用公式法计算，$I=\frac{P\times 1000}{\sqrt{3}\eta U\cos\phi}\approx\frac{10\times 1000}{1.732\times 0.85\times 0.9\times 380}\approx 19.96(\text{A})$。

用速算口诀计算：$I=P\times 2=10\times 2\approx 20(\text{A})$。

三、220V 单相电动机额定电流速算

根据公式：

$$I_n=\frac{1000P}{\eta U\cos\phi}=\frac{1000P}{0.75\times 220\times 0.75}$$

式中 η——效率(取 0.75)；

$\cos\phi$——功率系数(取 0.75)。

得出单相电动机额定电流速算口诀：单相电机二百二，一个千瓦八安培，$I_n=8P$。

例：计算一台 220V、功率 1.7kW 的电动机的额定电流。

解：根据公式计算，$I_n=\frac{1000P}{\eta U\cos\phi}=\frac{1000\times 1.7}{0.75\times 220\times 0.75}=13.75(\text{A})$

用速算口诀计算：$I=P\times 8=1.7\times 8\approx 13.6(\text{A})$

四、三相电阻加热器额定电流速算（电阻加热器功率系数取 1）

根据公式：

$$I_n=\frac{1000P}{\sqrt{3}U}=\frac{1000P}{1.732\times380}$$

额定电流速算口诀：三相电加热，千瓦乘以一点五，$I_n=1.5P$。

例：计算一台 380V、功率 6kW 的电热水器的电流。

解：根据公式计算，$I_n=\frac{1000P}{\sqrt{3}U}=\frac{1000\times6}{1.732\times380}=9.1(\mathrm{A})$。

用速算口诀计算：$I=P\times1.5=6\times1.5\approx9(\mathrm{A})$。

五、单相电阻加热器额定电流速算（电阻加热器功率系数取 1）

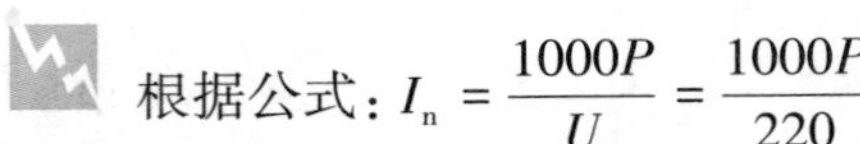

根据公式：$I_n=\frac{1000P}{U}=\frac{1000P}{220}$

额定电流速算口诀：单相电加热，千瓦乘以四点五，$I_n=4.5P$。

例：计算一台 220V、功率 7kW 的电热水器的电流。

解：根据公式计算，$I_n=\frac{1000P}{U}=\frac{1000\times7}{220}=31.81(\mathrm{A})$。

用速算口诀计算：$I=P\times4.5=7\times4.5\approx31.5(\mathrm{A})$。

六、380V 电焊机额定电流速算（电焊机功率系数取 0.75）

根据公式：$I_n=\frac{1000S}{U\cos\phi}=\frac{1000S}{380\times0.75}$

额定电流速算口诀：三百八电焊机容量乘以三点四，$I_n=3.4S$。

例：计算一台 $S=16\mathrm{kVA}$，380V 电焊机的一次电流

解：根据公式，$I_n=\frac{1000S}{U\times0.75}=\frac{1000\times16}{380\times0.75}=56.1(\mathrm{A})$。

用速算口诀计算：$I_n=3.4\times16\approx54.4(\mathrm{A})$。

七、220V 电焊机额定电流速算（电焊机功率系数取 0.75）

根据公式：$I_n=\frac{1000S}{U\cos\phi}=\frac{1000S}{220\times0.75}$

额定电流速算口诀：二百二电焊机容量乘六，$I_n=6S$。

例：计算一台 $S=7.3\mathrm{kVA}$、220V 电焊机的一次电流。

解：根据公式计算，$I_n=\frac{1000S}{U\times0.75}=\frac{1000\times7.3}{220\times0.75}=44(\mathrm{A})$

用速算口诀计算：$I_n=7.3\times6\approx43.8(\mathrm{A})$。

八、220V 日光灯额定电流速算（日光灯功率系数取 0.5）

根据公式：$I_n=\dfrac{1000P}{U\cos\phi}=\dfrac{1000P}{220\times0.5}$。

额定电流速算口诀：日光灯电流千瓦九安培，$I_n=9P$。

例：计算一个 220V、功率 40W 的日光灯的电流。

解：根据公式计算，$I_n=\dfrac{1000P}{U\cos\phi}=\dfrac{1000\times0.04}{220\times0.5}=0.36(A)$。

用速算口诀计算：$I_n=9P=9\times0.04=0.36(A)$。

九、220V 白炽灯额定电流速算（白炽灯功率系数取 1）

根据公式：$I_n=\dfrac{1000P}{U}=\dfrac{1000P}{220}$。

额定电流速算口诀：日炽灯电流千瓦四点五安培，$I_n=4.5P$。

例：计算一个 220V、功率为 500W 的白炽灯的电流。

解：根据公式计算，$I_n=\dfrac{1000P}{U}=\dfrac{1000\times0.5}{220}=2.27(A)$

用速算口诀计算：$I_n=4.5P=4.5\times0.5=2.25(A)$

十、0.4kV 电力电容器额定电流速算

（1）按容量用 kV 电压计算

根据公式：

$$I_n=\frac{Q}{\sqrt{3}U}=\frac{Q}{1.732\times0.4}\approx\frac{Q}{0.7}$$

式中　Q——电容器容量，kvar。

0.4kV 电容器额定电流速算口诀：并联电容三百八容量除以零点七，$I_n=Q/0.7$。

（2）按容量用实际电压计算

根据公式：$I_n=\dfrac{1000Q}{\sqrt{3}U}=\dfrac{1000Q}{1.732\times380}\approx1.5Q$。

计算口诀：千乏乘以一点五，$I_n=1.5Q$。

例：计算一台 BW0.4-12-3 的电力电容器的电流。

解：按容量用 kV 电压计算。

根据公式计算：$I_n=\dfrac{Q}{\sqrt{3}U}=\dfrac{12}{1.732\times0.4}=\dfrac{12}{0.69}=17.39(A)$。

用口诀计算：并联电容三百八容量除以零点七，$I=\dfrac{Q}{0.7}=\dfrac{12}{0.7}\approx17.14(A)$。

第二章 绝缘安全用具的检查与使用

绝缘安全用具是指用来防止工作人员在工作中发生直接触电的用具。绝缘安全用具分为基本绝缘安全用具和辅助绝缘安全用具两类。

基本绝缘安全用具：用具本身的绝缘足以抵御工作电压的用具(通俗的解释是可以接触带电体)。

辅助绝缘安全用具：用具本身的绝缘不足以抵御工作电压的用具(通俗的解释是不可以接触带电体)。

第一节 低压电工的安全用具

一、绝缘鞋

绝缘鞋是低压电工必备的个人安全防护用品，如图 2-1 所示，主要用于防止跨步电压的伤害，也辅助用作防止接触带电体造成电击事故。绝缘鞋在使用之前应检查鞋底花纹是否磨平，有无扎伤。

图 2-1 绝缘鞋

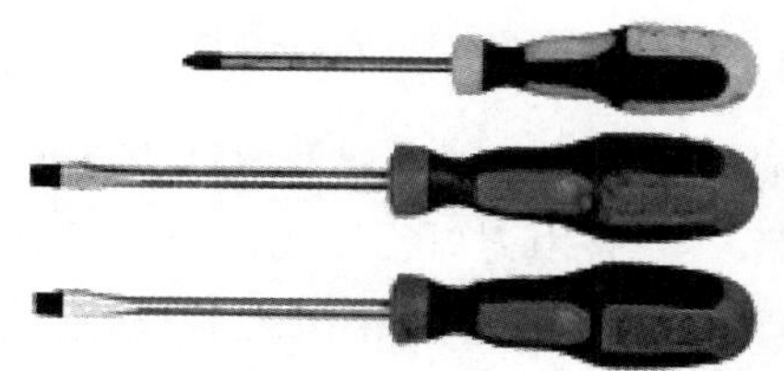

图 2-2 螺丝刀

二、旋具（螺丝刀）

旋具也称螺丝刀、改锥、起子。有平口(也称一字头)和十字口(十字头)的两

种，如图 2-2 所示，应配合不同槽型螺钉来使用，电工用螺丝刀必须使用有绝缘手柄的螺丝刀，工作中为了避免螺丝刀金属杆触及人体或邻近的带电体，应在螺丝刀金属杆上加套绝缘管。

三、电工钳

钢丝钳是用来钳、夹和剪断的工具，如图 2-3 所示，由钳头和钳柄两部分组成。功能较多：钳口用来弯铰或钳夹导线线头；齿口用来紧固或起松螺母；刃口可用来剪断导线或剖削导线绝缘层。电工所用的钢丝钳，钳柄上应套有耐压为 500V 以上的绝缘套。

尖嘴钳钳柄上套有额定电压 500V 的绝缘套管，是一种常用的钳形工具，如图 2-4 所示。用途：主要用来剪切线径较细的单股与多股线，以及给单股导线接头弯圈、剥塑料绝缘层等，能在较狭小的工作空间操作，不带刃口者只能夹捏工作，带刃口者能剪切细小零件，它是电工(尤其是内线电工)、仪表及电信器材等装配及修理工作常用的工具之一。

偏口钳是电工常用工具之一，又称为“斜口钳”，如图 2-5 所示，主要用于剪切导线和元器件多余的引线，还常用来代替一般剪刀剪切绝缘套管、尼龙扎线卡等。

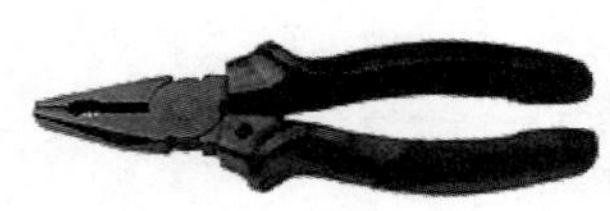

图 2-3　钢丝钳

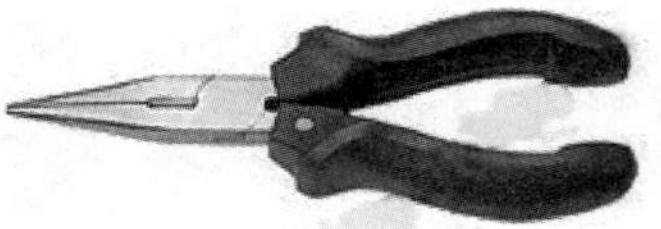

图 2-4　尖嘴钳

图 2-5　偏口钳

四、剥线钳

剥线钳为内线电工以及电动机修理、仪器仪表电工常用的工具之一，其外形如图 2-6 所示。它是由刀口、压线口和钳柄组成。剥线钳的钳柄上套有额定工作电压 500V 的绝缘套管。剥线钳适宜用于塑料、橡胶绝缘电线、电缆芯线的剥皮。使用方法：将待剥皮的线头置于钳头的刃口中，用手将两钳柄一捏，然后一松，绝缘皮便与芯线脱开。

图 2-6　电工剥线钳

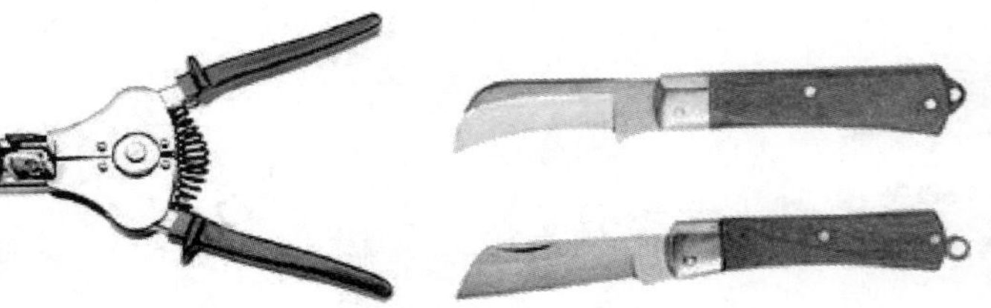

图 2-7　电工刀

五、电工刀

电工刀是电工常用的一种切削工具。普通的电工刀由刀片、刀刃、刀把、刀挂等构成，如图 2-7 所示。电工刀不是绝缘用具，不能带电使用，不用时，把刀片收缩到刀把内。

电工刀的刀刃部分要磨得锋利才好剥削电线，但不可太锋利，太锋利容易削伤线芯，磨得太钝，则无法剥削绝缘层，磨刀刃一般采用磨刀石或油磨石。磨好后再把底部磨点倒角，即刃口略微圆一些。对双芯护套线的外层绝缘的剥削，可以用刀刃对准两芯线的中间部位，把导线一剖为二。

用电工刀可以削制木榫、竹榫，圆木与木槽板或塑料槽板的吻接凹槽，可采用电工刀在施工现场切削。

六、低压试电笔

常用低压试电笔如图 2-8 所示，低压试电笔适用于测试 75～500V 交流电压，使用时用手捏住后端金属部分，用前端金属部分接触带电体，笔内氖泡发光，则表示有电，其构造如图 2-9 所示。

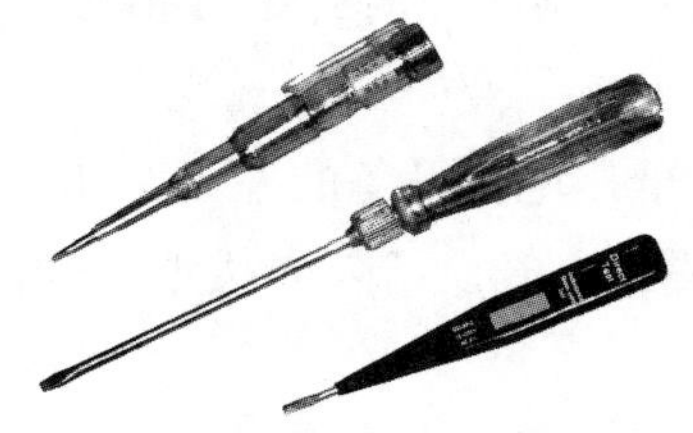

图 2-8　常用低压试电笔

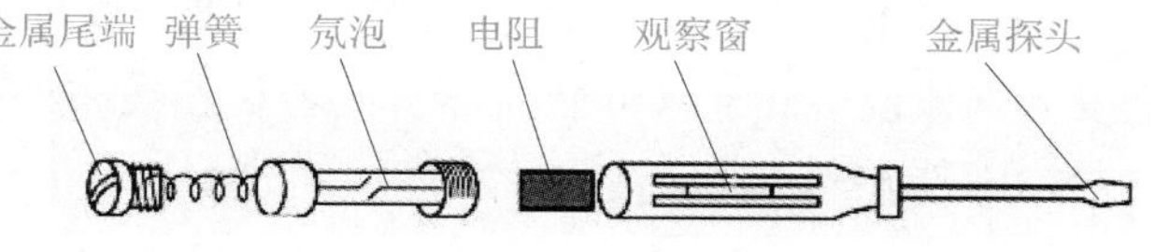

图 2-9　低压试电笔的构造

使用低压试电笔时，应注意以下事项。

① 使用试电笔之前，首先要检查试电笔内有无安全电阻，再直观检查试电笔是否有损坏，有无受潮或进水，检查合格后才能使用。

② 使用试电笔时，不能用手触及试电笔前端的金属探头，这样做会造成人身触电事故。

③ 使用试电笔时，一定要用手触及试电笔尾端的金属部分，否则，因带电体、试电笔、人体与大地没有形成回路，试电笔中的氖泡不会发光，造成误判，认为带电体不带电，这是十分危险的。

④ 在测量电气设备是否带电之前，先要找一个已知电源测一测试电笔的氖泡能否正常发光，能正常发光，才能使用。

⑤ 在明亮的光线下测试带电体时，应特别注意氖泡是否真的发光（或不发光），必要时可用另一只手遮挡光线仔细判别。千万不要造成误判，将氖泡发光判断为不发光，而将有电判断为无电。

七、低压试电笔的使用技巧

(1) 试电笔直流电源正负极的判断　用低压试电笔验直流电时（电压不超过500V），氖泡只有一端发光。测试时一手扶“地”，一手持试电笔并接触直流电源的任意一极，若靠近低压试电笔笔尖的一端发光，则发光的一端为被测直流电源的负极；若靠近低压试电笔顶部的一端发光，则笔尖的一端为被测直流电源的正极。

直流操作系统运行正常的情况下（正、负极任何一端都不接地），用低压试电笔测试直流系统电源的正负极，氖泡是不发光的。只有当系统接地故障时，氖泡的其中一极会发光。若氖泡靠近试电笔顶部的一端发光，说明电源的负极发生接地故障；若氖泡靠近试电笔笔尖的一端发光，说明电源的正极发生接地故障。

(2) 试电笔电压高低的大致判断　在电压等级合适的范围内，可用低压验电器判断电压的高低。氖泡发光强（发光即亮又长），则表明电压高；氖泡发光弱（发光暗红且短），则表明电压低。

(3) 试电笔相线、零线的判断　用低压验电器接触相线时，氖泡发光。接触零线时氖泡不应发光。如果电气设备（变压器、电动机等）三相负荷严重不平衡时，用低压验电器测其中性线时，氖泡会发光，电气设备绕组有严重的短路故障时，也可用此方法判断。

(4) 试电笔电气设备漏电的判断　用低压验电器接触低压电器设备的外壳，如果氖泡发光则该设备的绝缘可能损坏，或者是相线与外壳相碰，电气设备外壳接地良好时，氖泡不应发光。

(5) 试电笔电气回路的判断　用低压验电器接触相线时，若氖泡发光则说明：①该电路中某个连接部件接触不良（虚接）；②不同的电力系统相互干扰所致。

(6) 试电笔单相电气设备外壳感应电的判断　单相电气设备没有接保护线，用低压验电器检查外壳时，验电器氖泡可能会亮，此时应特别小心，人体不得接触设备的外壳，可将设备的电源插头调换方向后，用验电笔验电，如氖泡不发光或发出弱光，说明有感应电压存在。

(7) 试电笔带有电容的设备残余电荷的判断　电力电缆、电容器等带有电容的设备在停电或用兆欧表测量绝缘电阻后，该设备未放电前存有残余电荷，接触该设备的接线端子，极易造成人身触电，若用低压验电器接触接线端子，氖泡一闪即灭，说明该设备有残余电荷。

第二节　高压电工的安全用具

一、绝缘杆

绝缘杆是高压绝缘基本安全用具，高压绝缘杆如图 2-10 所示，用于 35kV 以下的电气操作。可用来操作高压隔离开关，操作跌落式保险器，安装和拆除临时接地线，安装和拆除避雷器，以及进行测量和试验等项工作。

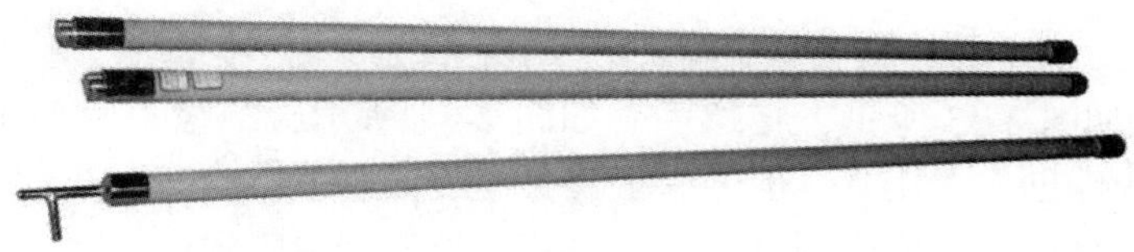

图 2-10　高压绝缘杆

绝缘杆是由工作部分、绝缘部分和握手部分组成。握手部分和绝缘部分用浸过绝缘漆的木材、硬塑料、胶木或玻璃钢制成，其间由护环分开。配备不同工作部分的绝缘杆，绝缘杆顶端工作部分金属钩的长度，在满足工作需要的情况下，宜为 5～8cm，以免操作时造成相间短路或接地短路。

二、绝缘夹钳

绝缘夹钳是绝缘基本安全用具，高压绝缘夹钳如图 2-11 所示。绝缘夹钳只用于 35kV 以下的电气操作。绝缘夹钳主要用来拆除和安装熔断器及其他类似工作。考虑到电力系统内部过电压的可能性，绝缘杆和绝缘夹钳的绝缘部分及握手部分的最小长度应符合要求。绝缘夹钳由工作部分、绝缘部分和握手部分组成。握手部分和绝缘部分用浸过绝缘漆的木材、硬塑料、胶木或玻璃钢制成。

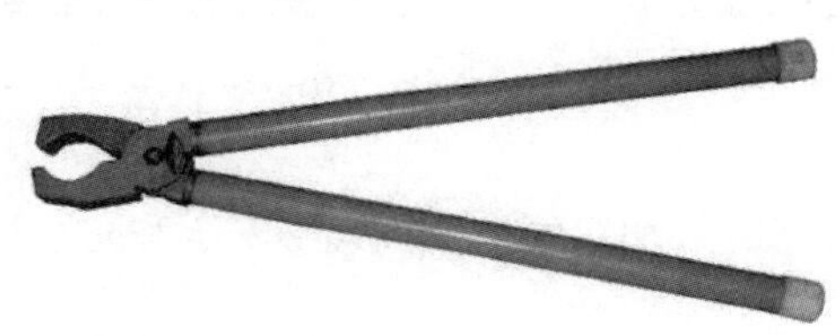

图 2-11　高压绝缘夹钳

三、高压验电器

高压验电器如图 2-12 所示，主要用于检验线路是否有电的工具。

图 2-12　高压验电器

四、高压设备的辅助绝缘安全用具

绝缘靴如图 2-13 所示，绝缘手套如图 2-14 所示，绝缘手套和绝缘靴用橡胶制成。两者都作为辅助安全用具，但绝缘手套可作为低压工作的基本安全用具，绝缘靴可作为防护跨步电压的基本安全用具。绝缘手套的长度至少应超过手腕 10cm。

绝缘垫和绝缘站台只作为辅助安全用具。绝缘垫用厚度 5mm 以上、表面有防滑条纹的橡胶制成，其最小尺寸不宜小于 0. 8m×0. 8m。绝缘站台用木板或木条制成，如图 2-15 所示，相邻板条之间的距离不得大于 2. 5cm，以免鞋跟陷入；站台不得有金属零件；台面板用支持绝缘子与地面绝缘，支持绝缘子高度不得小于 10cm；台面板边缘不得伸出绝缘子之外，以免站台翻倾，人员摔倒。绝缘站台最小尺寸不宜小于 0. 8m×0. 8m，但为了便于移动和检查，最大尺寸也不宜超过 1. 5m×1. 0m。

图 2-13　绝缘靴

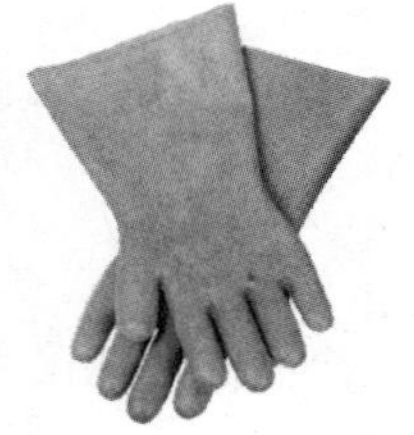

图 2-14　绝缘手套

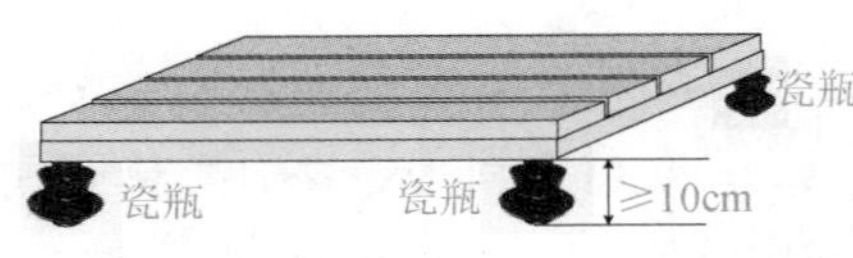

图 2-15　绝缘站台

第三节　检修安全用具

检修安全用具是指检修时应配置的、保护人身安全和防止误入带电间隔以及防止误操作的安全用具。

检修安全用具除包括基本绝缘安全用具和辅助绝缘安全用具外，还有临时接地线、标示牌、安全带、脚扣、临时遮栏、安全灯等。

一、对临时接地线的使用要求

① 临时接地线应使用多股软裸铜线，截面不小于 $25mm^2$，如图 2-16 所示（现在市场供应的临时接地线，有一种在导线外加无色透明塑料绝缘，其目的是保护软铜导线不易断线，不散股，可视为裸线）。

② 临时接地线无背花，无死扣。

③ 接地线与接地棒的连接应牢固，无松动现象。

④ 接地棒绝缘部分无裂缝，完整无损。

⑤ 接地线卡子或线夹与软铜线的连接应牢固，无松动现象。

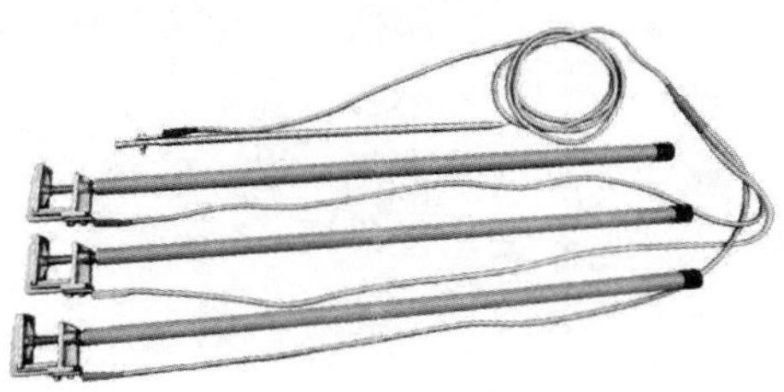

图 2-16　接地线

二、挂、拆临时接地线的要求

挂临时接地线应由值班员在有人监护的情况下，按操作票指定的地点进行操作。在临时接地线上及其存放位置上均应编号，挂临时接地线还应按指定的编号使用。

装设临时接地线的实际操作及安全注意事项如下：

① 装设时，应先将接地端可靠接地，当验电设备或线路确无电压后，立即将临时接地线的另一端（导体端）接在设备或线路的导电部分上，此时设备或线路已接地并三相短路。

② 装设临时接地线必须先接接地端，后接导体端；拆的顺序与此相反。装、拆临时接地线时应使用绝缘棒或戴绝缘手套。

③ 对于可能送电至停电设备或线路的各方面或停电设备可能产生感应电压的，都要装设临时接地线。

④ 分段母线在断路器或隔离开关断开时，各段应分别验电并接地之后方可进行检修。降压变电所全部停电时，应将各个可能来电侧的部位装设临时接地线。

⑤ 在室内配电装置上，临时接地线应装在未涂相色漆的地方。

⑥ 临时接地线应挂在工作地点可以看见的地方。

⑦ 临时接地线与检修的设备或线路之间不应连接有断路器或熔断器。

⑧ 带有电容的设备或电缆线路，在装设临时接地线之前，应先放电。

⑨ 同杆架设的多层电力线路装设临时的接地线时，应先装低压，后装高压；先装

下层，后装上层；先装“地”，后装“火”；拆的顺序则相反。

⑩ 装、拆临时接地线工作必须由两人进行，若变电所为单人值班时，只允许使用接地线隔离开关接地。

⑪ 装设了临时接地线的线路，还必须在开关的操作手柄上挂“已接地”标志牌。

三、挂、拆接地线操作必须使用操作票的原因

挂接一组接地线的操作项目有两项，即在××设备上验电应无电；在××设备上挂接地线。拆接地线的操作项目为一项，即拆除××设备的接地线。但都必须使用操作票。

因为此项操作是一项关系到人身安全的操作，所以要谨慎进行，其中特别是挂接地线的操作，如发生错误，就要发生带电挂接地线，造成操作电工触电或烧伤以及电气设备的损坏事故。误拆除接地线的危害也不小，当停电设备进行检修工作还未结束，工作地点两端导线没有挂地线，这时，如线路突然来电，检修人员就会触电伤亡。所以无论是挂接地线还是拆除接地线操作必须使用操作票。

四、挂接地线时，先接接地端，后接导线端的原因

挂接或拆除接地线的操作顺序千万不可颠倒，否则将危及操作人员的人身安全，甚至造成人身触电事故。挂接地线时，如先将地线的短路线挂接在导体上，即先接导线端，此时若线路带电(包括感应电压)，操作电工的身体上也会带电，这样将危及操作电工的人身安全。拆地线时，如先将接地线的接地端拆开，还未拆下接地线的短路线，这时，若线路突然来电(包括感应电压)，操作电工的身体上就会带电，人体上有电流通过，将危及操作人员的人身安全。

五、标示牌的使用

标示牌用来警告工作人员不得接近设备的带电部分或禁止操作设备，指示工作人员何处可以工作及提醒工作时必须注意的其他安全事项。标示牌有四类七种，按其性质分类如下。

(1) 禁止类　有“禁止合闸，有人工作!”和“禁止合闸，线路有人工作!”。

禁止合闸
有人工作

“禁止合闸有人工作”尺寸200mm×100mm或80mm×50mm。白底红字。标示牌应悬挂在一经合闸即可送电到施工的断路器设备和隔离开关的操作手柄上(检修设备挂此牌)。

禁止合闸
线路有人工作

“禁止合闸有人工作”尺寸 200mm×100mm 或 80mm×50mm。红底白字。标示牌应悬挂在一经合闸即可送电到施工的断路器设备和隔离开关的操作手柄上(检修线路挂此牌)。

（2）警告类　有“止步，高压危险!”和“禁止攀登，高压危险!”。

禁止攀登
高压危险

“禁止攀登，高压危险”尺寸 200mm×250mm。白底红字，中间有红色危险标志。标示牌悬挂在：

工作人员上下的铁架邻近可能上下的另外铁架上；

运行中变压器的梯子上；

输电线路的铁塔上；

室外高压变压器台支柱杆上。

止　步
高压危险

“止步，高压危险”尺寸 200mm×250mm。白底红字，中间有红色危险标志。标示牌悬挂在：

工作地点邻近带电设备的遮栏、横梁上；

室外工作地点的围栏上；

室外电气设备的架构上；

禁止通行的过道上；

高压试验地点。

（3）准许类　有“在此工作”和“从此上下”。

“在此工作”尺寸 250mm×250mm。绿底中有直径 210mm 的白圈，圈中黑字分为两行。标示牌应悬挂在室内和室外允许工作的地点或施工设备上。

“从此上下”尺寸 250mm×250mm。绿底中有直径 210mm 白圈，圈中黑字分为两行。标示牌应悬挂在允许工作人员上下的铁架、梯子上。

（4）提醒类　有“已接地”。

已接地

“已接地”尺寸 240mm×130mm。绿底黑字。标示牌应悬挂在已接接地线的隔离开关操作手柄上。

常用的标示牌分为四类七种。除此以外，还有一些悬挂在特定地点的标示牌，如“禁止推入，有人工作”、“有电危险，请勿靠近”等。

六、标示牌的用法及悬挂有关规定

禁止类标示牌悬挂在“一经合闸即可送电到施工设备或施工线路的断路器和隔离开关的操作手柄上”。

警告类标示牌悬挂在以下场所：

① 禁止通行的过道上或门上；

② 工作地点邻近带电设备的围栏上；

③ 在室外构架上工作时，挂在工作地点邻近带电设备的横梁上；

④ 已装设的临时遮栏上；

⑤ 进行高压试验的地点附近。

准许类标示牌悬挂在以下所处：

① 室外和室内工作地点或施工设备上；

② 供工作人员上、下的铁架、梯子上。

提醒类标示牌悬挂在“已接地线的隔离开关的操作手柄上”。

标示牌悬挂数量规定如下：

① 禁止类标示牌的悬挂数量应与参加工作的班组数相同；

② 提醒类标示牌的悬挂数量应与装设接地线的组数相同；

③ 警告类和准许类标示牌的悬挂数量，可视现场情况适量悬挂。

七、室外停电检修设备与室内停电检修设备使用临时遮栏的要求

遮栏的作用是限制工作人员的活动范围，以防止工作人员在工作中造成对带电设备的危险接近，造成工作人员发生触电事故。因此，当进行停电工作时，如对带电部分的安全距离小于10kV为0.7m时，应在工作地点和带电部分之间装设临时性遮栏。实际上，检修工作范围大于0.7m以上时，一般现场也设置临时遮栏，这时所设的遮栏的作用是防止检修人员随便走动，以致走错位置，或外人进入，接近带电设备，避免触电事故的发生。临时遮拦有伸缩式的，如图2-17所示，安全警戒围绳如图2-18所示。

图2-17　伸缩式临时遮栏

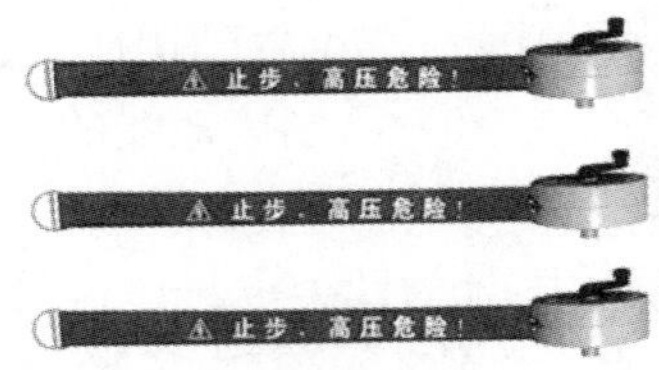

图2-18　安全警戒围绳

室内与室外停电检修设备使用临时遮栏的差别如下。

（1）室内　用临时遮栏将带电运行设备围起，在遮栏上挂标示牌，牌面向外。配电屏后面的设备检修，应将检修的屏后网状遮栏门或铁板门打开，其余带电运行的盘应关好，加锁。

配电屏后面应有铁板门或网状遮栏门，无门时，应在左右两侧屏安装临时遮栏。

（2）室外　用临时遮栏将停电检修设备围起（但应留出检修通道）。在遮栏上挂标示牌，牌面向内。

八、安全灯的使用

安全灯也称为行灯，它由安全灯变压器（图 2-19）和手携行灯（图 2-20）组成，安全灯变压器的接线如图 2-21 所示。

下列工作场所应使用行灯：

① 一般场所工作，手携行灯的局部照明，采用 36V；

② 工作面狭窄、特别潮湿的场所和金属容器中，应采用 12V 或以下电压。

图 2-19　行灯变压器

图 2-20　手携行灯

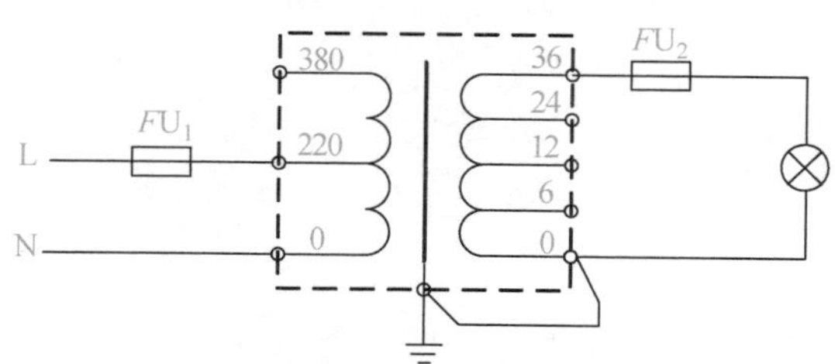

图 2-21　安全灯变压器的接线

行灯变压器的安装要求：

① 变压器应具有加强绝缘结构；

② 变压器二次边保持独立，既不接地，也不接零，更不接其他用电设备；

③ 当变压器不具备加强绝缘结构时，其二次侧的一端应接地（接零）；

④ 一、二次侧应分开敷设，一次侧应采用护套三芯软铜线，长度不宜超过 3m，二次侧应采用不小于 0.75mm^2 的软铜线或护套软线；

⑤ 一、二次侧均应装短路保护；

⑥ 不宜将变压器带入金属容器中使用。

⑦ 绝缘电阻应符合：

· 一次与二次侧之间，不低于 5MΩ；

· 一次、二次侧分别对外壳不低于 7MΩ；

· 普通绝缘的变压器，上述各部位绝缘电阻均不应低于 0.5MΩ。

⑧ 行灯应有完整的保护网，应有耐热、耐湿的绝缘手柄。

九、脚扣的使用

脚扣是一种套在鞋上爬电线杆用的一种弧形铁制工具，如图 2-22 所示。它利用杠杆作用，借助人体自身重量，使另一侧紧扣在电线杆上，产生较大的摩擦力，从而使人易于攀登，供电力系统、邮电通信和广播电视系统等行业使用。

用脚扣登高时，臀部要往后拉，尽量远离水泥杆，两手臂要伸直，用两手掌一上一下抱(托)着水泥杆，使整个身体成为弓形，两腿和水泥杆保持较大夹角，手脚上下交替往上爬。这样就不至于滑下来。初次上杆时往往会用两个手臂去抱水泥杆，臀部靠近水泥杆，身体直挺挺的，和水泥杆呈平行状态，这样脚扣就扣不住水泥杆，很容易滑下来。

在到达作业位置以后，臀部仍然要往后拉、两腿也仍然要和水泥杆保持较大的夹角，保险带要兜住臀部稍上一点儿，不能兜在腰部，以利身体后倾，和水泥杆至少(始终)保持 30°以上夹角，就不会滑下来。

(1) 使用脚扣的注意事项

① 经常检查是否完好，勿使其过于滑钝和锋利，脚扣带必须坚韧耐用；脚扣登板与钩处必须铆固。

② 脚扣的大小要适合电杆的粗细，切勿因不适合用而把脚扣扩大、窝小，以防折断。

③ 脚扣上的胶管和胶垫根应保持完整，破裂露出胶里线时应予更换。

④ 搭脚扣板的勾、绳、板必须确保完好，方可使用。

(2) 脚扣试检办法

① 把脚扣卡在离地面 30cm 左右电线杆上，一脚悬起，一脚用最大力量猛踩。

② 在脚板中心采用悬空吊物 200kg，若无任何受损变形迹象，方能使用。

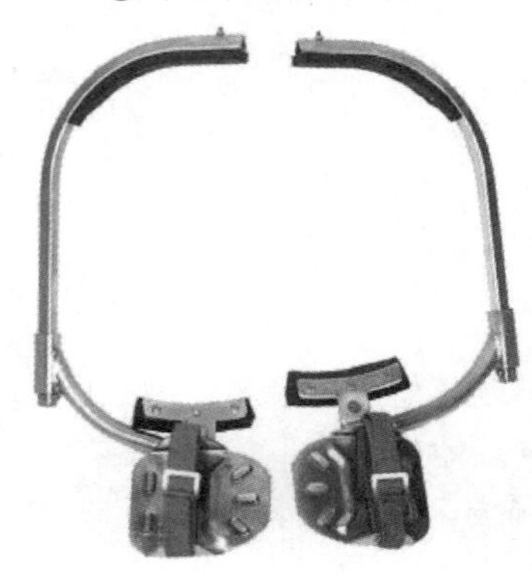

图 2-22 脚扣

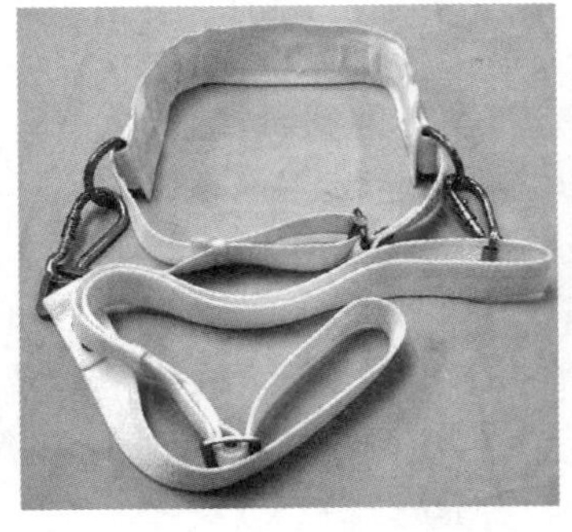

图 2-23 安全带

图 2-24 安全帽

十、安全带的使用

安全带是电工登高作业时必配的安全用具，如图 2-23 所示，规定在 1. 5m 以上的平台使用或外悬空时使用安全带。

登杆使用的安全带应符合下列规定。

① 安全带应无腐朽、脆裂、老化、断股现象，金属部位应无锈蚀，金属钩环应坚固、无损裂，带上的眼孔应无豁裂及严重磨损。

② 安全带上的钩环应有保险闭锁装置，且应转动灵活、无阻无卡，操作方便，安全可靠。

③ 安全带使用时，应扎在臀部而不应扎在腰部。

④ 登杆后，安全带应拴在紧固可靠之处，禁止系在横担、拉板、杆顶、锋利部位以及即要撤换的部位或部件上。

⑤ 安全带拴好后，首先将钩环扣好并将保险装置闭锁，才能作业。登上杆后的全部作业都不允许将安全带解开。

十一、安全帽正确使用

安全帽如图 2-24 所示，作为一种个人头部防护用品，能有效地防止和减轻工人在生产作业中遭受坠落物体和自坠落时对人体头部的伤害，它广泛地适用于建筑、冶金、矿山、化工、电力、交通等行业。实践证明，选购、佩戴性能优良的安全帽，能够真正起到对人体头部的防护作用。

① 使用之前应检查安全帽的外观是否有裂纹、碰伤痕及凸凹不平、磨损，帽衬是否完整，帽衬的结构是否处于正常状态，安全帽上如存在影响其性能的明显缺陷就应及时报废，以免影响防护作用。

② 使用者不能随意在安全帽上拆卸或添加附件，以免影响其原有的防护性能。

③ 使用者不能随意调节帽衬的尺寸，这会直接影响安全帽的防护性能，落物冲击一旦发生，安全帽会因佩戴不牢而脱出，或因冲击后触顶，直接伤害佩戴者。

④ 佩戴者在使用时一定要将安全帽戴正、戴牢，不能晃动，要系紧下颚带，调节好后箍，以防安全帽脱落。

⑤ 不能私自在安全帽上打孔，不要随意碰撞安全帽，不要将安全帽当板凳坐，以免影响其强度。

⑥ 经受过一次冲击或做过试验的安全帽应作废，不能再次使用。

⑦ 安全帽不能在有酸、碱或化学试剂污染的环境中存放，不能放置在高温、日晒或潮湿的场所中，以免其老化变质。

⑧ 应注意在有效期内使用安全帽。

第四节　安全用具的检查与维护

一、绝缘杆、绝缘手套、绝缘靴(鞋)使用前应做的检查

绝缘杆、绝缘手套、绝缘靴(鞋)使用前的检查内容如下。

① 外观应清洁，无油垢，无灰尘。表面无裂纹、断裂、毛刺、划痕、孔洞及明显变形等。

② 绝缘手套还应做充气试验，检验并确认其无泄漏现象。

③ 绝缘靴(鞋)底无扎伤现象，底部花纹清晰明显，无磨平迹象。

④ 绝缘拉杆的连接部分应拧紧。

二、绝缘杆、绝缘手套、绝缘靴正确使用注意事项

① 使用绝缘拉杆时，应配戴绝缘手套。同时手握部分应限制在允许范围内，不得超出防护罩或防护环。

② 绝缘靴是电工必备的个人安全防护用品，主要用于防止跨步电压的伤害，也辅助用作防止接触电压电击。高压绝缘靴每6个月应做一次耐压试验，使用之前应检查是否在上次试验有效期内，靴底花纹是否磨平、扎伤。绝缘靴严禁作为雨靴使用。穿用绝缘靴要防止硬质尖锐物体将底部扎伤。

③ 绝缘手套可以防止触电的伤害，使用绝缘手套还可以直接在低电压设备上进行带电作业，它是一种低压基本安全用具。手套应有足够的长度，一般30~40cm，至少应超过手腕10cm。

绝缘手套每6个月应做一次耐压试验，每次使用前必须认真地检查表面是否清洁、干燥，是否有磨损、划伤或有孔洞，绝缘手套充气检查方法是将手套伸直并用力卷起，使内部空气不能外漏，在卷到一定程度时内部压力增大，手指部位即鼓起，即可查看是否有漏气现象。如有漏气则说明手套已有孔眼或破损，不能继续使用。

三、使用高压验电器的要求和使用前应检查的内容

① 验电器必须是电压等级合适，经试验合格，试验期限有效。

② 验电器应无灰尘、油污、裂纹、断裂等现象。

③ 验电前和验电后应将验电器在带电的设备上测试，确认信号良好。

④ 验电器各连接部位应牢固。

⑤ 同时应对绝缘手套做检查(按相关内容进行检查)。

四、高压验电实际操作中必须注意的安全事项

① 检修的电气设备停电后，在悬挂接地线之前，必须用验电器检查有无电压。

② 应在施工或检修设备的进出线的各相分别进行。

③ 检修高压验电设备时必须戴绝缘手套。

④ 联络用的断路器或隔离开关检修时，应在其两侧验电。

⑤ 线路的验电应逐相进行。

⑥ 同杆架设的多层电力线路检修时，先验低压，后验高压；先验下层，后验上层。

⑦ 表示设备断开的常设信号或标志、表示允许进入间隔的信号以及接入的电压表指示无电压和其他无电压信号指示，只能做参考，不能作为设备无电的根据。

⑧ 验电时，验电器应逐渐地靠近并接触带电体。

五、安全保管注意事项

① 安全用具应存放在干燥、通风场所。

② 绝缘拉杆应悬挂在支架上，不应与墙面接触或斜放。

③ 绝缘手套应存放在密闭的橱内，应与其他工具、仪表分别存放，不可受到油污。

④ 绝缘靴应放在橱内，不准代替雨鞋使用，只限于在操作现场使用。

六、绝缘安全用具的试验周期有何规定

绝缘杆、绝缘夹钳的试验周期为一年。

绝缘手套、绝缘靴、验电器的试验周期为六个月。

第三章 电工基本操作技能

电工在安装和维修各种供电线路、电气设备以及装置时，经常应用到钳工的操作技术。如划线、凿削、锉削、锯削、钻孔、攻螺纹、套螺纹等，为此，电工应掌握一些钳工操作技术中的最基本的知识。掌握钳工正确的操作姿势和正确的操作方法对完成好电气设备的安装及维修有着重要的作用。

一、划线

划线是在工件上画出需要加工的界限，以保证工件形状和位置的正确，并作为下一道工序的加工依据。划线所需的基本工具有钢尺、直角尺、划规、划针等。

（1）钢尺（卷尺）（图 3-1） 是用作量具和划线时的导向工具，钢直尺用于测量零件的长度尺寸，它的测量结果不太准确。这是由于钢直尺的刻线间距为 1mm，而刻线本身的宽度就有 0.1～0.2mm，所以测量时读数误差比较大，只能读出毫米数，即它的最小读数值为 1mm，比 1mm 小的数值，只能估计而得。

图 3-1 钢尺

（2）直角尺（图 3-2） 是划线的导向工具，最常用的是一种有靠边的直角尺。使用时，将直角尺放在被测工件的工作面上，用光隙法来检查被测工件的角度是否正确，检验工件外角时，必须使直角尺的内边与被测工件接触。检验内角时，则使直角尺的外边与被测工件接触，如图 3-3 所示。

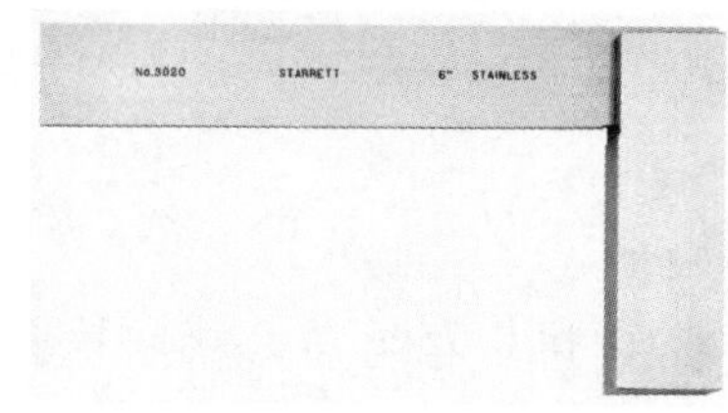

图 3-2 直角尺

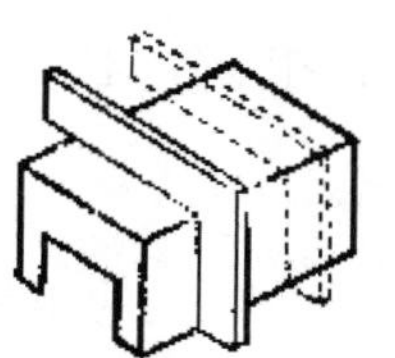

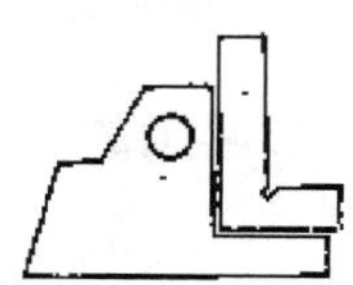

图 3-3 用角尺检查内、外角

测量时，应注意直角尺的测量位置，不得倾斜，在使用和放置工件边较大的直角尺时，应注意防止弯曲变形，如图 3-4 所示

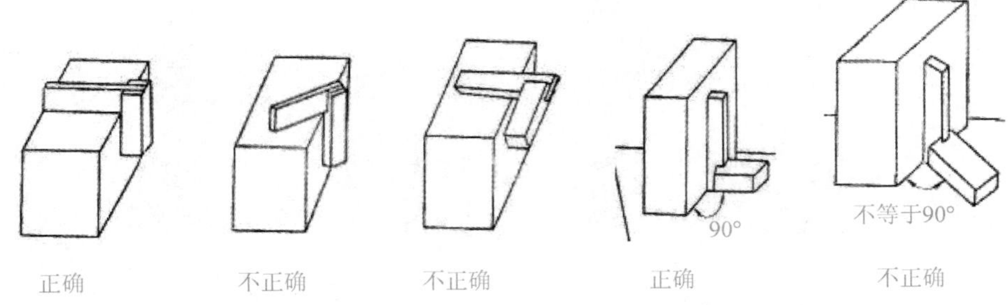

图 3-4　直角尺的使用

（3）划规（图 3-5）　用作划圆、等分角或线段以及量取尺寸等工作，常用的划规在使用时对置于中心的脚应施加较重的压力，以免圆心移动，两脚要交替使用，以防止日久两脚长短不齐。

图 3-5　划规

（4）划针（图 3-6）　是直接在工件上划出线条的工具，尖头应锋利，需淬火致硬。划线时钢尺应靠紧工件，针尖紧贴钢尺边缘，如图 3-7 所示，针杆向外倾斜 15°～20°，朝划线的方向倾斜 45°～75°，如图 3-8 所示。

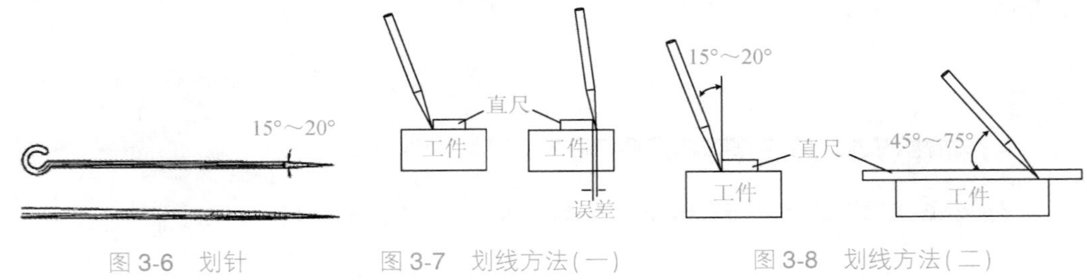

图 3-6　划针　　图 3-7　划线方法（一）　　图 3-8　划线方法（二）

二、錾削

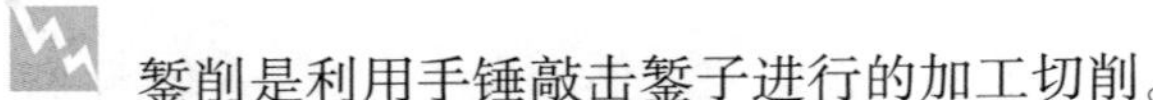

錾削是利用手锤敲击錾子进行的加工切削。

1. 錾削的工具（图 3-9）

（1）手锤　又叫榔头，常用的规格有 0.25kg、0.5kg、和 0.75kg 等，锤柄长度在 300～350mm 之间，为防止锤头脱出，应在顶端打楔。

（2）錾子　又称扁铲，是錾削的切削工具，錾口需经淬火和回火的热处理。

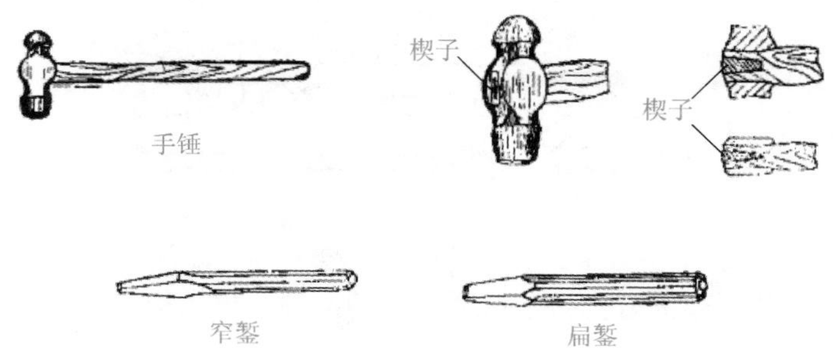

图 3-9　錾削的工具

2. 錾削的方法

板料的錾削：薄型板料应夹在虎钳上錾切，把切除部分尽可能地夹在钳口上边，切断线要与钳口齐平，工件要夹紧，用扁錾沿钳口以 45°由右至左斜切[图 3-10(a)]。对于较大的板料，可以放置在铁砧上或垫有平铁的地平面上錾切[图 3-10(b)]。在板料上要錾切几何形状时，如是薄料可直接沿切线錾切；如是厚料，则要先沿切线钻孔，然后再錾切。直线部分用扁錾錾切[图 3-10(c)]；圆弧部分用窄錾錾切[图 3-10(d)]。

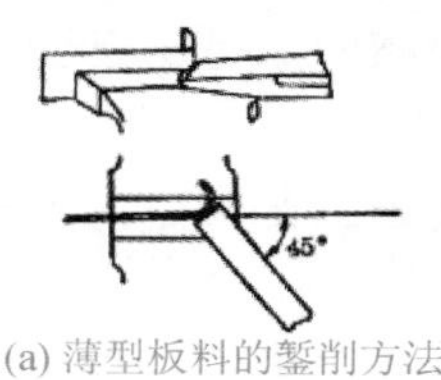

(a) 薄型板料的錾削方法

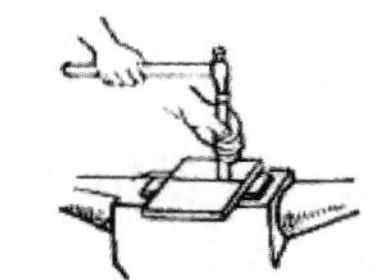

(b) 大面积板料的錾削方法

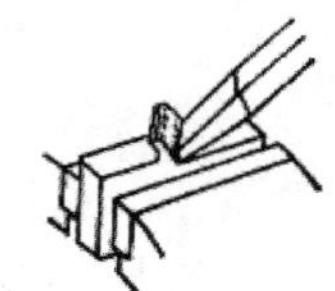

(c) 窄平面的錾削方法

(d) 板料几何形状的錾削方法

图 3-10　板料的錾削

三、锯割

锯割的正确姿势是保证工件齐整的基础，把握锯弓的方法如图 3-11 所示，右手控制锯割的推力和压力，左手以扶正锯弓为主，不要施加过大的压力。锯割时，割切是靠推进过程完成的，手锯在回程时不要施加压力，可趁势收回。锯弓有直线和上下摆动两种运动形式，除锯割钢管和薄板用直线运动外，其余的锯割，一般都用上下摆动的运动方式，比较省力，锯割时应充分利用锯条长度，速度以每分钟 20~40 次为宜。

（1）起锯的方法　如图 3-12 所示，分远端起锯和近端起锯两种，厚型的工件宜用远端起锯，薄型的工件宜采用近起锯，起锯 α 角不宜超过 15°，太大起锯不容易平稳，

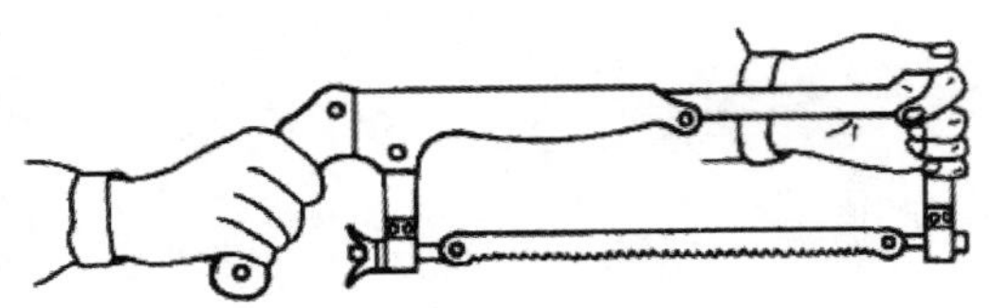

图 3-11　锯弓的正确握锯方法

过小又不易切入工件，起锯时，为了保证起点的准确，可用拇指指甲导引锯条。起锯时压力要小，行程幅度也要小一些。

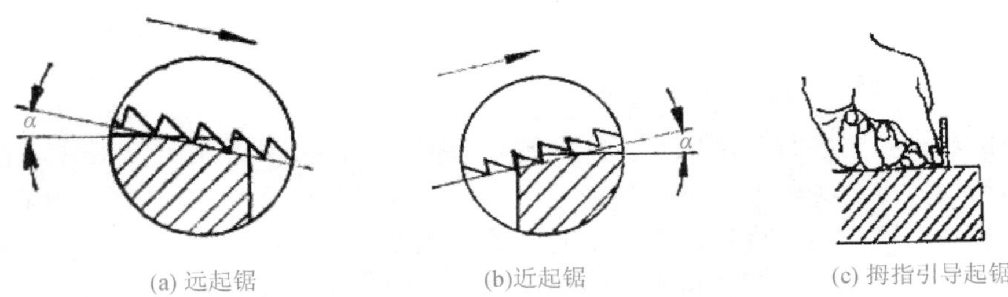

(a) 远起锯　　(b)近起锯　　(c) 拇指引导起锯

图 3-12　起锯的方法

（2）棒料的锯割　如图 3-13 所示，锯割面精度要求较高的，可锯割到结束；要求较低的，可锯到一定程度时用手弯折断。

（3）管子的锯割　如图 3-14 所示，要沿圆周分多次起锯，尤其是薄壁管，更不能一次锯断，否则就容易崩断锯齿或折断锯条。

（4）薄板的锯割　如图 3-15 所示，为了保证锯割时不会造成薄板变形，应用两块木板将薄板夹紧后一起锯割。

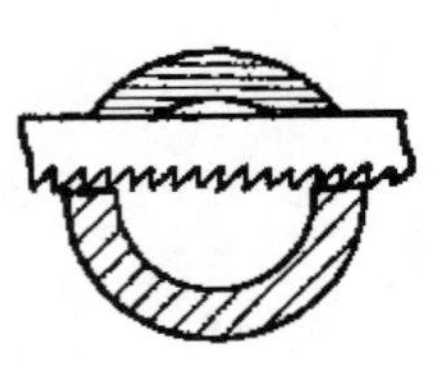

图 3-13　棒料的锯割

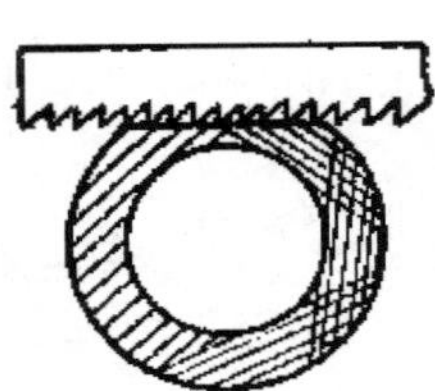

图 3-14　管子的锯割

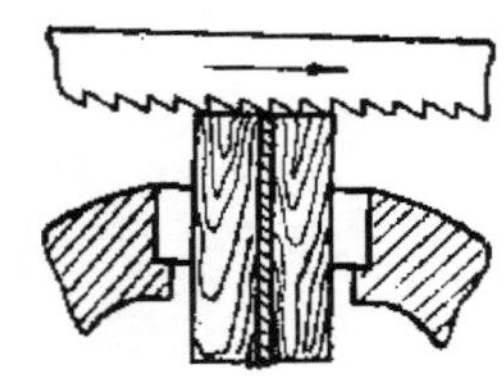

图 3-15　薄板的锯割

为了防止崩裂锯齿和折断锯条，在锯割薄板或管子时应使用细齿锯条，推锯时用力要均匀，不可用力过猛，在更换新锯条后，要把工件调换一个方向重新起锯，在工件即将锯断时，要减小压力和推锯的速度。

四、锉割

锉割是利用锉刀对工件表面或孔进行较精细的切削加工，锉刀有平锉（又称板锉，主要用于平面的加工）和半圆锉、三角锉、圆锉、方锉（用于空状工件的加工）。常用的锉刀如图 3-16。

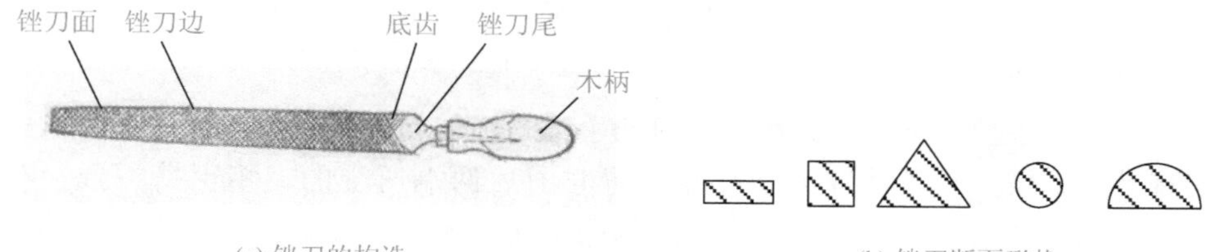

(a) 锉刀的构造　　(b) 锉刀断面形状

图 3-16　常用的锉刀

1. 锉刀的握法

如图 3-17 所示，锉刀的形状和大小各有不同，锉刀的握法是否正确直接关系到加工工件的精度。

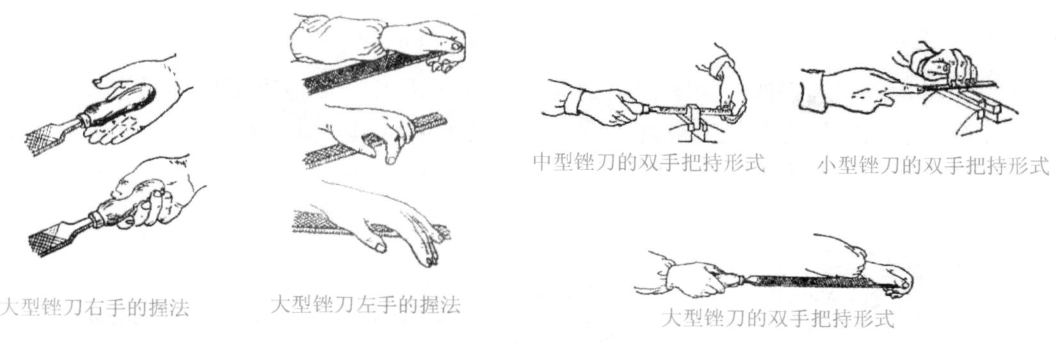

图 3-17　锉刀的握法

2. 锉削姿势

锉削时身体的重心要落在左脚上，左膝随锉削的往复运动而屈伸，锉削的切合力靠锉刀向前推进的动作过程来完成，因此，这一动作过程的身体和手臂应保持正确的姿势，如图 3-18(a)所示是锉削开始时的姿势，身体向前倾斜 10°左右，右肘尽可能向后收缩，如图 3-18(b)所示是最初 1/3 行程时的姿势，身体向前倾斜 15°左右，左膝稍弯。如图 3-18(c)所示是其次 1/3 行程时的姿势，身体随右肘向前推进锉刀而逐渐倾斜到 18°左右，如图 3-18(d)所示是最后 1/3 行程的姿势，右肘继续向前推进，身体的倾斜自然地退回到 15°左右。锉削的切削全行程结束后，身体应恢复到开始时的姿势，同时，锉刀要略微提起，退回原位。

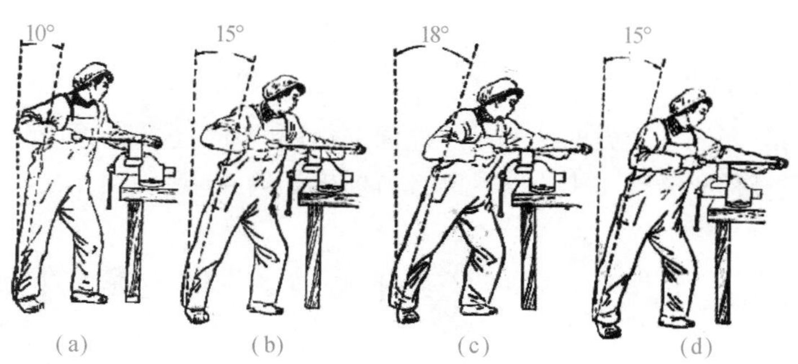

图 3-18　锉削的姿势

3. 锉削的方法

锉削时由右手控制推力的大小，同时两手都要施加相应的压力，以保证在推进过程中不出现上下摇摆。为了使锉刀在任意位置时前后两端所受的力矩保持一致，在推进时，左手所加的压力应随着锉刀推进长度的增加而由大逐渐减小，而右手所加的压力则要随之相应地由小加大，如图 3-19 所示。

(a) 锉刀推进开始时

(b) 锉刀推进到中途时

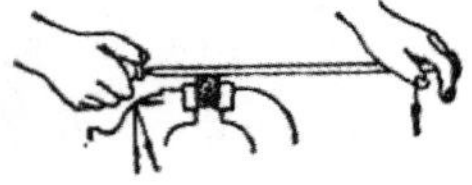
(c) 锉刀推进到结束时

图 3-19　锉削的方法

4. 平面锉削

电工常用顺向锉削法，如图 3-20 所示，锉削时需要经常检查工件的不平度，一般可用钢尺，直角尺用透光法来检查，沿加工面的纵向、横向以及对角线进行多处测定，凡透光较多说明平面不好，有凸凹缺陷。

(a) 透光检测法

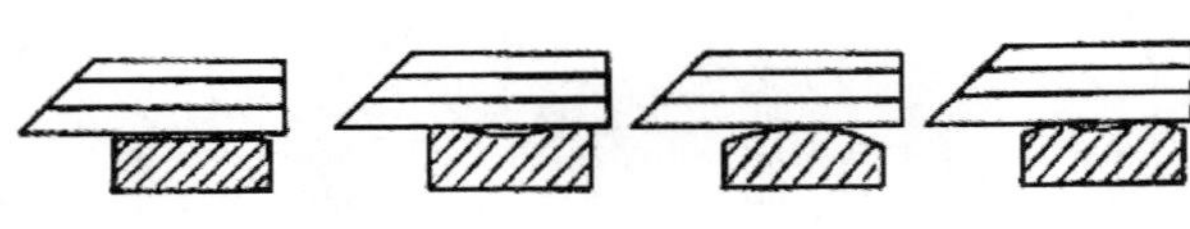
(b) 几种检查的常见结果

图 3-20　平面锉削检查

5. 曲面锉削

外圆弧面的锉削方法如图 3-21。

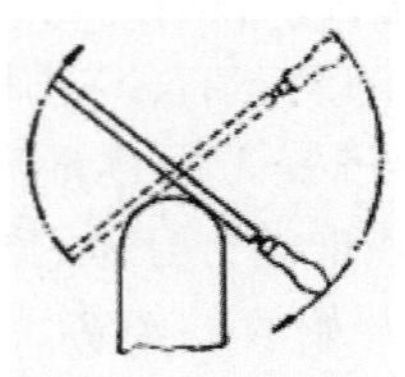
(a) 锉刀的运动方法

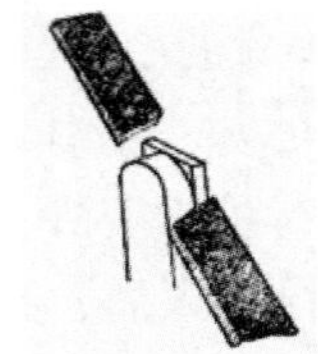
(b) 顺着圆弧锉削的方法

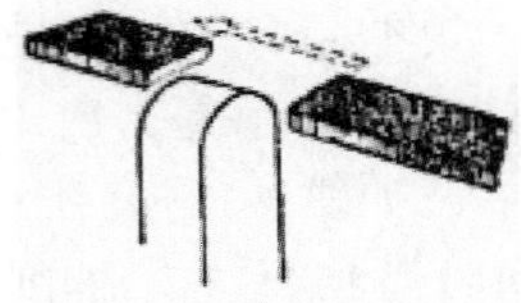
(c) 横着圆弧锉削的方法

图 3-21　外圆弧面的锉削方法

6. 内圆弧面的锉削

锉削时要同时完成三个方向的运动才能保证锉削的质量，即向前推进、向左移动约半个到一个锉刀直径和绕锉刀中心线顺时针方向转动约 90°，如图 3-22 所示。

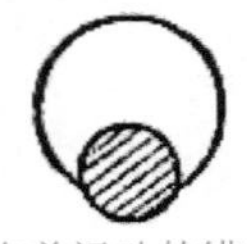
(a) 向前运动的错误锉法

(b) 向前和向左运动的错误锉法

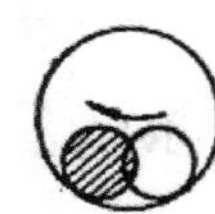
(c) 同时做三种运动的正确锉法

图 3-22　内圆弧面的锉削方法

五、孔加工

钻头：钻孔是利用钻头在工件上钻出孔眼，常用的钻头是麻花钻，这种钻头也是电工常用的钻头，13mm 以下的一般都是直柄钻头，如图 3-23 所示，可使用手枪钻钻孔。13mm 以上的钻头一般都是锥柄式钻头，如图 3-24 所示，使用时要用钻头套，应使用钻床钻孔。

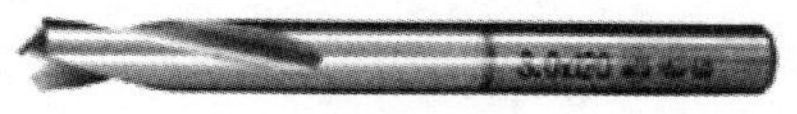

图 3-23　直柄钻头

图 3-24　锥柄钻头

电钻：电工经常使用的电钻有两种，分手枪式和手提式(也称二人抬)，通常电压有 220V 和 36V 两种，电压 220V 的电钻使用时应戴绝缘手套以防触电，在潮湿环境中应采用电源电压 36V 的电钻。

样冲：如图 3-25 所示，样冲是固定圆心及划线条的冲眼工具，尖端要磨成 45°~60° 夹角，并且淬火使之硬度加强。冲眼时，应将样冲斜着放下，尖点对准定位点，然后扶正样冲，用手锤敲击。

图 3-25　样冲

1. 钻孔规格的选用

钻头规格的选用是保证钻孔加工精度的重要工作，加工螺纹孔钻头选用见表 3-1，穿孔螺栓钻头选用见表 3-2。

表 3-1　加工螺纹孔钻头选用

螺纹直径/mm	3	4	5	6	8	10	12	14	16	18	20	22	24
钻孔直径/mm	2.5	3.3	4.2	5	6.7	8.5	10.2	11.9	14	15.4	17.4	19.5	20.9
螺　距/mm	0.5	0.7	0.8	1	1.25	1.5	1.75	2		2.5			3

表 3-2　穿孔螺栓钻头选用

螺纹直径/mm		3	4	5	6	8	10	12	14	16	18	20	22	24	27
钻孔直径/mm	精配	3.2	4.3	5.3	6.4	8.4	10.5	12.5	14.5	16.5	18.5	20.6	22.6	25	28
	中配	3.4	4.5	5.5	6.6	9	11	13	15	17	19	21	23	26	30
	粗配	3.6	4.8	5.8	7	10	12	15	17	19	21	24	26	28	32

2. 钻孔的安全知识

① 钻孔时不允许戴手套操作，女同志要把头发拢罩在工作帽内。

② 钻孔前，根据所需的切削速度，调节好钻床的转速，调速时，必须切断钻床的电源开关。

③ 工件的夹持必须安全可靠，在连有电线的接线耳（也称接线鼻子）上钻孔或扩孔时，一定要用虎钳加紧，不可用手握的方法把持线头。

④ 要用刷子或棍棒清除切屑，不能用手清除，更不可用嘴吹削屑，并应尽可能地在停车时清除。

⑤ 在钻床工作台上不能放置刀具、量具和其他工具等杂物。

⑥ 钻不通的孔时要掌握所需的孔深，钻通孔时，在即将钻到孔底时，要减少钻头的进给量。

⑦ 电钻未停妥，禁止用手捏刹钻夹头。

⑧ 紧固钻头夹时应用钻头钥匙，不得用敲击的方法紧固或松开钻头夹。

六、螺纹加工

螺纹加工是利用丝锥在孔中切削出螺纹（也叫阴螺纹）。用板牙在圆柱体上切削出外螺纹（也叫阳螺纹）。电工常用的是普通公制螺纹，代号是 M，如 M6 表示直径 6mm 的螺丝或螺孔，英制螺纹代号是 G，英制螺纹主要应用于管子的加工，如 G3/4" 表示的是管子螺纹，配用的管子内径为 3/4in（1in≈2.54cm）。

1. 攻螺纹

丝锥是加工螺纹的工具，如图 3-26，有手用和机用两种，电工一般只用手用的一种，丝锥由切削齿和容削屑组成，通常有三槽和四槽两种，这就构成了三个或四个刀齿，在切削部分磨出的锥角使几个刀齿能够承受均匀的切削受力，以保证切削效果。

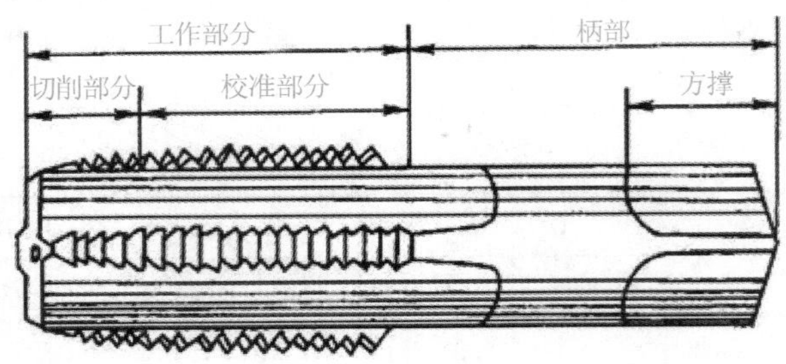

图 3-26 丝锥

为了提高丝锥的耐用度和减小切削力，丝锥分头锥、二锥和三锥，两个一组的丝锥常用，使用时先用头锥，后用二锥。头锥的切削部分斜度较长，一般有 5~7 个不完整牙形；二锥较短，只有 1~2 个不完整牙形。头锥前部锥体长，便于导向；二锥前部锥体短，如图 3-27 所示是丝锥切削齿刃的分配。例如：用钻头打完孔后要加工螺纹孔（如是 M8），但如果马上用 M8 的丝攻去加工则很难一下子攻出来（会攻歪，也很难攻下去），所以先用一个 M8 的一锥导向攻丝一次，再用稍大一点的加工，最后用标准的 M8 去加工。

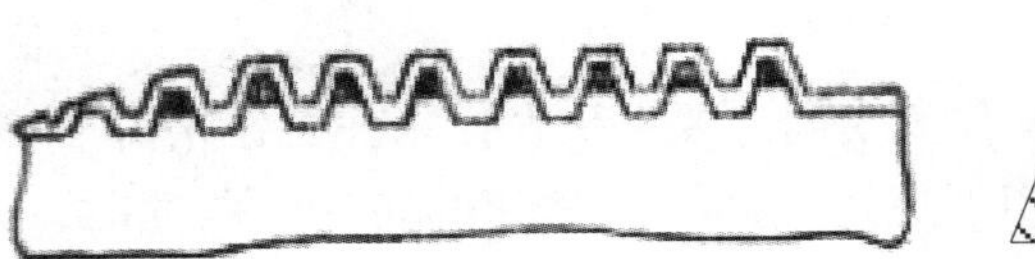
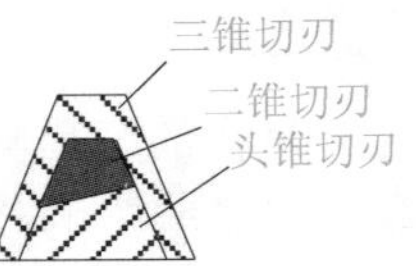

图 3-27 丝锥切削齿刃的分配

绞杠(也叫绞手)是攻螺纹时把握丝锥的工具，电工常用的是活络绞杠，结构如图 3-28 所示。

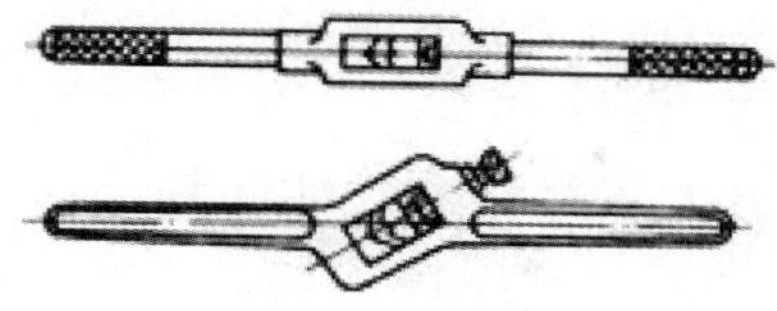

图 3-28　绞杠

攻螺纹的步骤和操作如下。

① 工件上孔口应倒角，以便于丝锥的切入，并可以防止孔口螺纹的崩裂。

② 夹紧工件时，要保证孔中心线垂直，这样可以保证攻丝时丝锥与工件平面垂直。

③ 开始攻螺纹时，丝锥要放直，在绞杠上施加较大的压力，当丝锥切入 1~2 牙后，观察丝锥是否垂直，如有歪斜要及时纠正，在切入 3~4 牙后，则不可以继续给绞杠加压，而是两手把稳绞杠，顺着螺纹方向均匀用力旋转，一般每旋转 1~2 圈后倒转 1~2 圈，以便排除切下的金属削，否则切下的金属削会轧住丝锥，或造成螺纹的损伤。

④ 在加工塑性材料时，如铝、紫铜工件，要使用冷却液，以提高切削的质量和丝锥的耐用度，钢材攻螺纹时一般可用机油冷却润滑。

2. 套螺纹

套螺纹是利用板牙在圆柱体上切削出外螺纹(也称阳螺纹)，电工常用的板牙有圆板牙[用于加工螺栓，如图 3-29(a)所示]和圆管板牙(用于加工电线管的螺纹接口)，板牙如同一个螺母，在上面有几个均匀分布的切削槽，并以此形成刀刃，M3.5 以上的圆板牙的外圆上有螺钉坑，用于将板牙紧固在板牙绞手上，板牙的构造如图 3-29(b)所示，板牙绞手是与板牙配套使用的，外圆上有螺钉，起到紧固板牙的作用，如图 3-29(c)。

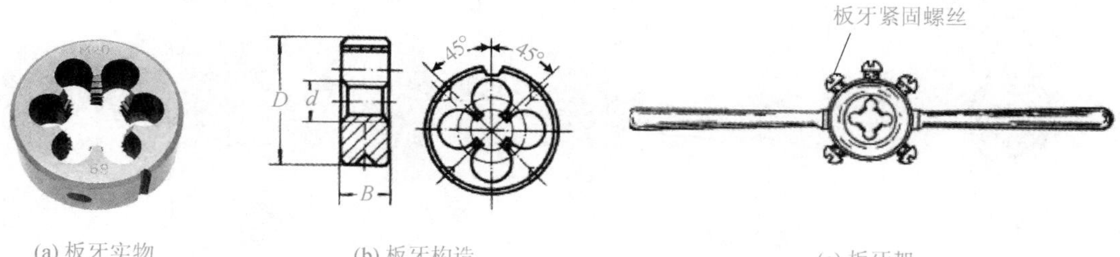

(a) 板牙实物　(b) 板牙构造　(c) 板牙架

图 3-29　套螺纹工具

套螺纹的方法如图 3-30 所示。

① 为了便于板牙容易切入材料，圆料的端部要倒有 15°~20°的斜角，使锥体前端的直径小于板牙螺纹的内径，否则切削出来的螺纹容易产生卷边现象而影响螺纹的质量，并且难以保证螺纹的端正。

② 套螺纹时板牙的端部要与工件保持垂直，否则会出现螺纹一边深一边浅的现象，还容易发生烂牙。

③ 板牙在开始切入时，压力要大，转动要慢，待板牙切出 3~4 个螺纹时，便不要再施加压力，以免损坏螺纹和板牙，只要顺着旋转方向均匀地推动绞手的手柄，在切削

时要经常地倒转用以清除碎削。

④ 为了提高切出的螺纹的光洁度和延长板牙的寿命，在钢料上套螺纹时要不断地加冷却液，钢材套螺纹时一般可用机油冷却润滑。

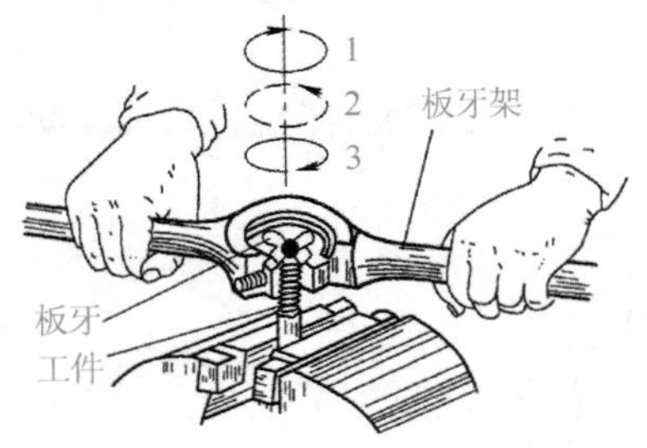

图 3-30 套螺纹的方法

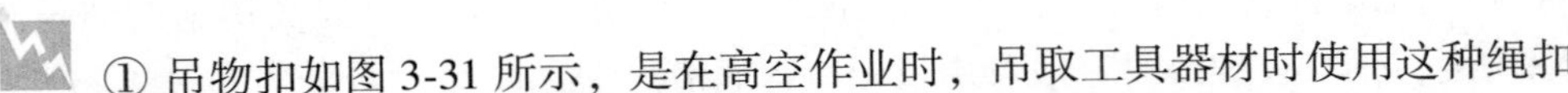

七、常用的绳扣

① 吊物扣如图 3-31 所示，是在高空作业时，吊取工具器材时使用这种绳扣。

② 紧线扣如图 3-32 所示，用于拽拉各种导线和绳索的伸直及拉紧。

③ 拖物扣如图 3-33 所示，主要用于拖拉比较重的物品，在搬运电线杆和敷设电缆时使用此绳扣。

④ 抬物扣如图 3-34 所示，主要用于抗抬大型物品工件。

⑤ 吊钩扣图 3-35 所示，用于起吊设备绳索，能防止应绳索的移动造成吊物倾斜。

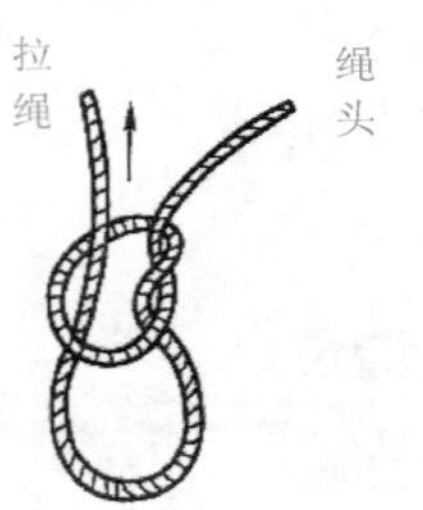

图 3-31 吊物扣

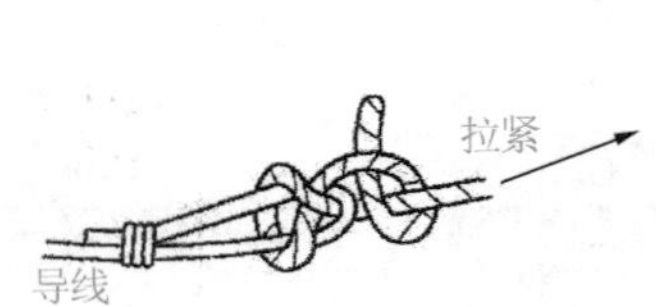

图 3-32 紧线扣

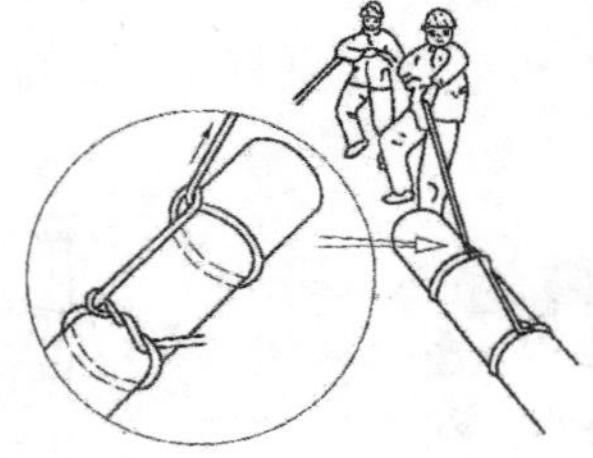

图 3-33 拖物扣（也称倒背扣）

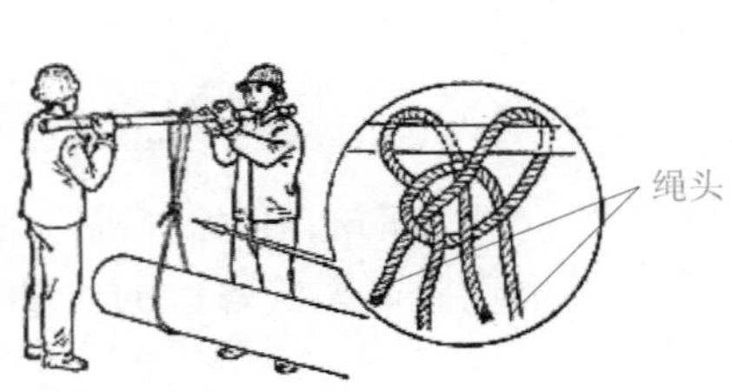

图 3-34 抬物扣

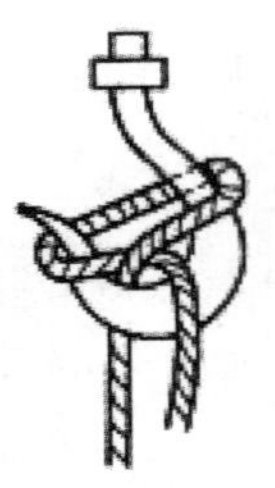

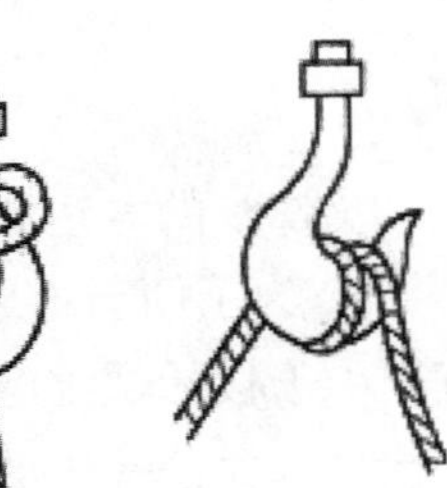

图 3-35 吊钩扣

⑥ “灯头扣”的打结方法，如图 3-36 所示。

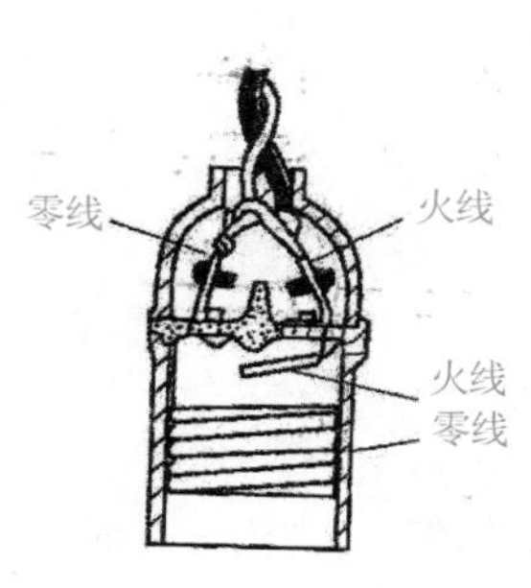

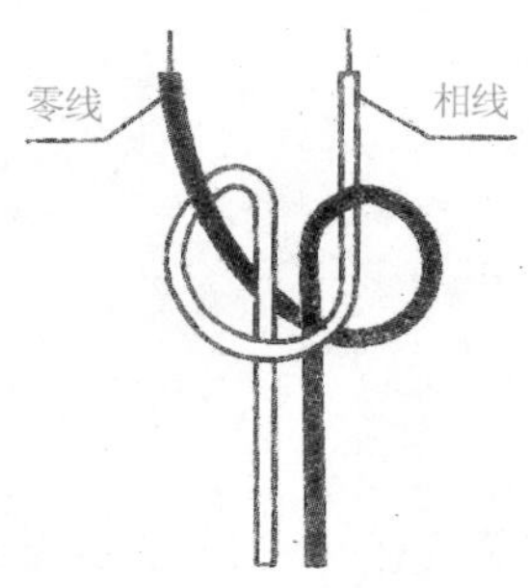

图 3-36 “灯头扣”的打结方法

八、导线的固定

① 在瓷瓶上“单花”的绑扎步骤如图 3-37 所示。

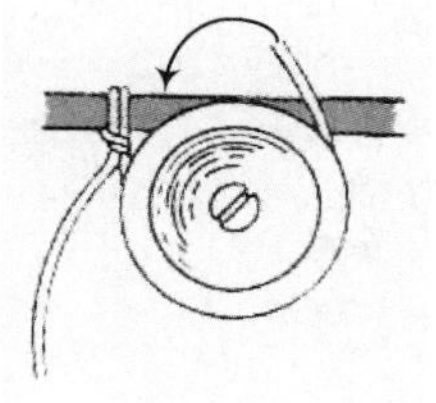

(a) 将绑扎线在导线上缠绕两圈后自绕两圈，将一根绑线绕过瓷瓶，自上而下的绕过导线

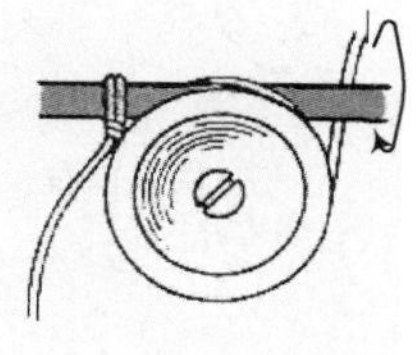

(b) 再绕过瓷瓶，从导线的下方向上紧缠两圈

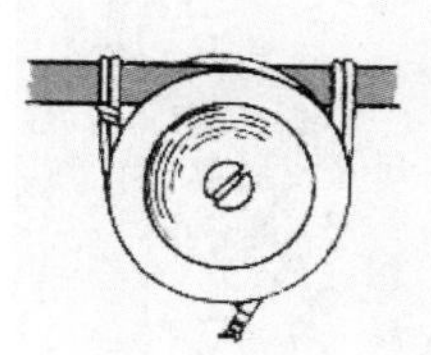

(c) 将两个绑扎线头在瓷瓶背后相互拧紧5~7圈收头

图 3-37 在瓷瓶上“单花”的绑扎步骤

② 在瓷瓶上“双花”的绑扎步骤如图 3-38 所示。

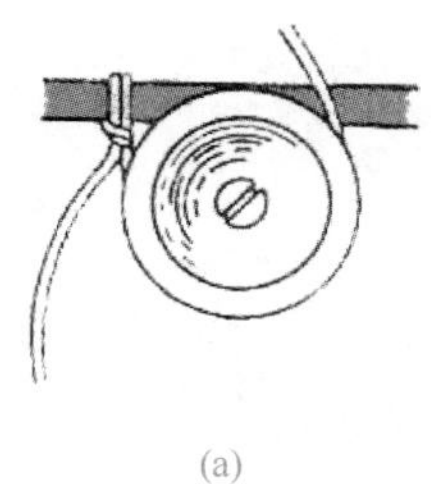

(a)

(b)

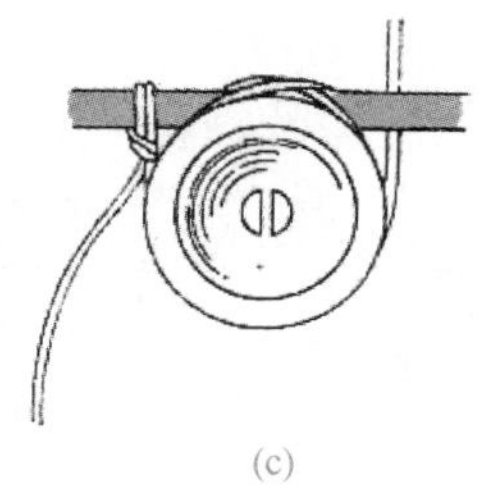

(c)

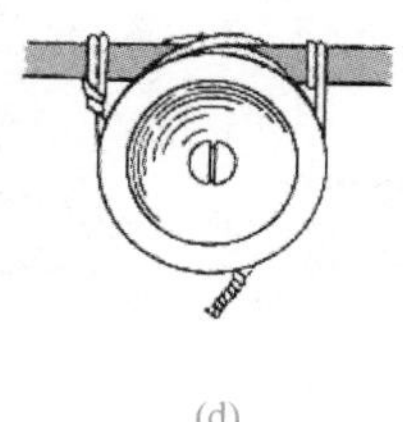

(d)

图 3-38 在瓷瓶上“双花”的绑扎步骤

③ 在瓷瓶上绑“回头”如图 3-39 所示(此法可用于针式绝缘子)。

a. 将导线绷紧，绕过瓷瓶并齐捏紧。

b. 用绑扎线将两根导线缠绕在一起，缠绕瓷瓶 5~7 圈，拉台(茶台)“回头”的缠绕长度为 150~220mm。

c. 缠完后，在所拉紧的导线上缠绕 5~7 圈，将绑扎线的首尾头拧紧。

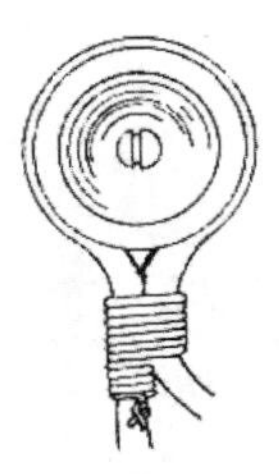

图 3-39 在瓷瓶上绑“回头”

瓷瓶的绑扎方法也适用于导线在针式绝缘子(铁担瓶、木担瓶、铁板瓶、吊钩)上的绑扎，但不得绑“单花”。

④ 蝶型绝缘子的绑扎法如图 3-40 所示。

这种绑法用于架空线路的终端杆、分支杆、转角杆、等采用蝶式绝缘子的终端绑法。

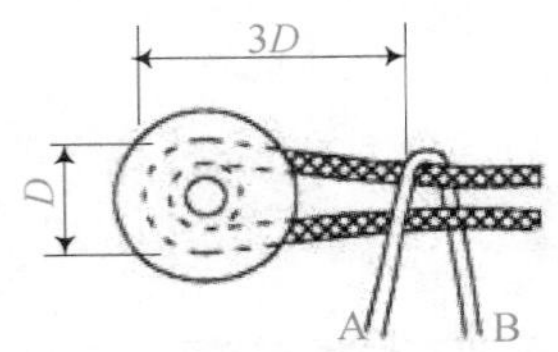

(a) 将导线并齐靠紧，用绑扎线在距绝缘子3倍腰径处开始绑扎

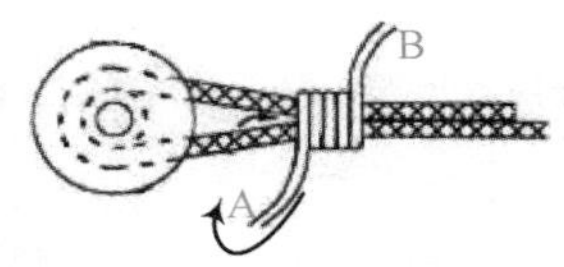

(b) 绑扎五圈后，将首端绕过导线从两线之间穿出

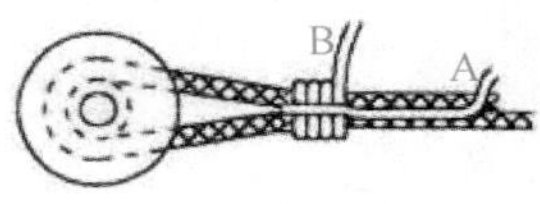

(c) 将穿出的绑线紧压在绑扎线上，并与导线靠紧

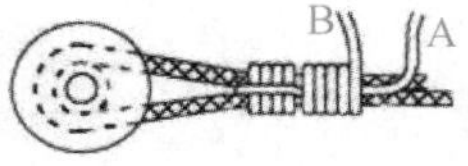

(d) 继续用绑线连同绑线首端的线头一同绑紧

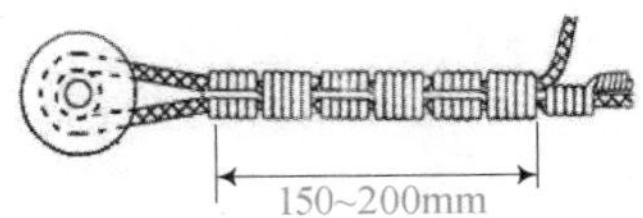

(e) 绑扎线头反复压缠几次后，将导线的尾端抬起，在被拉紧的导线上绑5~6圈，将绑线首尾端相互拧紧，切去多余线头即可

图 3-40 蝶型绝缘子的绑扎法

九、单股绝缘导线线头绝缘层的剥削方法

① 用钢丝钳剥削线芯截面为 4mm^2 及以下导线的塑料皮。具体操作方法如图 3-41 所示。

对于导线截面规格较大的塑料线，用电工刀来剥削绝缘层，方法是根据所需要的线头长度，用刀口以 45°斜角切入绝缘层，注意不要切伤导线线芯，接着刀面与线芯呈约 15°角左右，用力向外削切一条缺口，然后将导线皮向后板翻，再用电工刀取齐切去线皮，如图 3-42 所示。

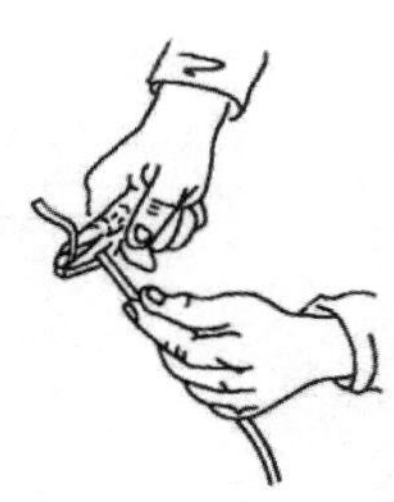

(a) 根据导线接头所需要的长度，用克丝钳的刀口轻轻切破导线的塑料层，注意不要切伤导线的线芯

(b) 然后一只手握住克丝钳头，另一只手紧握导线，向两头用力，就可勒去线皮

图 3-41　绝缘导线塑料皮的剥削方法

(a) 根据连接的需要确定要剥削线头的长度

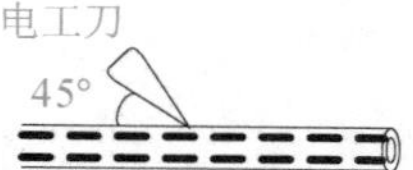

(b) 用电工刀以45°斜角切入绝缘层

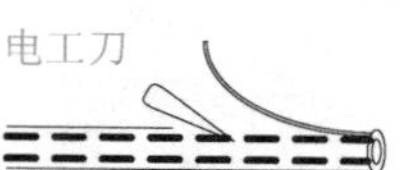

(c) 然后将电工刀以15°角均匀用力将线皮削掉

(d) 然后把剩余的线皮向后翻

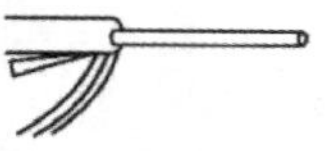

(e) 用电工刀靠在剥削层的根部切去线皮

(f) 剥去线头的绝缘层露出线芯

图 3-42　大截面绝缘导线塑料绝缘层的剥削

② 护套线的外护套层的剥削如图 3-43 所示。

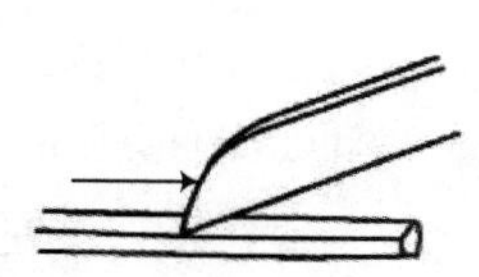

(a) 按其所需长度用刀尖在两线芯缝隙间划开护套层

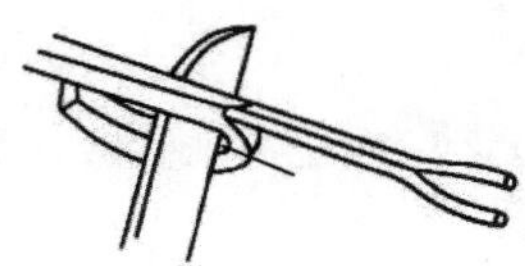

(b) 将其护套外皮板翻，用电工刀口切齐

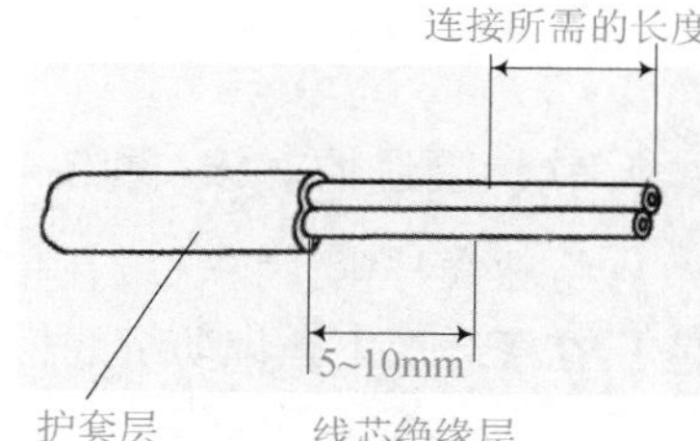

(c) 用刀口切齐。绝缘层的剥削方法同塑料线，在绝缘层的切口与护套层切口之间应留有5~10mm距离

图 3-43　护套线的外护套层的剥削

十、导线的连接方法

1. 独股铜芯导线的直接连接(图 3-44)

2. 独股铜芯导线的分支连接方法(图 3-45)

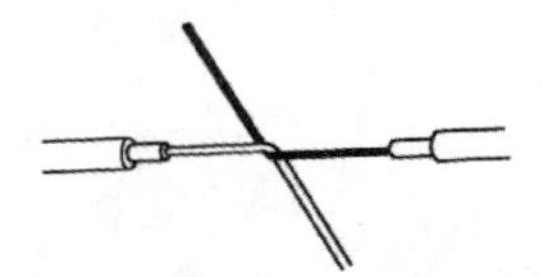

(a) 先把两个线头互相交合3圈

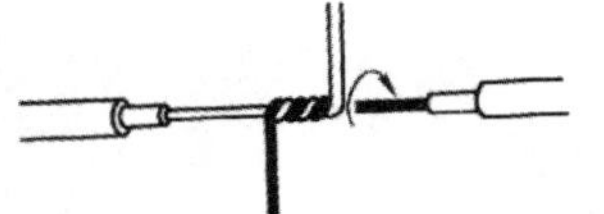

(b) 然后板直线头，将每个线头在另一个线芯上紧密缠绕5~6圈

(c) 缠好后剪去多余的线头，用克丝钳钳平切口的毛刺

图 3-44　独股铜芯导线的直接连接

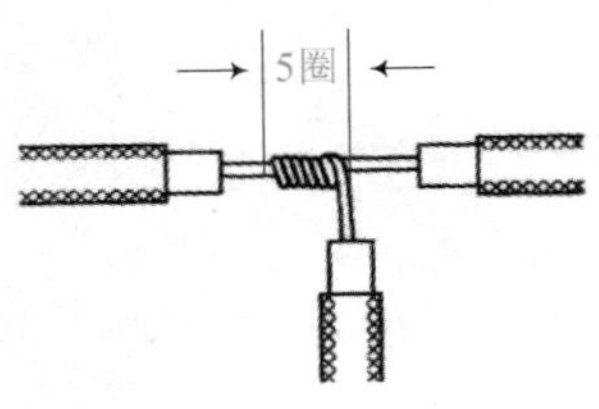

(a) 接法一：把支线的线头与干线线芯十字相交，距离根部留出5mm，然后按顺时针方向紧密缠绕5圈，切去多余的线芯，用克丝钳钳平切口上毛刺

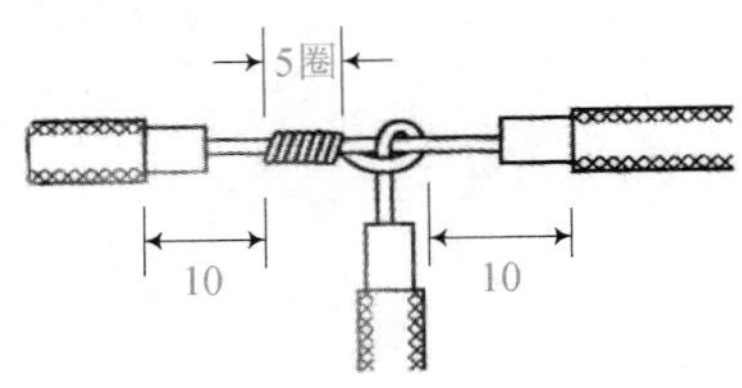

(b) 接法二：导线截面较小时应先环绕一个结，然后把支线板直，距离根部留出5mm，然后按顺时针方向紧密缠绕5圈，切去多余的线芯，用克丝钳钳平切口上毛刺

图 3-45　独股铜芯导线的分支连接方法

3. 不同截面导线的对接（图 3-46）

将细导线在粗导线线头上紧密缠绕 5～6 圈，弯曲粗导线头的头部，使它紧压在缠绕层上，再用细线头缠绕 3～5 圈，切去多余线头，钳平切口毛刺。

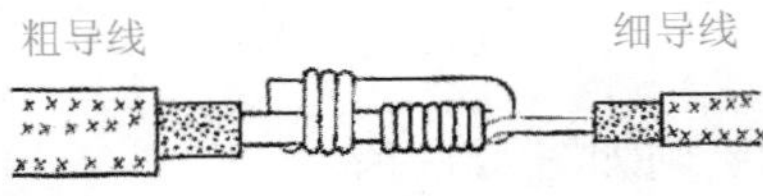

图 3-46　不同截面导线的对接

4. 软、硬线的对接（图 3-47）

先将软线拧紧，将软线在单股线线头上紧密缠绕 5～6 圈，弯曲单股线头的端部，使它压在缠绕层上，以防绑线松脱。

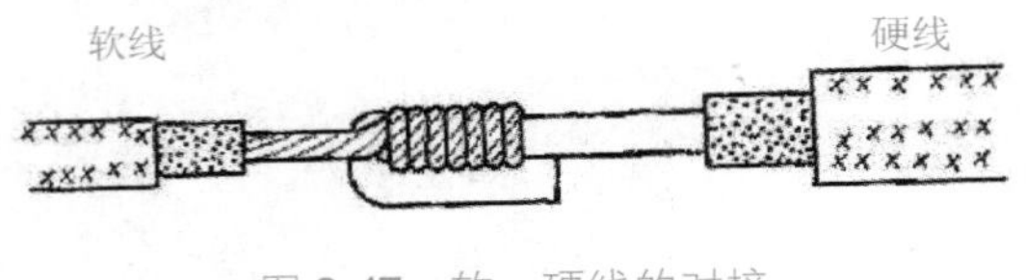

图 3-47　软、硬线的对接

图 3-48　导线头的并接

5. 导线头的并接（图 3-48）

同相导线在接线盒内的连接是并接也称倒人字连接，将剥去绝缘的线头并齐捏紧，用其中一个线芯紧密缠绕另外的线芯 5 圈，切去线头，再将其余线头弯回压紧在缠绕层上，切断余头，钳平切口毛刺。

6. 单股线与多股线的连接（图 3-49）

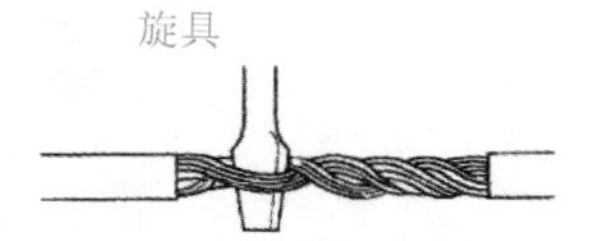

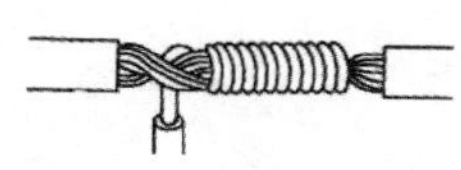

(a) 用螺丝刀将多股线分成两半　(b) 将单股线插入多股线芯，留有3mm的距离以便于包扎绝缘　(c) 将单股线按顺时针方向紧密缠绕10圈，切去余线，钳平切口上的毛刺

图 3-49　单股线与多股线的连接

7. 导线用连接管的连接(图 3-50)

选用适合的连接管，清除接管内和线头表面的氧化层，导线插入管内并露出 30mm 线头，然后用压接钳进行压接，压接的坑数根据导线截面大小决定，一般户内接线不少于 4 个。

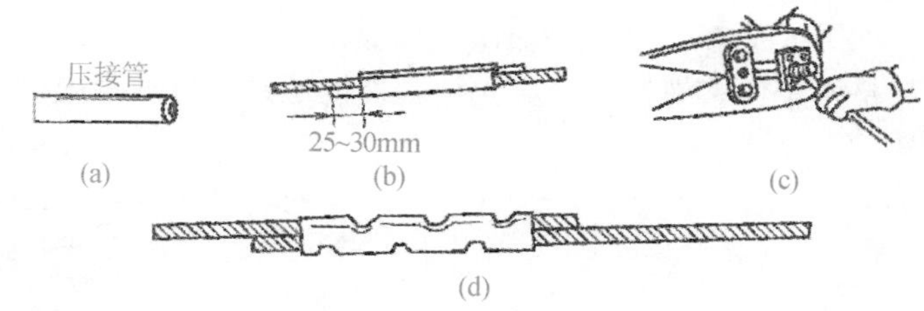

图 3-50　导线用连接管的连接

8. 接头搪锡

搪锡也称涮锡，是导线连接中一项重要的工艺，在采用缠绕法连接的导线连接完毕后，应将连接处加固搪锡，搪锡的目的是加强连接的牢固和防氧化，并有效地增大接触面积，提高接线的可靠性。

小截面的导线可用电烙铁搪锡，大截面的导线搪锡是将线头放入熔化的锡锅内搪锡，或将导线架在锡锅上用熔化的锡液浇淋导线，如图 3-51 所示。

搪锡前应先清除线芯表面的氧化层，搪锡完毕后应将导线表面的助焊剂残液清理干净。

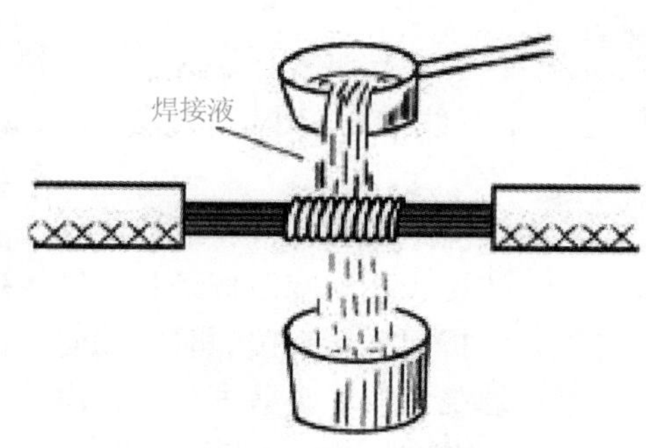

图 3-51　将锡液浇淋到导线接头

十一、导线与接线端的连接

1. 接线盒内的导线处理

接线盒内的导线应留有一定余量，便于再次剥削线头，否则线头断裂后将无法再与接线端连接，留出的线头应盘绕成弹簧状(图 3-52)，使之安装开关面板时接线端不会因受力而松动。

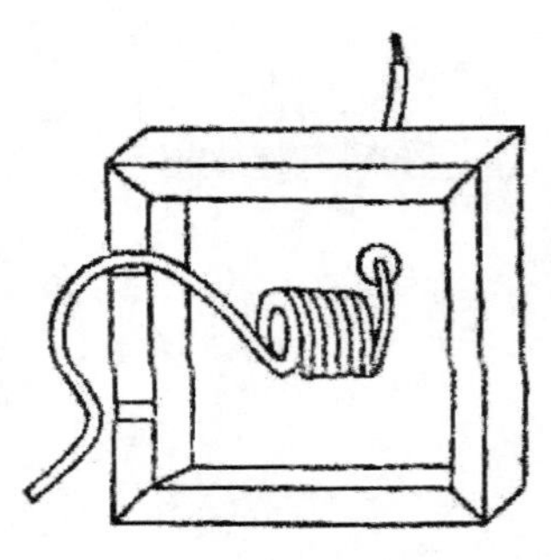

图 3-52　接线盒内的导线处理

2. 针型孔接线端的连接

(1) 将导线端头绝缘削去，使线芯的长度稍长于压线孔的深度，将线芯插入压接孔内拧紧螺钉即可，如图 3-53(a)、(b)所示。

(2) 若压线孔是两个压紧螺钉的，应先拧紧外侧螺钉，再拧紧内侧螺钉，两个螺钉的压紧程度应一致。

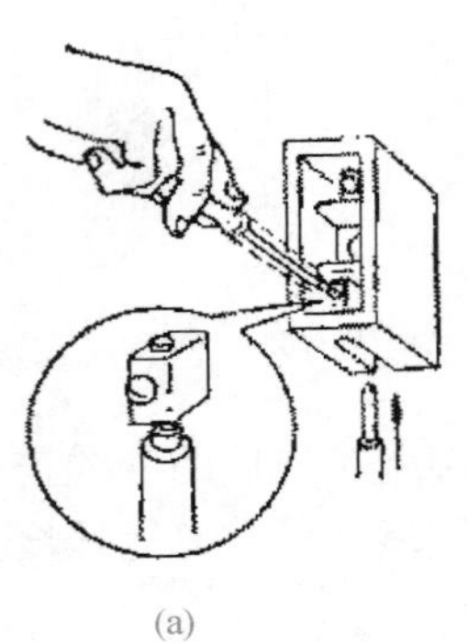

(a)

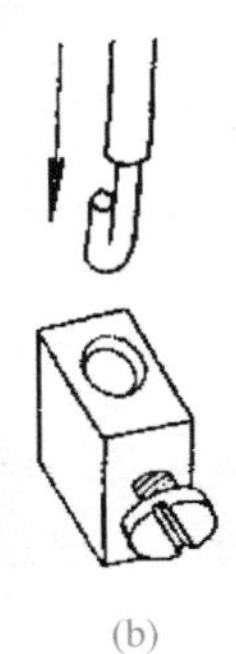

(b)

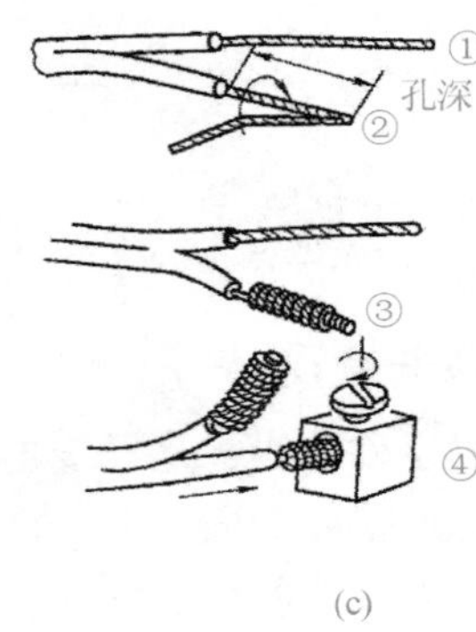

(c)

图 3-53　针型孔接线端的连接

(3) 导线截面较小时，应先将线芯弯折成双股后再插入压线孔压紧，如图 3-53(c)所示。

① 剖削绝缘层，将软线拧紧。

② 按接线孔深度回折线芯，呈并列状态。

③ 将折回的线头按顺时针方向紧密缠绕。

④ 缠绕到线芯头剪去余端，钳平毛刺，插入接线孔拧紧螺钉。

(4) 对多股软线应先将线芯拧紧，弯曲回来自身缠绕几圈再插入孔中压紧。如果孔径较大时，可选用一根合适的导线在拧紧的线头上缠绕一层后，在进行压紧。

(5) 导线的绝缘层应与接线端保持适当的距离，切不可相离得太远，使线芯裸露过多；也不可把绝缘层插入接线端内；更不应把螺丝压在绝缘层上。

3. 导线用螺钉压接法(图 3-54)

① 小截面的单股导线用螺钉压接在接线端时必须把线头盘整圆圈形似一个羊眼圈再连接，弯曲方向应与螺钉的拧紧方向一致，圆圈的内径不可太大或太小，以防拧紧螺钉时散开，当螺母较小时，应加平垫圈。

② 压接时不可压住绝缘层，有弹簧垫时以弹簧垫压平为度。

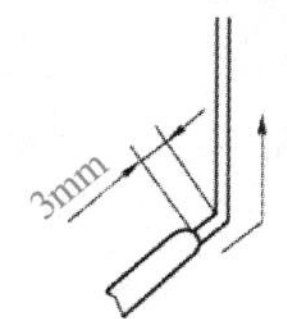

(a) 离绝缘层2~3mm折角

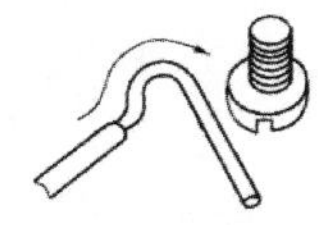
(b) 略大于螺丝直径弯圆弧

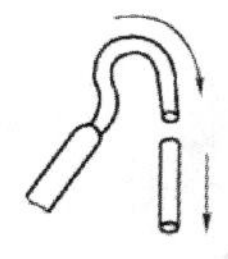
(c) 剪去余线

(d) 修正圆圈呈圆形

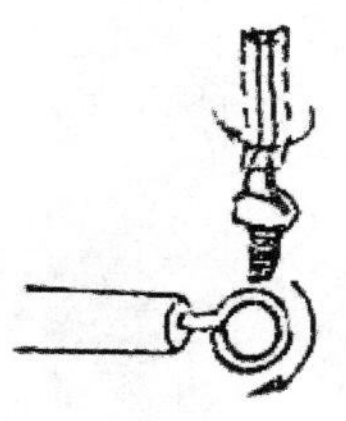
(e) 顺时针安装并拧紧

图 3-54　导线用螺钉压接法

4. 软线与接线端的连接(图 3-55)

软线线头与接线端子连接时，不允许有线芯松散和外露的现象，在平压式接线端上连接时，按如图 3-55 所示的方法进行连接，以保证连接牢固。

较大截面的导线与平压式接线端连接时，线头必须使用接线端子(俗称接线鼻子)，线头与接线端子要连接牢固，然后再由接线端子与接线端连接。

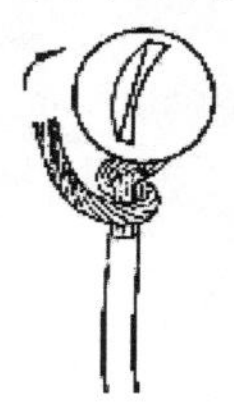

图 3-55　软线与接线端的连接

5. 导线板连接端子(图 3-56)

① 将导线端头绝缘削去，使线芯的长度稍长于压线孔的深度，将线芯插入压接孔内，拧紧螺钉即可。

图 3-56　导线板连接端子

② 一个接线孔内压接两条线时，应先用压接头将线头压接在一起后再与端子连接，以防线芯相互支撑造成接触面不够，使用时间一长接点就过热的事故。

6. 导线压接接线端法

导线的压接是利用专用的连接套管或接线鼻子将导线连接的方法，连接套管有铜管(用于铜导线的连接)、铝管(用于铝导线的连接)、铜铝过渡管(用于铜、铝的连接)，常见的连接管如图 3-57 所示，使用时选用与导线截面相当的接线端子，清除接线端子内和线头表面的氧化层，导线插入接线端子内，绝缘层与端子之间应留有 5 ~ 10mm 的裸线，以便恢复绝缘，然后用压接钳进行压接，压接时应使用同截面的“六方模”。导线压接接线鼻子如图 3-58 所示。

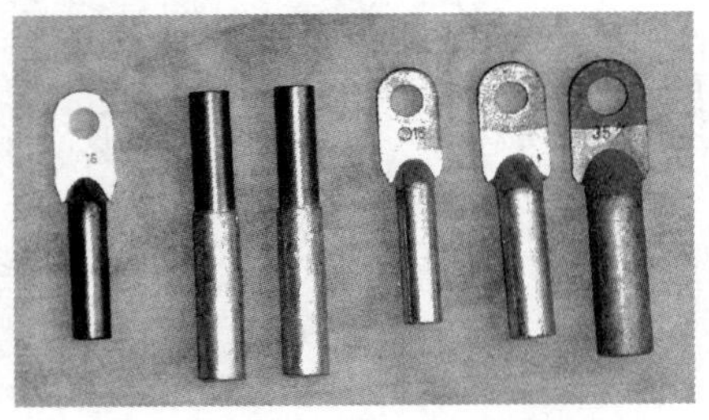

图 3-57　常用的连接管

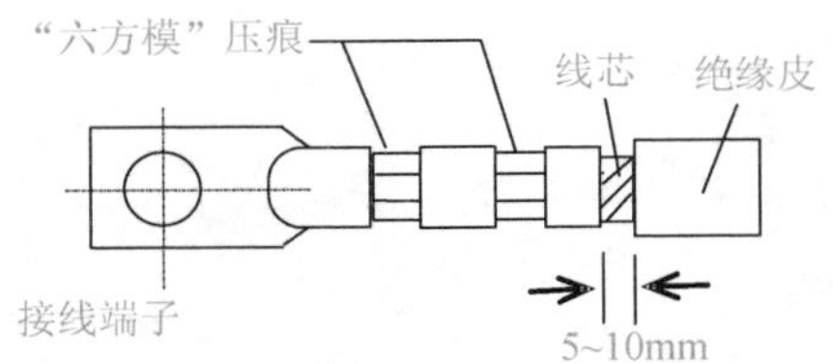

图 3-58　导线压接接线鼻子

7. 多股导线盘压接法(图 3-59)

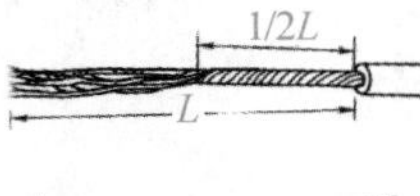

(a) 根据所需的长度剥去绝缘层，将1/2线芯重新拧紧

(b) 将拧紧的部分向外弯折，然后弯曲成圆弧

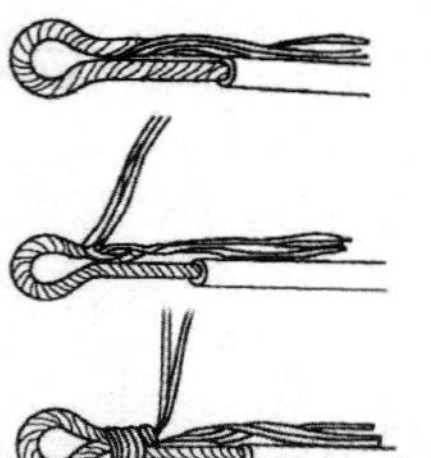

(c) 弯成圆弧后，将线头与原线段平行捏紧

(d) 将线头散开按2、2、3分成组，板直一组线垂直与线芯缠绕

(e) 按多股线对接的缠绕法，缠紧导线

(f) 加工成形

图 3-59　多股导线盘压接法

8. 瓦型垫接线端子

将除去绝缘层的线芯弯成 U 形，将其卡入瓦型垫进行压接，如果是两个线头，应将两个线头都弯成 U 形，对头重合后卡入瓦型垫内压接，如图 3-60 所示。

图 3-60　瓦型垫接线端子

9. 并沟线夹接线

并沟线夹主要应用于架空铝绞线的连接，连接前应先用钢丝刷将导线表面和线夹沟槽打磨干净，导线放入沟槽内，两个夹板用螺丝拧紧即可，如图 3-61 所示。

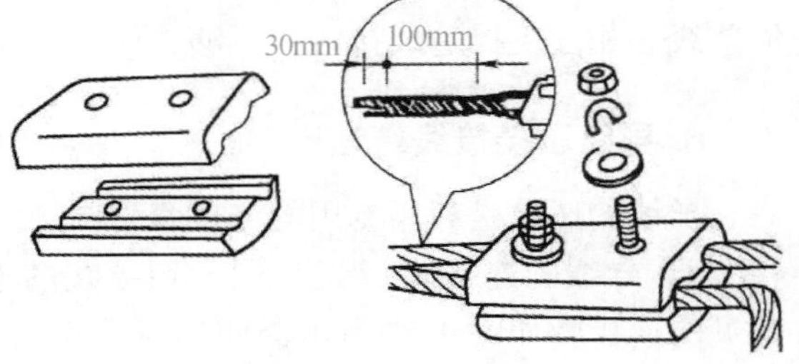

图 3-61　并沟线夹接线

10. 绝缘包扎

导线绝缘层破损或导线连接后都要包扎绝缘胶布，这是恢复导线的绝缘，包扎好的绝缘层的绝缘强度不应低于原有的导线绝缘，包扎用的绝缘材料一般有黑胶布、塑料带和涤纶薄膜带，通常选用宽度为20mm，这样缠绕时比较方便。

包扎绝缘时应注意以下几点。

① 当包扎电压为380V的线路导线绝缘时，应先用塑料带紧缠绕2层，再用黑胶布缠绕2层。

② 包扎绝缘带时不能马虎工作，更不允许漏出线芯，以免造成事故。

③ 包扎时绝缘带要拉紧，缠绕紧密、结实，并粘接在一起无缝隙，以免潮气侵入，造成接头氧化。

11. 绝缘的包扎方法

① 在距绝缘切口两根带宽处起头，先用自黏性橡胶带包扎两层，便于密封，防止进水。

② 包扎绝缘带时，绝缘带应与导线呈45°~55°的倾斜角度，每圈应重叠1/2带宽缠绕。

③ 包扎一层自黏胶带后，再用黑胶布从自黏胶带的尾部向回包扎一层，也是要每圈重叠1/2的带宽，如图3-62所示。如图3-63所示是直线连接后的绝缘包扎。

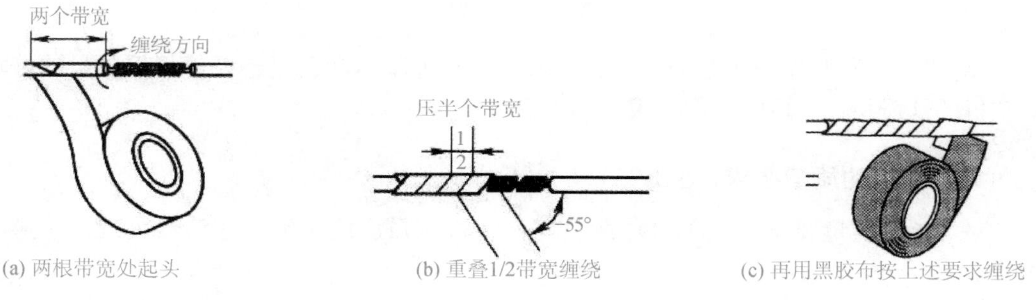

图3-62 绝缘胶带的包缠方法

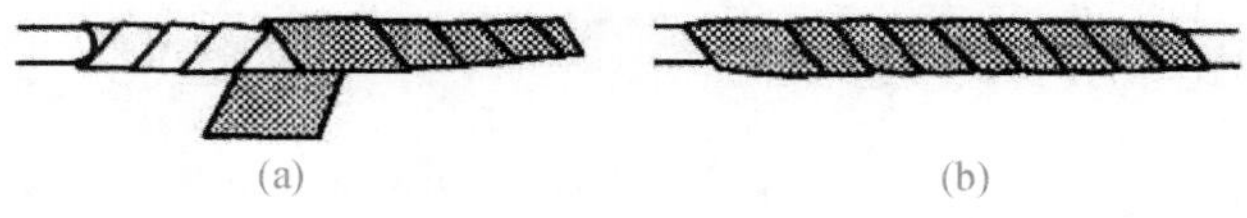

图3-63 直线连接后的绝缘包扎

12. 导线分支连接后的绝缘包扎(图3-64)

① 在主线距绝缘切口两根带宽处开始起头，先用自黏性橡胶带包扎两层，便于密封，防止进水，如图3-64(a)所示。

② 包扎到分支线处时，用一只手指顶住左边接头的直角处，使胶带贴紧弯角处的导线，并使胶带尽量向右倾斜缠绕，如图3-64(b)所示。

③ 当缠绕右侧时，用手顶住右边接头直角处，胶带向左缠，与下边的胶带呈“×”状

态，然后向右开始在支线上缠绕。方法同直线应重叠 1/2 带宽，如图 3-64(c)所示。

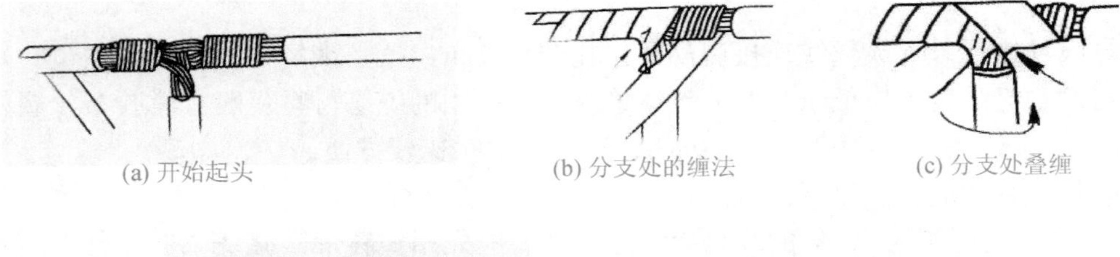
(a) 开始起头　(b) 分支处的缠法　(c) 分支处叠缠

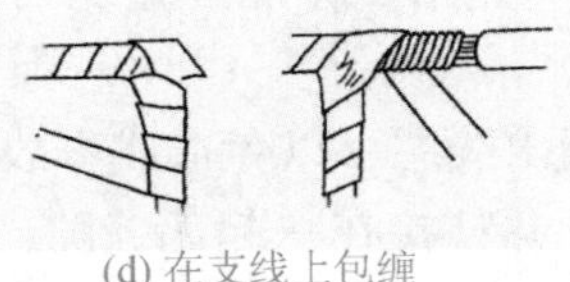
(d) 在支线上包缠

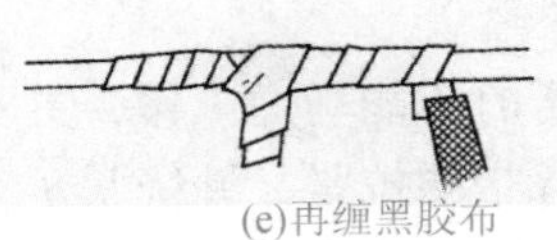
(e)再缠黑胶布

图 3-64　导线分支连接后的绝缘包扎

④ 在支线上包缠好两层绝缘，回到主干线接头处，贴紧接头直角处向导线右侧包扎绝缘，如图 3-64(d)所示。

⑤ 包至主线的另一端后，再用黑胶布按上述的方法包缠黑胶布即可，如图 3-64(e)所示。

十二、电子元器件的焊接的基本工艺

电子元件焊接技术是初学者必须掌握的一种基本功，电子元件焊接质量的好坏对整机的性能指标和可靠性都有很大的影响。

1. 对焊点的质量要求(图 3-65)

对焊点的质量要求是：①电接触良好；②机械强度应足够；③清洁美观；④避免虚焊。

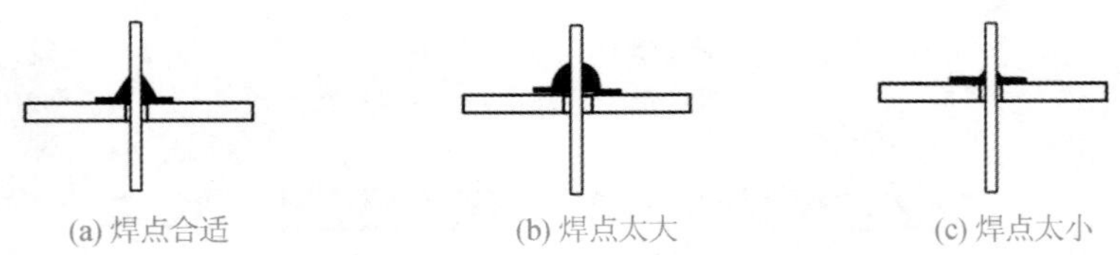
(a) 焊点合适　(b) 焊点太大　(c) 焊点太小

图 3-65　对焊点的质量要求

2. 虚焊原因及危害性

虚焊和假焊的原因是金属表面氧化层和污垢没有清除干净，虚焊使焊点成为有接触电阻连接状态，使电路工作状态时好时坏，没有规律，产生不稳定工作状态。

3. 掌握正确的焊接方法

(1) 带锡焊接法(图 3-66)　焊接前将电器元件管脚插入印刷电路板的规定位置，在引线和印刷电路板铜箔的连接点上，涂上少量的助焊剂，待电烙铁加热后，用烙铁头的坡口粘带适量的焊锡，粘带焊锡的多少要根据焊点的大小而定。焊接时要注意烙铁头

的坡口与焊接印刷电路板的角度 θ，一般为 45°。

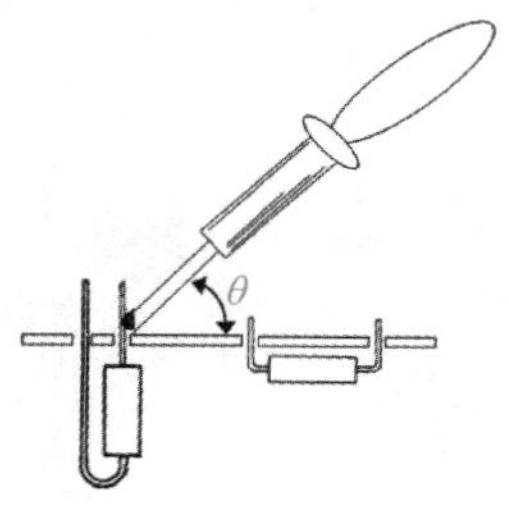

图 3-66　带锡焊接法

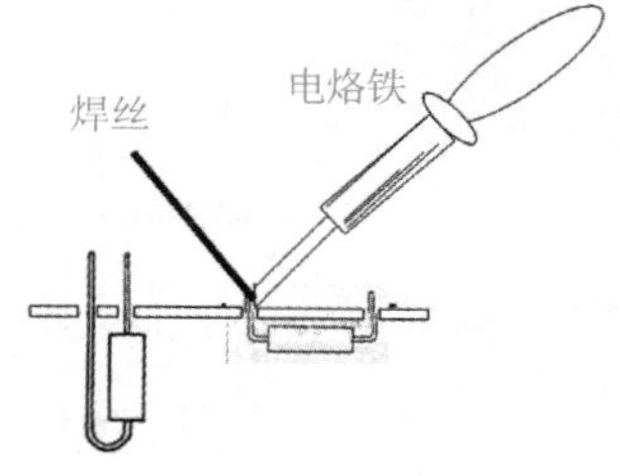

图 3-67　点锡焊接法

（2）点锡焊接法（图 3-67）　把准备好的元件插入印刷电路板的焊接位置，调整好元件的高度和宽度，逐个点上助焊剂后，一手握烙铁将烙铁头的坡口放在元件的引线焊接位置，固定好烙铁头坡口与印刷电路板的角度；另一手捏着焊丝去接触焊点位置上的烙铁坡口与元器件引线的接触点，根据焊点大小来控制焊锡多少，焊接时两只手要配合好，焊接的时间不可过长，时间长容易使元件损坏。

4. 焊接后的清洁

焊点经检查质量合格后应用工业酒精把助焊剂清洗干净，尤其是使用焊锡膏、焊药水等酸性助焊剂，不清洗干净助焊剂的残留物，在以后的使用中很容易发生腐蚀现象，造成断线开焊的故障。

5. 元件的装置方法

立式插装法如图 3-68 所示，优点是密度较大，占用印刷电路板面积小，拆装方便，电容、电阻、三极管多用此方法。卧式插装法是将元件紧贴印刷电路板插装（图 3-69），此法稳定性好，比较牢固，但占面积大。电子元件的插装应视线路板的具体情况而定。

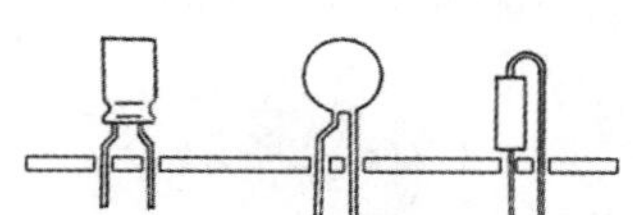

图 3-68　立式插装法

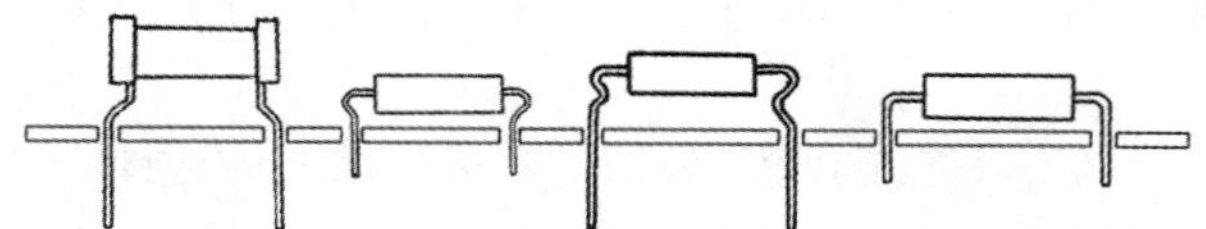

图 3-69　卧式插装法

十三、变配电室硬母线的安装

1. 硬母线涂漆颜色的规定

三相交流母线：L_1 为黄色；L_2 为绿色；L_3 为红色

直流母线：正极为赭色，负极为蓝色

2. 硬母线涂黑漆和贴色片的意义

硬母线涂黑漆的意义是提高注意力，贴色片是便于表明相序。

3. 硬母线弯曲的要求(图 3-70)

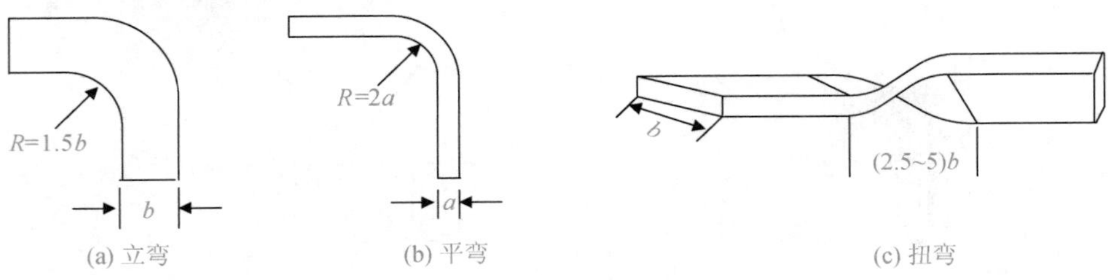

图 3-70　硬母线弯曲的要求

4. 硬母线安装的基本要求

(1) 母线搭接面的处理

① 铜与铜　室外、高温且潮湿或对母线有腐蚀性气体的室内，母线必须搪锡，在干燥的室内可直接连接。

② 铝与铝　可直接连接。

③ 钢与钢　必须搪锡或镀锌后连接，不得直接连接。

④ 铜与铝　在干燥的室内铜导体应搪锡或用铜铝过渡板连接，不得直接连接。

⑤ 钢与铜或钢与铝　搭接面应搪锡

(2) 母线排列

① 上、下布置时　由上至下 L_1、L_2、L_3。

② 水平排列时　由盘后向盘前 L_1、L_2、L_3。

③ 垂直排列时　由左至右 L_1、L_2、L_3。

5. 硬母线固定的要求

① 母线固定金具与支持绝缘子间的固定应平整牢固，不应使其所支持的母线受到额外应力。

② 交流母线的固定金具或支持金属不应成闭合磁路，如图 3-71(a)所示。

③ 采用绝缘夹板固定时，应保持 1.5~2mm 的间隙，如图 3-71(b)所示。

④ 采用螺钉固定时母线应开长孔，孔的长度应是孔径的 2 倍，如图 3-71(c)所示。

⑤ 母线固定装置应无棱角和毛刺。

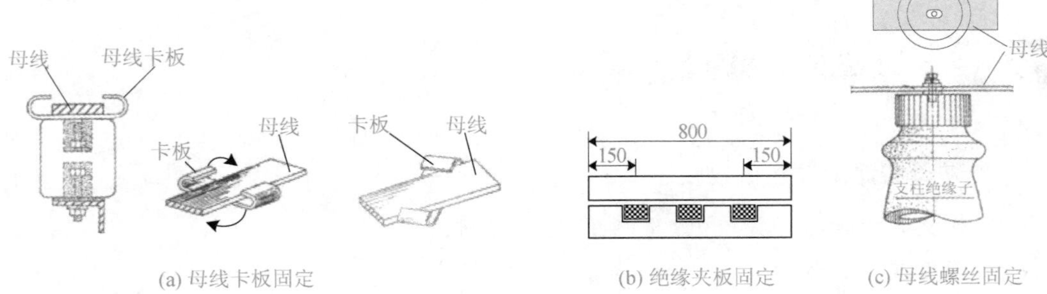

图 3-71　母线固定

6. 硬母线连接的方法

硬母线常用的连接方法有螺栓连接和焊接。

采用螺栓连接时如图 3-72 所示，连接的长度不得小于母线的宽度；120 母排应使用 M18 的螺栓、80~100 母排应使用 M16 的螺栓，25 母排应使用 M10 的螺栓。

采用焊接时，母线应有 60°~75°的坡口，如图 3-73 所示。

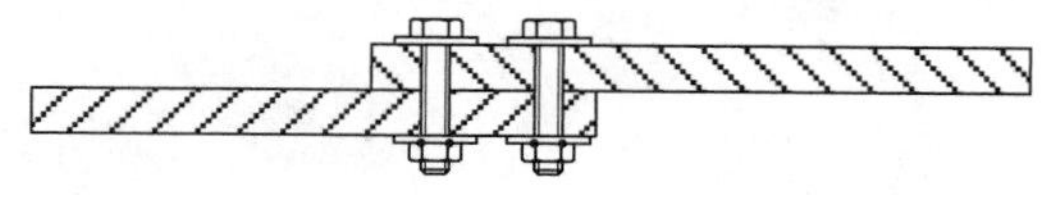

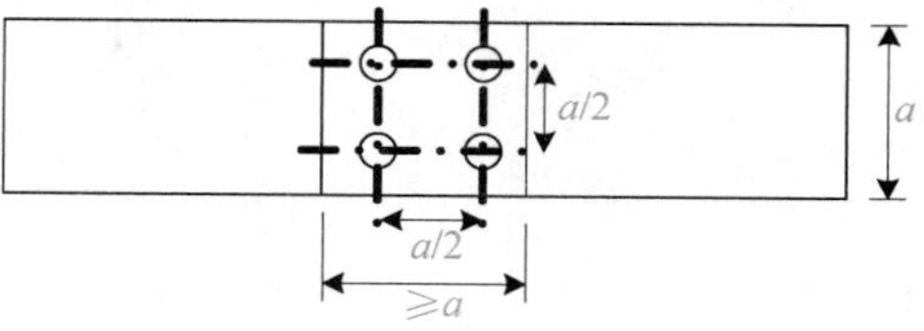

图 3-72　硬母线螺栓连接

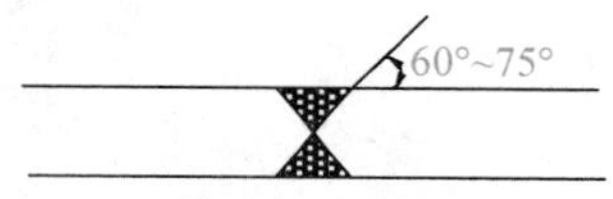

图 3-73　硬母线的焊接

7. 硬母线连接的要求

① 母线的螺栓连接及支持连接处、母线与电器的连接及距所有连接处 10mm 以内不应涂漆。

② 母线接头螺孔的直径应大于螺栓直径 1mm，螺孔间中心距离误差应为±0. 5mm。

③ 螺栓的长度宜露出螺母 2~3 扣为宜。

④ 母线平置时，螺栓应由下向上安装；立置时应有里向外安装。

第四章 常用电工仪表

第一节 电工仪表知识

常用电工仪表是测量各种电量与磁量的仪器仪表统称。不论在电力系统中，还是在日常电气控制安装维修、通信电子仪器等弱电领域，都大量使用各种电工仪表，用以监视系统的工作情况，记录生产过程和分析电路状态的各种电气参数。它们是保证电力系统正常工作和生产正常进行的必不可少的组成部分。同时，在电气设备发生故障后，也常使用电工仪表进行测量，以分析故障位置。

一、常用电工仪表的测量机构分类与应用

1. 磁电式仪表

仪表符号，磁电式仪表是最常用的仪表之一。它的准确度高，刻度均匀，消耗功率小；但它的成本高，若不采取整流措施，只能用来测量直流电，而且过载能力小。磁电式仪表通常做成携带式仪表，如万用表、钳形电流表等。

2. 电磁式仪表

仪表符号，电磁式仪表既可测量直流电，也可测量交流电。它的结构简单，过载力强，成本低；但它的准确度较低，刻度是非线性的，且易受外界磁场的影响。常用的开关板仪表，如电流表和电压表，多采用电磁式结构。

3. 电动式仪表

仪表符号，电动式仪表的基本结构由一个固定的线圈和一个可以转动的线圈组成，它的固定线圈产生一个电磁场，当可动线圈流过电流时，就会受到力的作用，仪表指针的偏转角度由这两个电流共同作用而决定，电动式仪表常用在功率表、功率系数表、频率表等量。

4. 感应式仪表

仪表符号⊙，感应式仪表与其类仪表不同之处：它的活动部分不是线圈，也不是动铁，而是一个可以转动的铝盘。在仪表特有的磁路中，当有一定的电流通过电表，由电源流向负载时，铝盘就会受到一个转矩的作用而不停地旋转。这种工作原理的仪表称为感应式仪表，主要用于电能表(电度表)。

二、电工仪表的准确度

电工仪表按准确度(精度)分为七个级别，有0.1、0.2、0.5、1.0、1.5、2.5、4.0(5.0)。它反映了仪表的测量误差的百分数。

$$电工仪表的准确度=\frac{最大绝对误差}{仪表的量程}$$

三、电工仪表安装的一般要求

为了保证仪表正常工作，仪表的安装及使用必须注意其自身的要求。这些要求大致归纳如下。

① 要根据被测对象的种类、对测量值的大小和精度要求等来决定所选择的仪表的种类、量程、准确度等级及其他各项指标。

② 要根据仪表的自身要求，正确接线。接线不正确，轻则增加计量误差，重则损坏仪表，甚至造成短路故障。

③ 仪表有垂直安装和水平放置两种。仪表安装必须符合其本身要求，否则将带来附加误差。

④ 仪表的安装(放置)位置应无明显振动。

⑤ 仪表应工作在干燥、清洁的环境，不得有磁场及各种腐蚀性气体，环境温度和湿度应符合仪表的使用要求。

第二节 如何用好万用表

万用表具有用途多、量程广、使用方便等优点，是电工测量中最常用的工具。在电气维修工作中它可以用来测量电阻、交流电压和直流电压。有的万用表还可以测量晶体管的主要参数及电容器的电容量等。熟悉万用表的使用方法是掌握电子技术的一项基本技能。

常见的万用表有指针式万用表和数字式万用表。指针式万用表是以表头为核心部件的多功能测量仪表，如图4-1所示，测量值由表头指针指示读取。数字式万用表的测量值由液晶显示屏直接以数字的形式显示，如图 4-2 所示，读取方便，有些还带有语音提示功能。万用表是共用一个表头，集电压表、电流表和欧姆表于一体的仪表。

图 4-1　指针式万用表

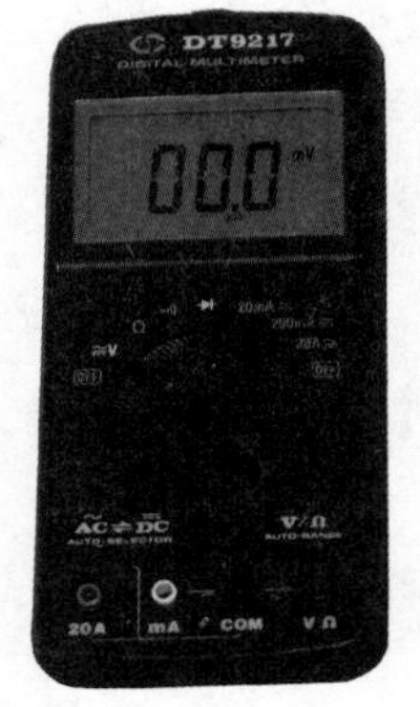

图 4-2　数字式万用表

一、万用表的使用的注意事项

① 在使用万用表之前，应先进行“机械调零”(图 4-3)，即在没有被测电量时，使万用表指针指在零电压或零电流的位置上。

② 在使用万用表的过程中，不能用手去接触表笔的金属部分，这样一方面可以保证测量的准确；另一方面也可以保证人身安全。

③ 在测量某一电量时，不能在测量的同时换挡，尤其是在测量高电压或大电流时，更应注意。否则，会使万用表毁坏。如需换挡，应先断开表笔，换挡后再去测量。

④ 万用表在使用时，必须水平放置，以免造成误差。同时，还要注意到避免外界磁场对万用表的影响。

⑤ 万用表使用完毕，应将转换开关置于交流电压的最大挡。如果长期不使用，还应将万用表内部的电池取出来，以免电池腐蚀表内其他器件。

1. 万用表调节 Ω 零点方法

① 将挡位调整旋钮置于 Ω×1 挡。

② 将红表笔接在“+”端子；黑表笔接在“-”端子。

③ 将表笔测量端短接(搭在一起)，观察表针是否指在 Ω 刻度线的“0”处，如图 4-4 所示，如不指零应调整“欧姆调零”旋钮，使之指零。

④ 当调节“欧姆调零”旋钮，无法使指针指在“0Ω”处，表明表内电池电量不足，应更换表内的电池。

⑤ 很多万用表在电阻的最高倍率挡另装一块高电压的电池(9V 或 15V)，应按说明的要求换装。若要使用此挡必须有相应的电池。

2. 欧姆挡的使用注意事项

① 选择合适的倍率。在欧姆表测量电阻时，应选适当的倍率，使指针指示在中值附近。最好不使用刻度左边 1/3 的部分，这部分刻度密集，读数误差很大。

② 使用前要调整机械零位和欧姆调零。

③ 欧姆挡不能带电测量。

④ 被测电阻不能有并联支路，应与线路脱离，以保证测量的准确性。

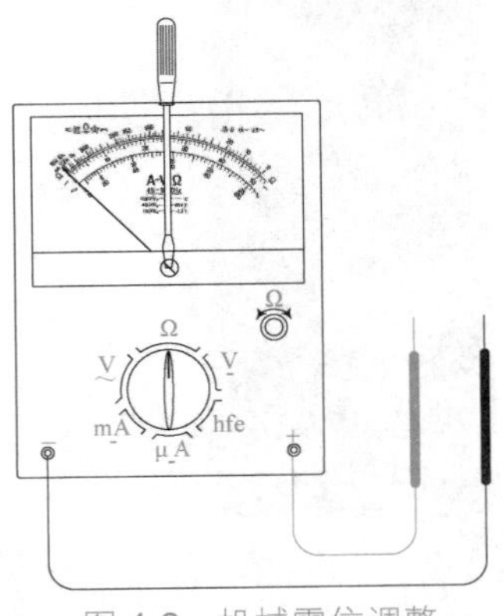

图 4-3　机械零位调整

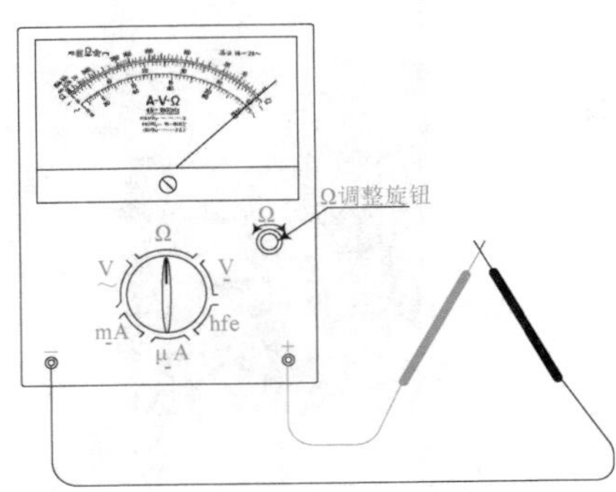

图 4-4　欧姆零位的调整

二、用万用表测量单个电阻的阻值

单个电阻值的测量如图 4-5 所示。

① 表针机械零位应准确。

② 若已知电阻值的大体数值，根据 Ω 刻度线的刻度，选用能使指针指在刻度线中间段的一挡。

③ 按图 4-4 的方法调整 Ω 零。

④ 表笔不分“+”、“-”，可各接电阻的一端(若电阻引线有锈蚀，应预先清除)。

⑤ 待表针稳定后读数。

⑥ 对不知阻值的电阻测量时可先选用中等倍率挡(如×100)试测，若表针指向刻度线两端，应换挡测量。总之尽可能使指针指在刻度线中间一段。但要注意，每换一次挡位，应重新调一次 Ω 零。

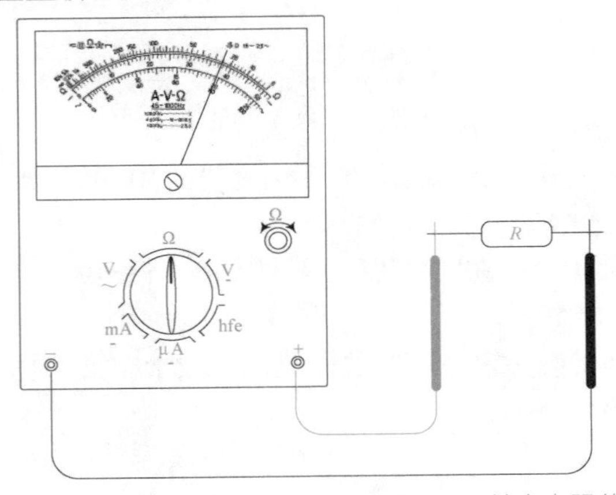

图 4-5　单个电阻值的测量

色环电阻的识别：色环电阻是将电阻值用彩色的圆环表示，如图 4-6 所示，色环有以下十二种颜色：棕、红、橙、黄、绿、蓝、紫、灰、白、黑、金、银，表示阻值和误差值。

颜色	第一位有效数	第二位有效数	倍率	允许偏差/%
黑	0	0	10^0	
棕	1	1	10^1	
红	2	2	10^2	
橙	3	3	10^3	
黄	4	4	10^4	
绿	5	5	10^5	
蓝	6	6	10^6	
紫	7	7	10^7	
灰	8	8	10^8	
白	9	9	10^9	−20~+50
金			10^{-1}	±5
银			10^{-2}	±10
无色				±20

颜色	第一位有效数	第二位有效数	第三位有效数	倍率	允许偏差/%
黑	0	0	0	10^0	
棕	1	1	1	10^1	±1
红	2	2	2	10^2	±2
橙	3	3	3	10^3	
黄	4	4	4	10^4	
绿	5	5	5	10^5	±5
蓝	6	6	6	10^6	±0.25
紫	7	7	7	10^7	±0.1
灰	8	8	8	10^8	
白	9	9	9	10^9	
金				10^{-1}	
银				10^{-2}	
无色					

图 4-6　色环电阻值对应值

三、用万用表测量线圈电阻及好坏

用万用表测量线圈电阻及好坏是电工在工作中经常要遇到的情况，如检查变压器、接触器、继电器等电器的线圈、灯丝等是否已经损坏，检查线圈的准备工作、测量过程、选挡及换挡要求与测量单个电阻相同。

如选用“$R\times1$”挡测量一个变压器的线圈如图 4-7 所示，表针偏转到目前位置，则线圈的电阻约为 20Ω，表明线圈是好的，没有发生短路和断路的现象。

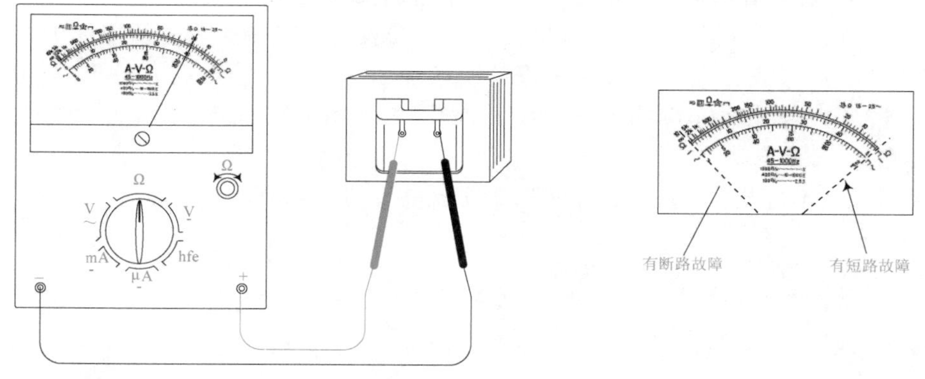

图 4-7　线圈电阻及好坏的测量

四、用万用表电阻挡测量导线是否断芯

在检修设备时由于电器控制线路都已经敷设在管线中，要判断导线是否有断线，

可以用万用表的电阻“Ω×1”挡测量导线的通断，如果导线比较少，可以将导线的另一端线芯短接，表笔不分“+”、“−”接触待测的导线，表针指零为完好，表针不动则是有断线。

如果穿管的导线比较多，则可通过反复测量，确定是哪一条线断芯。也可以利用电线金属管作为一条导线测量。测量方法如图 4-8 所示。

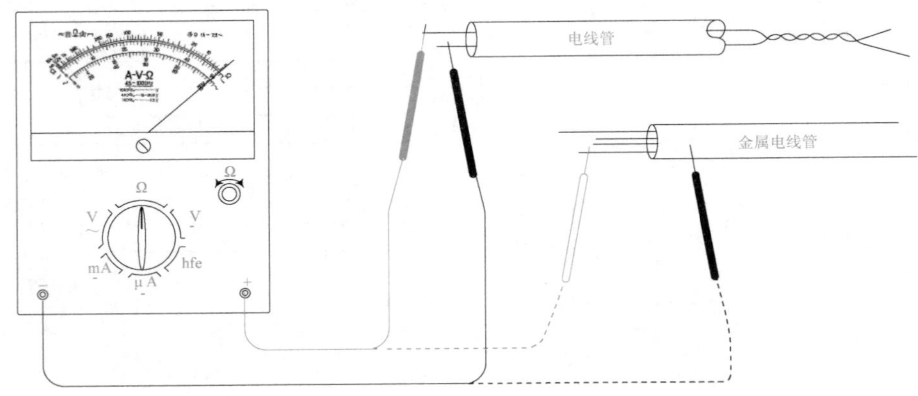

图 4-8　使用万用表电阻挡测量导线是否断芯

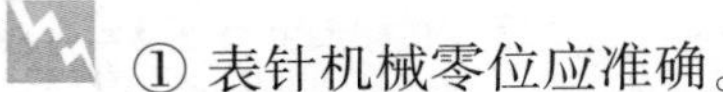

五、用万用表判断直流电压的极性和电压测量

① 表针机械零位应准确。

② 若已知直流电压数值范围，选用大于并接近其值的一挡（例如直流 24V，可使用直流 50V，如不知直流电压大小，可先置于直流电压最高挡试测）。

③ 试测。在确知电源有电的情况下，先用一个表笔接在一端，另一个表笔快速“点测”一下，如果表针右偏，且不超过量程时，则红表笔所接端子为直流电源的“+”，另一端为“−”。如果表针左偏，说明黑表笔所接端子为“+”，另一端为“−”。本例所示，为用直流 250V 挡判断 110V 电源的极性。如图 4-9 所示，判断出左侧端子为“+”，且直流电压实际为 115V。

④ 若此后不再测量，应将万用表置于交流电压的最高挡。

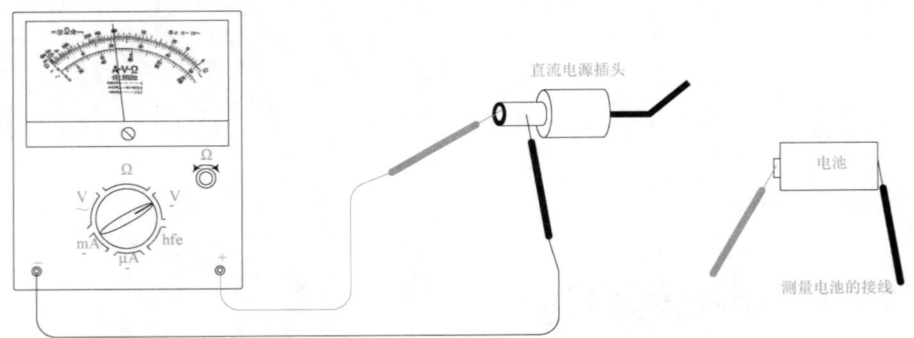

图 4-9　判断直流电压的极性及电压测量

六、用万用表测量直流电流

在检修电子电路时，经常要用到测量直流电流的情况如电源的电流、三极管电流、二极管电流等，测量前要表针机械零位应准确。选用大于被测值而且又与之所接近的一挡；若不知被测电流的大小，可先在电流最高挡试测，根据试测值大小再换用适当挡位测量。原则是要使表针偏转角度尽可能大。如测量电池的电流，应断开一根直流电源的电源线。按如图 4-10 所示，在正极测量时，红表笔接电源的“+”极；黑笔接用电器的“+”极(进)。在负极测量时按如图 4-11 所示，红表笔接用电器的“-”极(出)；黑笔接电源的“-”极。

测量直流电流的接线是，红表笔接电流流进的一端，黑表笔接电流流出的一端。

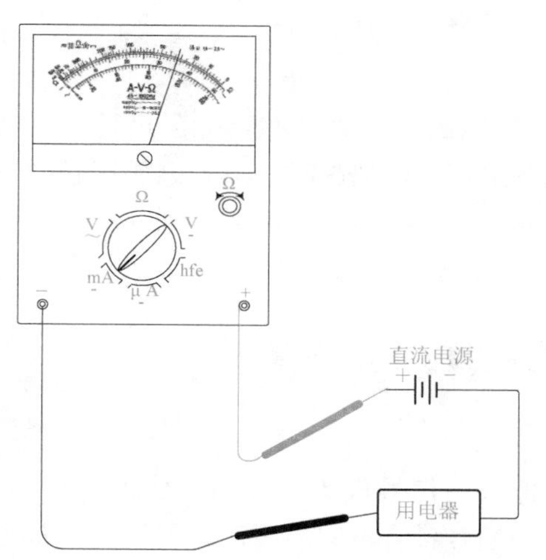

图 4-10　从正极测量直流电流的接线

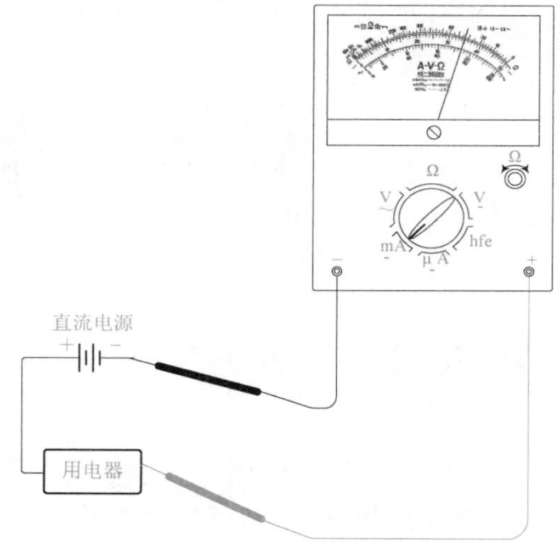

图 4-11　从负极测量直流电流的接线

七、用万用表判断二极管的好坏

二极管是主要的电子元件，有整流二极管、发光二极管等，应用量很大，损坏的可能也比较大，常用二极管的外形如图 4-12 所示。

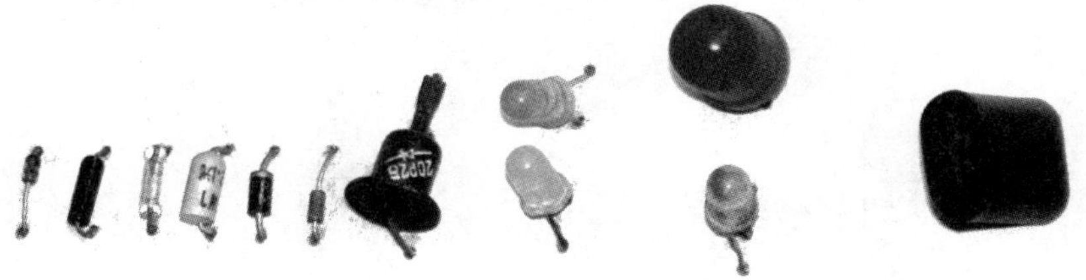
图 4-12　常用二极管的外形

测量前表针机械零位应准确，将万用表电阻挡置于“R×10”或“R×100”挡，不要使用“R×1”和“R×1k”挡，“R×1”挡电流太大，“R×1k”挡电压太高，有可能损坏二极管。

调好Ω零点，用“+”、“-”表笔对二极管做正向测量(图4-13)和反向测量(图4-14)，其结果有：正向电阻的正常值有几百欧至几千欧；反向电阻应大于几百千欧。如果出现以下情况则表明二极管有损坏。

① 如正反两次测量的阻值均接近于0Ω，则说明该二极管内部已经“击穿”。

② 如正反两次测量的阻值都非常大，甚至表针不偏摆，说明该二极管已烧断。

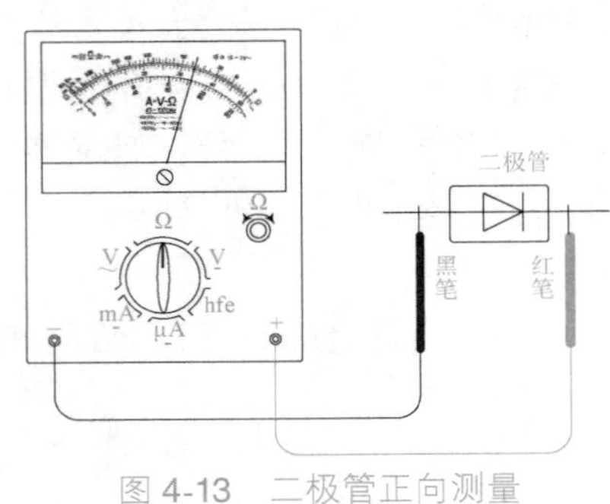

图4-13　二极管正向测量

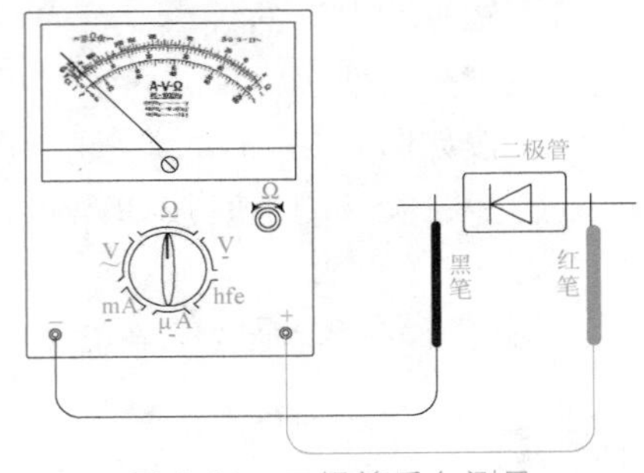

图4-14　二极管反向测量

二极管极性判断：按上述方法，对于无极性标志的二极管，亦可标出极性。方法是：对二极管用表笔正负、正反各测量一次，测到阻值小的那次时，黑表笔所接触的一极，为二极管的“+”极。

八、用万用表判断晶体三极管极性以及是NPN型还是PNP型

三极管是主要的电子元件，三极管可以把微弱信号放大成辐值较大的电信号，也用作无触点开关，三极管的种类很多，并且不同型号各有不同的用途。三极管大都是塑料封装或金属封装，常见三极管的外形如图4-15所示。三极管的电路符号有两种：有一个箭头的电极是发射极，箭头朝外的是NPN型三极管，而箭头朝内的是PNP型，如图4-16所示。实际上箭头所指的方向是电流的方向。

(a) 小功率塑封三极管

(b) 小功率金属三极管

(c) 大功率塑封三极管

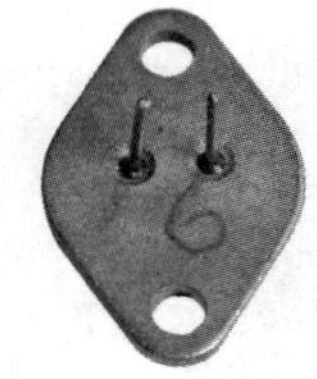

(d) 大功率金属三极管

图4-15　常见三极管的外形

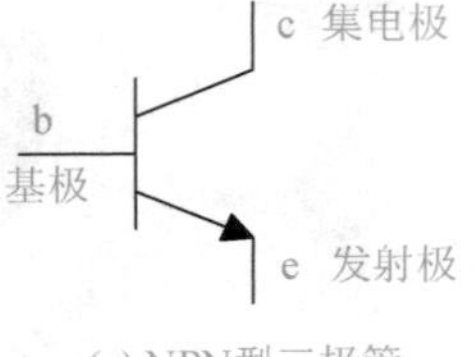

(a) NPN型三极管

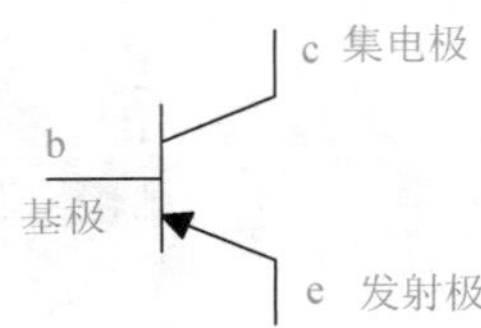

(b) PNP型三极管

图4-16　三极管符号

① 表针的机械零位应准确，否则调整。

② 将万用表电阻挡置于"R×10"或"R×100"挡，"R×1"挡电流太大，"R×1k"挡电压太高，有可能损坏三极管。

③ 调好 Ω 零点。

④ 将黑表笔固定接在一极，红表笔分别试测另两极：如果出现阻值一大、一小，则将黑表笔改为固定另一极，再用红表笔测另两极，如果测得阻值仍一大、一小，再将黑表笔固定在没接过的一极，用红表笔测另两极。不论测量几次只要出现以下结果即可。

- 黑表笔固定接在某一极，红表笔分别测试另两极时，两个阻值都很大，该三极管为 PNP 型，且黑表笔所接的为基极，如图 4-17 所示。
- 红表笔固定接在某一极，红表笔分别测试另两极时，两个阻值都很小，该三极管为 NPN 型，且黑表笔所接的为基极，如图 4-18 所示。

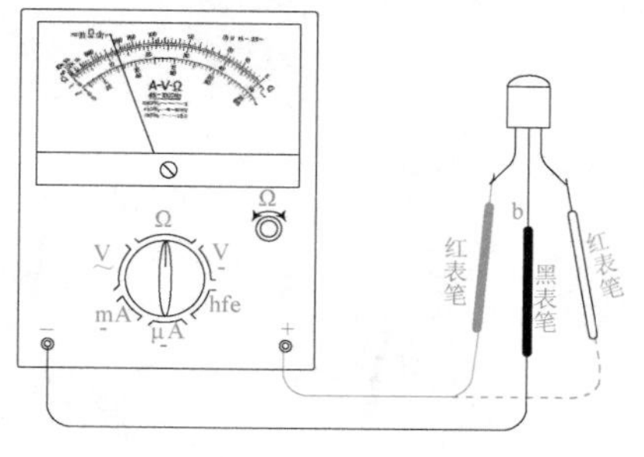

图 4-17　PNP 型三极管极性判别

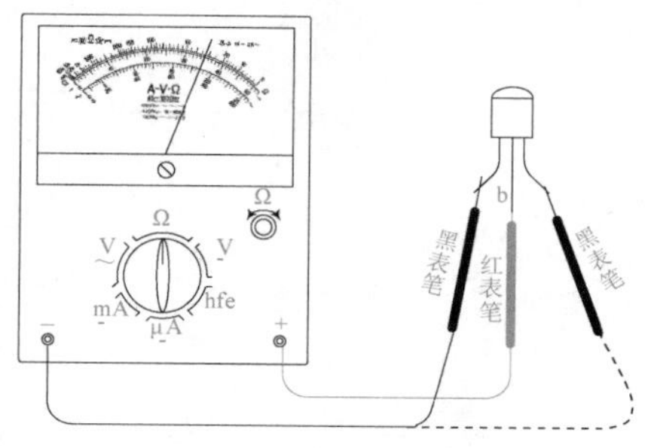

图 4-18　NPN 型三极管极性判别

⑤ 知道了 PNP 型三极管基极位置后，以红表笔固定接于基极，用黑表笔测另两极。测到那一极，表现为阻值小，该极即为发射极(e)，其余一极为集电极(c)，如图 4-19 所示。

⑥ 知道了 NPN 型三极管及其基极位置后，以黑表笔固定接于基极，用红表笔测另两极。测到那一极，表现为阻值小，该极即为发射极(e)，其余一极为集电极(c)。如图 4-19 所示，测到右侧时阻值小，因此可认定右侧一极为发射极(e)；中间一极为集电极(c)。

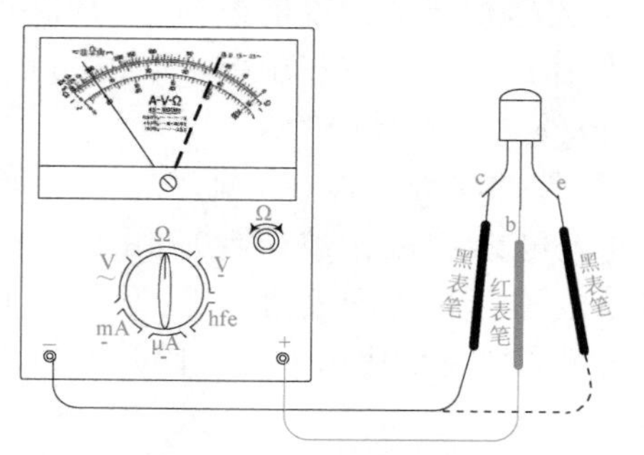

图 4-19　PNP 三极管发射极与集电极的判断

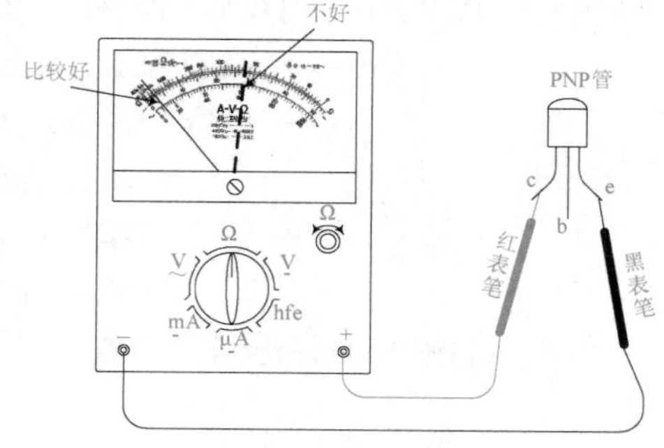

图 4-20　穿透电流的测量

九、用万用表测量三极管穿透电流的 I_{ceo}

用万用表电阻挡(R×100 或 R×1k)测量三极管集电极与发射极之间的反向电阻，

电阻值越大，说明穿透电流越小，三极管性能越稳定，一般硅管比锗管电阻值大，高频管比低频管的阻值大，小功率管比大功率管的阻值大。

如图 4-20 所示是以 PNP 管为例，NPN 管则将两支表笔对调即可。

十、用万用表判断三极管放大倍数 β

测得穿透电流后，在三极管基极与集电极之间接入 100kΩ 电阻，如图 4-21 所示，集电极与发射极反向电阻便减少，也可以用左手捏着红笔和三极管集电极，也可用嘴轻轻碰一下三极管的基极，表针偏转，偏转角度越大，说明放大倍数 β 越大。

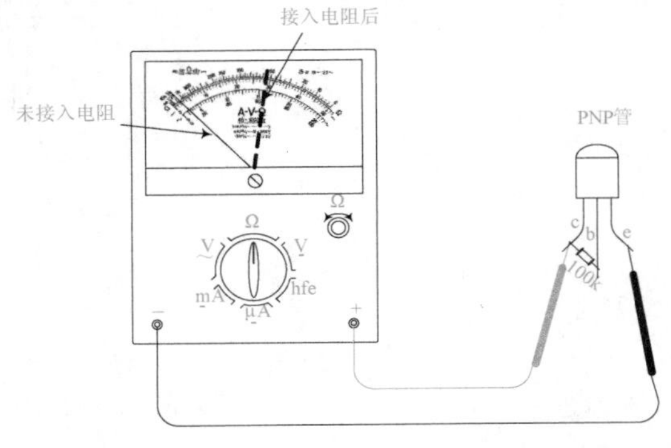

图 4-21　三极管放大倍数的 β 判断

十一、用万用表电阻挡判断小功率单向晶闸管的极性

晶闸管是晶体闸流管的简称，又可称为可控硅整流器，以前被简称为可控硅，晶闸管是 PNPN 四层半导体结构，它有三个极：阳极(a)、阴极(c)和门极[也叫控制极(g)]，符号如图 4-22 所示。

a 阳极

g 控制极

c 阴极

图 4-22　单向晶闸管

晶闸管具有硅整流器件的特性，能在高电压、大电流条件下工作，且其工作过程可以控制，被广泛应用于可控整流、交流调压、无触点电子开关、逆变及变频等电子电路中。小功率晶闸管的外形与三极管的外形基本一样，判断小功率单向晶闸管的极性是必要的。

晶闸管的控制极与阴极之间有一个 PN 结，而阳极与阴极之间有两个反向串联的 PN 结，因此用万用表 $R\times10$k 挡可首先判断控制极(g)。

如图 4-23 所示，将负表笔(黑)接某一电极，正表笔(红)依次接触另外两个电极，假如有一次的阻值很小约几百欧，而另一次阻值很大约几千欧，这时负表笔所接的一极为控制极(g)，在阻值小的那次测量中，正表笔所接的一极为阴极(c)，而在阻值大的那次测量中，正表笔所接的一极为阳极(a)，假如两次测出的阻值都很大，则说明负表笔接的不是控制极，应该换测其他电极。

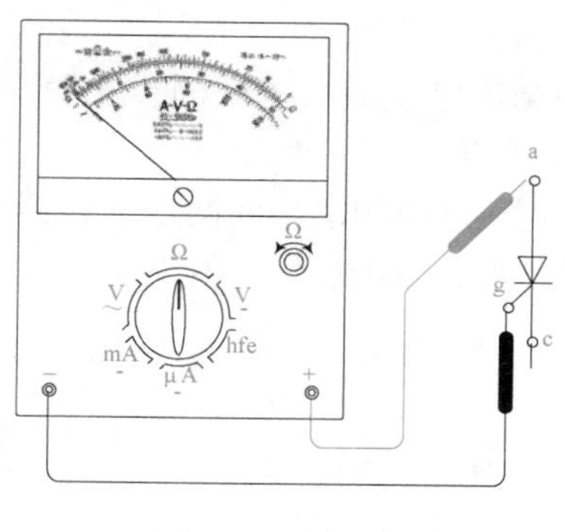

(a) 控制极与阳极

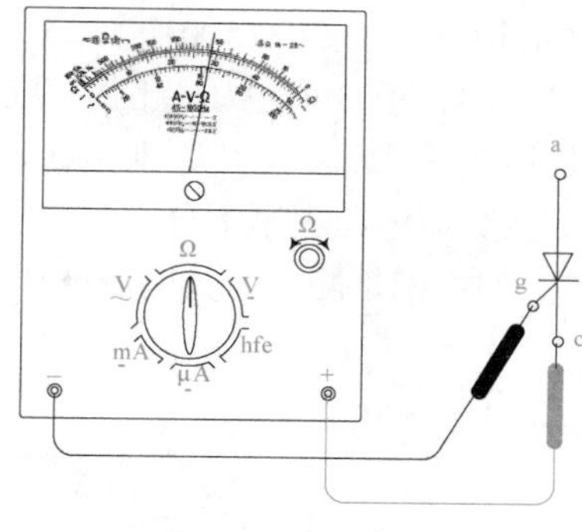

(b) 控制极与阴极

图 4-23　小功率单向晶闸管的极性

十二、用万用表判断单向晶闸管的好坏

① 将黑表笔固定接在阳极(a)；将红表笔固定接在阴极(c)，由于单向晶闸管是由 PNPN 四层 3 个 PN 结组成，阳极与阴极电阻都很大，此时，万用表指针应无偏转，或有极小的偏转，如图 4-24 所示。

② 这时可用一个几十欧姆的电阻，在阳极(a)与控制极(g)之间搭接一下，若万用表指针向右大幅度偏转，且在将电阻撤去后，表针仍维持在偏转后的位置，则所测的晶闸管是好的。

③ 按上述方法测试，无论如何不出现上述的现象，则该晶闸管是坏的。

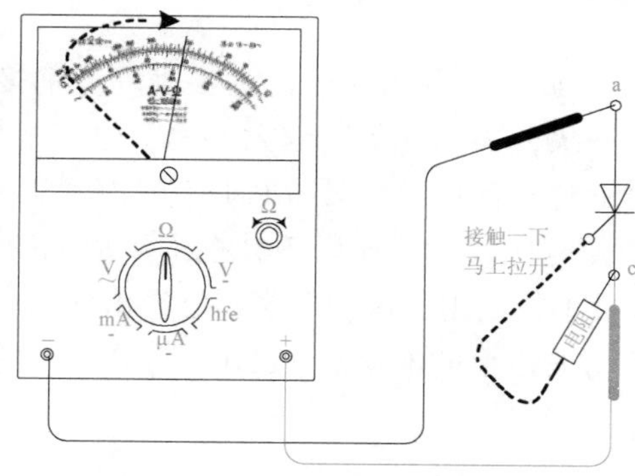

图 4-24　判断单向晶闸管的好坏

十三、用万用表测量交流电压

① 表针的机械零位应准确。

② 测量交流电压选挡的原则如下：

- 已知被测电压范围，选用大于它且与它最接近的一挡，如测量 380V 的交流电

压，与之最接近的一挡为500V，故采用500V挡，如图4-25所示；

- 对于不知道被测电压范围的情况，可先置于交流电压最高挡试测，根据试测值，再确定使用哪一挡测量。其原则是在该挡上表针偏转角度尽可能地大。

③ 测量交流电压表笔不分“+”、“-”，两表笔分别接触被测电压的两端。表针稳定后即可读数。如本例是测量开关电源电压，表针稳定的位置表示电压实际值为380V。

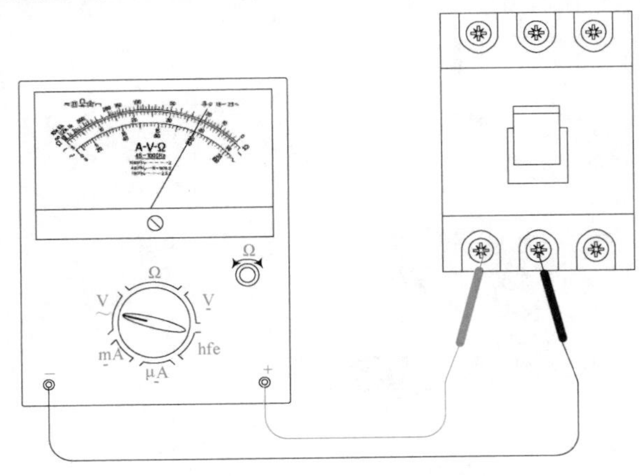

图4-25　交流电压的测量

十四、用万用表判断电容器的好坏

电容器是一个充放电的元件，有一个充电过程，根据这个原理可以简单地判断电容器的好坏。

使用电阻（$R\times100$ 或 $R\times1\text{k}$）挡，用万用表的两根表笔分别接触电容器的两极，如图4-26所示，表针左右摆动一次，摆动的幅度越大，说明电容量越大，若电容器质量好，极间的漏电电阻很大，测量时表针摆动后便立即回到无穷大“∝”处，如不能回到无穷大“∝”处则表明电容器的漏电比较大，如果表针根本不动（正反多试几次），说明被测电容器内部断路，如果表针不往回走，说明电容器已经击穿。

此种方法适用于容量1μF以上的电容器，0.01～1μF之间的电容器用此种方法很难判断好坏。

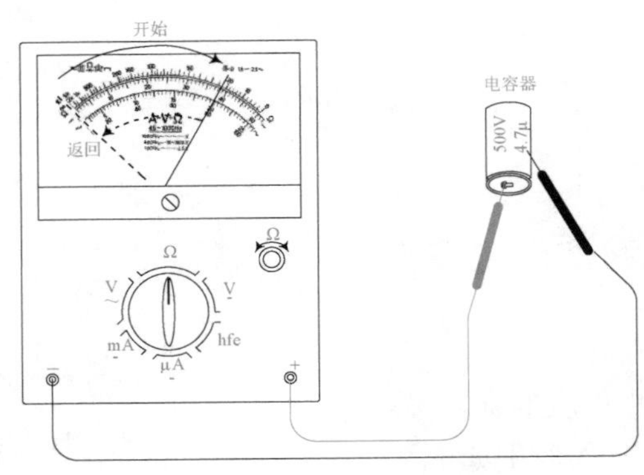

图4-26　万用表判断1μF以上电容器的好坏

十五、用万用表判断三相笼式电动机定子绕组的首尾端

确定三相笼式电动机定子首尾端一般有三种方法：直流法、交流法、剩磁法。

1. 直流法

① 首先用万用表分辨出三相绕组，并做出分组标记。

② 将万用表的挡位调整到最小的毫安挡，两支表笔与一相绕组的两端接牢固。

③ 用电池连接另一相绕组，当电池接通瞬间注意观察表针的摆动方向，并判断，如图 4-27 所示。

指针向右摆动，则表明电池的正极与红表笔所接端为同名端；

指针向左摆动，则表明电池的负极与红表笔所接端为同名端。

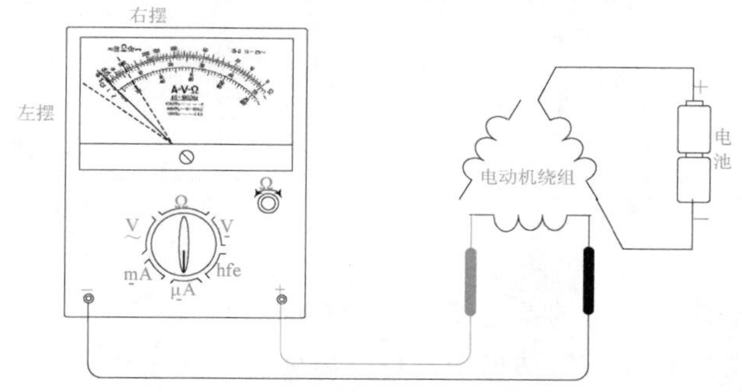

图 4-27　直流法判断电机首尾端

④ 对已判断完毕的绕组做出极性标记。

⑤ 将电池再与另一组绕组连接，按上述方法重复一次，即可找出三相绕组的首尾端。

⑥ 注意电池与绕组不要长时间接通，否则电池电量将很快耗尽。

2. 交流电压法

① 首先用万用表分辨出三相绕组，并做出分组标记。

② 如图 4-28 所示，将任意两组绕组串联后与电压表连接(也可使用万用表交流电压挡)，另一相绕组经开关接于安全电源上。

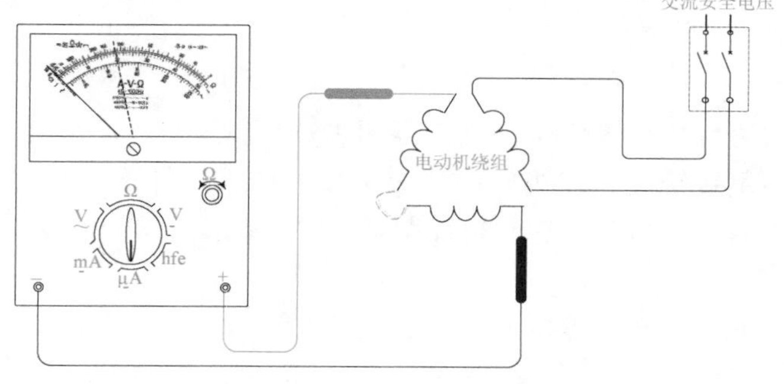

图 4-28　交流电压法判断电机首尾端

③ 接通电源后电压表有指示，则说明串联的两绕组为异名端相接(即首尾端)，若无指示则为同名端(首、首与尾、尾)。两种状态再各试一次，以确保判断无误，判断完毕的绕组做出极性标记。

④ 将接电源的绕组与接电压表的绕组中的一组互换，重复上述操作，即可找出三相绕组的首尾端。

3. 剩磁法

将电动机三相绕组与万用表直流电流毫安挡串联接成闭合回路(也可以四个并联)，如图 4-29 所示，转动电动机的转子，若指针摆动则说明三相绕组中有一相绕组的首尾端接反，可将一相绕组的两个引线调换一下再试，直到指针不摆动为止。

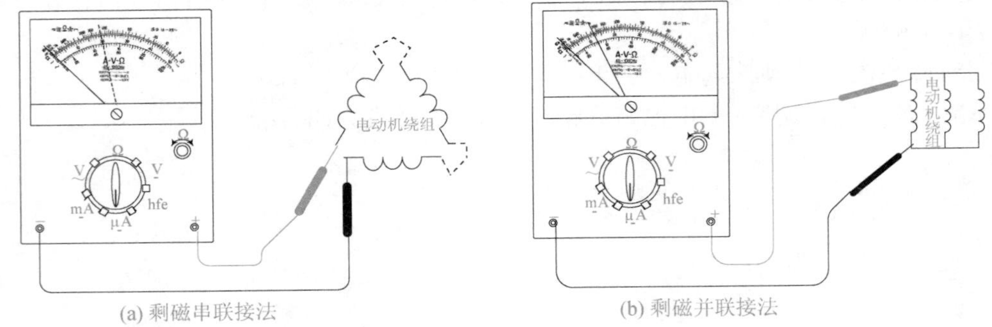

(a) 剩磁串联接法　(b) 剩磁并联接法

图 4-29　剩磁法判断电机首尾端

使用剩磁法判断定子绕组的首尾端，有时不一定可行，原因是有的电动机可能剩磁很弱，使电流表指针不摆动或摆动很小，难以保证判断的准确性。

十六、用万用表判断发光二极管的极性

发光二极管是目前设备上作为工作状态指示的常用发光元件，发光二极管的引线一般是一长一短，短的是负极，长的为正极，如图 4-30 所示。

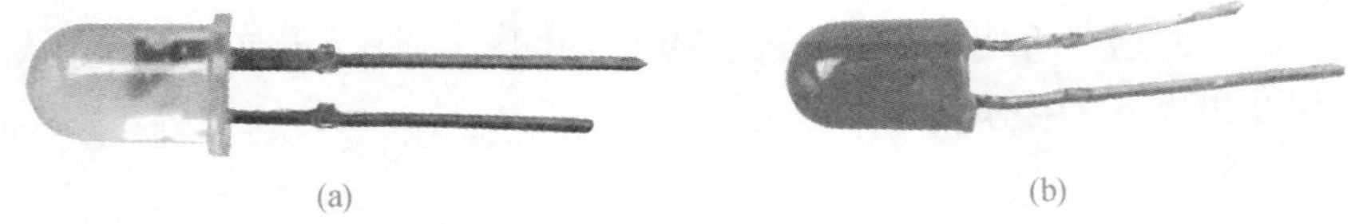
(a)　(b)

图 4-30　发光二极管

判断前万用表表针机械零位应准确，万用表选用 $R\times100$ 或 $R\times1\text{k}$ 挡，如图 4-31 所示，用万用表的表笔接触发光二极管的两根引线，如果指针不摆动置于无穷大“∝”位置，调换发光二极管引线再测，这时指针摆动，摆动范围为 4~30kΩ，发光二极管即发出弱光。

发光二极管发光时，红表笔接触的是发光二极管的负极，而黑表笔接触的是发光二极管正极。

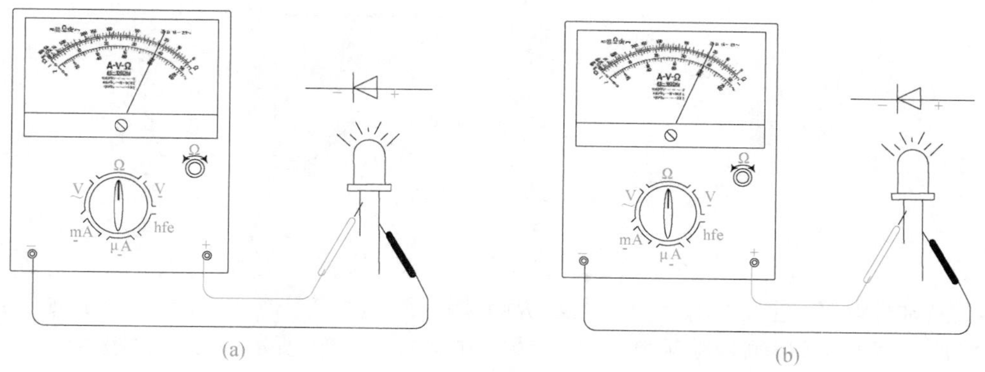

图 4-31 判断发光二极管的极性

十七、用万用表判断三相异步电动机的转速

将万用表挡位开关调到直流 20~50mA 挡，两支表笔接在任意一个绕组的两端，如图 4-32 所示，注意应事先将电动机端子的连接片拆除，均匀地转动电动机转子一周，仔细观察表针的摆动，摆动一次为有一对磁极(磁极对数 P)，根据异步电动机转速公式可以计算得出电动机的同步转速。

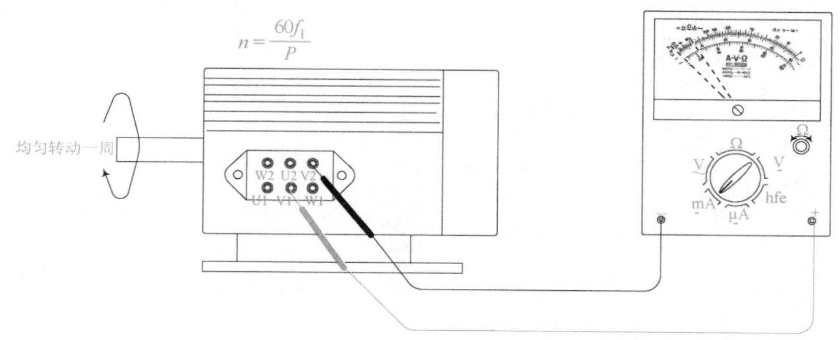

图 4-32 判断三相异步电动机的转速的接线方法

十八、用万用表确定单相电容移相电动机的绕组端

单相电容移相电动机具有启动转矩大、启动电流小、功率系数高的特点，在家用电器中广泛的应用，但由于单相电容移相电动机的接线多是软线连接，在维修时容易将原有的接线标注损坏，如果不按要求接线，会有烧坏电动机的可能，利用万用表检查单相电容移相电动机接线端子，有利于维修安装工作。

单相电容移相电动机由两个绕组组成，即运行绕组(主绕组)和启动绕组(副绕组)，启动绕组线细、圈数多、电阻大，运行绕组线较粗、电阻小，两个绕组的一端并联在电源一相，另一端连接电容器接电源的另一相。现介绍单相电容移相电动机常用的接线方法，如图 4-33 所示。

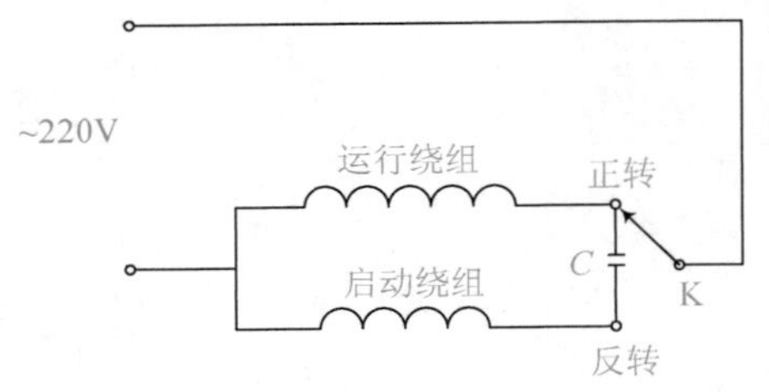

图 4-33 单相电容移相电动机接线方法

检查电动机绕组时可用万用表电阻 $R\times1$ 挡，测量时将电容器取下，分别测量各线头之间的电阻，通过测量结果判断绕组端，方法如图 4-34 所示。测量电阻最大两端是电容器的连接端，另一端直接接电源的一端。

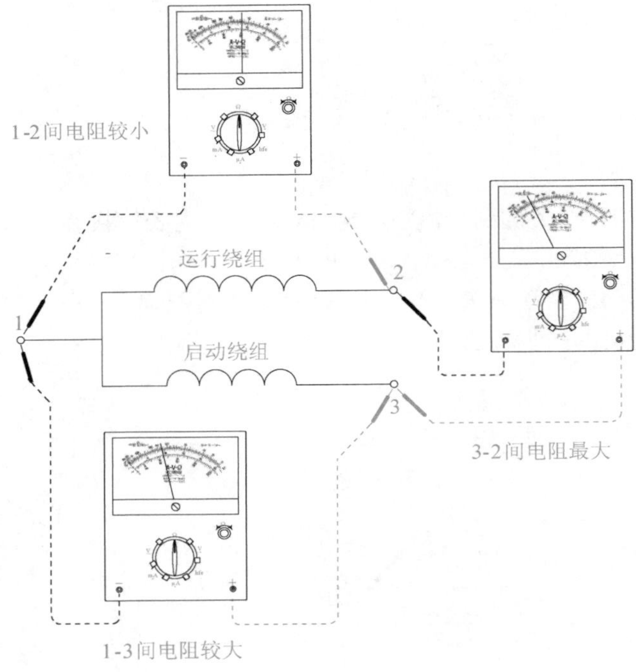

图 4-34 单相电容移相电动机端子判断方法示意

十九、用万用表判断单相有功电能表的内部接线

单相有功电能表的内部有一套电压线圈和一套电流线圈。通常，电压线圈和电流线圈在端子“1”处用电压小钩连在一起。可以根据电压线圈电阻值大、电流线圈电阻值小的特点，采用下面两种简便方法确定它的内部接线。

1. 万用表法(图 4-35)

将万用表置于 $R\times1000$ 挡，一支表笔接“1”端；另一支表笔依次接触“2”、“3”、“4”端钮。测量结果，电阻值近似为零的是电流线圈；电阻值为 1200Ω 左右的是电压线圈。

2. 灯泡法(图 4-36)

将 220V 电源的相线(火线)接于电能表的"1"端。将串接一个 220V、100W 的灯泡的电路，一端与电网零线相接；另一端依次接触电能表的"2"、"3"、"4"端。灯泡正常发光的是电流线圈的端子，灯泡很暗的是电压线圈的端子。

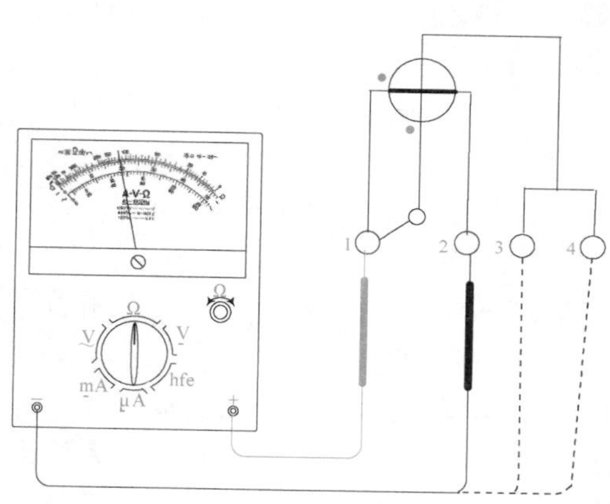

图 4-35　万用表法确定单相有功电能表的内部接线

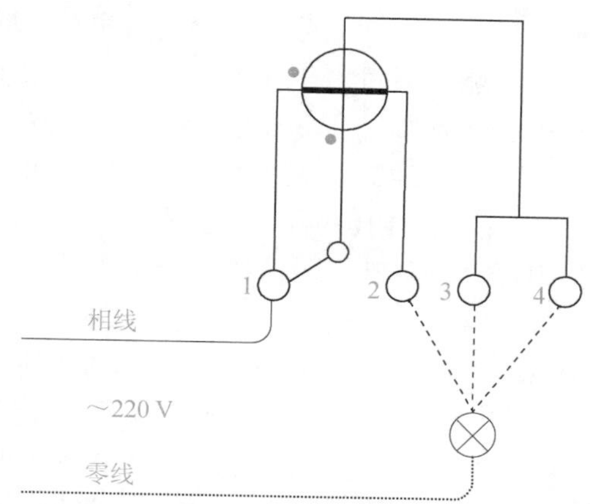

图 4-36　灯泡法确定单相有功电能表的内部接线

二十、数字式万用表的使用

现在，数字式测量仪表已成为主流，有取代模拟式仪表的趋势。与模拟式仪表相比，数字式仪表灵敏度高，准确度高，显示清晰，过载能力强，便于携带，使用更简单。下面以 DT9217 型数字万用表为例(图 4-37)，简单介绍其使用方法和注意事项。

(a)

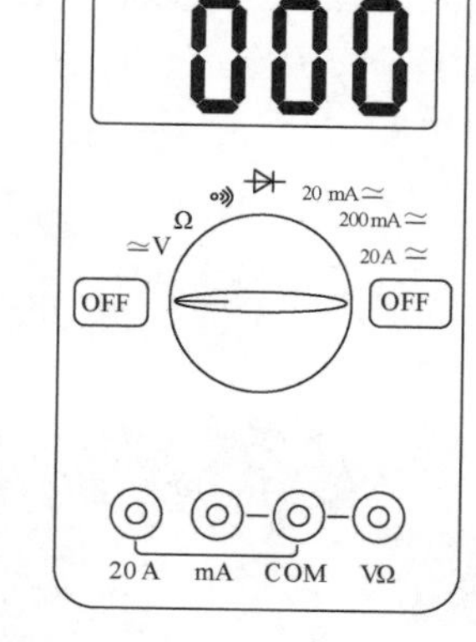

(b)

图 4-37　数字式万用表的外观

① 使用前，应认真阅读有关的使用说明书，熟悉电源开关、量程开关、插孔、特殊插口的作用。

② 将电源及挡位开关置于需要测量的位置。

③ 交直流电压的测量：根据需要将量程开关拨至≃V，红表笔插入 VΩ 孔，黑表笔插入 COM 孔，并将表笔与被测线路并联，读数即显示。测量交流电压时数字前无极性显示，测量直流电压时数字前显示“+”表示红表笔所接的为正极，显示“-”则表示红表笔所接的为负极。

④ 电阻的测量：将量程开关拨至 Ω 位置，红表笔插入 VΩ 孔，黑表笔插入 COM 孔。红、黑两表笔分别接触电阻两端，即可显示数值和单位。单位有 Ω、kΩ、MΩ。

电阻挡有过电压保护功能，瞬间误测规定范围内的电压不会造成损坏。例如，DT-830 型数字式万用表电阻挡最大允许输入电压(直流或交流峰值)为 250V，这是误用电阻挡测量电压时仪表的安全值，但不可带电测量电阻。

测量小阻值电阻时，应先将两表笔短路，读出表笔连线的自身电阻(一般为 0.2~0.3Ω)，以对被测阻值作出修正。

⑤ 检查电路通断时，应将功能开关拨到“蜂鸣器”◦))) 挡，而不要像指针式万用表那样用电阻挡。测量时只要没有听到蜂鸣声，即可判断电路不通。

⑥ 使用“二极管、蜂鸣”挡测二极管时，数字式万用表显示的是所测二极管的压降(单位为 mV)。正常情况下，正向测量时压降显示为“400~700”，反向测量时为溢出“1”。若正反测量均显示“000”，说明二极管短路；正向测量显示溢出“1”，说明二极管开路。

⑦ 交直流电流的测量：将量程开关拨至电流挡的合适量程，红表笔插入 COM 孔，当电流小于 200mA 时黑表笔插入“mA”孔，当电流大于 200mA 时插入“20A”孔，并将万用表串联在被测电路中即可。测量直流电时，数字万用表能自动显示极性。

⑧ 测量完毕后应将挡位开关拨至“OFF”位置，使仪表关闭。

第三节 钳形电流表的使用

钳形电流表最大的优点是可以在不断开被测线路的情况下测量线路上的电流。钳形电流表一般只测量工频交流电流，也有一些专门用于测量直流电流的钳形电流表。常用的钳形电流表如图 4-38 所示。

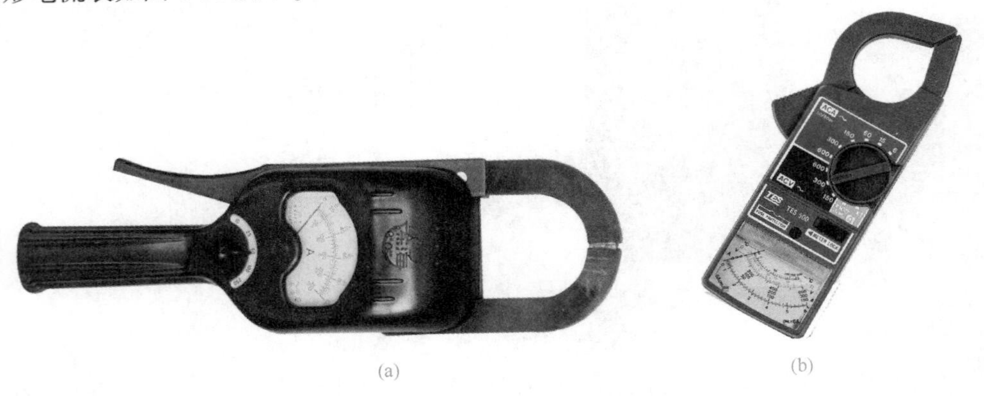

(a) (b)

图 4-38 常用的钳形电流表

一、钳形电流表测量前的准备工作

为了保证测量的准确和安全，在使用之前应对钳形电流表进行以下的检查。

① 外观检查：不应有损坏等缺陷。尤其要注意，钳口闭合应严密，其铁芯部分应无锈蚀，无污物。

② 指针式钳形电流表的指针应指“0”，否则应调整至“0”位。

③ 估计被测电流的大小，选用适当的挡位。选挡的原则是：调至大于被测值且又和它接近的那一挡。

测量时，打开钳口，将被测导线钳入钳口内，如图 4-39(a)所示。

闭合钳口，表针偏转，即可读出被测电流值。读数前应尽可能使钳形电流表表位放平，若钳形电流表有两条刻度线，取读数时，要根据挡位值，在相应的刻度线上取读数，如图 4-39(b)所示。

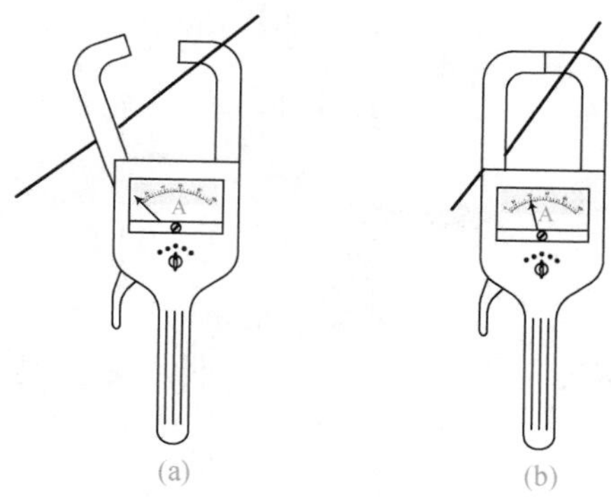

图 4-39　钳形电流表的常规测量

二、钳形电流表测量中应注意的安全问题

① 测量前对表进行充分的检查，并正确地选挡。

② 测试时应戴手套(绝缘手套或清洁干燥的线手套)，必要时应设监护人。

③ 需换挡测量时，应先将导线自钳口内退出，换挡后再钳入导线测量。

④ 不可测量裸导体上的电流。

⑤ 测量时，注意与附近带电体保持安全距离，并应注意不要造成相间短路和相对地短路。

⑥ 使用后，应将挡位置于电流最高挡，有表套时将其放入表套，存放在干燥、无尘、无腐蚀性气体且不受震动的场所。

三、用钳形电流表测量三相三线电路电流

一般是每次测量一条导线上的电流。如果测量三相三线负载(如三相异步电动机)的电流时，同时钳入两条导线，如图 4-40 所示，则指示的电流值，应是第三条线的电流。

四、用钳形电流表测量三相四线电路零线电流

若是在三相四线系统中，同时钳入三条相线测量，如图 4-41 所示，则指示的电流值，应是工作零线上的电流，也称不平衡电流。

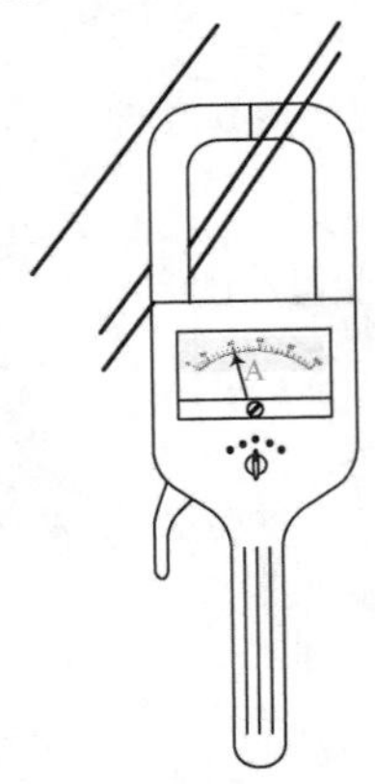

图 4-40　三相三线电路三线钳两线的测量

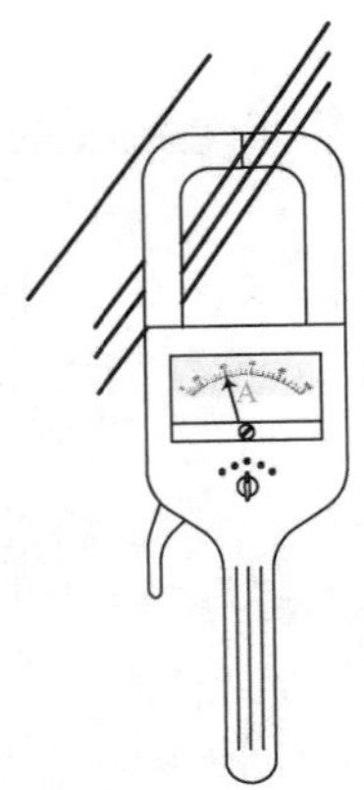

图 4-41　三相四线电路四线钳三线的测量

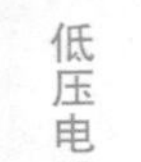

五、用钳形电流表测量小电流的方法

如果导线上的电流太小，即使置于最小电流挡测量，表针偏转角仍很小，读数不准确，可以将导线在钳臂上盘绕数匝后测量，如图 4-42 所示，将读数除以匝数，即是被测导线的实测电流数。

导线上的电流值=读数÷匝数（匝数的计算：钳口内侧有几条线，就算作几匝）

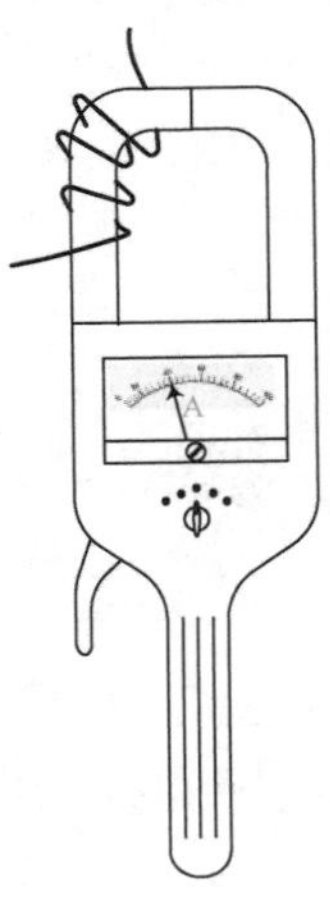

图 4-42　测量小电流的方法

六、线路中电流名称

电流是分析电器设备是否正常运行的重要依据，并且能依据现场情况将所测得的电流确定是什么电流是一项重要工作，否则将不能正确判断设备是否正常运行。各种电流的名称如图 4-43 所示。

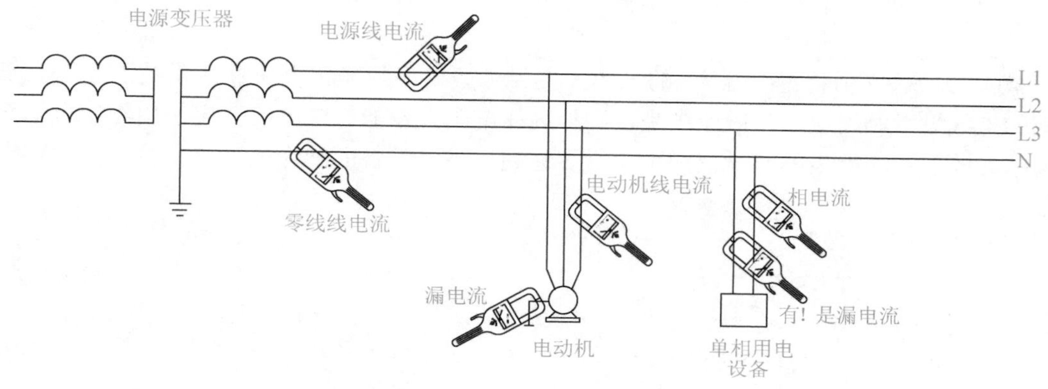

图 4-43　各种电流的名称

七、利用测无铭牌电动机空载电流判断其额定功率

先测得电动机空载电流值 I_0，根据经验公式：

$$p \approx \frac{I_0}{0.8}$$

估算口诀：空载电流除以零点八，靠近等级求功率

八、测无铭牌 380V 电焊机空载电流判断视在功率 S

电焊机铭牌丢失或字迹模糊不清，查不到功率数值，给电工工作带来困难，不知道功率将无法正确地选用导线和保护设备，利用测得的电焊机的空载电流便可求出电焊机的视在功率。

估算口诀：三百八焊机容量等于空载电流 I_0 乘以五。

$$S \approx 5I_0$$

第四节　绝缘兆欧表的使用

一、正确选用兆欧表的方法

兆欧表(俗称绝缘摇表)的选用，主要考虑仪表的额定电压和测量范围是否与被测的电气设备相适应。一般原则是：测量高压电气设备的绝缘电阻，应使用额定电压较高的兆欧表；兆欧表的测量范围不应过多地超过被测设备的绝缘电阻值，否则读数误差较大。

额定电压500V及以下的电气设备，一般选用500~1000V的兆欧表。

额定电压500V以上的电气设备，选用2500V的兆欧表；瓷绝缘、母线及隔离开关，选用2500~5000V的兆欧表。

额定电压500V及以下的线圈绝缘，选用500V的兆欧表。

500V以上的电力变压器、发电机、电动机线圈绝缘，选用1000~2500V兆欧表。有些兆欧表的标尺，不是从零开始，而是从1MΩ或2MΩ开始，这种兆欧表不适宜测量潮湿场所低压电气设备的绝缘电阻，因为电气设备的绝缘电阻低于1MΩ时，将得不到正确的读数。常用的兆欧表有手摇发电式和电子式，如图4-44所示。

(a) 手摇发电式

(b) 电子式

图4-44　常用的兆欧表

二、兆欧表使用前的检查

① 外观完好，无影响其正常使用的缺陷。

② 开路试验(L线、E线分开)：摇动手柄到120r/min，表针应指在“∞”无穷大，如图4-45所示。

③ 短路试验(L线、E线短接)：摇动手柄到120r/min，指针应能稳定地指在“0”，如图4-46所示。

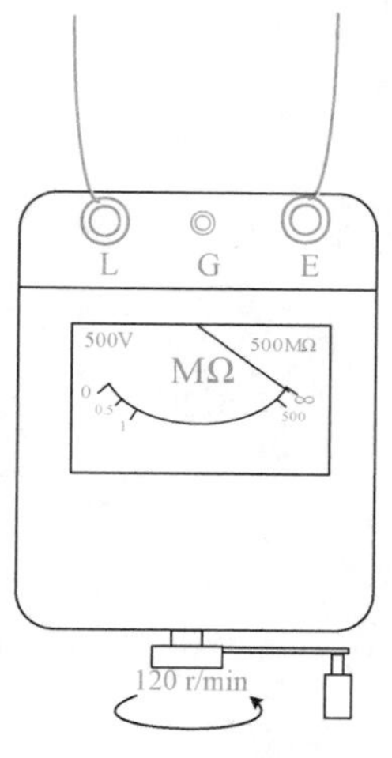

图4-45　开路试验示意

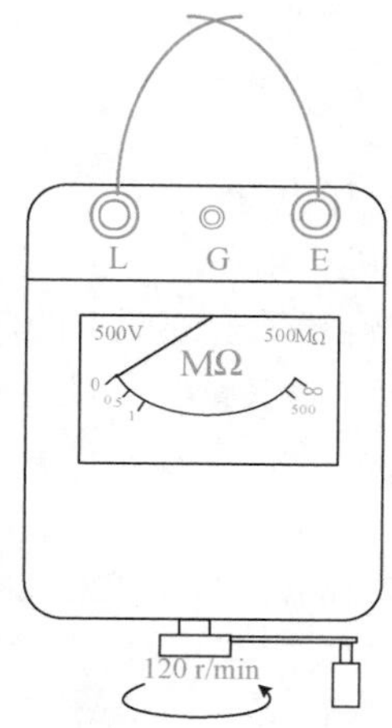

图4-46　短路试验示意

三、正确使用兆欧表

正确使用兆欧表的方法如下。

① 测量前应正确选用兆欧表，使兆欧表的额定电压与被测电气设备的额定电压相适应。

② 兆欧表应水平放置，并应远离外界磁场。

③ 应使用表专用的测量线，或绝缘强度较高的两根单芯多股软线。不应使用绞型绝缘软线。

④ 测量前，应对兆欧表进行开路试验和短路试验。开路试验，即兆欧表的两根测量线不接触任何物体时，仪表的指针应指示在“∞”的位置。短路试验，即将两极测量线迅速接触的瞬间(立即离开)，仪表的指针应指示在“0”的位置。

⑤ 被测的电气设备必须与电源断开。在测量中禁止他人接近设备。

⑥ 测量前必须将被测的设备对地放电，特别是电容性的电气设备，如电缆、大容量的电机、变压器以及电容器等。

⑦ 使用兆欧表时，接线应正确。兆欧表的“线路”或标有“L”的端子，接被测设备的“相”；“接地”或标有“E”的端子，接被测设备的地线；“屏蔽”或标有“G”的端子，接屏蔽线，以减少因被测物表面泄漏电流引起的误差。

⑧ 测量时，摇动兆欧表的摇把，使转速逐渐达到120r/min，待指针基本稳定后，即可读数，一般读取1min后的稳定值。

⑨ 测量电容性电气设备的绝缘电阻时，应在取得稳定读数后，先取下测量线，再停止摇动摇把，测完后立即对被测电气设备进行放电。

四、摇测电动机对地（外壳）绝缘电阻

对于低压电动机(单相 220V，三相 380V)，新电动机应用 1000V 兆欧表测量，运行过的电动机，用 500V 兆欧表测量。

测量前应将端子上的原有的电源线拆去。

测“对地绝缘时”，实际就是测量绕组对机壳之间的绝缘电阻，至于电动机外壳是否做过接地，不影响其测量结果。

测量时，电动机端子上的连接片不用拆开，兆欧表的 L 线接任一个端子，E 线接外壳，如图 4-47 所示，摇至 120r/min，在 1min 时读数。

电动机绝缘电阻合格值：对于额定电压 380V 的电动机，新电动机(交接试验)绝缘电阻>1MΩ，运行过(预防性试验)的电动机绝缘电阻>0. 5MΩ 为合格，对于额定电压 220V 的电动机，新电动机绝缘电阻>1MΩ，运行过的电动机的绝缘电阻>0. 5MΩ 为合格。

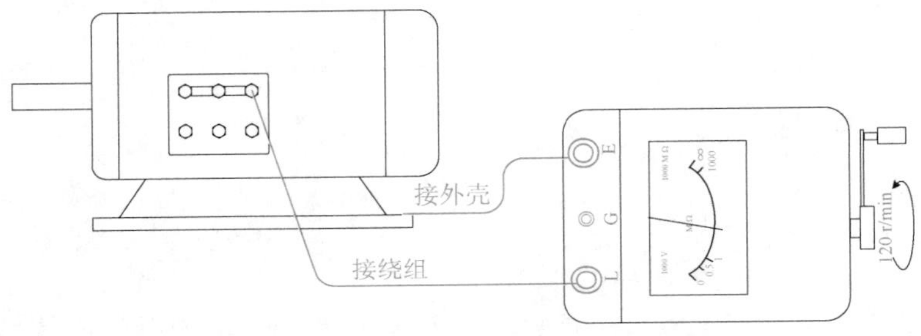

图 4-47　测量电动机定子绕组的对地绝缘

五、摇测电动机相间绝缘电阻

选用兆欧表电压等级(同上)。

测量前将电动机端子上原有的连接片拆去，L 线、E 线分别接在 U_1、V_1、W_1 三个端子中任意两个上进行测量，如图 4-48 所示，共三次(如 U_1-V_1、U_1-W_1、V_1-W_1 三次)

摇测方法及绝缘电阻要求同上。

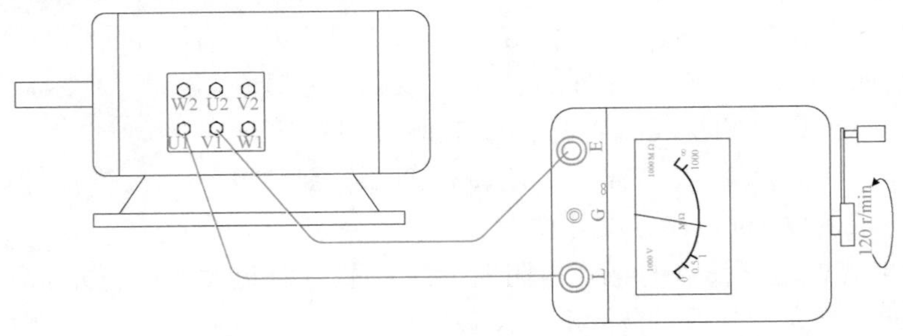

图 4-48　测量电动机定子绕组的相间绝缘

六、摇测低压电力电缆绝缘电阻

测量额定电压在1000V以下的电力电缆应使用1000V的兆欧表。1000V以下的无铠装低压电缆的测量“相对相”的绝缘；有铠装的测量“相对相及地”的绝缘。如图4-49所示是电缆“相对相及地”绝缘摇测接线示意。

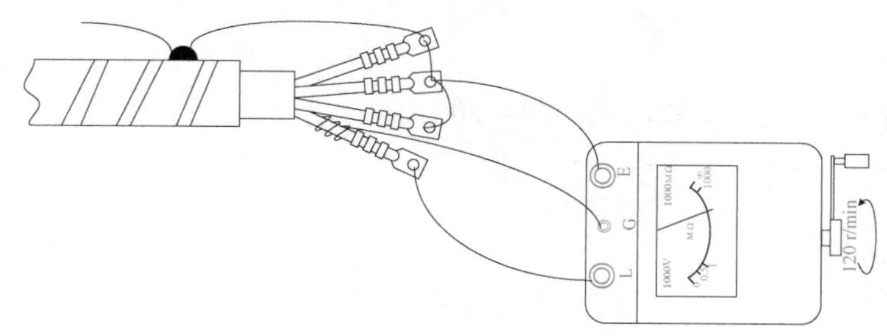

图4-49　电缆“相对相及地”绝缘摇测接线示意

摇测电缆绝缘电阻时应注意的安全事项如下。

① 选用电压等级相等的兆欧表，并仔细检查，确认其完好、准确。

② 将电缆退出运行。

③ 对电缆放电(先做各极对地放电，再做极间放电)。

④ 做好安全技术措施；验电，确无电压后，挂临时接地线。

⑤ 拆开电缆两端原有的接线。

⑥ 在电缆的非测量端，挂警告类标示牌或派专人值守。

⑦ 测量各线芯对其他线芯及地(金属护套或铠装)的绝缘。如测U相线芯，将V、W线芯用裸导线连接并接至铠装，再接到兆欧表的“E”端。

⑧ 在被测线芯的绝缘层上，用软裸导线紧绕3~5匝后，改用有绝缘层的导线接到兆欧表的“G”端。

⑨ 一人在有可靠绝缘的情况下，持接在“L”端的测试线。

⑩ 一个人摇动兆欧表，达120r/min时，令“L”线接触U相线芯，并开始计时。15s、60s各记读数一次。

⑪ 至1min后读数，必要时应做记录。先撤“L”线，再停摇表。

⑫ 将U相线芯对地放电。

⑬ 重复⑦~⑫项工作，测V、W线芯的绝缘，这时要将“G”端接线分别改接在V、W线芯的绝缘皮上。

⑭ 必要时出具试验报告。

⑮ 对绝缘电阻的要求：不论交接试验还是预防性试验，低压试验电力电缆以电阻>10MΩ为合格。

七、摇测低压电容器绝缘电阻

测量低压并联电容器的绝缘电阻，选用500V或1000V的兆欧表。对于预防性试验，兆欧表应有1000MΩ的有效刻度，对于交接试验，兆欧表应有2000MΩ的有效刻度。

并联电容器绝缘电阻的要求：预防性试验电阻>1000MΩ，交接试验电阻>2000MΩ为合格。

测量电容器绝缘电阻接线示意如图4-50所示。

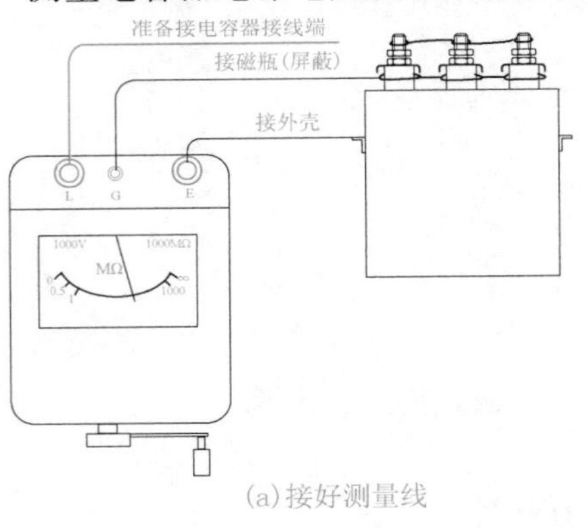

(a)接好测量线

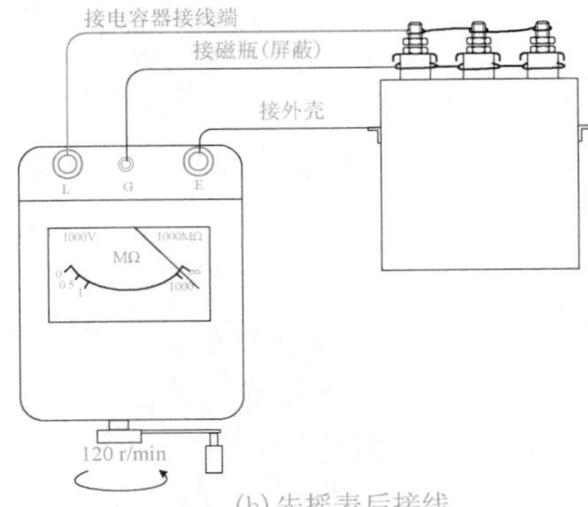

(b)先摇表后接线

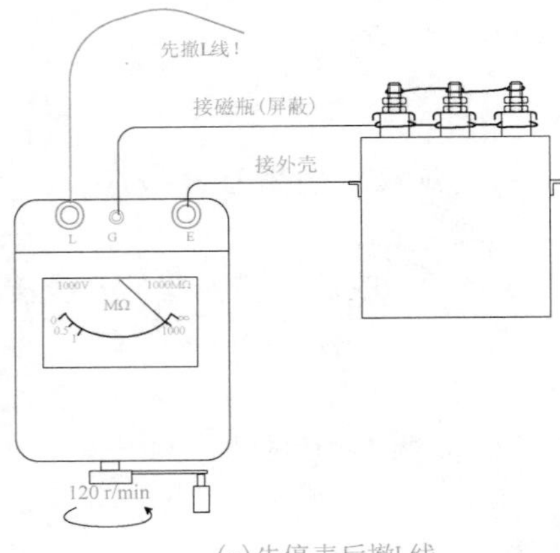

(c)先停表后撤L线

(d)对地放电

图4-50　测量电容器绝缘电阻接线示意

测量低压电容器绝缘的安全事项如下。

① 选用适宜的兆欧表，并仔细检查，确认其完好、准确。

② 将电容器退出运行。

③ 对电容器放电(先做各极对地放电，再做极间放电)。

④ 做好安全技术措施：验电，确无电压后，挂临时接地线。

⑤ 拆开电容器上原有的接线。

⑥ 擦拭干净电容器端子的磁绝缘。

⑦ 用软裸导线在每个端子的磁绝缘上各紧绕3~5匝，改用有绝缘层的导线接到兆

欧表的"G"端。

⑧ 用导线将电容器三个端子连接(待测)。

⑨ 将兆欧表"E"端接线，接到电容器的外壳的带有标记处。

⑩ 一人手持绝缘用具挑着"L"端的测试线。

⑪ 一人摇动兆欧表达 120r/min 时，令"L"线接触电容器三极的短接线，并开始计时。

⑫ 至 60s 时读数，必要时应做记录。

⑬ 撤开"L"端测试线，再停止摇表。

⑭ 对电容器放电。

⑮ 必要时出具试验报告。

八、低压导线绝缘测量

单股导线在穿管敷设前，应检查导线绝缘层是否良好，以防敷设后因导线绝缘不良造成线路故障。测量导线绝缘方法如下。

测量低压导线的绝缘，选用 500V 或 1000V 的兆欧表。

① 准备一个水桶，将导线线头拉出水面，如图 4-51 所示。

② 水桶内放一个金属片，连接兆欧表的"E"端。兆欧表的"L"端接要测量导线的一端。

③ 摇动兆欧表达 120r/min 时，电阻不应小于 2MΩ。

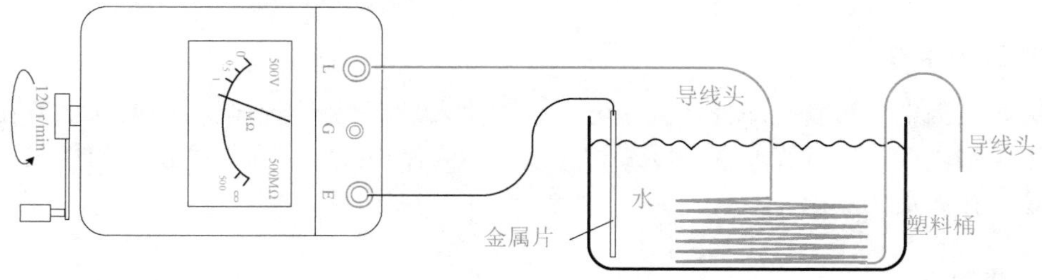

图 4-51 低压导线绝缘测量

九、其他电器的绝缘电阻检查

检查电器的绝缘电阻是一项主要的安全工作，电器设备种类很多，根据绝缘电阻是电器设备带电部位与不应带电设备之间的绝缘这一要求，在工作中对于各种的电器设备，将兆欧表的"E"端接电器设备不应带电的部位，比如外壳、框架等，兆欧表的"L"端接电器设备正常带电部位即可测量它们之间的电阻。

对于额定电压 220V 的电器，其绝缘电阻不应小于 0. 25MΩ。

第五节　接地电阻仪的应用与接地装置要求

一、接地的种类

在电气工程上，接地主要有五种类别：工作接地；保护接地；保护接零；重复接地；防雷接地。现分别介绍如下。

1. 工作接地

在电力系统中，为了保证系统的安全运行或因工作需要，将电气回路中某一点接地（如配电变压器低压侧中性点的接地）称为工作接她。在工作接地的情况下，能够稳定设备导电部分的对地电压。

2. 保护接地

为防止因电气设备绝缘损坏或带电体碰壳使人身遭受触电危险，将电气设备在正常情况下不应带电的金属外壳、框架等与接地体相连接，称为保护接地。在保护接地的情况下，一旦设备发生对地故障，能够保证工作人员的安全。

3. 保护接零

为防止因电气设备绝缘损坏或带电体碰壳使人身遭受触电危险，将电气设备在正常情况下不带电的金属外壳与保护零线相连接，称为保护接零。在保护接零的情况下，能够保证工作人员的安全。

4. 重复接地

在中性点直接接地的低压三相四线制或三相五线制保护接零供电系统中，将保护零线一处或多处通过接地体与大地做再一次的连接，称为重复接地。

5. 防雷接地

为保证防雷装置（避雷针、避雷器、避雷线）向大地泄放雷电流，限制防雷装置对地电压不致过高而埋设的接地体，称为防雷接地。

各种接地装置如图 4-52 所示。注意：此图仅为示意，不意味着允许采用，也不意味着可同时采用！

接地电阻测量仪用来测量接地装置的接地电阻值或者土壤的电阻率。接地电阻测量仪又称接地摇表。它由一台手摇发电机、一个检流计和一套测量机构所组成。常用的接地电阻测量仪有三个或四接线端子。成套接地电阻测试仪包括一套附件——有两个辅助接地极铁钎，如图 4-53 所示，与三条连接线（分别与 5m、20m、40m）测量时分别接到被测接地体和两个辅助接地体上去。

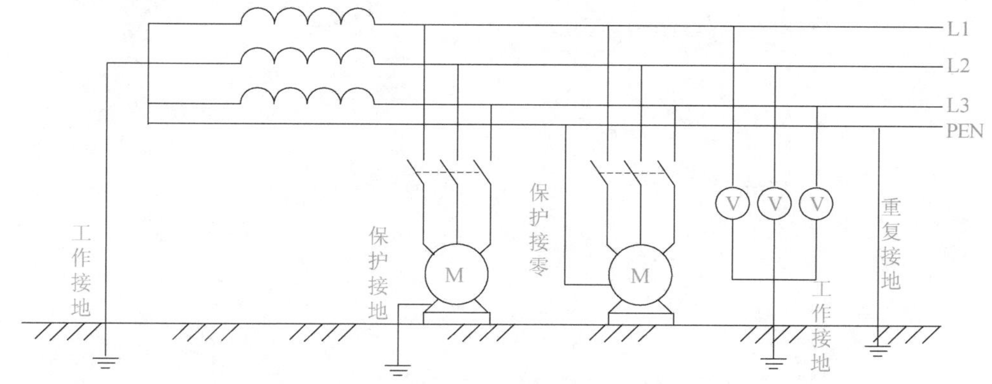

图 4-52　各种接地装置

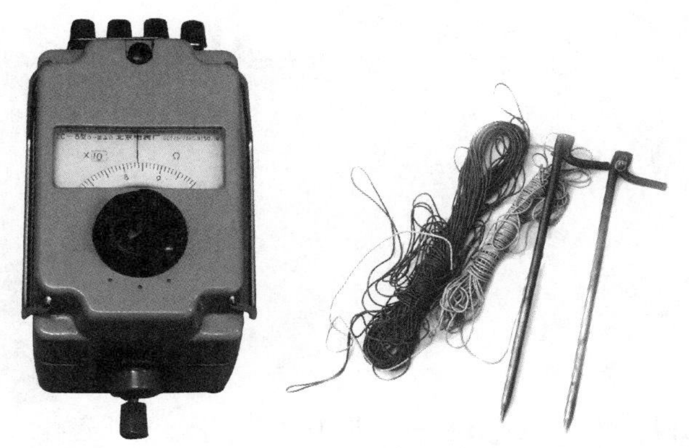

图 4-53　接地电阻仪

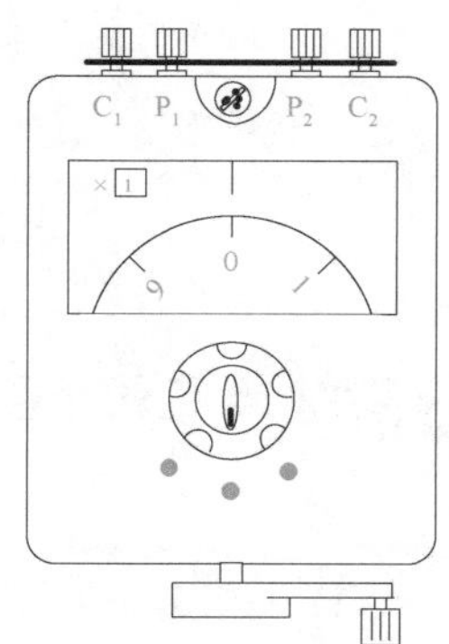

图 4-54　接地电阻仪的试验

二、接地电阻仪测量前的检查

① 应选用精度及测量范围足够的接地电阻仪。

② 外观检查：表壳应完好无损；接线端子应齐全完好；检流计指针应能自由摆动；附件应齐全完好(有 5m、20m、40m 线各一条和两个接地钎子)。

③ 调整：将表位放平，将检流计指针与基线对准，否则调整。

④ 短路试验：将表的四个接线端(C_1、P_1、P_2、C_2)短接；表位放平稳，倍率挡置于将要使用的一挡；调整刻度盘，使“0”对准下面的基线；摇动摇把到 120r/min，检流计指针应不动，如图 4-54 所示。

⑤ 按图示接好各条测试线(图 4-55)。

⑥ 摇动摇把，同时调整刻度盘使指针能对准基线。

⑦ 读取刻度盘上的数×倍率=被测接地电阻值。

⑧ 不再使用时应将仪表的接线端短封，防止在开路状态下摇动摇把，造成仪表损坏。接地电阻仪禁止进行开路试验。

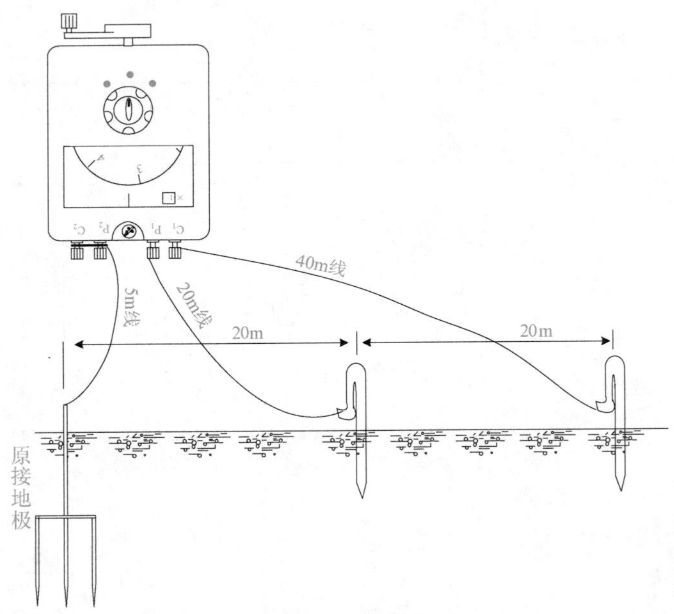

图 4-55 接地电阻仪电极接线

三、接地电阻仪测量时应注意的事项

① 先切断与之有关的电源，断开与接地线的连接螺栓，将被测接地装置退出运行。

② 测量线的上方不应有与其相平行的强电力线路，下方不应有与之平行的地下金属管线。

③ 雷雨天气不得测量防雷接地装置的接地电阻。

四、接地装置的测量周期

测量应在每年的三、四月份进行。

① 变配电所的接地装置，每年一次。

② 10kV 及以下线路变压器的工作接地装置，每两年一次。

③ 低压线路中性线重复接地的接地装置，每两年一次。

④ 车间设备保护接地的接地装置，每年一次。

⑤ 防雷保护装置的接地装置，每年一次。

五、接地装置的敷设与连接

① 接地体顶面埋深不应小于 0. 6m。

② 垂直敷设的接地体长度不应小于2.5m。

③ 垂直接地体的间距不应小于长度的2倍，水平接地体的间距不应小于5m。

④ 接地体(线)应采用搭焊接，接至电气设备上的接地线，应用镀锌螺栓连接，有色金属接地线不能采用焊接时，壳用螺栓连接。

⑤ 接地体搭焊应符合下列规定：

- 扁钢为其长度的2倍，至少为三面施焊；
- 圆钢为其直径的6倍，双面施焊；
- 圆钢与扁钢连接时，其长度为圆钢直径的6倍。

六、对接地装置导线截面的要求

人工接地体水平敷设时，可采用圆钢、扁铁；垂直敷设时，可采用角钢、圆钢等。其截面一般不应小于表4-1所列数值。

表4-1　接地装置要求

种　类	规　格	接地线		接地干线	接地体
		裸导体	绝缘线		
圆钢	直径/mm	—	—	6	8
扁钢	截面/mm^2 厚度/mm	24 —	— —	24 —	48 4
角钢	厚度/mm	3		3	4
钢管	管壁厚度/mm	—	—	—	3.5
铜	截面/mm^2	4	—	—	—
铁线	直径/mm	4	—	—	—

七、各种接地装置的接地电阻最大允许值

各种接地装置的接地电阻值，一般不大于下列数值。

① 中性点接地不大于4Ω。

② 重复接地不大于10Ω。

③ 独立避雷针为10Ω。

④ 电力线路架空避雷线，根据土壤电阻率不同，分别为10~30Ω。

⑤ 变、配电所母线上的阀型避雷器为5Ω。

⑥ 变电所架空进线段上的管型避雷器为10Ω。

⑦ 低压进户线的绝缘子铁脚接地电阻值为30Ω。

⑧ 烟囱或水塔上避雷针的接地电阻值为10~30Ω。

八、对运行中的接地装置进行安全检查

(1) 检查内容

① 检查接地线各连接点的接触是否良好，有无损伤、折断和腐蚀现象。

② 对含有重酸、碱、盐或金属矿岩等化学成分的土壤地带，应定期对接地装置的地下部分挖开地面进行检查，观察接地体腐蚀情况。

③ 检查分析所测量的接地电阻值变化情况，是否符合规程要求。

④ 设备每次检修后，应检查其接地线是否牢固。

(2) 检查周期

① 变电所的接地网一般每年检查一次。

② 根据车间的接地线及零线的运行情况，每年一般应检查 1~2 次。

③ 各种防雷装置的接地线每年(雨季前)检查一次。

④ 对有腐蚀性土壤的接地装置，安装后应根据运行情况一般每五年左右挖开局部地面检查一次。

⑤ 手动工具的接地线，在每次使用前应进行检查。

九、接地体在施工安装中的技术要求

利用自然接地体时，要采用不少于两根的导体，并在不同地点与接地干线相连接。进行人工接地体施工安装时，应严格按照设计要求逐项实施。

① 人工接地体所采用的材料，垂直埋设时常用直径为 50mm、管壁厚不小于 3.5mm、长 2~2.5m 的钢管；也可采用长 2~2.5m，40mm×40mm×4mm 或 50mm×50mm×5mm 的等边角钢。水平埋设时，其长度应为 5~20m。若采用扁钢，其厚度不应小于 4mm，截面不小于 $48mm^2$；若用圆钢，则直径不应小于 8mm。如果接地体安装在有强烈腐蚀性的土壤中，则接地体应镀锡或镀锌并适当加大截面。注意不准采用涂漆或涂沥青的办法防腐蚀。

② 安排接地体位置时，为减少相邻接地体之间的屏蔽作用，垂直接地体的间距不应小于接地体长度的 2 倍；水平接地体的间距，一般不小于 5m。

③ 接地体打入地下时，角钢的下端要削尖；钢管的下端要加工成尖形或将圆管打扁后再垂直打入；扁钢埋入地下时则应立放。

④ 为减少自然因素对接地电阻的影响并取得良好的接地效果，埋入地中的垂直接地体顶端，距地面不应小于 600mm；若水平埋设时，其深度也不应小于 600mm。

⑤ 埋设接地体时，应先挖一条宽 500mm、深 800mm 的地沟，然后再将接地体打入沟内，上端露出沟底 100~200mm，以便地接地体上的连接扁钢和接地线进行焊接。焊接好后，经检查认为焊接质量和接地体埋深均符合要求时，方可将沟填平夯实。为日后测量接地电阻方便，应在适当位置加装接线卡子，以备测量时接用。

十、电气设备的金属外壳及架构要进行接地或接零

为保证人身和设备的安全，对下列电气设备的金属外壳及架构，需要进行接地或接零。

① 电机、变压器、开关及其他电气设备的底座和外壳。

② 室内、外配电装置的金属架构及靠近带电部分的金属遮栏、金属门。

③ 室内、外配线的金属管。

④ 电气设备的传动装置，如开关的操作机构等。

⑤ 配电盘与控制操作台等的框架。

⑥ 电流互感器、电压互感器的二次绕组。

⑦ 电缆接头盒的外壳及电缆的金属外皮。

⑧ 架空线路的金属杆塔。

⑨ 民用电器的金属外壳，如扩音器、电风扇、洗衣机、电冰箱等。

十一、人工接地线在施工安装时的要求

接地线是接地装置中的另一个组成部分。实际工程中要尽可能利用自然接地线，但要求它具有良好的电气连接，为此在建筑物钢结构的结合处，除已焊接者外，都要采用跨接线焊接。跨接线一般采用扁钢，作为接地干线时，其截面不得小于100mm^2；作为接地支线时，不得小于48mm^2。对于暗敷管道和作为接零线的明敷管道，其接合处的跨接线可采用直径不小于6mm的圆钢。利用电缆的金属外皮作接地线时，一般应有两根，若只有一根，则应敷设辅助接地线；若无可利用的自然接地线，或虽有能利用的，但不能满足运行中电气连接可靠的要求及接地电阻不能符合规定时，则应另设人工接地线。其施工安装要求如下。

① 一般应采用钢质扁钢或圆钢接地线。只有当采用钢质线施工安装困难时，或移动式电气设备和三相四线制照明电缆的接地芯线时，才可采用有色金属作人工接地线。

② 必须有足够的截面保证连接可靠及有一定的机械强度。扁钢厚度不小于3mm，截面不小于24mm^2；圆钢直径不小于5mm；电气设备的接地线用绝缘导线时，铜芯线不小于25mm^2，铝芯线不小于35mm^2；架空线路的接地引下线用钢绞线时，截面不小于35mm^2。

③ 为能在低压接地电网中自动断开线路故障段，接地线和零线的截面应能保持在导电部分与接地部分(或零线)间发生单相短路时，网内任一点的最小短路电流不小于最近处熔断器熔体额定电流的4.5倍，自动开关瞬时动作电流的1.5倍，并应能符合热稳定要求。同时接地线和零线的电导率，一般不小于本线路中最大的相线电导率的1/2。

④ 中性点直接接地的低压电气设备的专用接地线或零线，宜与相线一起敷设。

⑤ 接地线与接地体之间的连接应采用焊接或压接，连接应牢固可靠。采用焊接时，

扁钢的搭接长度应为宽度的 2 倍且至少焊接 3 个棱边；圆钢的搭接长度应为直径的 6 倍，如图 4-56 所示。采用压接时，应在接地线端加金属夹头与接地体夹牢，如图 4-57 所示，夹头与接地体相接触的一面应镀锡，接地体连接夹头的地方应擦拭干净。

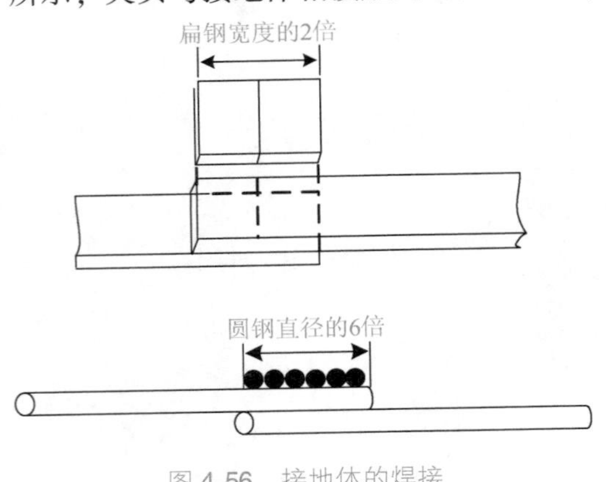

图 4-56　接地体的焊接

图 4-57　接地体与地线的连接

⑥ 接地线应涂漆以示明显标志。其颜色一般规定是：黑色为保护接地，紫色底黑色条为接地中性线(每隔 15cm 涂一黑色条，条宽 1～1.5cm)。接地线应该装设在明显处，以便于检查。对日常中容易碰触到的部分，要采取措施妥善防护。

第六节　交流电压表的使用

交流电压表主要应用在配电柜上，用于监视线路的线电压或相电压，一般低压 220V 线路用 250V 量程电压表，380V 线路用 450V 量程电压表，高压线使用“kV”单位的电压但必须通过电压互感器测量高压线路的电压。常用的电压表如图 4-58 所示。

(a) 380V线路应用的电压表

(b) 220V线路应用的电压表

(c) 高压线路应用的电压表

图 4-58　常用的电压表

一、电压表线电压、相电压测量接线

线电压的测量一般用普通设备的电源监视，电压表应并联在电源开关负载侧，如图 4-59 所示为线电压测量接线原理，如图 4-60 所示是相电压测量接线原理图，FU_1、

FU_2 熔断器起短路保护作用，所装的熔体可用 2A 或 4A 的，熔断指示器应向外，电压表量程以 450V 的为宜。如图 4-61 和图 4-62 所示是元件实物接线示意。

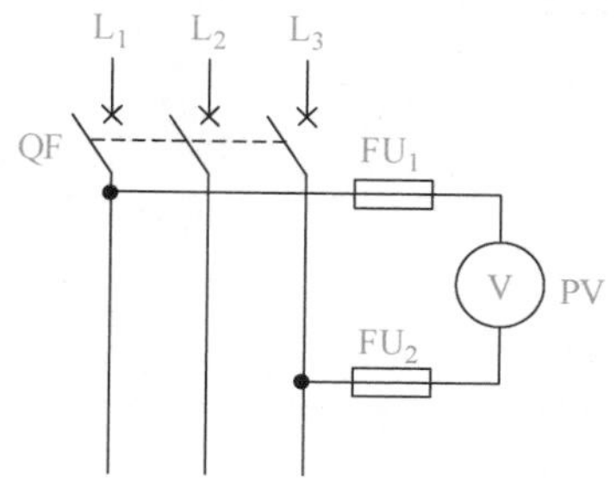

图 4-59 线电压测量接线原理

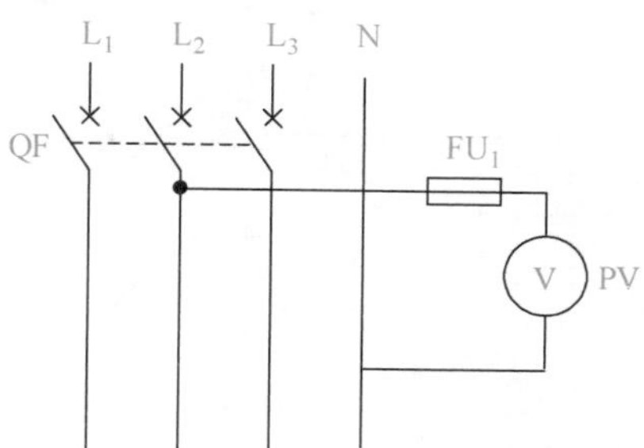

图 4-60 相电压测量接线原理

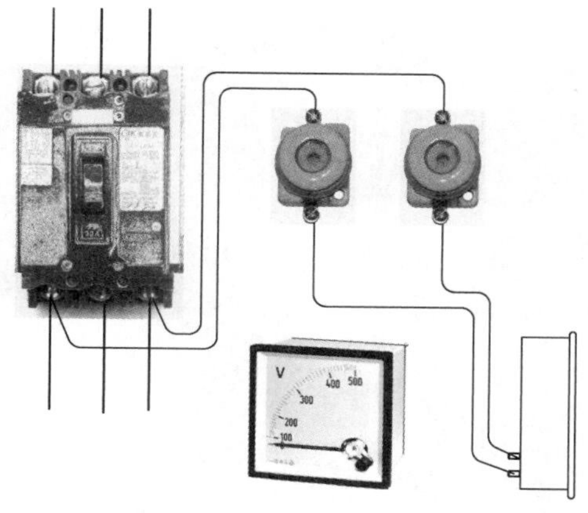
图 4-61 线电压元件实物接线示意

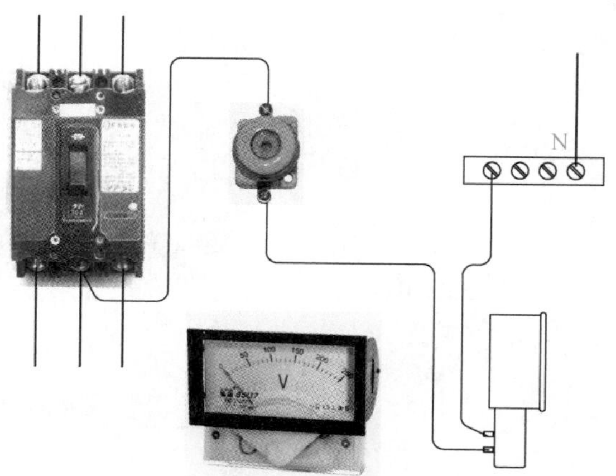

图 4-62 相电压元件实物接线示意

二、交流电压表经 LW2-5. 5 /F4-X 型转换开关测量三相线电压

此测量电路多用于大型设备的电源监视，QS 为低压隔离开关，若系统无隔离开关，FU_1、FU_2、FU_3 可接至隔离触头的静触头侧。接线原理图如图 4-63(a)所示。如图 4-63(b)所示是 LW2 转换开关工作位置触点连接情况和电压指示。

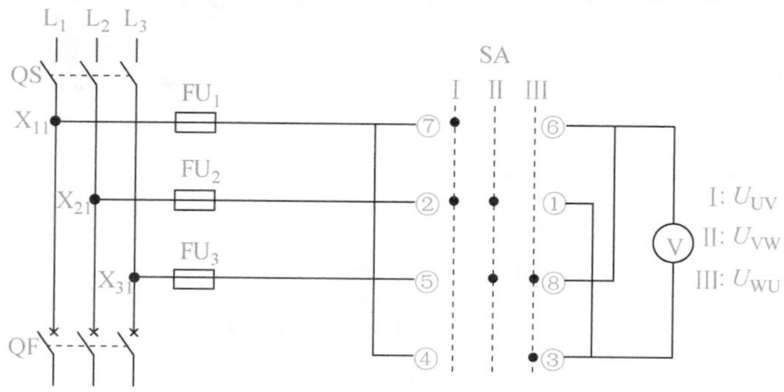

(a) 交流电压表经LW2-5.5/F4-X型转换开关测量三相线电压接线原理

图 4-63

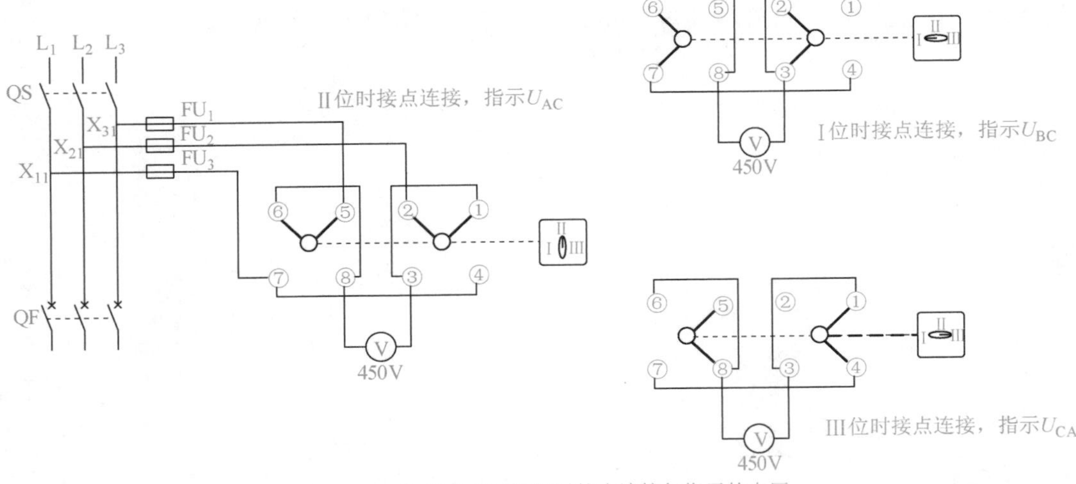

(b) 开关不同位置时接点连接与指示的电压

图 4-63　接线原理及接点连接

FU_1、FU_2、FU_3 熔断器起短路保护作用的，所装的熔体可用 2A 或 4A 的，熔断指示器应向外，电压表量程以 450V 的为宜。LW2 型转换开关监测三相线电压实物接线示意如图 4-64 所示。

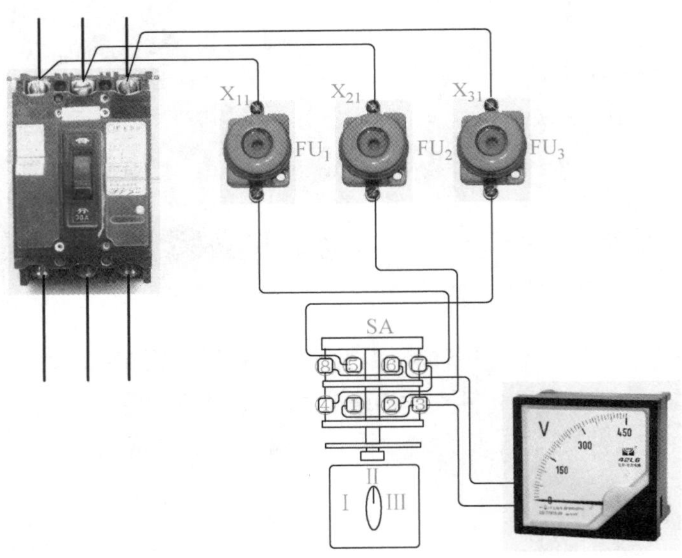

图 4-64　交流电压表经 LW2-5. 5/F4-X 转换开关测量三相线电压接线示意

三、交流电压表经 LW5-15-0410／2 型转换开关测量三相线电压

其接线原理及实物接线示意如图 4-65 和图 4-66 所示。

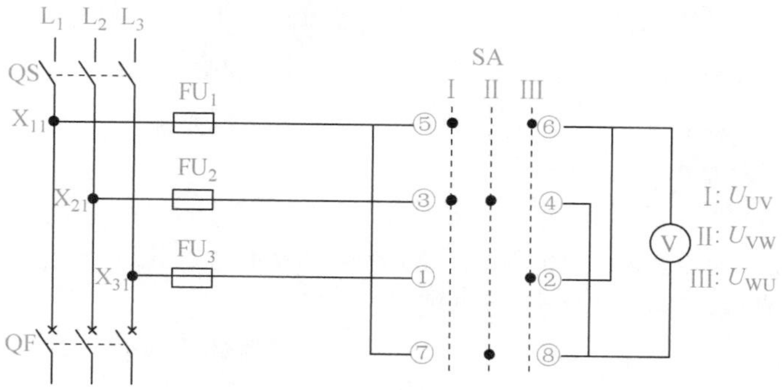

图 4-65 接线原理

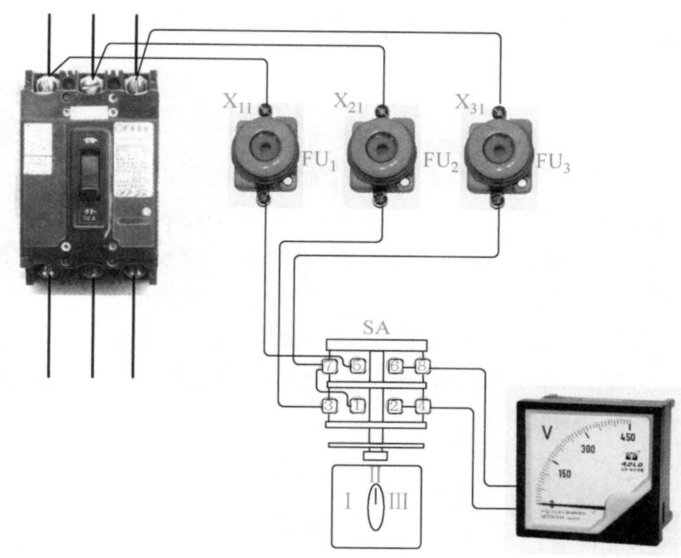

图 4-66 交流电压表经 LW5-15-0410/2 型转换开关测量三相线电压实物接线示意

四、使用电压表核相

当两个或两个以上的电源，有下列情况之一时需要核相。

① 有并列要求时，在设备安装后，投入运行前应核相。

② 作为互备电源时，在设备安装后，投入运行前应核相。

③ 以上两项设备经过大修，有可能改变一次相序时，在大修后，投入运行前应重新核相。

核相的操作及判断如下。

核相可使用 450V 或 500V 的交流电压表。按如图 4-67 所示的方法测量。

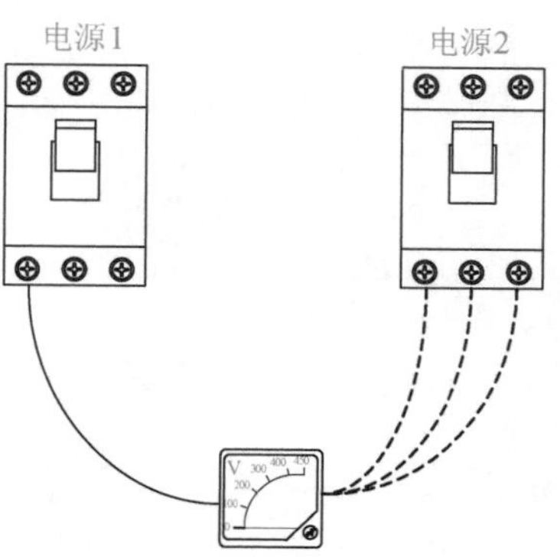

图 4-67 使用电压表核相

测量时先将表的第一端固定接在“电源 1”的一相，表的另一端分别试测“电源 2”的三相；然后再将表的第一端固定接在“电源 1”的第二相，表的另一端分别测“电源 2”的三相……共九次。

判断：测量结果中 $U≈0$ 的两端为同相；$U≈$线电压的为异相。

核相过程中应注意的如下安全问题：

① 正确地选表并进行充分的检查；

② 设监护人，操作人穿长袖衣、戴手套；

③ 表线不可过长或过短，测试端裸露的金属部分不可过长；

④ 防止造成相间短路或相对地短路(必要时加屏护)；

⑤ 人体不得接触被测端，也不得接触电压表上裸露的接线端。

五、利用两台电压互感器测量高压电压

两台单相电压互感器接成 V/V 接线又称为不完全星形接线。两台电压互感器 V/V 接线原理如图 6-68 所示。如图 4-69 所示为电压互感器 V/V 接线图形符号，如图 4-70 所示是电压互感器 V/V 接线情况，如图 4-71 所示为电压互感器 V/V 接线示意，这种接线方法适用于中性点不接地系统或中性点经消弧电抗器或小电阻接地的系统，用来测量三相线电压，或接电压表、三相电度表、功率表、电压继电器等电器，此种接线方法的优点是接线简单经济，因在一次绕组中无接地点，故能减少系统中的对地励磁电流，也避免产生内部过电压，但由于此种线路只能得到线电压，因此不能测量相对地电压，也不能作绝缘监视和接地保护用。

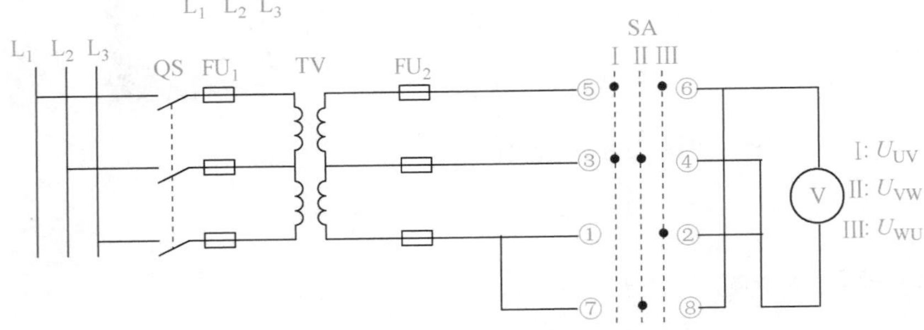

图 4-68　两台电压互感器 V/V 接线原理

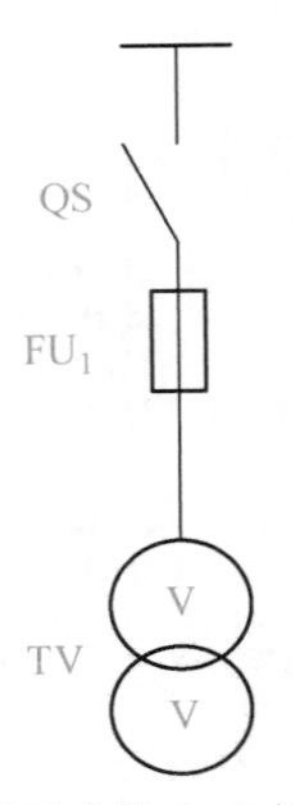

图 4-69　电压互感器 V/V 接线系统图符号

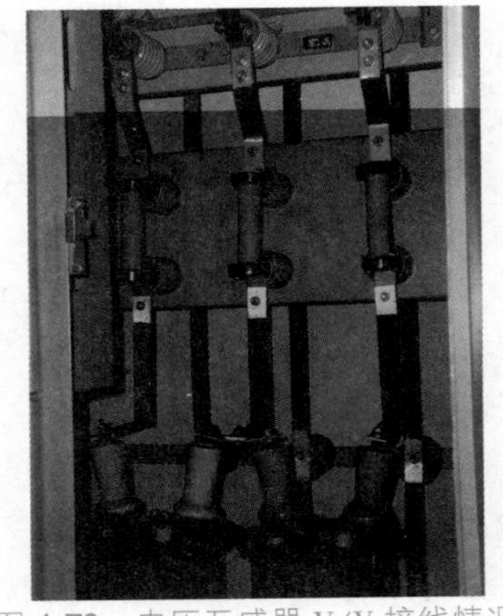

图 4-70　电压互感器 V/V 接线情况

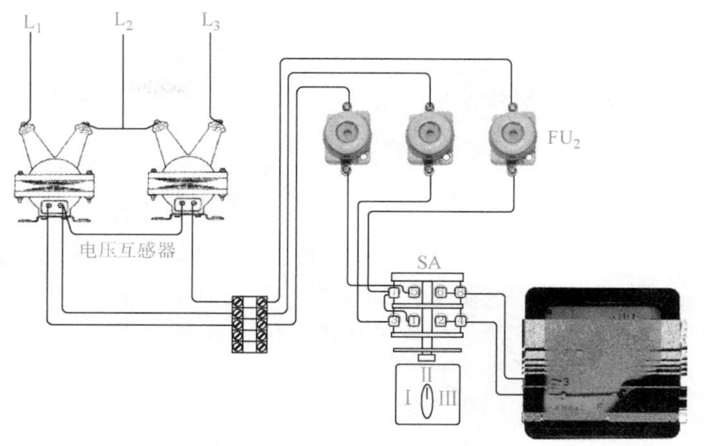

图 4-71　电压互感器 V/V 接线示意

六、单相单台电压互感器测量线电压接线

这种接线只能测量两相之间的线电压或用来接电压表、频率表、电压继电器等。单相电压互感器系统图符号如图 4-72 所示，单相电压互感器接线原理如图 4-73 所示，如图 4-74 所示是单相单台电压互感器测量线电压接线示意。

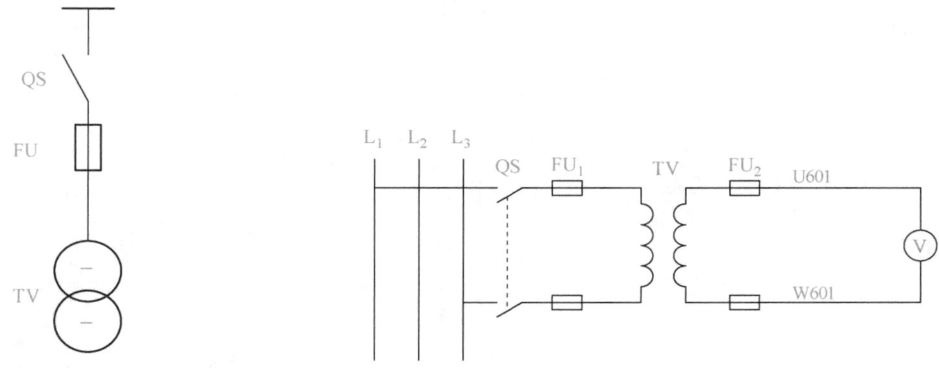

图 4-72　单相电压互感器系统图符号

图 4-73　单相电压互感器接线原理

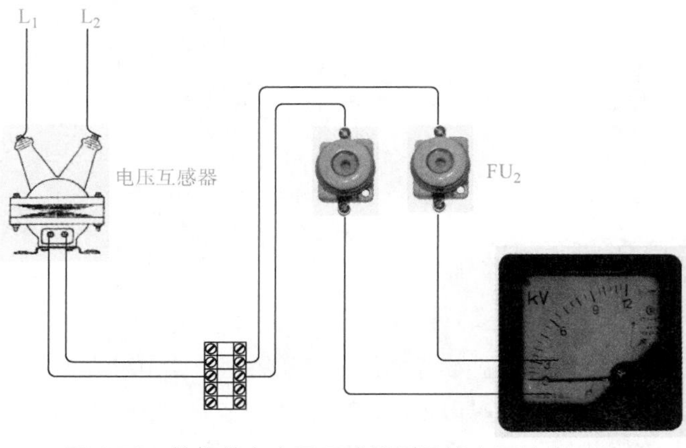

图 4-74　单相单台电压互感器测量线电压接线示意

七、三台单相电压互感器测量接线

这种接线方法采用三台单相电压互感器，一次绕组中性点接地，可以满足仪表和电压继电器取用线电压和相电压的要求，也可装设用于绝缘监视用的电压表。如图 4-75 所示是三台单相电压互感器系统图符号，如图 4-76 所示是三台单相电压互感器接线原理，如图 4-77 所示是三台单相电压互感器接线示意。

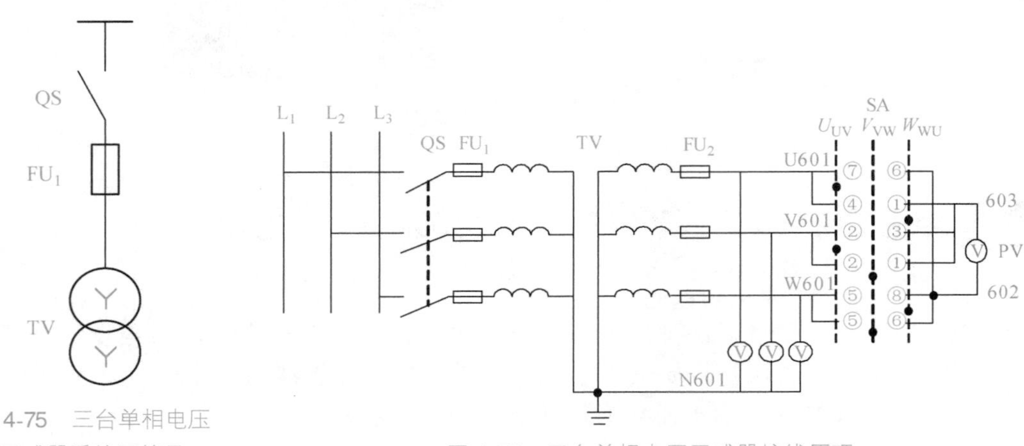

图 4-75　三台单相电压互感器系统图符号

图 4-76　三台单相电压互感器接线原理

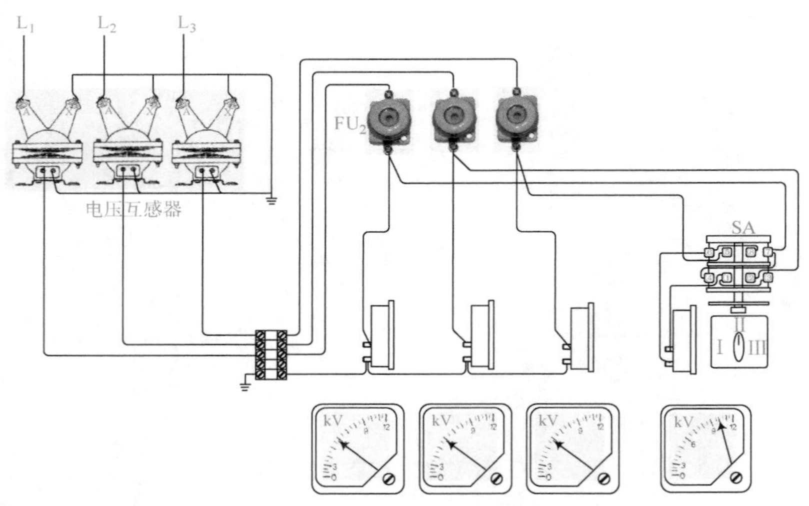

图 4-77　三台单相电压互感器接线示意

八、三相五柱式电压互感器

三相五柱式电压互感器型号有油浸式 JSJW 型、干式 JSZW 型等型号，系统中的图形符号如图 4-78 所示，接线原如理图 4-79 所示，这种电压互感接线方式，在 10kV 中性点不接地系统中应用广泛，它能测量线电压、相电压，它的辅助绕组连接成开口三角形。如图 4-80 所示是三相五柱式电压互感器接线示意，供给用作绝缘监视的电压继电器 KV，当一次电路正常工作时，开口三角形两端的电压接近于零。当某一相发生接地时，开口三角形两端间将出现 30～100V 的零序电压，使电压继电器 KV 动作，发出报警信号。10kV 电压表指示如图 4-81 所示。

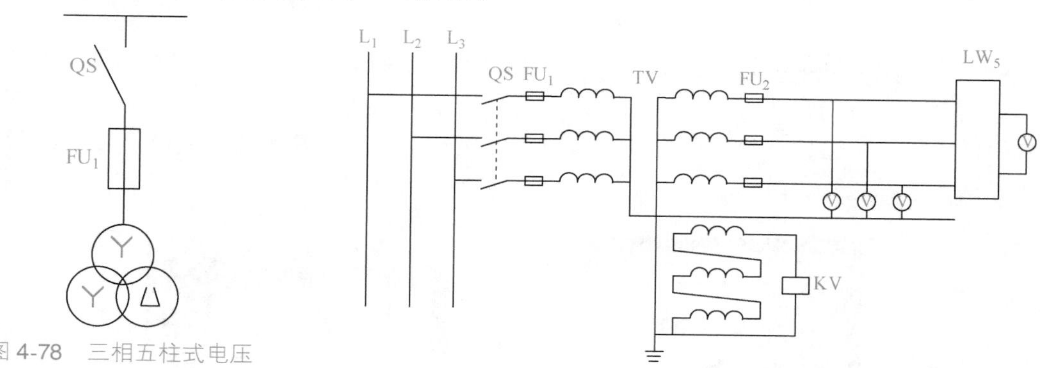

图 4-78　三相五柱式电压互感器系统图符号

图 4-79　三相五柱式电压互感器接线原理

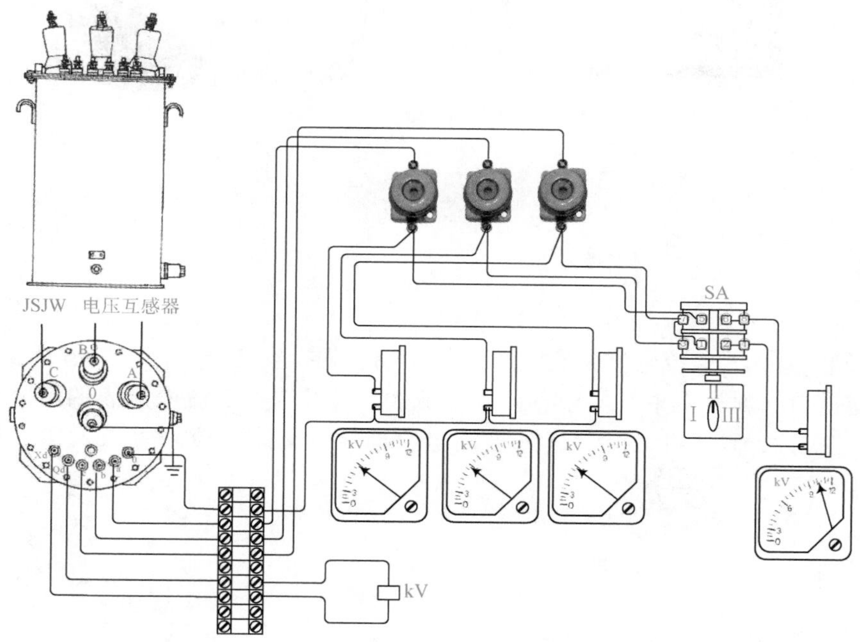

图 4-80　三相五柱式电压互感器接线示意

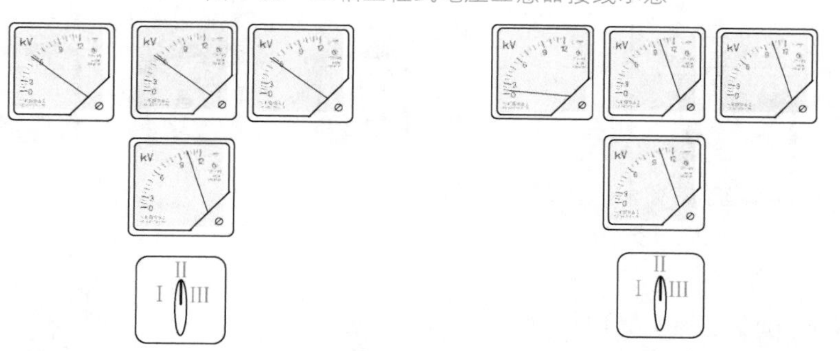

(a) 10kV正常时的电压表指示值

(b) 10kV一相对地绝缘损坏时的电压表指示值

图 4-81　10kV 电压表指示

第七节　交流电流表的使用

电流表用来测量电路中的电流。测量电流的基本法则是把电流表串联在被测电路中。电流表本身内阻非常小，所以绝对不允许不通过任何用电器而直接把电流表接在电源两极，这样，会使通过电流表的电流过大，烧毁电流表。常用的交流电流表的外形如图4-82。

图 4-82　常用的交流电流表的外形

一、直入式交流电流表接线

国产直入式交流电流表最大量程为200A，根据安装条件，一般情况下，所测量的电流超过50A时，就不宜使用直入式电流表。安装时，交流电流表的两个端子不分“+”、“-”极性，只要将电流表串入被测电路即可。交流电流表直入式接法如图4-83所示。

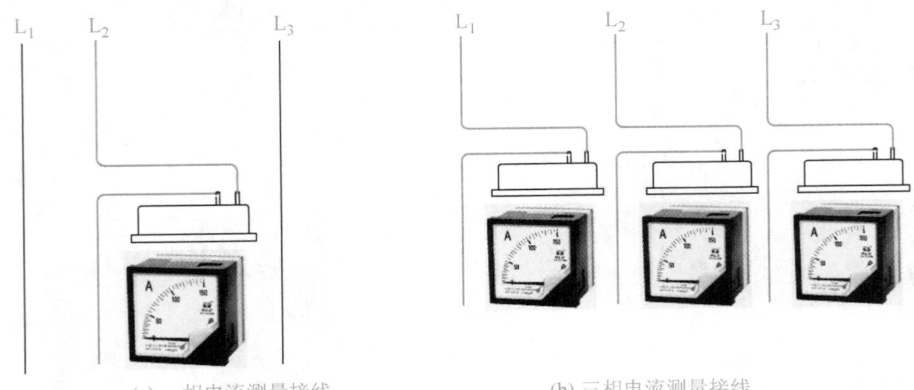

(a) 一相电流测量接线　　(b) 三相电流测量接线

图 4-83　交流电流表直入式接法

直入式交流电流表的选择原则如下。

① 对单台设备电流测量时，电流表的量程应略大于设备的额定电流，又要考虑电路中可能出现的短时冲击电流(一般为负荷电流的1.1~1.3倍)。

② 对于监测一个馈电回路的电流，电流表的量程应在该回路计算电流的 1.3～1.5 倍左右。

二、配电流互感器测量交流大电流应注意的事项

（1）选表及电流互感器的原则

① 对单台设备进行电流测量时，电流表的量程应略大于设备的额定电流。如监视三相 380V、45kW 电动机的负荷电流(额定值为 85A)可选用量程为 100A 电流表。按电流表上的提示，配用 100/5 的电流互感器。

② 对于监视一个馈电回路的电流，电流表的量程应在该回路计算电流的 1.5 倍左右。例如；某馈电回路的计算电流为 211A，可选用量程为 300A 的电流表，按表的提示，配用 300/5 的电流互感器。

③ 电流表配用的电流互感器，一般使用母线式(LMZ 型)，精度应不低于 0.5 级。电流互感器的一次额定电流应等于电流表的量程。

（2）安装要求

从电流互感器接至电流表的导线，应使用铜芯绝缘线，截面应不小于 2.5mm^2。电流互感器的一端(一般为 K_2)应接保护导体(TT 系统中接地；TN-C 系统中接 PEN；TN-S 系统中接 PE)。对于监视大容量电动机的负荷电流，为防止启动电流对电流表的冲击，可利用运行回路中某元件上的常闭触点，将 K_1、K_2 暂时短接，当电动机启动过程结束，达到运行状态时，此常闭节点再打开，这时电流表才开始使用。

电流表的安装顺序应与电源相序一致。

三、一个电流互感器和一个电流表接线

此种测量电流的方式，只适用于三相平衡电路的电流测量。如图 4-84(a)所示是接线原理，实物接线如图 4-84(b)所示。

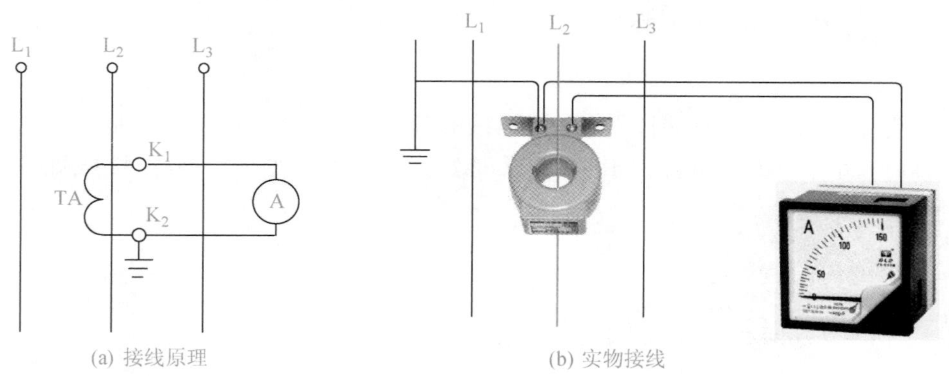

(a) 接线原理　　(b) 实物接线

图 4-84　一个电流互感器和一个电流表接线

四、两个电流互感器和三个电流表接线

此种测量电流的方式，只适用于三相三线电路，负荷平衡与否，均能反应各相线电流。如图 4-85(a)所示为接线原理，实物接线如图 4-85(b)所示。

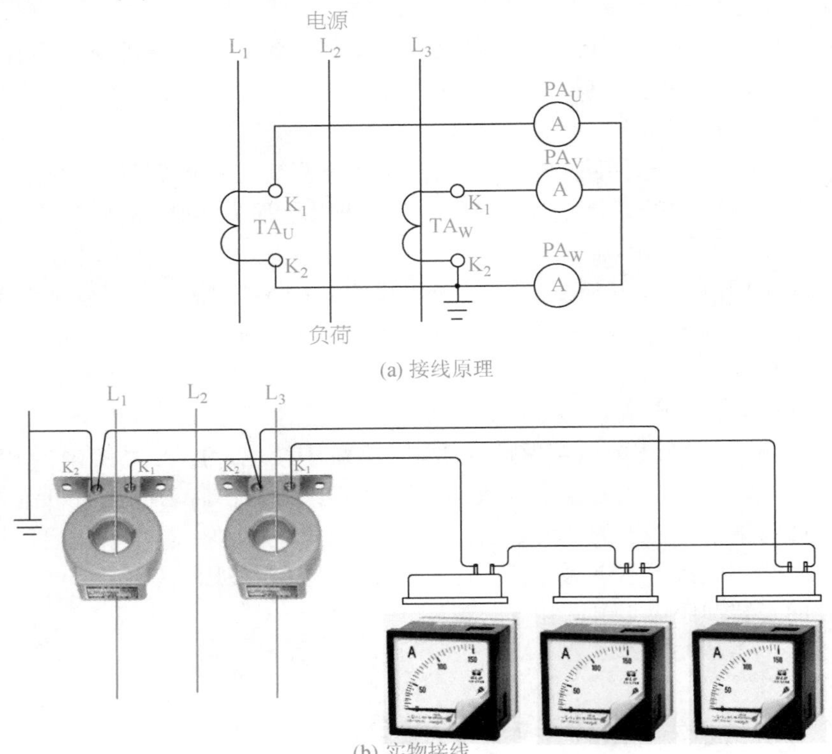

图 4-85　两个电流互感器和三个电流表接线

五、三个电流互感器和三个电流表接线

此种测量方法，一般用于三相四线系统中，最常见的是装在低压受馈电线路，用以监测总的负荷电流。其接线原理如图 4-86(a)所示，实物接线如图 4-86(b)所示。

六、运行中电流表损坏时的处理方法

运行中的电流表损坏是常有的事情，如果是直入式接法的电流表损坏电路就会

中断，电器停止工作，如果是经电流互感器接线的电流表损坏，线路还照常工作，但因为电流表损坏造成了电流互感器二次开路。电路互感器二次开路是很危险的，因为它会产生高电压，危及设备和人身的安全，应当立即停电更换，如果不能立即更换可以将损坏相的电流互感器二次侧短接，如图 4-87 所示。

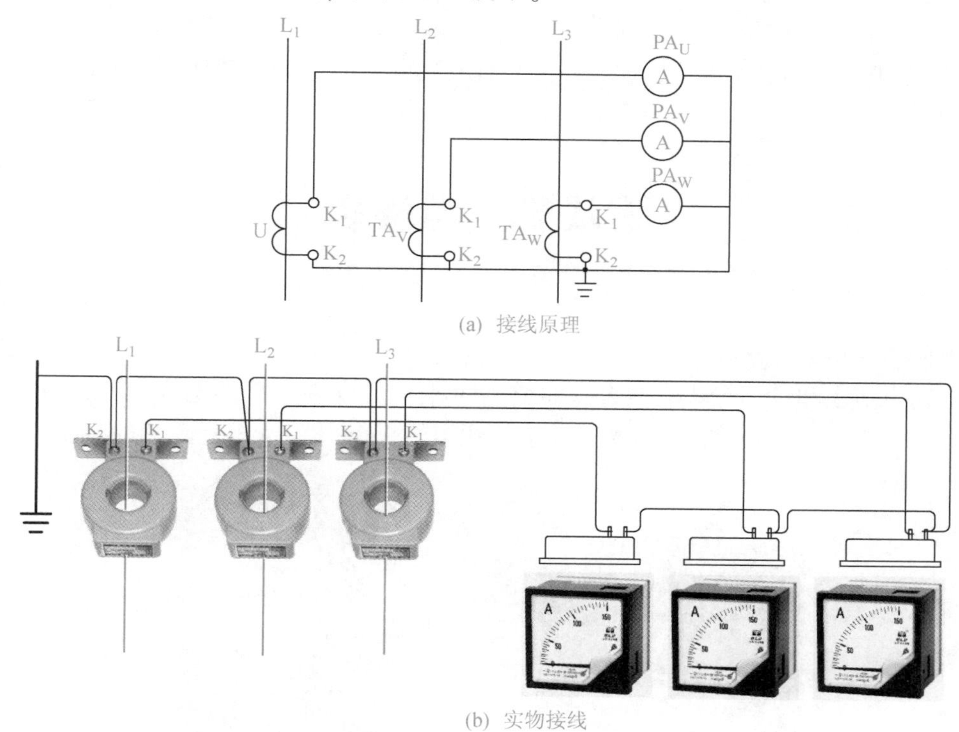

图 4-86　三个电流互感器和三个电流表接线

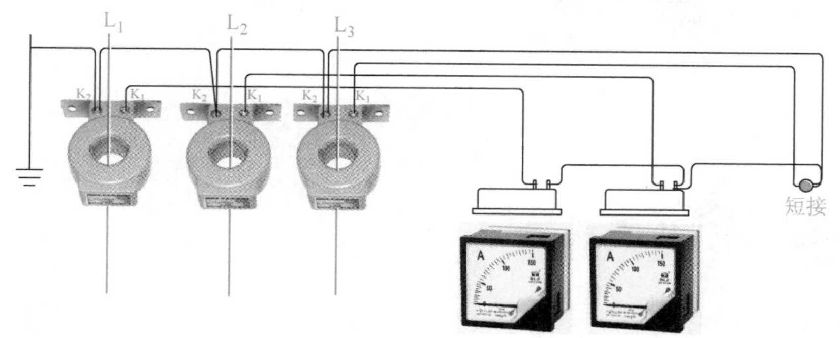

图 4-87　电流表损坏时可将互感器二次侧短接

七、没有合适的电流表更换时的处理方法

没有合适的电流表更换，线路又不允许开路，这时可以用一块其他量程的电流表暂时连接上，最好是与原来的电流表量程成倍数的关系，以便于计算读数。

例 1：如一块 400A 电流表损坏了，线路电流约 200A，现在只有 800A 电流表接上，由于流过电流表的电流还是 2. 5A，表针摆起高度还是原来那么高，但 400A 电流表与 800A 电流表的刻度不同，这时在读数时应注意，800A 电流表表盘上的读数要除以 2 才是应测的电流。

例 2：如一块 800A 电流表损坏了，线路电流约 400A，现只有 400A 电流表，接上以后，由于流过电流表的电流还是 2. 5A，表针摆起高度还是原来那么高，但 400A 电流表与 800A 电流表的刻度不同，这时在读数时应注意，400A 电流表表盘上的读数要乘以 2 才是应测的电流。

第八节　电能表

电能表是用来测量电能的仪表，又称电度表、火表、电能表、千瓦时表。常用的有单相有功电能表和三相有功电能表。如图 4-88 所示是现在常用的电能表，有功电能表的单位是“kW · h”，俗称度，在数值上表示用电器工作 1h(小时)所消耗的电能。

(a)

(b)

图 4-88　常用的电能表

一、单相直入式有功电能表

单相直入式有功电能表是用以计量单相电气消耗电能的仪表，单相电能表可以分为感应式和电子式电能表两种。目前，家庭使用的多数是感应式单相电能表，直入式电能表是将电源线直接串入电能表中，负荷电流流经电表，常用额定电流有 2. 5A、5A、10A、15A、20A 等规格。单相电能表的规格有多种，常用的有 DD862、DD90、DDS、DDSF 等，如图 4-89 所示为单相直入式有功电能表接线原理，如图 4-90 所示为单相直入式有功电能表实物接线示意。

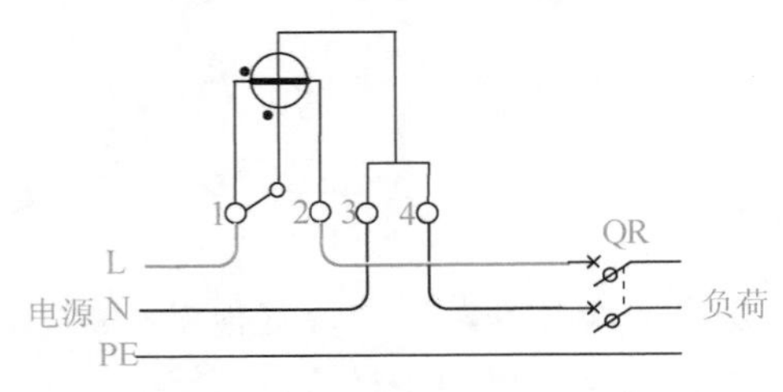

图 4-89　单相直入式有功电能表接线原理

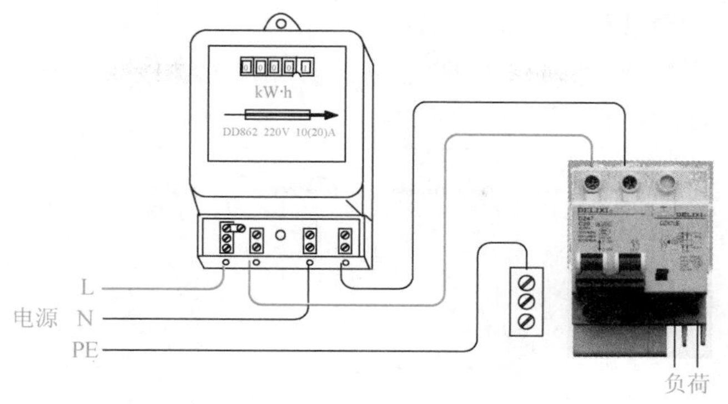

图 4-90　单相直入式有功电能表实物接线示意

单相电能表常见的接线形式为交叉式接线，也称为跳入式接线，如图 4-89 所示，1、3 为进线，2、4 为出线，接线柱 1 要接相线(火线)，3 接零线(N 线)。

二、单相有功电能表配电流互感器接线

当单相负荷电流过大，没有适当的直入式有功电能表可满足其要求时，应当采用经电流互感器接线的计量方式。如图 4-91 所示是单相有功电能表配电流互感器接线原理，接线示意图 4-92 所示。

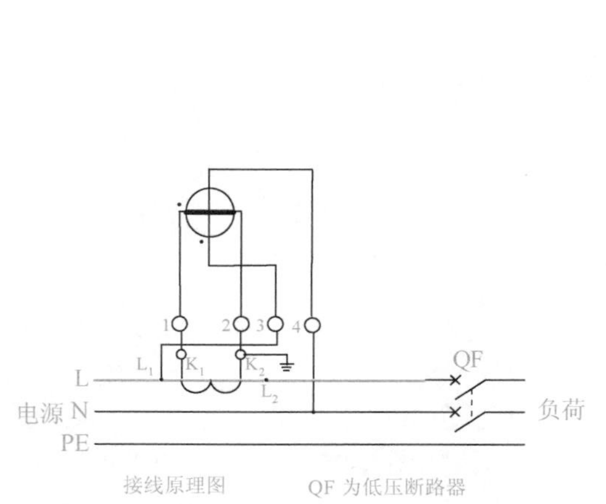

图 4-91　单相有功电能表配电流互感器接线原理

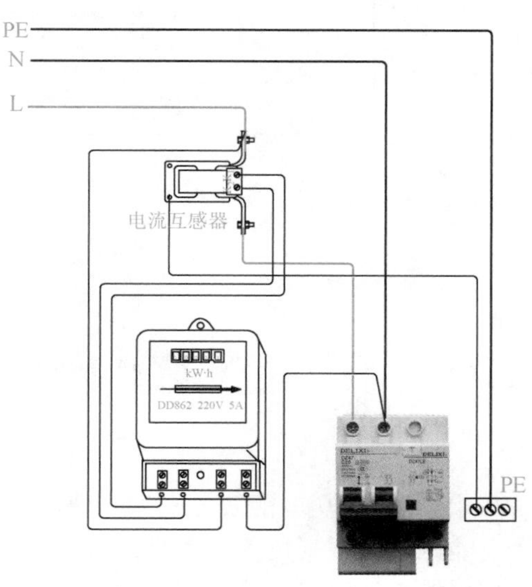

图 4-92　单相有功电能表配电流互感器接线示意

三、直入式三相四线有功电能表作有功电量接线

三相有功电能表主要应用在企事业单位的用电系统中进行电能计量，根据负荷的大小有直入式接线和经电流互感器接线两种，根据用电系统的不同三相电能表有 DS 型和 DT 型，DS 型适用于三相三线对称或不对称负载作有功电量的计量，DT 型可对三

相四线对称或不对称负载作有功电量的计量。

如图 4-93 所示是三相四线(DT 型)直入式有功电能表接线原理，如图 4-94 所示是三相四线(DT)直入式有功电能表接线示意。

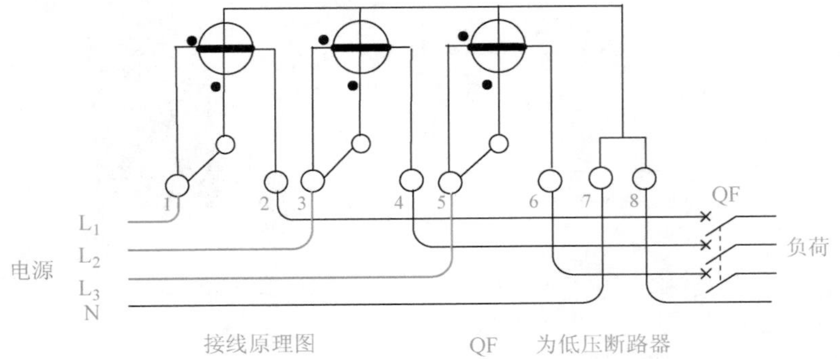

图 4-93 直入式三相四线(DT)直入式有功电能表接线原理

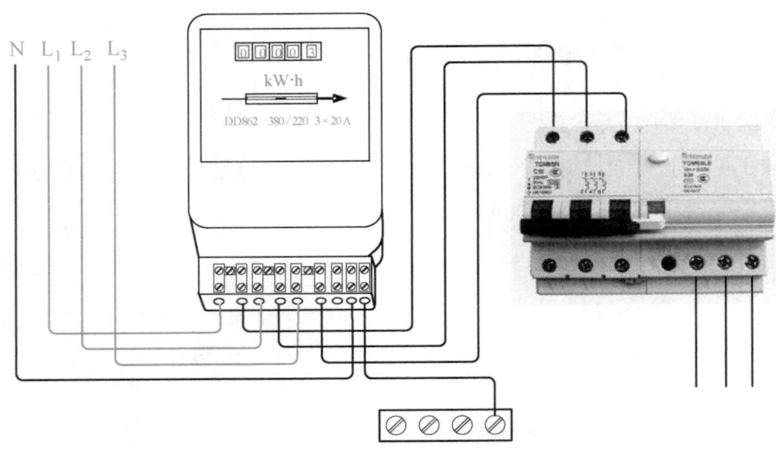

图 4-94 直入式三相四线(DT)直入式有功电能表接线示意

四、三相四线有功电能表经电流互感器接线

三相有功电能表经电流互感器接线主要应用于企事业单位的用电很大的系统进行电能计量，根据负荷的大小配选合适的电流互感器，如图 4-95 所示是三相四线(DT)有功电能表经电流互感器接线原理，如图 4-96 所示是三相四线(DT)有功电能表经电流互感器实物接线示意。

五、三相三线电能表对三相三线负荷作有功电量计量

三相三线电能表接线原理如图 4-97 所示。

三相三线电能表实物接线示意如图 4-98 所示。

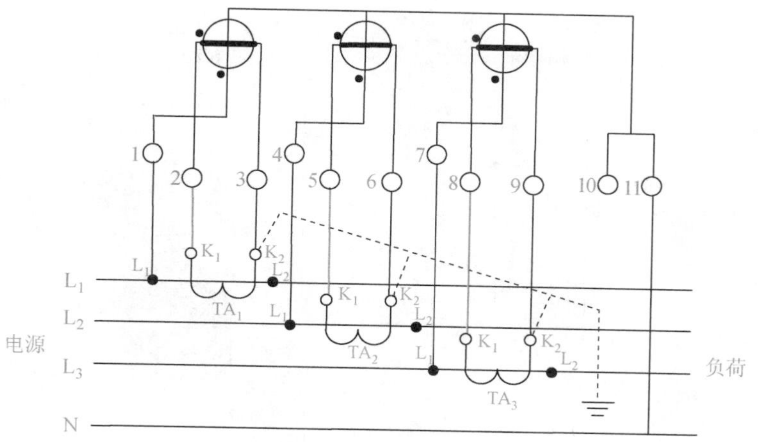

图 4-95　三相四线(DT)有功电能表经电流互感器接线原理

TA 为电流互感器

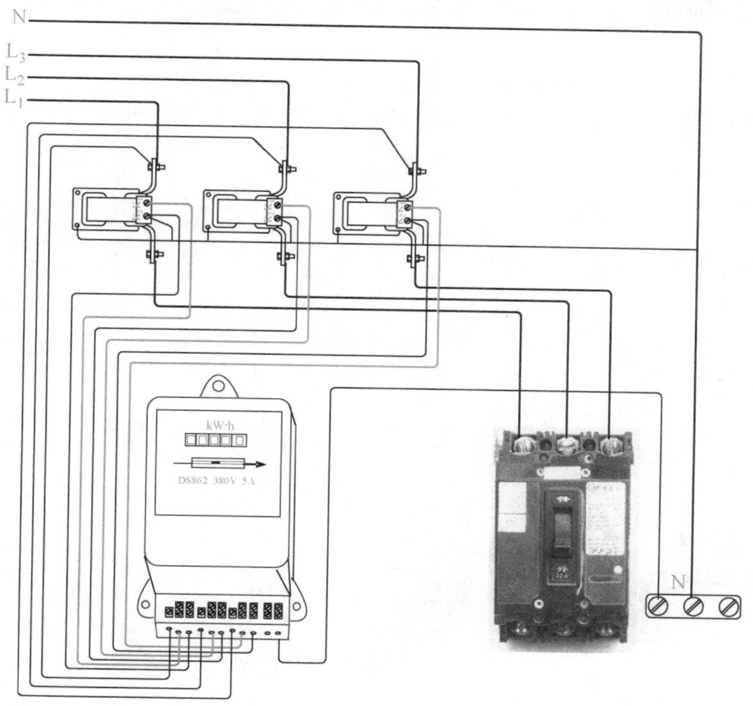

图 4-96　三相四线(DT)有功电能表经电流互感器实物接线示意

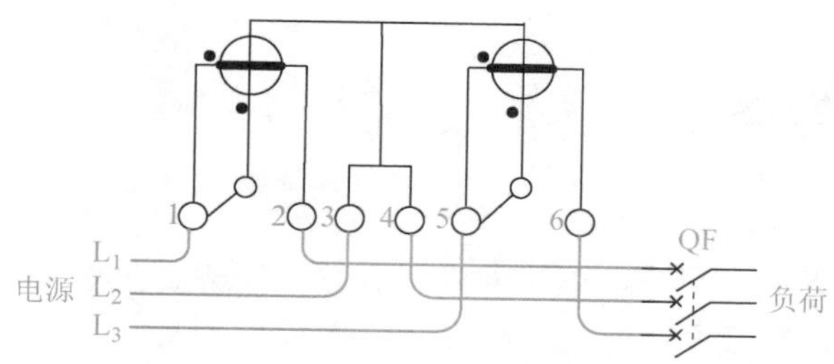

图 4-97　三相三线电能表接线原理

QF 为低压断路器

第四章　常用电工仪表

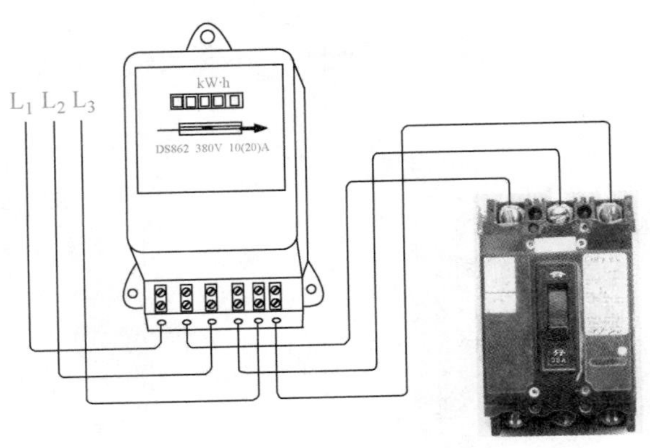

图 4-98　三相三线电能表实物接线示意

六、三相三线有功电能表经电流互感器对三相三线负荷作有功电量计量

三相三线有功电能表经电流互感器接线原理如图 4-99 所示，实物接线示意如图 4-100 所示。

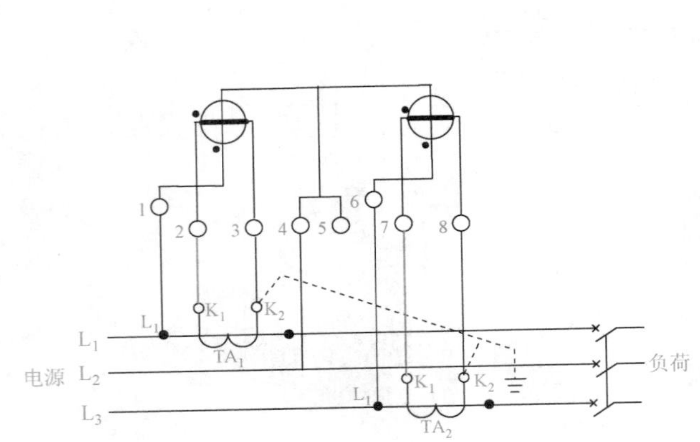

图 4-99　三相三线有功电能表经电流互感器接线原理
TA 为电流互感器

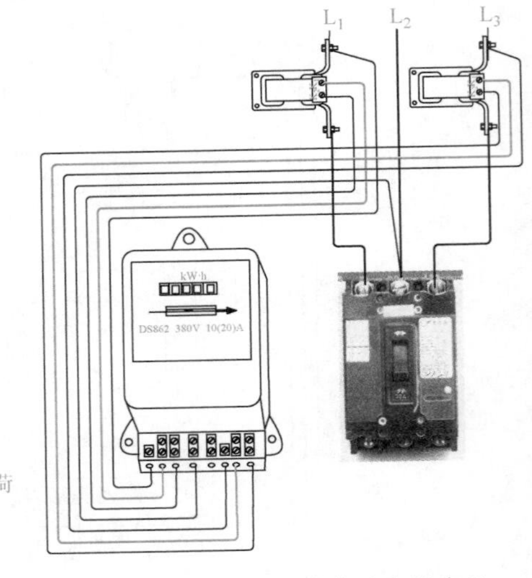

图 4-100　三相三线有功电能表经电流互感器实物接线示意

七、三个单相电能表计量三相四线负荷作有功电量

在三相四线系统中用三个单相直入式有功电能表计量有功电能的接线原理如图 4-101 所示，其选表原则及安装要求，与安装直入式单相有功电能表相同，直是中性线是三个电能表串接，不应单独接中性线，如图 4-102 所示。

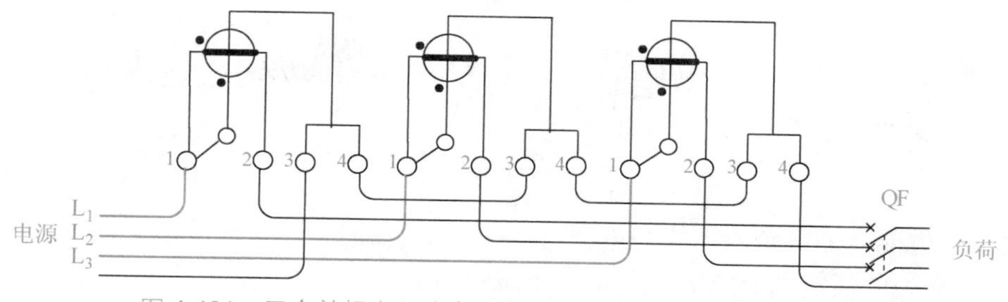

图 4-101　三个单相直入式有功电能表计量有功电能的接线原理

QF 为低压断路器

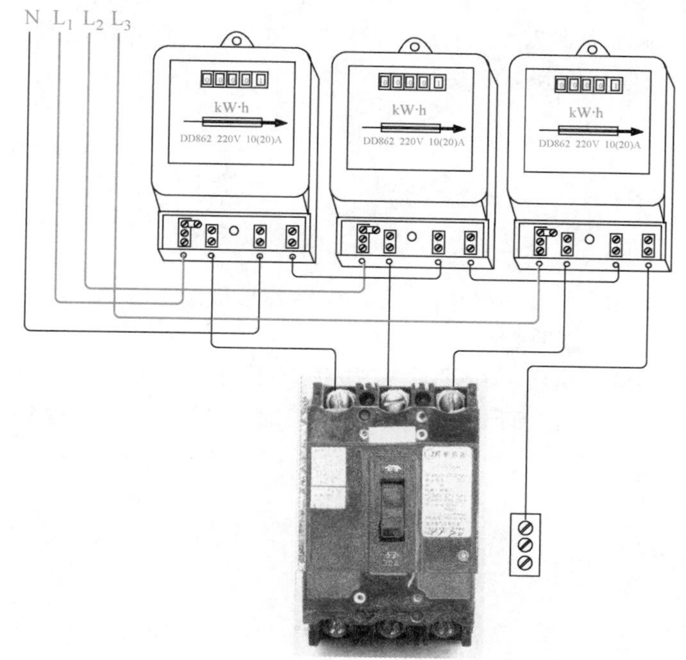

图 4-102　三个单相直入式有功电能表计量有功电能的实物接线示意

八、电能表的安装要求

① 注意电能表的工作环境。电能表应安装在清洁、干燥的场所，周围不能有腐蚀性或可燃性气体，不能有大量的灰尘，不能靠近强磁场。与热力管线应保持 0.5m 以上的距离。环境温能应在 0~40℃之间。

② 明装电能表距地面应在 1.8~2.2m 之间，暗装应不低于 1.4m。装于立式盘和成套开关柜时，不应低于 0.7m。电能表应固定在牢固的表板或支架上，不能有振动。安装位置应便于抄表、检查和试验。

③ 电能表应垂直安装，垂直能偏差不应大于 2°。

④ 电能表配合电流互感器使用时，电能表的电流回路应选用 2.5mm² 的独股绝缘铜芯导线，电压回路应选 1.5mm² 的独股绝缘铜芯导线，中间不能有接头，不能装设开关与保险。所有压接螺丝都要拧紧，导线端头要有清楚而明显的编号。互感器二次绕组的一端要接地。

九、直入式电能表选表的原则

① 电能表的额定电压应与电源电压相适应。

② 电能表的额定电流应等于或略大于负荷电流。

有些表实际使用电流，可达额定电流的两倍(俗称二倍表)；或可达额定电流的四倍(俗称四倍表)。例如：表盘上标示“10(20)A”，就是二倍表，虽然它的额定电流为10A，但是可以长期使用到20A；表盘上标示“5(20)A”，就是四倍表，虽然它的额定电流为5A，但是可长期使用到20A。

十、配电流互感器电能表的选表及电流互感器的原则

① 电能表的额定电压应与额定电源电压相适应。

② 电能表的额定电流应是5A。

③ 应使用LQG-0.5型电流互感器，精能应不低于0.5级。电流互感器的一次额定电流，应等于或略大于负荷电流。例如：负荷电流为80A，可使用LQG-0.5 100/5的电流互感器。

十一、电能表使用时的注意事项

① 用户发现电能表有异常现象时，不得私自拆卸，必须通知有关部门进行处理。

② 保持电能表的清洁，表上不得挂物品，不得经常在低于电能表额定值的10%以下工作，否则，应更换容量相适宜的电能表。

③ 电能表正常工作时，由于电磁感应的作用，有时会发出轻微地“嗡嗡”响声，这是正常现象。

④ 如果发现所有电器都不用电时，表中铝盘仍在转动，应拆下电能表的出线端。如果铝盘随即停止转动，或转动几圈后停止，表明室内电路有漏电故障；若铝盘仍转动不止，则表明电能表本身有故障。

⑤ 转盘转动的快慢与用户用电量的多少成正比，但不同规格的表，尽管用电量相同，转动的快慢也不同，或者虽然规格相同，用电量相同，但电能表的型号不同，转动的快慢也可能不同，所以，单纯从转盘转动的快慢来证明电能表准不准是不确切的。

十二、电能表用电量计算

(1) 直入式电能表电量计算

$$用电量=本月电表数-上月电表数$$

例：某电能表本月读数2568kW·h，上一个月读数2397kW·h，用电量为多少？

$$用电量=2568-2397=171(kW·h)$$

（2）配电流互感器电能表用电量计算

$$用电量=(本月电表数-上月电表数)\times电流互感器电流比$$

例：某电能表本月读数568kW·h，上一个月读数239kW·h，电流互感器100/5，用电量为多少？

$$用电量=(568-239)\times20=6580(kW·h)$$

（3）配电流互感器和电压互感器电能表用电量计算

$$用电量=(本月电表数-上月电表数)\times电流互感器电流比\times电压互感器电压比$$

例：某电能表本月读数458kW·h，上一个月读数449kW·h，电流互感器100/5，电压互感器10/0.1，用电量为多少？

$$用电量=(458-449)\times20\times100=18000(kW·h)$$

（4）三个单相电能表计量三相四线负荷用电量计算

$$用电量=A相用电量+B相用电量+C相用电量$$

例：某单位电能表A相用电量124kW·h、B相用电量156kW·h、C相用电量149kW·h，总用电量为多少？

$$总用电量=124+156+149=429(kW·h)$$

第九节　功率系数表的接线

三相功率系数表用于测量三相对称电路的功率系数，在配电柜上常用的三相功率系数表如图4-103所示，功率系数表接线时需要将电压和电流接入表内才可使用，接线时应注意表后端的接线柱标号，如图4-104所示为三相功率系数表表后接线柱情况。

(a)

(b)

图4-103　常用的三相功率系数表

三个电压接线柱分别标有U_A、U_B、U_C，两个电流接线柱标有I_A，意思是功率系数表所取电流应与左边电压接线柱所接电压同相，并且与负荷电流同方向的电流互感器二次电流应以标有＊号的接线柱流入，从另一个接线柱流出。左边电压接线柱也标有＊号，也是说明此电压应与电流同相。下面通过一个实例来具体介绍功率系数表的正确接线方法。

如图4-105所示是一个低压母线示意简图。准备在电容柜上安装一个三相功率系数表，由于安装位置有限，为功率系数表取电流的电流互感器安装在中相。

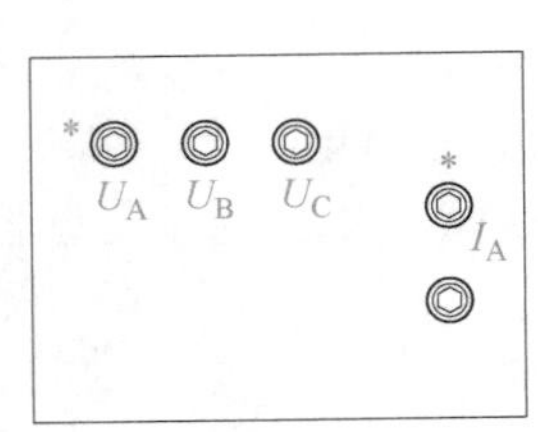

图 4-104　三相功率系数表表后接线柱情况

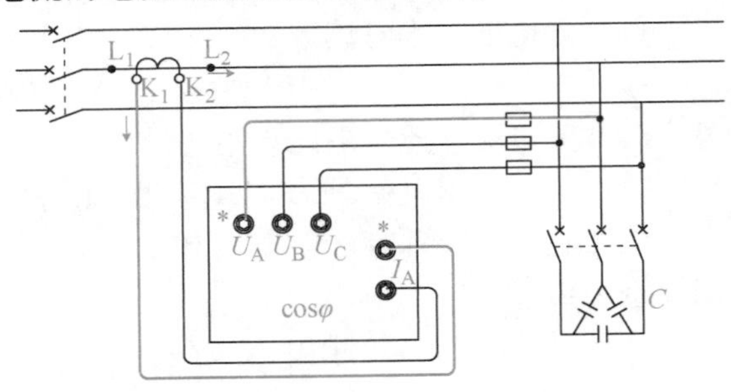

图 4-105　低压母线示意简图

由于电流互感器安装在中相(绿相)，则电压接线柱左边那个应接绿色相电压。然后以绿色相为 U_A，用相序表测定黄、绿、红三相电压的相序，结果是绿-黄-红为正相序。图 4-105 中方框内所标的 U_A、U_B、U_C 即为相序表测定的结果，则在中间的电压接线柱应接黄相电压，右边的电压接线应接红色相电压。电压线接好后，再看电流线怎样连接。由于电流直感器的极性标注法是减极性的，即一次电流从 L_1 端流入互感器，则互感器的二次电流从 K_1 端流出，所以就应把电流互感器的 K_1 端与功率系数表的标有 * 号的电流接线柱相连，K_2 端与另一个电流接线柱相连。这样就相当于负荷电流流入了标有 * 号的电流接线柱(图 4-105 中箭头方向所示)。

虽然功率系数表装在电容柜上，但它反映的是低压总母线上的功率系数，故电流互感器应安装在总母线上。

第十节　温度测量仪表

温度测量虽仪表不是电工仪表，但却是电气安全工作中不可缺少的仪表，造成电气故障的主要原因之一是电气过热，温度测量仪表可以发现电气电路、接点开关等处的电气安全缺陷，它为电气检修人员提供了良好的检查手段。

一、半导体点温计

点温计的基本工作原理是让温度去改变一个电参数(如电阻)，从而改变整个电路的工作状态，由此测量相应的温度，半导体点温计如图 4-106 所示。由于感温部分是半导体热敏电阻，故又称半导体点温计。它可以测量一个很小面积的温度，因此特别适宜测量触头、接点等部位的温度。

点温计在使用前，首先要把转换开关从“关”的位置打到“校正”挡，这时表针会自动打向满刻度；如果表针不指在满刻度，可调节表外的校正旋钮，使之指到满刻度。然后，再把转换开关打到“测量”位置，表针此时指示的是环境温度。把测试探头轻轻触及需要测温的位置，表针稳定后即指示出测点的温度。有的表有两挡量程，这就应根据被测温度适当选用。点温计的探头前端有的用金属壳保护起来，有的没有这些外壳，传感器裸露在外部，使用时应特别小心。点温计在使用中应避免振动，不要在强磁场中使用，更不能用来测量裸露的带电体。

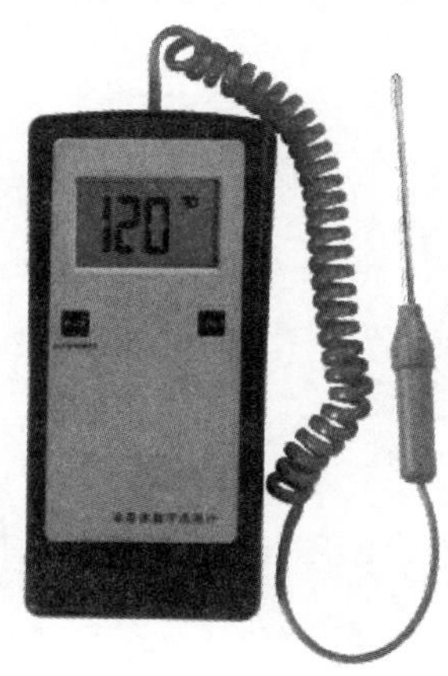

图 4-106　半导体点温计

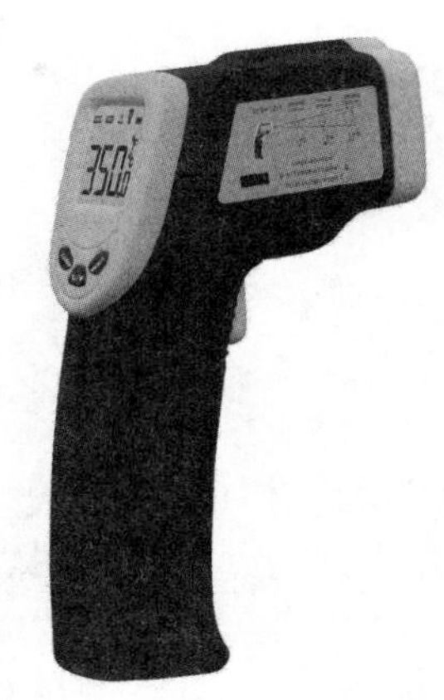

图 4-107　红外线测温仪

二、红外线测温仪的知识

红外线测温仪的工作原理其实很简单，它采用红外线技术可快速、方便地测量物体的表面温度。不需接触被测物体而快速测得温度读数。只需瞄准，按动触发器，在LCD 显示屏上即可读出温度数据。红外线测温仪重量轻、体积小、使用方便，并能可靠地测量热的、危险的或难以接触的物体，而不会污染或损坏被测物体实物，如图4-107 所示，红外线测温仪应用领域非常广泛。

红外线测温仪的使用方法和注意事项：使用红外线测温仪测量温度时，要将红外线测温仪对准要测的物体，按触发器在仪器的 LCD 上读出温度数据，保证安排好距离和光斑尺寸之比和视场。

用红外线测温仪时，一定要注意以下几点注意事项。

① 只能测量物体的表面温度，不能测量其内部温度。

② 红外线测温仪不能透过玻璃进行测量温度，玻璃有很特殊的反射和透过特性，不能精确地读取红外线温度读数，但可通过红外线窗口测温。红外线测温仪最好不用于光亮的或抛光的金属表面的测温(不锈钢、铝等)。

③ 要仔细定位热点，发现热点，用红外线测温仪器瞄准目标，然后在目标上做上下扫描运动，直至确定热点。

④ 使用红外线测温仪时，要注意环境条件：烟雾、蒸汽、尘土等，它们均会阻挡仪器的光学系统而影响精确测温。

⑤ 使用红外线测温仪时，还要注意环境温度，如果红外线测温仪突然暴露在环境温差为 20℃或更高的情况下，允许仪器在 20min 内调节到新的环境温度。

第十一节 电工仪表的使用禁忌

一、万用表的使用禁忌

(1) 不进行机械调零将影响读数

在使用万用表之前，应使万用表指针指在零电压或零电流的位置，如果不在零位，表针偏摆位置将不准确，将影响读数的准确性。

(2) 接触表笔的金属部分测量有危险

在使用万用表的过程中，不能用手去接触表笔的金属部分，这样一方面可以保证测量的准确；另一方面也可以保证人身安全。

(3) 测量中换挡位损坏仪表，不能错用挡位

在测量电流与电压时不能错用挡位，如果误用，就极易烧坏万用表。也不能在测量的同时换挡，尤其是在测量高电压或大电流时，更应注意。否则，会使万用表毁坏。如需换挡，应先断开表笔，换挡后再去测量。

(4) 不知被测值大小，应使用最大挡

如果不知道被测电压或电流的大小，应先选用最高挡，而后再根据情况选用合适的挡位来测试，以免表针偏转过度而损坏表头。所选用的挡位愈靠近被测值，测量的数值就愈准确。

(5) 不可错接直流极性

测量直流电压和直流电流时，注意“+”、“-”极性，不要接错。如发现指针反转，要立即调换表棒，以免损坏指针及表头。

(6) 不能在线测量电阻

测量电阻时，被测电阻断开连接，以免电路中的其他元件对测量的影响，造成测量误差。被测电阻应无电，电阻挡不可带电使用，以免造成万用表的损坏。

(7) 忌使用完毕不换挡

万用表使用完毕后，应将挡位开关置于交流电压的最高挡，以防别人不慎测量220V市电电压而损坏。如果长期不使用，还应将电池取出来，以免电池腐蚀表内其他器件。

二、钳形电流表的使用禁忌

(1) 钳口不能有污物

检查仪表的钳口上是否有杂物或油污，待清理干净后再测量，如果钳口闭合不严，

在测量时会出现电磁振动，将影响测量结果。

（2）不进行机械调零读数则不准确

在使用钳形电流表之前，应先进行“机械调零”，应使钳形表指针指在零电流的位置，这样以保证读数的准确。

（3）不可测高压电流

被测电路的电压不可超过钳形电流表的额定电压。钳形电流表不能测量高压电气设备。

（4）测量中不可换挡

不能在测量过程中转动转换开关换挡。在换挡前，应先将导线退出钳口，更换挡位后再测量，以防止再切换挡位的空间，造成电流互感器开路，产生的高压会损坏电流表。

（5）不可测量裸线

测量时，注意与附近带电体保持安全距离，并应注意不要造成相间短路和相对地短路。

（6）钳形电流表的正确使用

① 估计被测电流的大小，将转换开关调至需要的测量挡。如无法估计被测电流大小，先用最高量程挡测量，然后根据测量情况调到合适的量程。

② 握紧钳柄，使钳口张开，放置被测导线。为减少误差，被测导线应置于钳形口的中央。

③ 钳口要紧密接触，如遇有杂音时可检查钳口是否清洁，或重新开口一次，再闭合。

④ 测量5A以下的小电流时，为提高测量精度，在条件允许的情况下，可将被测导线多绕几圈，再放入钳口进行测量。此时实际电流应是仪表读数除以放入钳口中的导线圈数。

⑤ 测量小电流时可将导线在钳口铁芯上缠绕几匝，闭合钳口后读取读数。这时：

导线上的电流值=读数÷匝数(匝数的计算：钳口内侧有几条线，就算作几匝)

⑥ 使用后，应将挡位置于电流最高挡，有表套时将其放入表套，存放在干燥、无尘、无腐蚀性气体且不受震动的场所。

三、兆欧表的使用禁忌

（1）使用之前不试验

测量前先将兆欧表进行一次开路和短路试验，检查兆欧表是否良好。试验时先将两连接线开路，摇动手柄，指针应指在“∝”位置，然后将两连接线短路一下，轻轻摇动手柄，指针应指“0”，否则说明兆欧表有故障，需要检修。

（2）禁止在雷电时或高压设备附近测绝缘电阻

为了防止发生人身和设备事故以及得到精确的测量结果，在测量前必须切断电源，并将被测设备充分放电，兆欧表只能在设备不带电，也没有感应电的情况下测量。

（3）禁止测量设备上有人

摇测过程中，被测设备上不能有人工作。

(4) 测量线不可以使用绞线

兆欧表的接线柱与被测设备间连接的导线，不能用双股绝缘线和绞线，应用单股线分开单独连接，以免因绞线绝缘不良而引起误差。

(5) 摇表未停放电不可触及导体

兆欧表未停止转动之前或被测设备未放电之前，严禁用手触及。拆线时，也不要触及引线的金属部分。

(6) 禁止先停表后撤线

测量大电容的电气设备绝缘电阻时，在测定绝缘电阻后，应先将与“L”接线柱的连线断开，再降速松开兆欧表手柄，以免被测设备向兆欧表倒充电而损坏仪表。

绝缘电阻摇测五字歌：笔者根据多年工作经验，结合手摇式摇表使用方法，总结绝缘电阻摇测五字歌，简单、易记、易懂。

摇表使用前，检查它一遍。短接缓摇零，开路摇无穷。设备停放电，才能把它攀。拆去连接线，瓷件擦净干。所测接“L”线，非测地“E”线。电容及电感，摇起“L”点。点离表仍转，方保摇表安。摇到正常转，一分电阻念。测后放放电，再测保安全。以上记心间，摇测准又安。

四、接地摇表的使用禁忌

(1) 使用之前不试验

接地摇表禁止开路试验，必须做短路试验。

将表的四个接线端(C_1、P_1、P_2、C_2)短接；表位放平稳，倍率挡置于将要使用的一挡；调整刻度盘，使“0”对准下面的基线；摇动摇把到120r/min，检流计指针应不动。

(2) 禁止带设备测量

接地线路要与被保护设备断开：一保证测量结果的准确性；二保证测量工作的安全。

(3) 禁止雨后测量

下雨后和土壤吸收水分太多的时候，以及气候、温度、压力等急剧变化时不能测量。此时测量出的结果不准确。

(4) 被测接地极环境有要求

被测地极附近不能有杂散电流和已极化的土壤。探测针应远离地下水管、电缆、铁路等较大金属体，其中电流极应远离10m以上，电压极应远离50m以上，如上述金属体与接地网没有连接时，可缩短距离1/3~1/2。

(5) 测量导线要绝缘

接地摇表连接线应使用绝缘良好的导线，以免有漏电现象。

五、交流电压表的使用禁忌

（1）交流、直流要分清

要注意被测电压是直流还是交流，并据此选择相应的电压表，要注意直流电压表的极性。直流电压表的“+”端要与被测电压的正极连接，电压表的“-”端要与负极相连。交流电压表连接不分正负极。

（2）电压表不能串联接线

测量电压的基本法则是把电压表的两端并联在被测电压的两端，从表盘上即可读出被测电压的数值。如果是串联在电路中，会因负荷电流大于电表电流而烧毁仪表。即使未烧毁也会因仪表电阻太大与负载串联，造成电路的电压降。

（3）选择量程要正确

电压表的量程一定要与被测电压相适应。仪表量程太小，会造成仪表过载，指针偏转过头，甚至打弯指针；量程太大，指针偏转太小，使得计量不准确。一般应使被测值尽可能接近表的量程。当然，也要考虑被测值可能的变化。例如测量380V交流电压，应选择量程为450V或500V的交流电压表；测量220V交流电压，应选用250V的交流电压表。

（4）不可以直接测量高电压

当被测电压高于仪表量程时，无法直接用仪表测量，必须采取其他措施。电力系统中通常采用通过电压互感器把电压表接入电力系统的办法。它能把一个交流高电压变成一个交流低电压。用于10kV电力系统中的电压互感器能把10kV变为100V。配用这种互感器的电压表的线圈电压为120V，而刻度盘的满量程电压为12kV。这样，通过测量100V的低电压，就可以直接反映出10kV的高压值。

六、交流电流表的使用禁忌

（1）交流、直流要分清

要注意被测电流是直流还是交流，并据此选择相应的电流表，要注意直流电流表的极性。直流电流表的“+”端要与被测电流入极连接，电流表的“-”端要与流出极相连。交流电流表连接不分正、负极。

（2）电流表不能并联接线

测量电流的基本方法是把电流表的两端串联在被测电路，从表盘上即可读出被测电流的数值。如果是并联在电路中，会因电流表内阻电阻大而烧毁。

（3）选择量程要正确

电流表的量程一定要与被测电流相适应。这里既要考虑电路的正常工作电流，又要考虑电路中可能出现的短时冲击电流。一般来说，电流表的量程应为工作电流的1.3~1.5倍。

（4）大电流测量要用互感器

测大电流的电流表，不采用简单地加粗仪表线圈导线直径的做法，而是从仪表的外部去解决。电流互感器，简称 CT，它的结构类似一个变压器，有一个一次绕组和一个二次绕组。使用时，一次绕组串接在被测回路中，流过被测电流，它是电流互感器的一次电流；二次绕组接到交流电流表两端。

七、电能表的使用禁忌

（1）安装环境有要求

电能表应安装在清洁、干燥的场所，周围不能有腐蚀性或可燃性气体，不能有大量的灰尘，不能靠近强磁场。与热力管线应保持 0.5m 以上的距离。环境温度应在 0~40℃之间。

（2）禁止随意安装

明装电能表距地面应在 1.8~2.2m 之间，暗装应不低于 1.4m。装于立式盘和成套开关柜时，不应低于 0.7m。电能表应固定在牢固的表板或支架上，不能有震动。安装位置应便于抄表、检查、试验。电能表应垂直安装，垂直度偏差不应大于 2°。

（3）型号规格要符合

电能表的选择要使它的型号和结构与被测的负荷性质及供电制式相适应，它的电压额定值要与电源电压相适应，电流额定值要与负荷相适应。

（4）接线方法有规定

弄清电能表的接线方法，然后再接线。接线定要细心，接好后应仔细检查。如果发生接线错误，轻则造成电量不准或者电表反转；重则导致烧表，甚至危及人身安全

（5）配电流互感器要求更严格

电能表配合电流互感器使用时，电能表的电流回路应选用 2.5mm^2 的独股绝缘铜芯导线，电压回路应选 1.5mm^2 的独股绝缘铜芯导线，中间不能有接头，不能装设开关与保险。所有压接螺丝都要拧紧，导线端头要有清楚而明显的编号。互感器二次绕组的一端要接地。

配用电流互感器时，电流互感器的二次侧在任何情况下都不允许开路。二次侧的一端应做良好的接地。接在电路中的电流互感器如暂时不用时，应将二次侧短路。

容量在 250A 及以上的电能表，需加装专用的接线端子，以备校表之用。

第五章 低压电器选择与应用

低压电器一般是指额定电压在1000V以下的开关电器，其种类繁多。主要作用是用于接通和断开电路。刀开关、自动开关、接触器、主令电器、启动器、各种控制电器等都属于低压电器。

第一节　开关电器

一、刀开关

刀开关广泛用于低压配电柜、电容器柜及车间动力配电箱中。一般适用于交流额定电压380V，刀开关不能带负荷操作。刀开关在电路中的图形符号如图5-1所示。装有灭弧罩的或在动触头上装有辅助速断触头的刀开关，可以接通或切断小负荷电流，以控制小容量的用电设备或线路。

1. HK系列胶盖闸的使用

胶盖刀闸开关即HK系列开启式负荷开关(以下称刀开关)，它由闸刀和熔丝组成，如图5-2所示。刀开关有二极、三极两种，具有明显断开点，熔丝起短路保护作用。它主要用于电气照明线路、电热控制回路，也可用于分支电路的控制，并可作为不频繁直接启动及停止小型异步电动机(4.5kW以下)之用。

刀开关的额定电流应当是电动机的额定电流的3倍。

2. HS、HD系列开关板用刀闸

HS、HD系列开关板用刀闸如图5-3所示，可用于额定电压交流500V、直流440V、额定电流1500A以下。用于工业、企业配电设备中，作为不频繁地手动接通和切断或隔离电源之用。

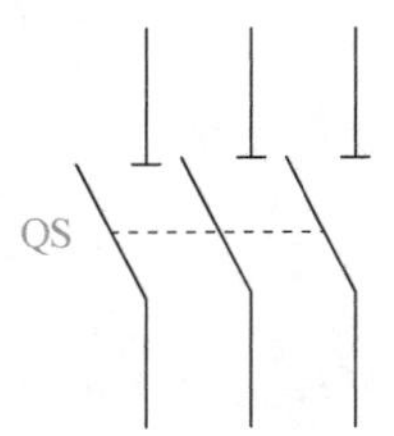

图 5-1　刀开关在电路中的图形符号

图 5-2　HK 型刀闸(胶盖闸)

图 5-3　HD、HS 系列开关板用刀闸

图 5-4　HH 系列封闭式负荷开关

图 5-5　HR 系列刀熔开关

3. HH 系列封闭式负荷开关

HH 系列封闭式负荷开关(俗称铁壳开关)如图 5-4 所示，适用于工矿企业、农业排灌、施工工地、电焊机和电热照明等各种配电设备中，供手动不频繁地接通和分断负荷电路，内部装有熔断器，具有短路保护，并可作为交流异步电动机的不频繁直接启动及分断用。

4. HR 系列刀熔开关

HR 系列熔断器式刀开关是 RTO 型有填料熔断器和刀开关的组合电器，如图 5-5 所示。因此具有熔断器和刀开关的基本性能。适用于交流 50Hz、380V 或直流电压 440V、额定电流 100~600A 的工业企业配电网络中，作为电气设备及线路的过负荷和短路保护用。一般用于正常供电的情况下不频繁地接通和切断电路，常装配在低压配电屏、电容器屏及车间动力配电箱中。

刀开关安装和使用中的安全注意事项。

① 安装单投式刀开关时，必须使静触头在上面，动触头(刀片)在下面，电源线接在静触头侧，动触头侧接负载线。HK 系列刀开关只能垂直安装，不得水平安装，使用时必须将胶盖盖好。

② 普通 HD 及 HS 系列刀开关不得带负荷操作。

③ 带有熔断器的刀开关，更换熔体时，要换件与原件的规格应相同，不可随意代替。

④ 刀开关的选用方法，对于普通负荷选用的额定电流不应小于电路最大工作电流，对于电动机电路，刀开关的额定电流为电动机定电流的 3 倍。

运行中刀开关的巡视检查如下。

① 电流表指示或实测负荷电流是否超过开关的额定电流，触头有无过热现象。如触头刀片发生严重变色或严重氧化，应及时进行处理或更换。

② 检查触头接触是否紧密，有无烧伤及麻点，三相触头动作位置是否同步。

③ 绝缘杆、灭弧罩、底座是否完整，有无损坏现象；胶盖闸的胶盖有无破碎或脱落。

④ 刀开关及操作机构是否完好分合指示，是否与实际状态相符。

二、DZ 系列断路器的应用

DZ 系列断路器也称低压自动开关或空气开关，俗称塑壳开关，断路器在电路中的图形符号如图 5-6 所示，它既能带负电荷通断电路，又能在短路、过负荷和低电压(或失压)时自动跳闸，其功能是当线路上出现短路故障时，过流脱扣器动作，使开关跳闸；如出现过负荷，其串联在一次线路的热元件，使双金属片弯曲，也使开关跳闸，塑壳断路器的构造如图 5-7 所示，但 DZ 系列断路器断开时没有明显的断开点。目前常用 DZ 系列断路器的外形如图 5-8 所示，国产型号有 DZ、C45、NC、DPN 等系列。

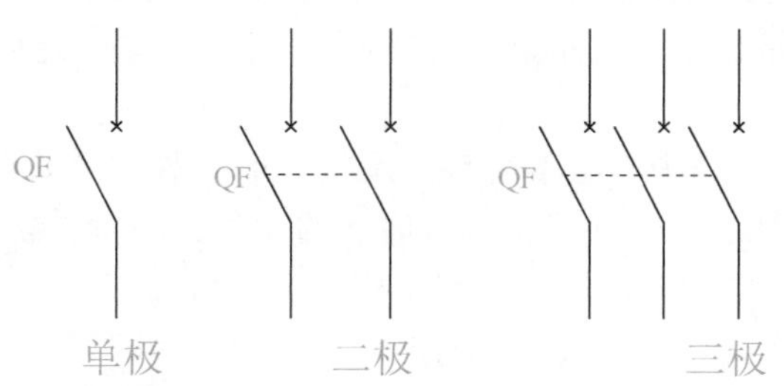

图 5-6　断路器在电路中的图形符号及文字代号

DZ 系列断路器适用于交流 50Hz、380V 的电路中。配电用断路器在配电网络中用来分配电能和作线路及电源设备的过载及短路保护之用，

保护电动机用断路器用来保护电动机的过载和短路，亦可分别作为电动机不频繁启动及线路的不频繁转换之用。

DZ 系列断路器使用中的安全注意事项如下。

① DZ 系列断路器的额定电压应与线路电压相符，断路器的额定电流和脱扣器整定电流应满足最大负荷电流的需要。

② DZ 系列断路器的极限通断能力，应大于被保护线路的最大短路电流。

③ DZ 系列断路器的类型选用应适合线路工作特点，对于负荷启动电流倍数较大，而实际工作电流较小，且过电流整定倍数较小的线路或设备，一般应选用延时型断路

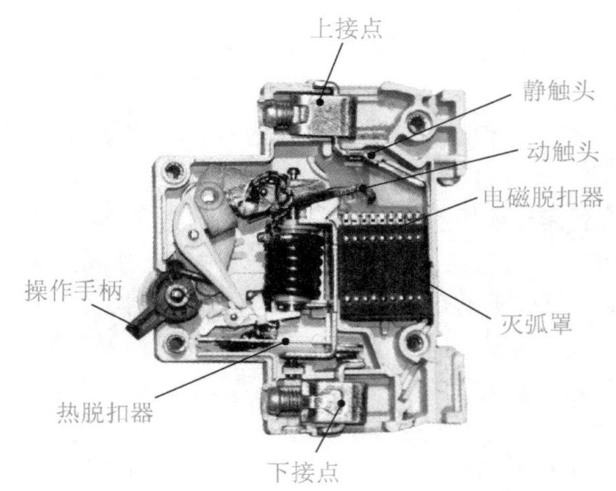

图 5-7 塑壳断路器的构造

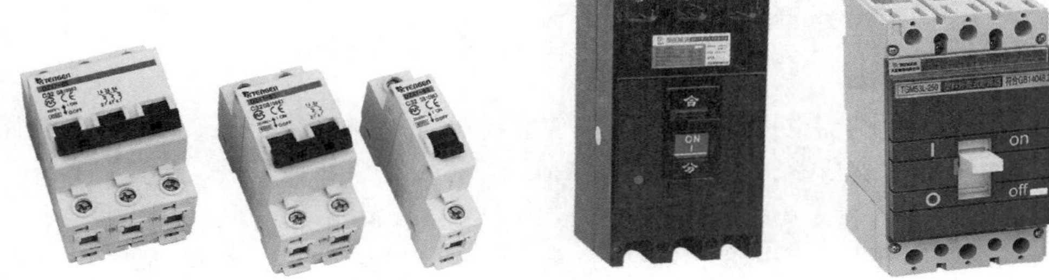

图 5-8 常用 DZ 系列断路器的外形

器，因为它的过电流脱扣器由热元件组成，具有一定的延时性。对于短路电流相当大的线路，应选用限流型自动开关。如果开关选择不当，就有可能使设备或线路无法正常运行。

④ DZ 系列断路器使用中一般不得自己调整过电流脱扣器的整定电流。

⑤ 线路停电后恢复供电时，禁止自行启动的设备，不宜单独使用 DZ 系列断路器控制，而应选用带有失压保护的控制电器或采用交流接触器与之配合使用。

⑥ 如 DZ 系列断路器缺少部件或部件损坏，则不得继续使用。特别是灭弧罩损坏，不论是多相或单相均不得使用，以免在断开时无法有效地熄灭电弧而使事故扩大。

三、框架式断路器的应用

框架式断路器适用于交流 50Hz、额定电流 4000A 及以下、额定工作电压 380V 的配电网络中，用来分配电能和线路及电源设备的过负载、欠压与短路保护。在正常工作条件下可作为线路的不频繁转换之用。此断路器的额定的电流规格有 200A、400A、630A、1000A、1600A、2500A、4000A 七种，1600A 及以下的断路器具有抽屉式结构，由断路器本体与抽屉座组成。主要型号有 SCM1（CM1）、DW10、DW17（ME）、CW、DW15 等系列的断路器，如图 5-9 所示。

框架式断路器为立体布置，由触头系统、操作系统、过电流脱扣器、分励脱扣器、欠压脱扣器等部分组成。其过电流脱扣器有热-电磁式、电磁式、电子式三种。热-电磁式过流电流脱扣器具有过载长延时动作和短路瞬时动作保护功能，电磁式瞬时脱扣器是由拍合式电磁铁组成，主回路穿过铁芯，当发生短路电流时，电磁铁动作使断路器断开。电子式脱扣器有代号为 DT1 和 DT3 两种，DT1 由分立元件组成，DT3 型由集成电路组成。两者具有过负载长延时、短路短延时、短路瞬时保护和欠电压保护功能。DT3 型还具有故障显示和记忆过负载报警功能。

(a) CW型断路器

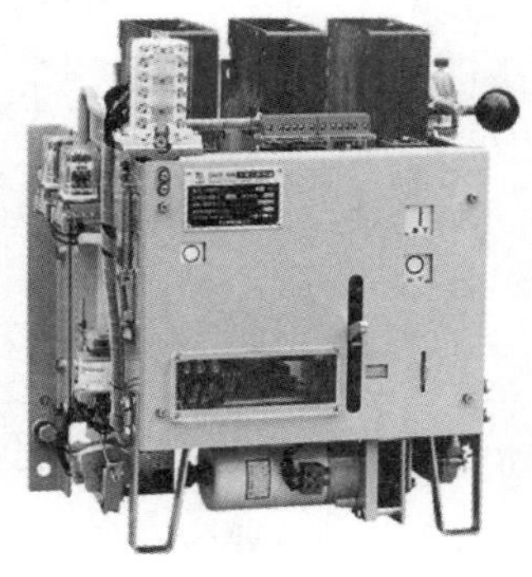
(b) DW15型断路器

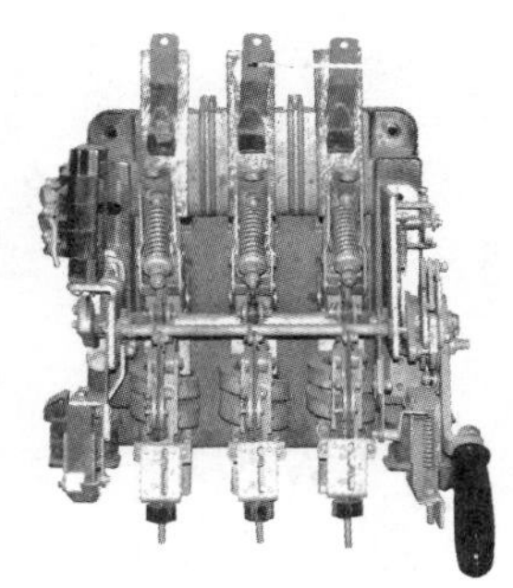
(c) DW10型断路器

图 5-9 常用框架式断路器

1. 框架式低压断路器的安装要求

（1）框架式低压断路器的安装，应符合产品技术文件的规定，当无明确规定时，应垂直安装，其倾斜度不应大于 5°。

（2）断路器与熔断器配合使用时，熔断器应安装在负荷侧。

（3）低压断路器操作机构的安装应符合下列要求。

① 操作手柄或传动杠杆的开合位置应正确，操作力不应大于产品的规定值。

② 电动操作机构接线应正确，在合闸过程中开关不应跳跃，开关合闸后，限制电动机或电磁铁通电时间的联锁装置应及时动作，电动机或电磁铁通电时间不应超过产品规定值。

③ 开关辅助触点动作应正确可靠，接触应良好。

④ 抽屉式断路器的工作、试验、隔离三个位置的定位应明显，并应符合产品技术文件的规定。

⑤ 抽屉式断路器分段式抽拉应无卡阻，机械联锁应可靠。

2. 框架式低压断路器的基本控制电路

如图 5-10 所示是 DW10 型断路器的控制原理，其他型号的断路器控制电路有所不同但基本要求是一样的，框架式断路器必须有失压脱扣器、分离脱扣器、分合指示灯。现在就以 DW10 控制电路为例，分析电路工作情况。

断路器合闸操作时，断路器的辅助常开触点接通，辅助常闭触点断开，FV_1 使失压脱扣器得电，主要功能是当电压在 75%额定电压以上时线圈吸合，确保合闸机构可靠合闸操作。HR 绿灯灭，HG 红灯亮表示开关处于合闸位置。FV_2 是分励线圈，主要功能是使线圈得电，开关跳闸。

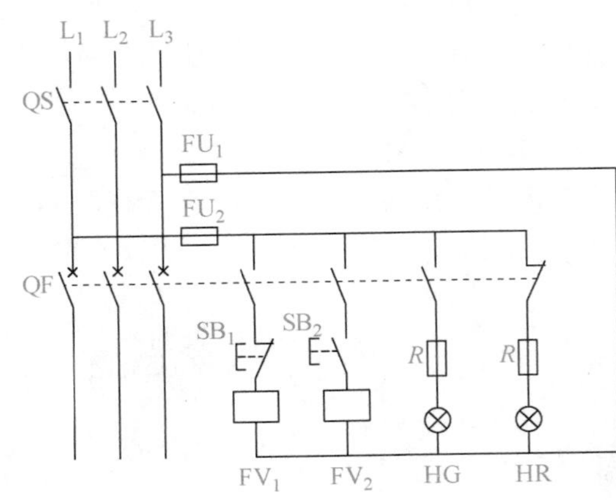

图 5-10 DW10 型断路器的控制原理

3. DW 型和 DZ 型自动空气断路器的主要区别

DW 型和 DZ 型自动空气断路器的主要区别如下。

（1）结构　DW 型均为外露式结构，主要附件都能看见；DZ 型则为封闭式结构，各部件都在封闭的绝缘外壳中，结构紧凑，对人身及周围设备有较好的安全性。

（2）容量　DW 型断路器的额定电流为 200～4000A；而 DZ 型断路器目前最大的额定电流是 600A。

（3）操动　DW 型断路器容量在 600A 及以下的，除手动操作外，还有配置电磁铁合闸操作机构的；1000A 及以上的，配有电机合闸操作机构。利用手动操作合闸时，断路器触头的闭合速度与操作过程的速度有关。DZ 型断路器除手动操作外，还配有电动操作机构，它的触头闭合速度与操作过程的速度无关。

（4）脱扣　DW 型过载和短路脱扣器由电磁元件构成，瞬时动作，断路器脱扣后即可再合闸。DZ 型过载脱扣器为热元件装置，短路脱扣器是电磁元件，热元件不能瞬时动作，而且动作后一般要等一段时间，待热元件散热恢复原位后，才能再合闸。

（5）调整　DW 型的过载脱扣可以在刻度范围内根据负荷情况适当调节整定值；而 DZ 型出厂时整定好后，用户是不能自行调节的。

（6）保护　DZ 型动作掉闸时间可在 0. 02s 左右，比 DW 型要快。与同容量级的 DW 型比较，DZ 型的极限分断电流能力要比 DW 型的大，而且结构为封闭式，保护性能较好。

（7）附件　DW 型的附件如脱扣器、辅助触点随时可以装配；而 DZ 型的附件一般必须在订货时提出，用户不便自行增装。

常用的 DW 型老产品为 DW10 系列等，新产品为 DW15、DW17、DW913、DW914 等系列。

常用的 DZ 型老产品为 DZ1、DZ3、DZ5、DZ9、DZ10 系列，新产品为 DZ12、DZ15、DZ20、DZ47 等。

四、交流接触器的应用

交流接触器是一种广泛使用的开关电器。在正常条件下，可以用来实现远距离控制或频繁地接通、断开主电路。接触器主要控制对象是电动机，可以用来实现电动机的启动及正、反转运行等控制。也可用于控制其他电力负荷，如电热器、电焊机、照明支路等。接触器具有失压保护功能，有一定的过载能力，但不具备过载保护功能。交流接触器在电路中的图形符号如图 5-11 所示。

工作原理：交流接触器的结构如图 5-12 所示，交流接触器具有一个套着线圈的静铁芯，一个与触头机械地固定在一起的动铁芯(衔铁)。当线圈通电后静铁芯产生电磁引力使静铁芯和动铁芯吸合在一起，动触头随动铁芯的吸合与静触头闭合而接通电路。当线圈断电或加在线圈上的电压低于额定值的 40%时，动铁芯就会因电磁吸力过小而在弹簧的作用下释放，使动静触头自然分开，交流接触器外形与接线端如图 5-13 所示。

接触器的种类很多，国产的型号主要有 CJ10、CJ12、CJ20、CJ22、CJ24、B 系列等，还有引进的新系列如 3TH、3TB 等。

图 5-11　接触器在电路中的图形符号

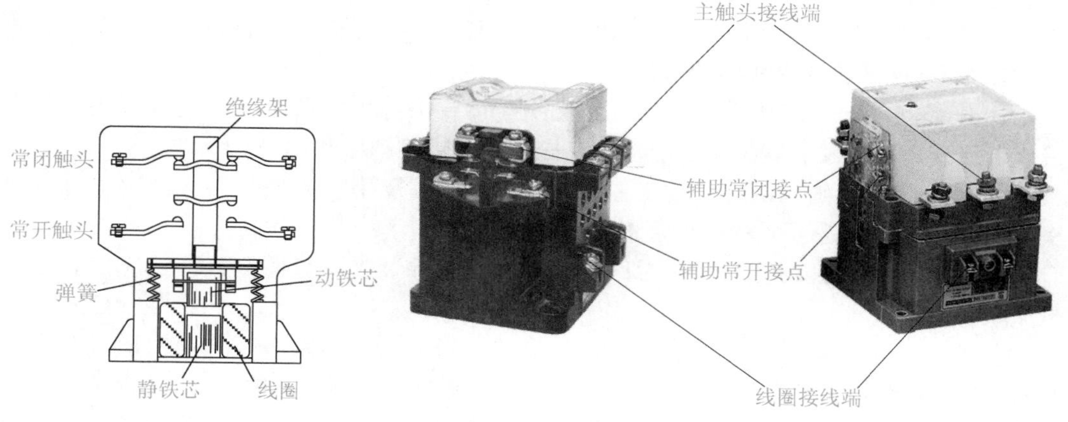

图 5-12　交流接触器的结构

图 5-13　交流接触器外形与接线端

(1) 接触器的使用及维护

① 安装前应查并核实线圈额定电压，然后将铁芯极面上的防锈油脂擦净。

② 一般应垂直安装，其倾斜角不得超过 5°，有散热孔的接触器，应将散热孔放在上下位置，以利于散热，降低线圈的温度。

③ 接触器安装接线时，不应把零件失落入接触器内部，以免引起卡阻，烧毁线圈。

④ 接触器应定期进行检修。在维修触头时，不应破坏触头表面的合金层。

(2) 接触器安装使用

接触器使用寿命的长短，工作的可靠性，不仅取决于产品本身的技术性能，而且与产品的使用维护是否得当有关。在安装、调整时应注意以下各点。

① 安装前应检查产品的铭牌及线圈上的数据(如额定电压、电流、操作频率等)是否符合实际使用要求。

接触器使用之前应认真检查额定电压，接触器额定电压指的是线圈电压，不是所控制电路的电压。如图 5-14(a)所示，接触器标牌是接触器触头功率；如图 5-14(b)所示，接触器的线圈电压为直流 24V。

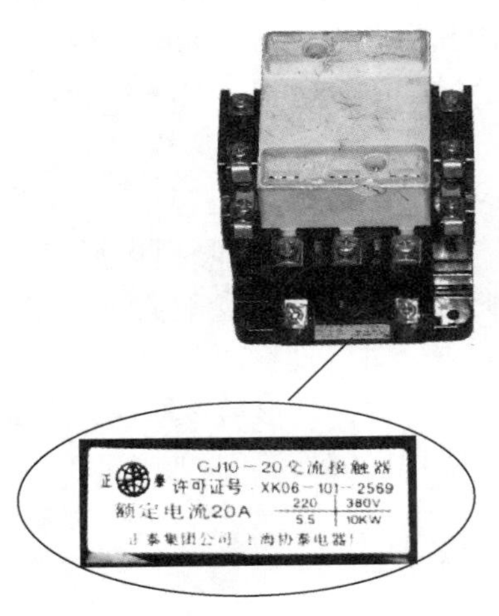

(a) 主触头不同电压时的额定功率

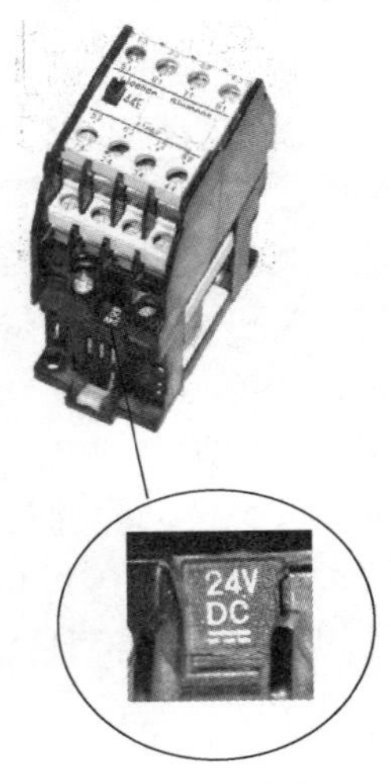

(b) 线圈电压直流24V

图 5-14　接触器线圈电压

② 用于分合接触器的活动部分，要求产品动作灵活，无卡住现象。

③ 当接触器铁芯极面涂有防锈油时，使用前应将铁芯极面上的防锈油擦净，以免油垢黏滞而造成接触器断电不释放。

④ 安装接线时，应注意勿使螺钉、垫圈、接线头等零件遗漏，以免落入接触器内造成卡住或短路现象。安装时，应将螺钉拧紧，以防振动松脱。

⑤ 检查接线正确无误后，应在主触头不带电的情况下，先使吸引线圈通电分合数次，检查产品动作是否可靠，然后才能投入使用。

⑥ 用于可逆转换的接触器，为保证联锁可靠，除装有电气联锁外，还应加装订装机械联锁机构。

⑦ 触头表面应经常保护清洁，不允许涂油，当触头表面因电弧作用而形成金属小珠时，应及时清除。当触头严重磨损后，应及时调换触头。但应注意，银及银基合金触头表面在分断电弧时生成的黑色氧化膜接触电阻很低，不会造成接触不良现象，因此不必锉修，否则将会大大缩短触头寿命。

⑧ 原来带有灭弧室的接触器，绝不能不带灭弧室使用，以免发生短路事故，陶土灭弧罩易碎，应避免碰撞，如有碎裂，应及时调换。

五、倒顺开关

倒顺开关是一种广泛使用、控制电动机的开关电器，如图 5-15 所示。在正常条件下，可以用来实现小容量电动机频繁启动、停止的操作。倒顺开关主要控制功率在5.5kW以下电动机的启动、停止、反转运行。倒顺开关不具有失压保护功能，也不具备过载保护功能，必须与熔断器或断路器配合使用。

图 5-15　倒顺开关

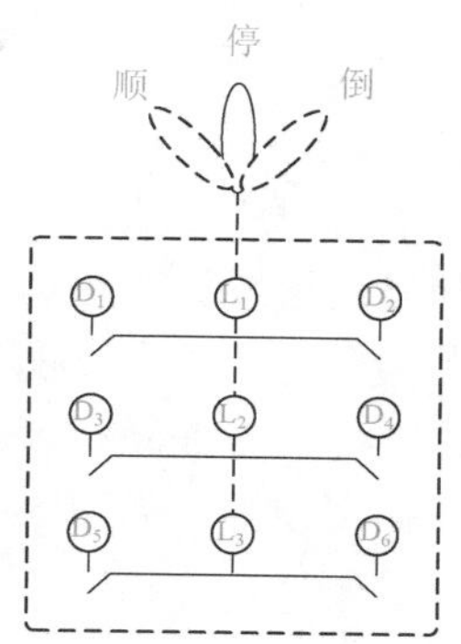

图 5-16　倒顺开关构造

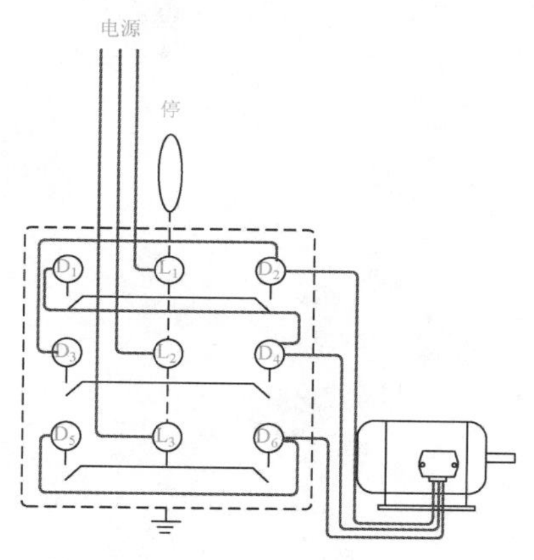

图 5-17　倒顺开关控制三相电动机正、反转的接线

倒顺开关构造如图 5-16 所示，它的内部有六个动触点，分成两组，L_1、L_2、L_3 接电源，D_1~D_6 分别接电动机，开关手柄有三个位置，当手柄至于“停”的位置时，开关的两组触点都不接通，当手柄至于“顺”位置时，L_1、L_2、L_3 与 D_1、D_3、D_5 接通，当手柄至于“倒”位置时，L_1、L_2、L_3 与 D_2、D_4、D_6 接通，再通过不同的接线方法就可以实现电动机的停止、运行、反转控制。如图 5-17 所示是倒顺开关控制三相电动机正、反转的接线。

第二节　主令电器

主令电器是用作接通或断开控制电路，以发出操作命令或作为程序控制的开关电器。主要包括控制按钮、万能转换开关及主令开关等。

一、控制按钮

控制按钮属于主令电器之一，一般情况下不直接控制主电路的通断，而是在控制电路中发出“指令”去控制接触器或继电器等。它一般由按钮帽、复位弹簧、桥式动触点、静触点和外壳组成，其触点容量小，通常不超过5A。有动合(常开)触点、动断(常闭)触点及组合触点(常开、常闭组合为一体的按钮)，按钮颜色有红、绿、黑、黄、白等颜色。按钮内部的一般结构及图形如图5-18所示，按动作形式分有按钮式、钥匙锁型、扳把式、锁闭型等，如图5-19所示。

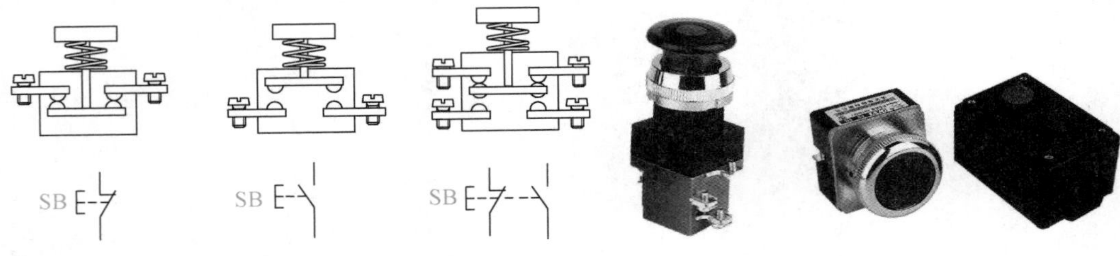

图5-18 按钮内部的一般结构及图形

(a) 钥匙锁型按钮与符号

(b) 扳把式按钮与符号

(c) 锁闭型按钮与符号

图5-19 几种常用的控制按钮外形

电气装置中控制按钮使用的颜色规定如下。

控制按钮使用的颜色有红、黄、绿、蓝、黑、白和灰色，控制按钮的颜色及其含义如下。

(1) 红色控制按钮的一种含义是“停止”或“断电”；另一种含义是“处理事故”。

(2) 绿色控制按钮的含义是“启动”或“通电”。应用举例：正常启动、启动一台或多台电动机、装置的局部启动、接通一个开关装置(投入运行)。

(3) 蓝色控制按钮的含义是“上列颜色未包含的任何用意”。应用举例：凡红、黄和绿色未包含的用意，皆可采用蓝色。

(4) 黑、白或灰色控制按钮的含义是“无特定用意”。应用举例：除单功能的“停止”和“断电”按钮外的任何功能。

(5) 黄色控制按钮的含义是“参与”。应用举例：①防止意外情况；②参与抑制反常的状态；③避免不需要的变化(事故)。

二、万能转换开关

LW 型万能转换开关用在交、直流 220V 及以下的电气设备中，可以对各种开关设备进行远距离控制，它可作为电压表、电流表测量换相开关，或小型电动机的启动、制动、正反转转换控制及各种控制电路的操作，其特点是开关的触点挡位多，换接线路多一次操作可以实现多个命令接换，用途非常广泛，故称为万能转换开关。万能转换开关的图形符号和接点通断表如图 5-20 所示。有时还需给出转换开关转动到不同位置的接点通断表。如图 5-21 所示是常用的几种万能转换开关。

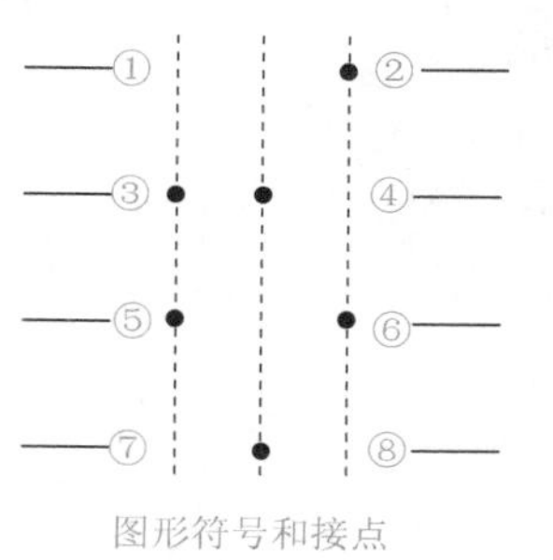

图形符号和接点

触点通断表

触点号	I	II	III
1 ─╱─ 2			×
3 ─╱─ 4	×	×	
5 ─╱─ 6	×		×
7 ─╱─ 8		×	

表中有“×”记号的表示在该位置触点是接通的，例如在“II”位置，触点3、4通，7、8通，其余位置不通

图 5-20 万能转换开关图形符号和接点通断表

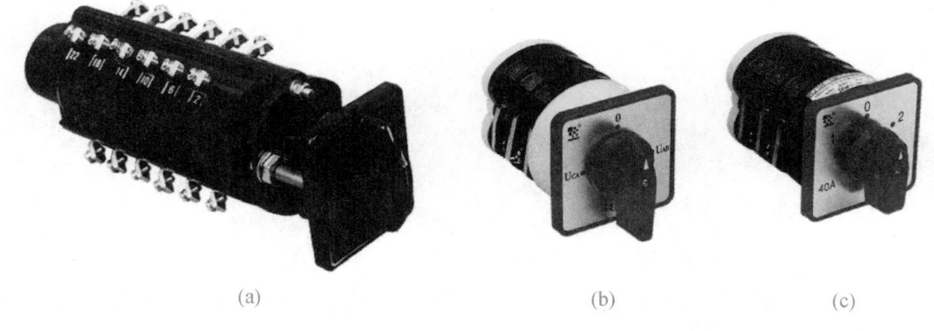

(a) (b) (c)

图 5-21 常用的几种万能转换开关

三、组合开关

组合开关实质上也是一种特殊刀开关，只不过一般刀开关的操作手柄是在垂直安装面的平面内向上或向下转动，而组合开关的操作手柄则是平行于安装面的平面内向左或向右转动而已。组合开关多用在机床电气控制线路中，作为电源的引入开关，也可以用作不频繁地接通和断开电路、换接电源和负载，以及控制 5kW 以下的小容量电动机的正反转和星形、三角形启动等。如图 5-22 所示是组合开关的符号，如图 5-23 所示是组合开关的外形及构造。

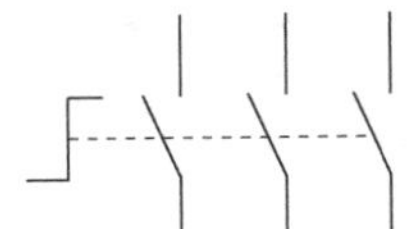

图 5-22　组合开关的符号

(a) 组合开关的外形　　(b) 组合开关的构造

图 5-23　组合开关的外形及构造

第三节　控制电器

一、时间继电器

时间继电器是控制线路中的常用电器之一。它的种类很多，在交流电路中使用较多的有，空气阻尼式时间继电器、电子式时间继电器，时间继电器在电路中的符号如图 5-24 所示。

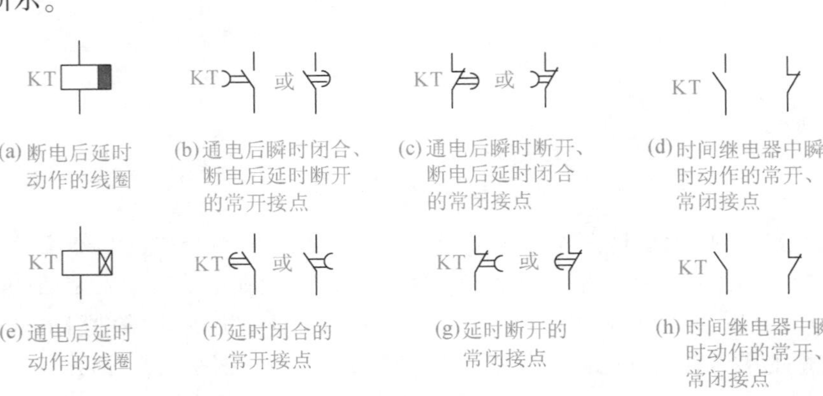

图 5-24　时间继电器在电路中的符号

空气阻尼式时间继电器有通电延时型和断电延时型两种，如图 5-25 所示是通电延时型时间继电器，其动作过程：线圈不通电时，线圈的衔铁释放，压住动作杠杆，延时和瞬时接点不动作，当线圈得电吸合后，衔铁被吸合，衔铁上的压板首先将瞬时接点按下，接点动作发出瞬时信号，这时由于衔铁吸合动作杠杆不受压力，在助力弹簧作用下慢慢地动作(延时)，动作到达最大位置时杠杆上的压板触动延时接点，接点动作发出延时信号，直至线圈无电释放，动作结束。

图 5-25 通电延时型时间继电器

如图 5-26 所示是断电延时型时间继电器，其特点是线圈是倒装的，动作过程：线圈得电吸合时，衔铁上的压板动作，使瞬时接点动作发出瞬时动作的信号，同时衔铁的尾部压下动作杠杆，延时接点复位，当线圈失电时，衔铁弹回，动作杠杆不再受压而在助力弹簧的作用下，开始动作(延时)，动作到达最大位置时，杠杆上的压板触动延时接点，接点动作发出延时信号。

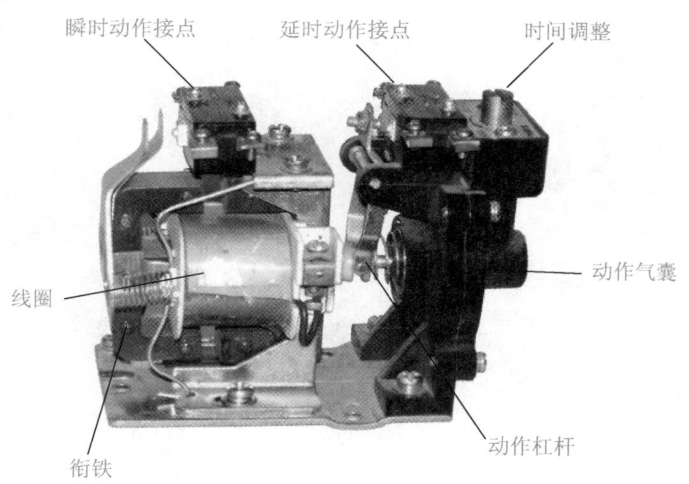

图 5-26 断电延时型时间继电器

电子式时间继电器如图 5-27 所示：它是通过电子线路控制电容器充放电的原理制成的。它的特点是体积小，延时范围可达 0.1~60s、1~60min。它具有体积小、重量轻、精度高、寿命长等优点。

(a) 晶体管时间继电器

(b) 晶体管时间继电器底座

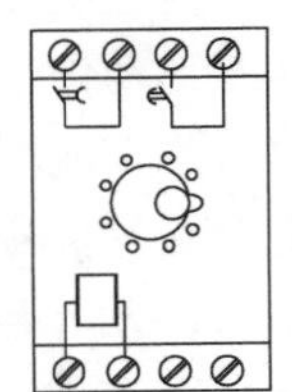

(c) 底座接线示意

图 5-27　电子式时间继电器

二、信号灯（指示灯）

信号灯主要用于各种电气控制线路中作指示信号、预告信号、事故信号及其他指示信号之用。目前较常用的型号有 XD、AD1、AD11 系列等。信号灯的图形符号及文字代号如图 5-28 所示。

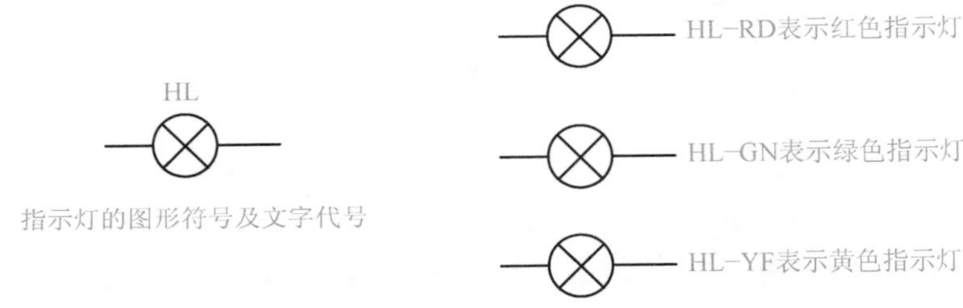

图 5-28　信号灯的图形符号及文字代号

图 5-29　常用的信号灯

信号灯供电的电源可分为交流和直流，电压等级有 6.3V、12V、24V、36V、48V、110V、127V、220V、380V 多种。常用的信号灯如图 5-29 所示。

电气装置中信号灯的颜色标志的使用规定如下。

指示灯使用的颜色有红、黄、绿和白色，指示灯的颜色及其含义如下。

（1）红色指示灯的含义是“危险和告急”。红色指示灯说明“有危险或必须立即采取行动”、“设备已经带电”。应用举例：①有触及带电或运动部件的危险；②因保护器件动作而停机；③温度已超过(安全)极限；④润滑系统失压。

（2）黄色指示灯的含义是“注意”。黄色指示灯说明“情况有变化或即将发生变化”。应用举例：①温度(或压力)异常；②仅能承受允许的短时过载。

（3）绿色指示灯的含义是“安全”。绿色指示灯说明“正常或允许进行”。应用举例：①机器准备启动；②自动控制系统运行正常；③冷却通风正常。

（4）蓝色指示灯的含义是“按需要指定用意”。蓝色指示灯说明“除红、黄、绿三色之外的任何指定用意”。应用举例：①遥控指示；②选择开关在“设定”位置。

（5）白色指示灯的含义是“无特殊用意”。

三、中间继电器

中间继电器主要在电路中起信号传递与转换作用，用它可实现多路控制，并可将小功率的控制信号转换为大容量的触点动作。中间继电器触点多(一般四对接点)，可以扩充其他电器的控制作用，中间继电器各部分的图形符号及文字符号如图 5-30 所示，中间继电器适用于交流 50Hz、电压 500V 及以下、直流电压 440V 及以下的控制电路中，触点额定电流为 5A。

选用中间继电器，主要依据控制电路的电压等级，同时还要考虑触点的数量、种类及容量应满足控制线路的要求，中间继电器的外形及其各接线端位置如图 5-31 所示。

图 5-30　中间继电器各部分的图形符号及文字符号

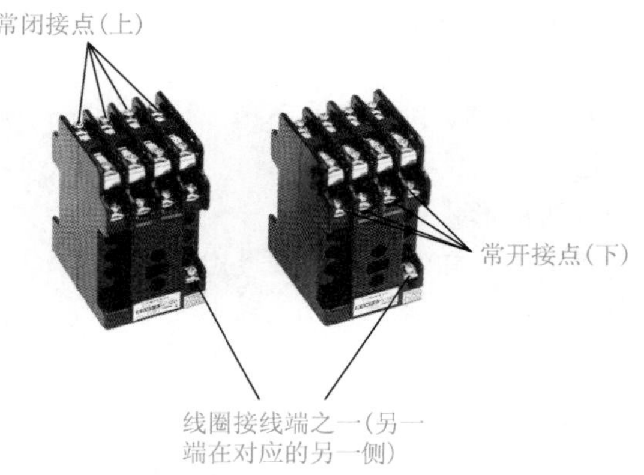

图 5-31　中间继电器的外形及其各接线端位置

四、行程开关

行程开关是位置开关的主要种类。行程开关的图形符号和文字符号如图 5-32 所示，其作用与按钮相同，能将机械信号转换为电气信号，只是触点的动作不靠手动操作，而是用生产机械运动部件的碰撞使触点动作来实现接通和分断控制电路，达到一定的控制目的。通常被用来限制机械运动的位置和行程，使运动机械按一定位置或行程自动停止、反向运动、变速运动或自动往返运动等。

图 5-32　行程开关的图形符号和文字符号

图 5-33　常用行程开关和操作头

行程开关的选择和使用应考虑的条件如下。

① 根据应用场所和控制对象选择行程开关的种类。

② 根据机械与行程开关的传动和位移关系选择合适的操作头形式，如图 5-33 所示是常用行程开关和操作头。

③ 根据安装环境选择防护形式。

④ 根据控制回路的额定电压和电流选择型号规格。

五、温度继电器

温度继电器是当外界温度达到给定值时而动作的继电器，如图 5-34 所示。它在电路图中的符号是 KTP，如图 5-35 所示。JUC 型温度继电器可以在 0～300℃范围内 5℃一档的变化。

图 5-34　温度继电器

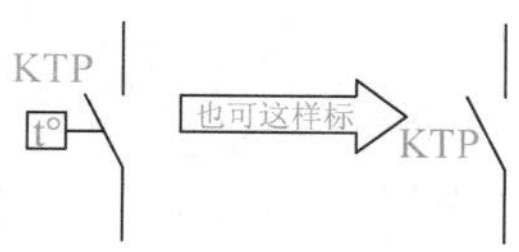

图 5-35　温度控制接点图

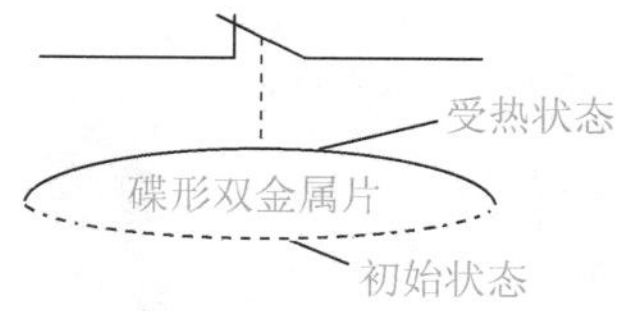

图 5-36　碟形双金属片工作原理

温度继电器的构造是将两种热膨胀系数相差悬殊的金属牢固地复合在一起，形成蝶形双金属片，当温度升高到一定值时，双金属片就会由于下层金属膨胀大，上层金属膨胀小，而产生向上弯曲的力，弯曲到一定程度便能带动接点动作，实现接通或断开负载电路的功能；温度降低到一定值，双金属片逐渐恢复原状，恢复到一定程度便反向带动电触点，实现断开或接通负载电路的功能。碟形双金属片工作原理如图 5-36 所示。

六、电接点温度计

电接点温度计是利用温度变化时带动触点变化，当其与上下限接点接通或断开的同时，使电路中的继电器动作，从而自动控制及报警，如图 5-37。

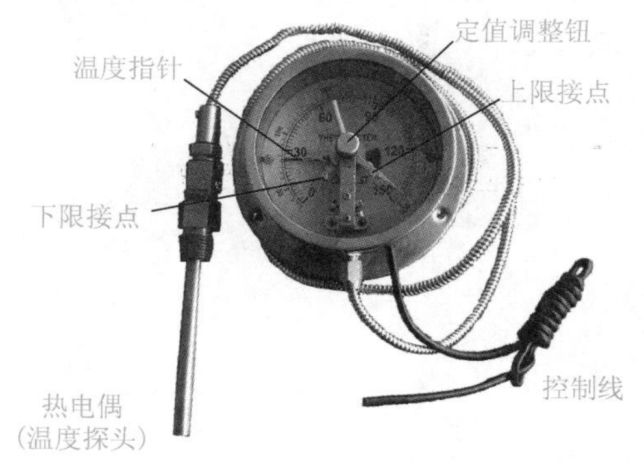

图 5-37　电接点温度计

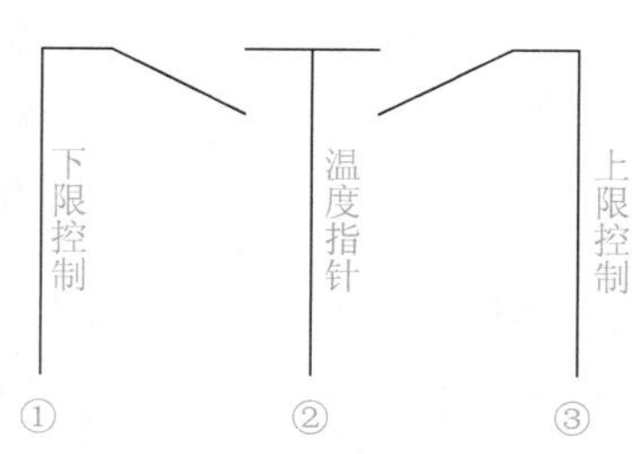

图 5-38　电接点温度计接线

上接点的指针是温度上限，下接点的指针是温度下限，中间的黑色指针指示的是实际压力的数值，同时也是控制接点的公共端，如图 5-38 中②所示，当压力达到上限时与上限接点接通，如图 5-38 所示的②、③通，当压力达到下限时，与下限接点接通，如图 5-38 所示的②、①通，实际压力在上下限之间时，公共端与上限、下限都断开，以达到温度控制的目的。

七、压力继电器

当气压、液压系统中压力达到预定值时，能使电接点动作的元件是压力继电器，其符号如图 5-39 所示，压力继电器是利用气体或液体的压力来启动电气接点的压力电气转换元件。当系统压力达到压力继电器的调定值时，接点动作发出电信号，使电气元件(如电磁铁、电机、时间继电器、电磁离合器等)动作，迫使系统卸压、换向，或关闭电动机使系统停止工作，起安全保护作用等，如图 5-40 所示是压力继电器。

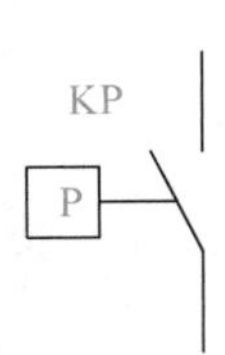

图 5-39 压力继电器的符号

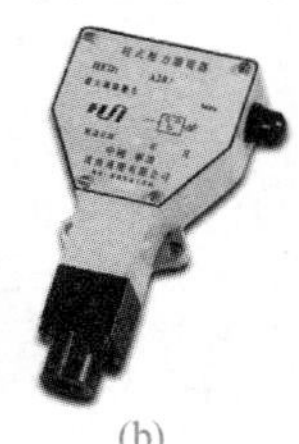

图 5-40 压力继电器

压力继电器的构造如图 5-41 所示，当从继电器下端进口进入的液体或气体，压力达到调定压力值时，推动柱塞向上推进，使杠杆移动，并通过杠杆放大后推动微动开关动作。调整钮可以改变弹簧的压缩量从而调节继电器的动作压力。

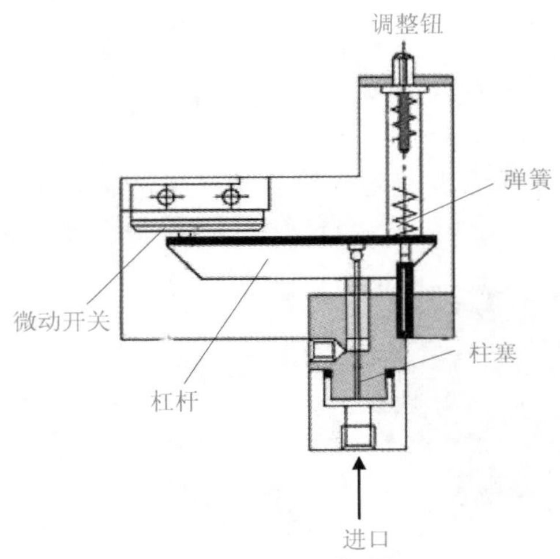

图 5-41 压力继电器的构造

八、速度继电器

速度继电器是将机械的旋转信号转换为电信号的电器元件。速度继电器的转子与被控制电动机的转子相接，其辅助触点在一定转速情况下会动作，其动合触点闭合，动断触电断开，主要作用是对电动机实现反接制动的控制。速度继电器的图形符号和文字符号如图 5-42 所示。速度继电器的结构如图 5-43 所示。

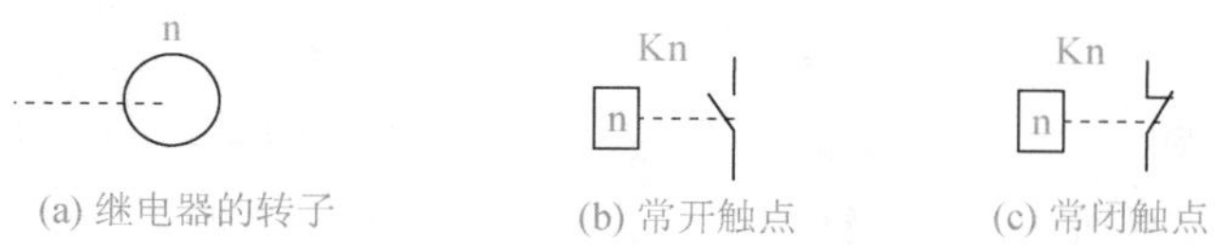

(a) 继电器的转子　(b) 常开触点　(c) 常闭触点

图 5-42　速度继电器的图形符号和文字符号

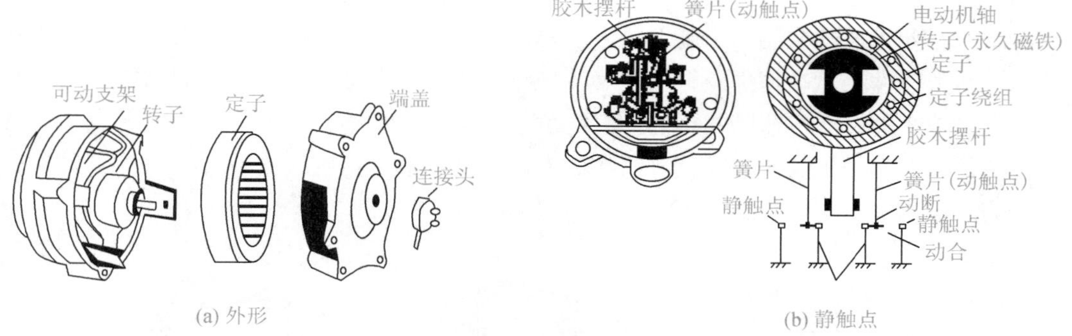

(a) 外形　(b) 静触点

图 5-43　速度继电器的结构

九、干簧继电器

干簧继电器主要由干式舌簧片与励磁线圈组成。干式舌簧片(触点)是密封的，由铁镍合金做成，接触良好，具有优良的导电性能。触点密封在充有氮气等惰性气体的玻璃管中，因而有效地防止了尘埃的污染，减少了触点的腐蚀，提高了工作的可靠性。其结构如图 5-44 所示。

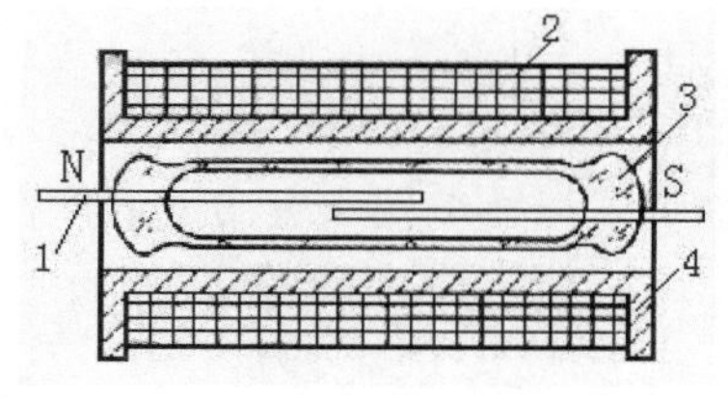

图 5-44　干簧继电器结构

1—舌簧片；2—线圈；3—玻璃管；4—骨架

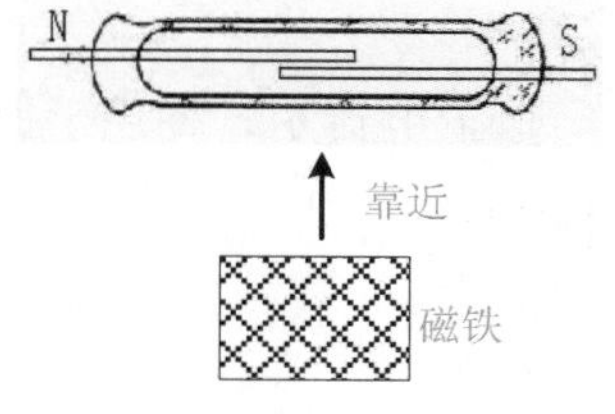

图 5-45　干簧管工作原理

工作原理：如果把一块磁铁放到干簧管附近，如图 5-45 所示，或者在干簧管外面的线圈上通入电流，则两个簧片在磁场的作用下被磁化而相互吸引，使簧片接触，被控电路就会接通；把磁铁拿开或断开线圈的电流，由于磁场消失，簧片依靠自身的弹力分开，被控电路就会断开。可以套在干簧管的外面或旁边，利用线圈得电时产生的磁场驱动干簧管。

十、固体继电器

固体继电器是一种无触点通断电子开关，如图 5-46 所示是几种常用的固体继电器，它利用电子元件(如开关三极管、双向可控硅等半导体器件)的开关特性，可达到无触点、无火花地接通和断开电路的目的，为四端子有源器件，其中两个端子为输入控制端，另外两个端子为输出受控端，为实现输入与输出之间的电气隔离，器件中采用了高耐压的专业光电耦合器。当施加输入信号后，其主回路呈导通状态，无信号时呈阻断状态。整个器件无可动部件及触点，可实现相当于常用电磁继电器一样的功能。其封装形式也与传统电磁继电器基本相同。它问世于 20 世纪 70 年代，由于它的无触点工作特性，使其在许多领域的电控及计算机控制方面得到日益广泛的应用。

输入控制电压为 4～32V，输出电流为 4～800A。

(a) 单线式

(b) 两线式

(c) 三线式

图 5-46　几种常用的固体继电器

第四节　保护电器

保护电器是一种用于保护用电设备的装置，当电路出现短路、过流、过电压等异常时立刻断开电源，从而避免电器设备被烧毁以及电器火灾事故的发生。

一、低压熔断器

低压熔断器适用于低压交流或直流系统中，当电路正常时，熔体温度较低，不能熔断，如果电路发生严重过载或短路并超过一定时间后，电流产生的热量使熔体熔化，分断电路，起到保护的作用。作为线路和电气设备的过载及系统的短路保护用，在原理图上，熔断器的图形符号级文字符号如图 5-47 所示。

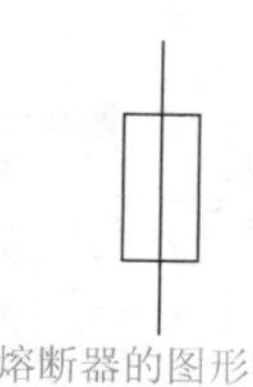

图 5-47　熔断器图形符号及文字符号

熔断器一般由熔断体及支持件组成，支持件底座与载熔件的组合，由于熔断器的类型及结构不同，支持件的额定电流是配用熔断体的最大额定电流，外形如图 5-48 所示。

(a) RL型熔断器

(b) RTO型熔断器

(c) RT型熔断器

图 5-48　常用熔断器外形

1. 熔断器和熔体的选用

① 一般照明线路熔体的额定电流不应超过负荷电流的 1.5 倍。

② 动力线路熔体的额定电流不应超过负荷电流的 2.5 倍。

③ 运行中的单台电机采用熔断器保护时，熔体电流规格应为电动机额定电流的 1.5~2.5 倍。多台电动机在同一条线路上采用熔断器保护时，熔体的额定电流应为其中最大一台电动机额定电流的 1.5~2.5 倍，再加上其余电动机额定电流的总和。

④ 并联电容器在用熔断器保护时，熔体额定电流：单台按电容器额定电流的 1.5~2.5 倍选用；成组装置的电容器，按电容器组额定电流的 1.3~1.8 倍选用。

⑤ 熔断器(或熔断管)的额定电流不应小于熔体的额定电流。

2. 熔断器的使用要求

① 熔体熔断后，在恢复前应检查熔断原因，并排除故障，然后再根据线路及负荷的大小和性质更换熔体或熔断管。

② 磁插式熔断器因短路熔断时发现触头烧坏，再次投入前应修复，必要时予以更换。

③ RM 和 RTO 系列熔断器在更换熔体管时应停电操作，应使用专用绝缘柄操作，不应带负荷取下或投入。

④ 半导体器件构成的电路采用熔断器保护时应选取快速熔断器。

⑤ 对于 RM、RT、RL 系列熔断器，其熔体熔断后，不能用普通的 RC1A 系列熔断器所用熔体替代。

二、热继电器

热继电器是控制保护电器元件。热继电器是利用电流的热效应来推动动作机构，使控制电路分断，从而切断主电路。它主要用于电动机的过载保护，有些热继电器还具有断相保护、电流不平衡保护功能。在原理图中，热继电器各部分的图形符号及文字符号如图 5-49 所示，如图 5-50 所示是几种常用的热继电器的外形和接线端。

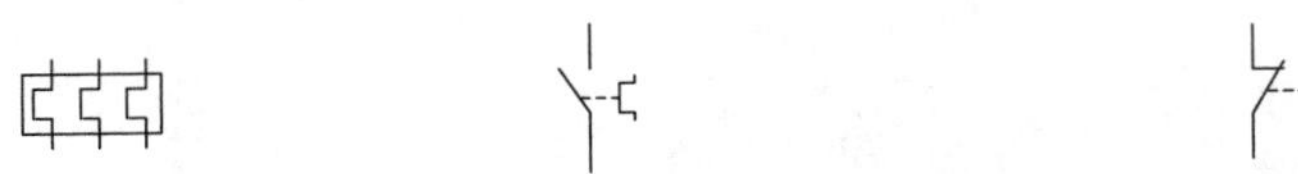

(a) 热元件部分　(b) 由热元件驱动的常闭触点　(c) 由热元件驱动的常开触点

图 5-49　热继电器各部分的图形符号及文字符号

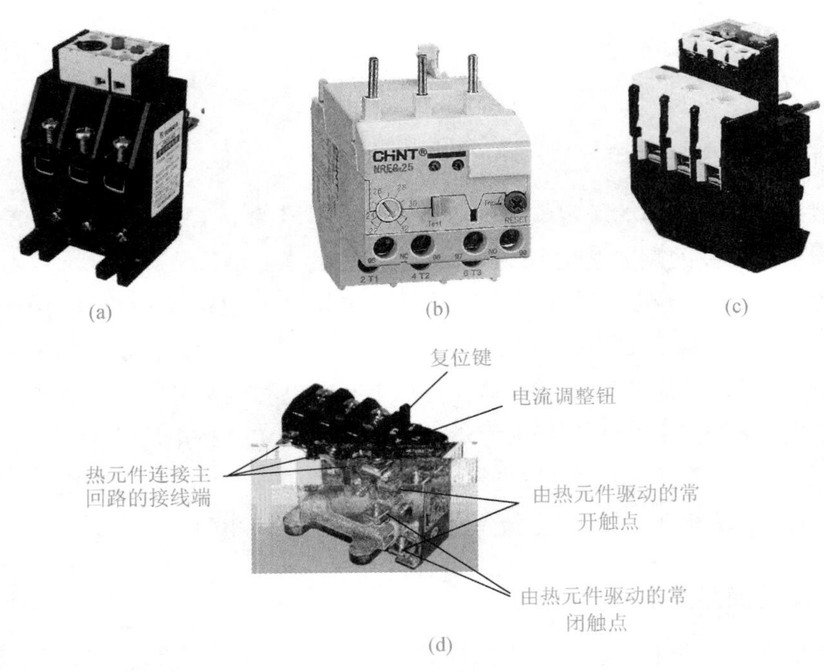

(a)　(b)　(c)

(d)

图 5-50　几种常用的热继电器的外形和接线端

1. 热继电器的正确选用及安全使用

热继电器的合理选用与正确使用直接影响到电气设备能否安全运行。因此，在选用与使用中应着重注意以下问题。

一般轻载启动、长期工作的电动机或间断长期工作的电动机，可选用两相结构的热继电器，当电源电压均衡性和工作条件较差时可选用三相结构的热继电器，对于定子绕组为三角形接线的电动机可选用带断相保护装置的热继电器，型号可根据有关技术要求和与交流接触器的配合相适应。

① 热继电器的额定电流可按被保护电动机额定电流的 1.1～1.5 倍选择。热继电器

的动作电流可在其额定电流的60%~100%的范围内调节，整定值一般应等于电动机的额定电流。

② 与热继电器连接的导线截面应满足最大负荷电流的要求，连接应紧密，防止接点处过热传导到热元件上，造成动作值的不准确。

③ 热继电器在使用中，不能自行变动热元件的安装位置或随意更换热元件。

④ 热继电器故障动作后，必须认真检查热元件及触点是否有烧坏现象，其他部件有无损坏，确认完好无损时才能再投入使用。

⑤ 具有反接制动及通断频繁的电动机，不宜采用热继电器保护。

热继电器动作后的复位时间：当处于自动复位时，热继电器可在5min内复位；当调为手动复位时，则在3min后，按复位键能使继电器复位。

2. 热继电器的安装和维护

① 热继电器安装接线时，应清除触点表面的污垢，以避免电路不通或因接触电阻过大而影响热继电器的工作特性。

② 热继电器与其他电器安装在一起时，应安装在其他电器的下方，以避免其动作特性受到其他电器发热的影响。

③ 热继电器的主回路连接导线不宜太细，避免因连接端子和导线发热影响热继电器正常工作。

三、电涌保护器

电涌保护器采用了一种非线性特性极好的压敏电阻，在正常情况下，电涌保护器处于极高的电阻状态，漏流几乎为零，保证电源系统正常供电。当电源系统出现过电压时，电涌保护器立即在纳秒级的时间内迅速导通，将该过电压的幅值限制在设备的安全工作电压范围内。同时把该过电压的能量对地释放掉。随后，保护器又迅速地变为高阻状态，因而不影响电源系统的正常供电。

电涌保护器的外形如图5-51所示，如图5-52所示是电涌保护器在电路中的接线形式。

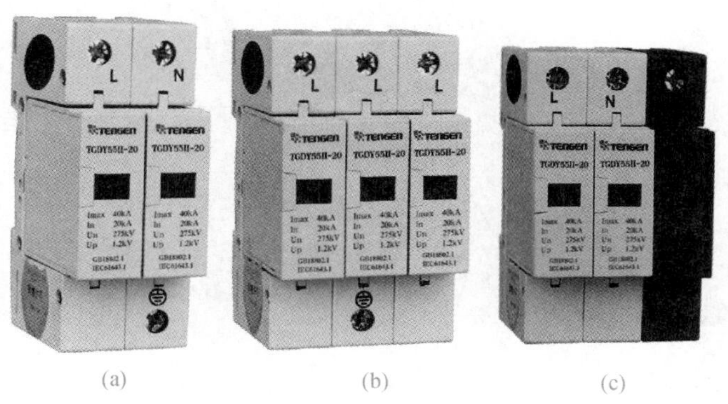

(a) (b) (c)

图5-51 电涌保护器的外形

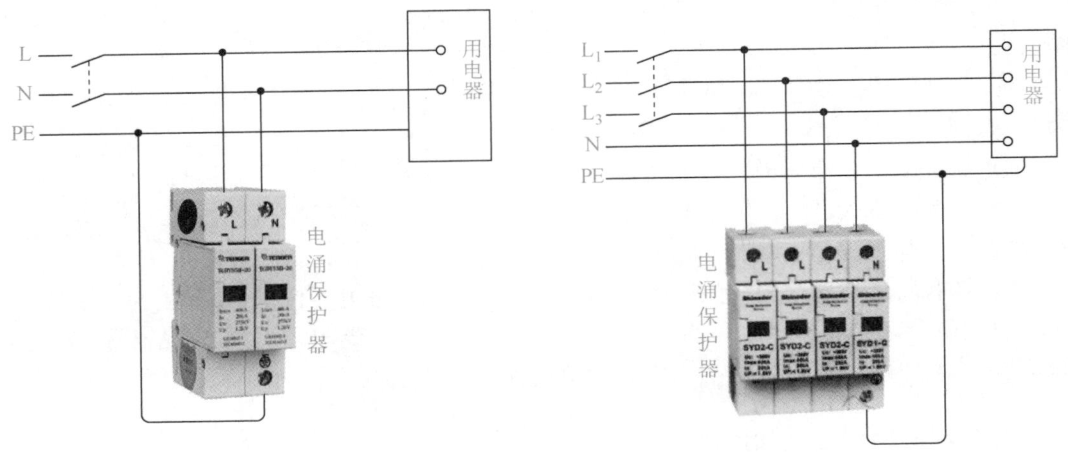

图 5-52　电涌保护器在电路中的接线形式

四、电动机保护器

电动机保护器是一种新型的电动机保护装置，它与热继电器的工作原理不同，保护器是利用电子测量装置，将电动机电流转换成电子信号，由一个主控电路进行比较运算，得出结果后带动控制元件输出控制指令，电动机保护器的优点是使用范围广；调节电流范围大，一般有 2~80A；动作时间由 0~120s 可调，电动机保护器有两种工作形式：一种是不需要辅助电源，只有一个常闭接点，如图 5-53 所示，接于电动机控制电路；另一种是需要辅助电源，能够监视各种运行状态并发出信号，如图 5-54 所示。

电动机保护器虽说是一种良好的保护电器与热继电器不同，还要认真的选择，但在使用当中应当认真的调整动作电流和动作时间，否则将起不到保护作用。

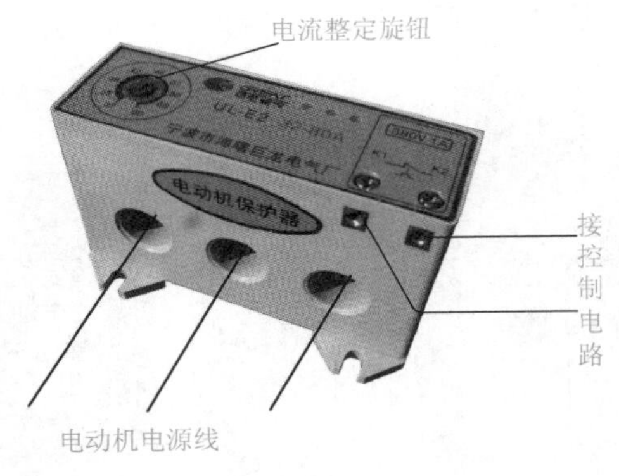

图 5-53　无辅助电源的电动机保护器

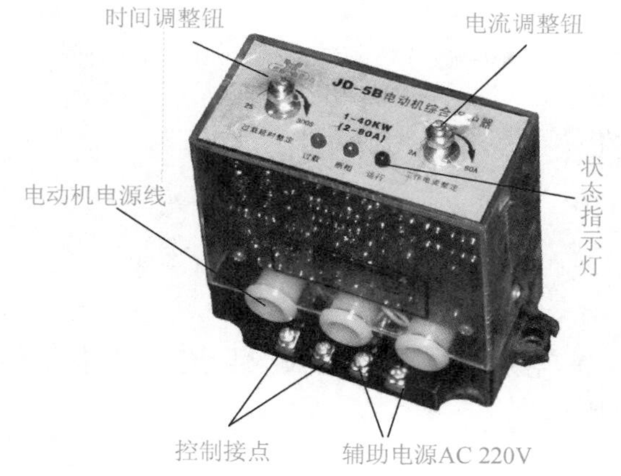

图 5-54　有辅助电源的电动机保护器

第五节　漏电保护器

漏电电流动作保护器(正式名称是剩余电流动作保护器)简称漏电保护器，是在规定条件下当漏电电流达到或超过额定值时能自动断开电路开关的电器或组合电器。

漏电保护器在电路中的图形符号和文字符号如图 5-55 所示。

漏电保护器主要用于对有致命危险的人身触电提供间接接触保护，以及防止电气设备或线路因绝缘损坏发生接地故障，由接地电流引起的火灾事故。漏电电流不超过 30mA 的漏电保护器在其他保护失效时，也可作为直接接触的补充保护，但不能作为唯一的直接接触保护。现常用的电流动作型漏电保护按其脱扣器型式可分为电磁式和电子式两种。

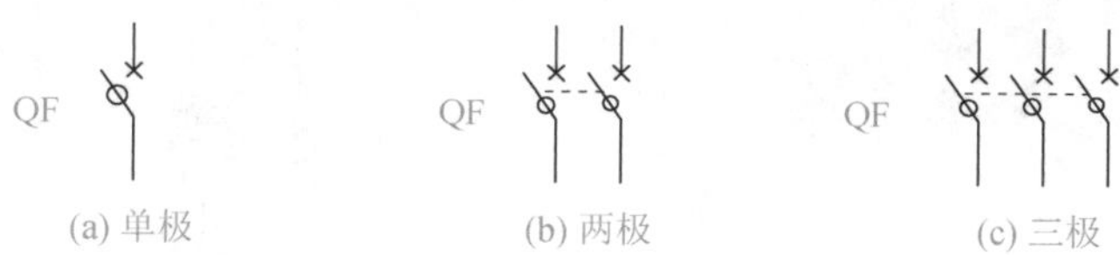

(a) 单极　(b) 两极　(c) 三极

图 5-55　漏电保护器在电路中的图形符号和文字符号

漏电保护器主要有单极二线、单相二极、三相三极和三极四极。常用漏电保护器的外形如图 5-56 所示。一般用于交流 50Hz、额定电压 380V、额定电流 250A、额定漏电电流在 10~300mA、动作时间小于 0.1s 的场合。

(a)单相二极式

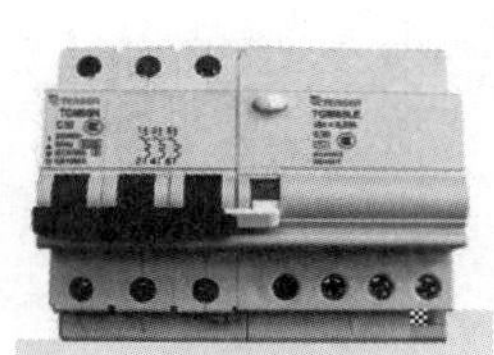

(b)三相三极

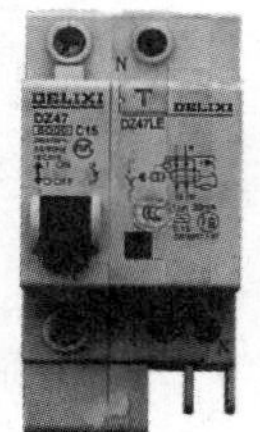

(c)单相单极

图 5-56　常用漏电保护器的外形

漏电保护器用于不同的低压系统中，设备侧的保护线接法也不同，这里列举了在

TT 系统、TN-C 系统、TN-S 系统中的接法。

一、漏电保护器在 TT 系统中的接法

TT 系统是指电源侧中性点直接接地，工件接零线，而电气设备的金属外壳采取保护接地的供电系统(图 5-57)，这种供电系统主要用于低压公用变压器供电系统。**保护线应与接地极相接，正确的接法如图 5-57(b)所示，严禁保护线连接在保护器前端的 N 线上，如图 5-57(c)所示。**

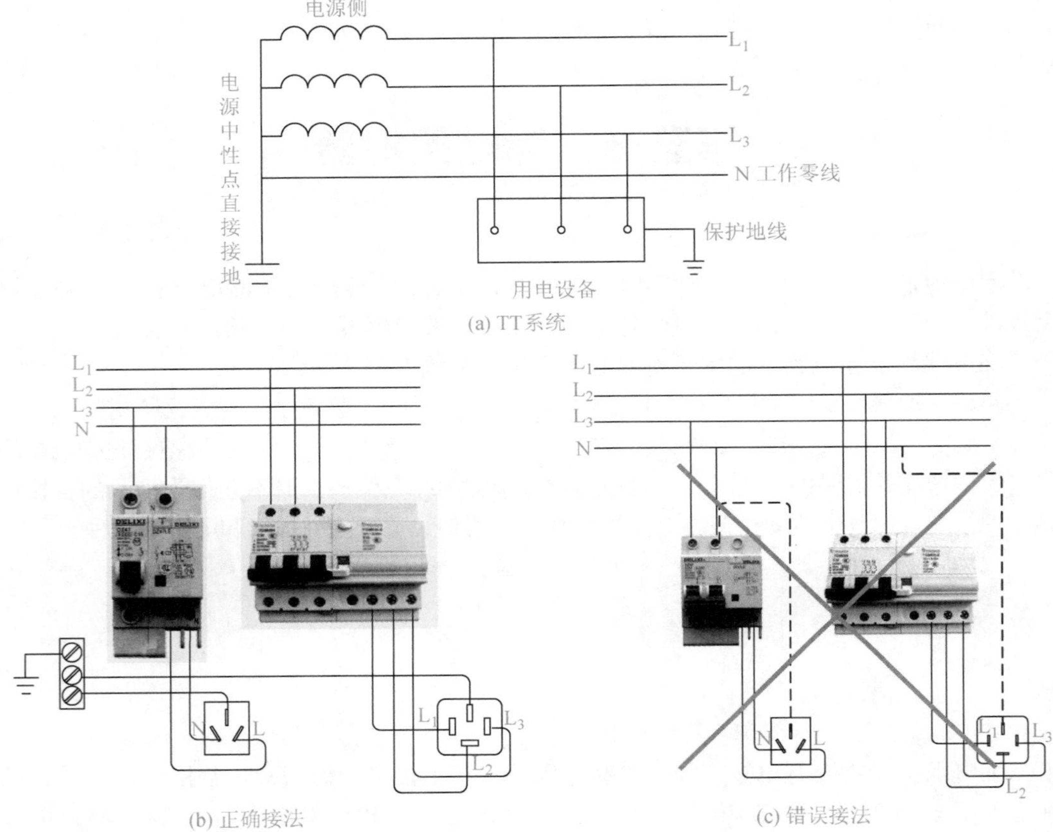

图 5-57 漏电保护器在 TT 系统中的接法

二、漏电保护器在 TN-C 系统中的接法

TN-C 系统是指电气设备的工作零线和保护零线功能合一的供电系统，即三相四线制供电系统，如图 5-58(a)所示，**TN-C 系统中单相用电应采用三线接线(即相线 N、零线 L、保护线 PE)，保护线应与电源线的 PEN 相接，TN-C 系统中漏电保护器正确的接法如图 5-58(b)所示。不能接在开关前的 N 线上，如图 5-58(c)所示。**

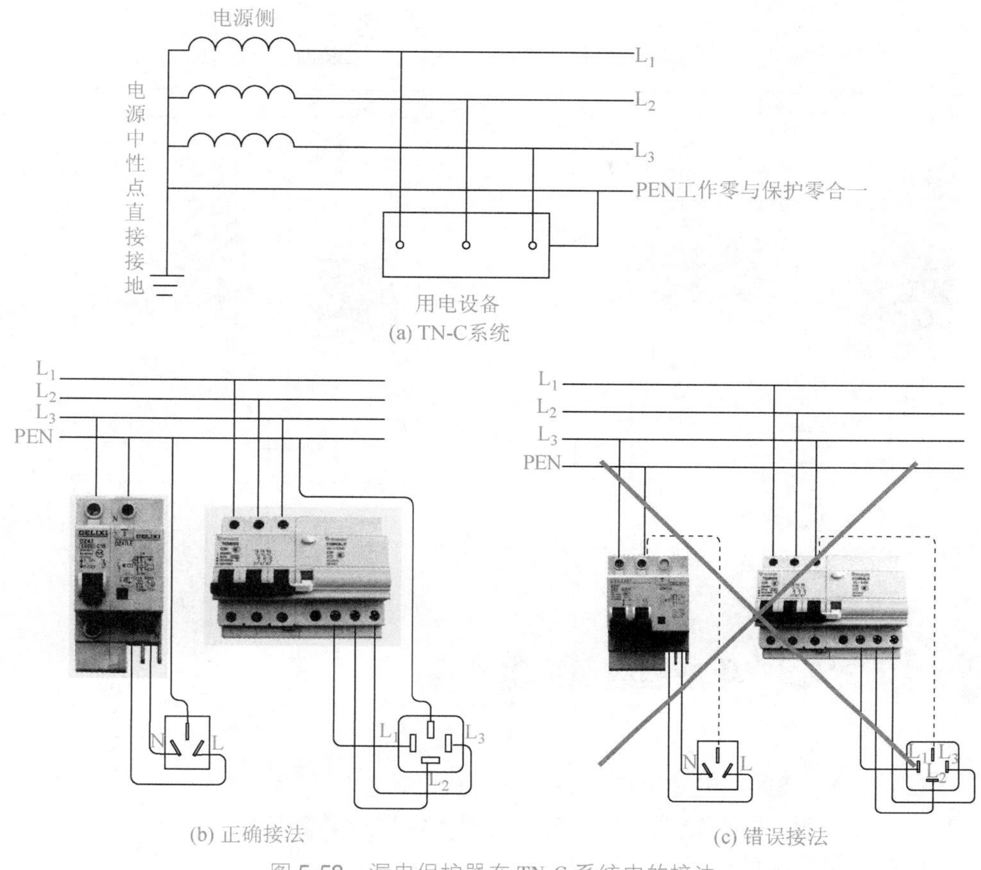

图 5-58　漏电保护器在 TN-C 系统中的接法

三、漏电保护器在 TN-S 系统中的接法

TN-S 系统是指电气设备的工作零线 N 和保护零线 PE 功能分开的供电系统，如图 5-59(a)所示，即三相五线制，TN-S 系统中禁止零线 N、保护线 PE 混用，禁止零线 N、保护线 PE 线连接。**TN-S 系统中漏电保护器正确的接法如图 5-59(b)所示，错误接法如图 5-59(c)所示。**

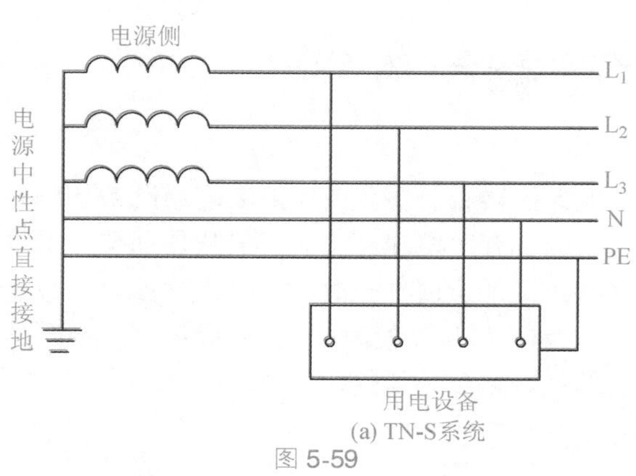

(a) TN-S系统

图 5-59

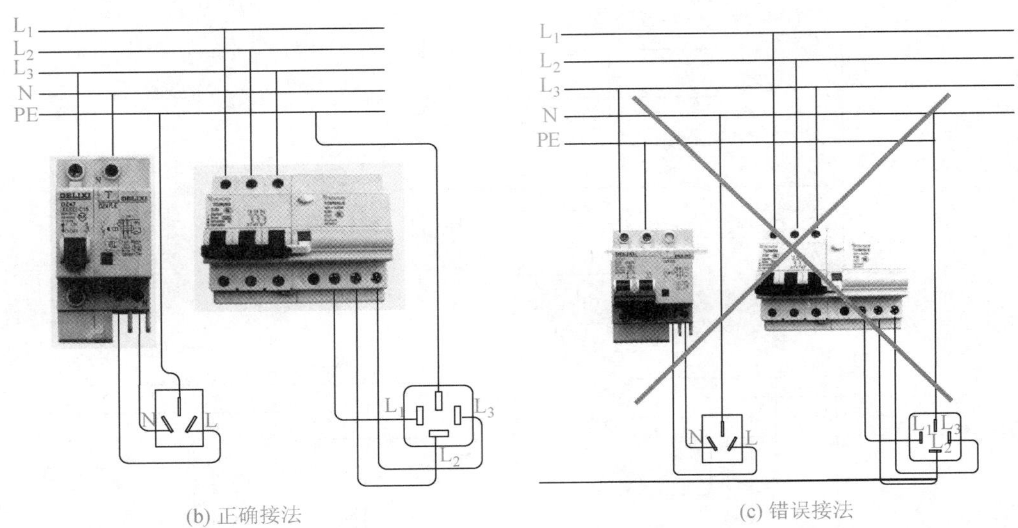

(b) 正确接法　　(c) 错误接法

图 5-59　漏电保护器在 TN-S 系统中的接法

四、必须安装漏电保护器的设备和场所

① 属于 I 类的移动式电气设备及手持式电动工具。

② 安装在潮湿、强腐蚀性等环境恶劣场所的电器设备。

③ 建筑施工工地的电器施工机械设备。

④ 暂设临时用电的电气设备。

⑤ 宾馆、饭店及招待所的客房内插座回路。

⑥ 机关、学校、企业、住宅等建筑物内的插座回路。

⑦ 游泳池、喷水池、浴池的水中照明设备。

⑧ 安装在水中的供电线路和设备。

⑨ 医院中直接接触人体的电器医用设备。

⑩ 其他需要安装漏电保护器的场所。

五、使用漏电保护器时主要注意事项

① 在装设了漏电保护器后仍要在被保护的电器设备金属外壳装保护接地线，只有这样，当金属外壳漏电时，漏电电流经金属外壳构成通路，漏电保护器检测到剩余电流就会跳闸切断电源，人再碰触金属外壳时才不会发生触电事故。

② 漏电保护器在使用前及使用一段时间后(一般可每隔一个月)需要按动试验按钮，检查是否能瞬间跳闸，检查合格后才能使用。

六、漏电保护器的安装要求

为了确保漏电保护器正常工作，有效地实施保护，安装中一定要接线正确，位置得当，其要求如下。

（1）漏电保护器的种类很多，选用时要和供电方式相匹配。三相四极漏电保护器用于单相电路时，单相电源的相线、零线应该接在保护器试验装置对应的接线端子上，否则试验装置将不起作用。

（2）安装前，要核实保护器的额定电压、额定电流、短路通断能力、额定漏电动作电流和额定漏电动作时间。注意分清输入端和输出端，相线端子和零线端子，以防接反、接错。

（3）带有短路保护的漏电保护器，在分断短路电流时，位于电源侧的排气孔往往会有电弧喷出。安装时要注意留有一定防弧距离。

（4）安装位置的选择：应尽量安装在远离电磁场的地方；在高温、低温、湿度大、尘埃多或有腐蚀性气体的环境中的保护器，要采取一定的辅助防护措施。

（5）室外的漏电保护器要注意防雨雪、防水溅、防撞砸等。

（6）在中性点直接接地的供电系统中，大多采用保护接零措施。当安装使用漏电保护器时，既要防止用保护器取代保护接零的错误做法，又要避免保护器误动作或不动作，这时要注意以下几点。

① TT 系统中漏电保护器负荷侧的工作零线即 N 线要对地绝缘，以保证流过 N 线的电流不会分流到其他线路中。

② 在 TN-C 系统中装设三相漏电保护器时，设备的 PE 保护线应接至漏电保护器电源侧的 PEN 线上。漏电保护器后的 N 线应与地绝缘。

③ 对于 TN 系统，在其装设漏电保护器后，重复接地只能接在漏电保护器电源侧，而不能设在负荷侧。

④ 在 TN 系统或 TT 系统中，当 PE 保护线与相线的材质相同时，保护线 PE 的最小截面采用表 5-1 的数值。

表 5-1　PE 保护线最小截面选用

设备的相线截面 S/mm^2	保护线的最小截面/mm^2
$S\leqslant16$	S
$16<S\leqslant35$	16
$S>35$	$S/2$

⑤ 多个分支漏电保护器应各自单独接通工作零线。不得相互连接、混用或跨接等，否则会造成保护器误动作。

⑥ 对于有工作零线端子的漏电保护器，不管其负荷侧零线是否使用，都应将电源零线（N 线）接入保护器的输入端，以便试验其脱扣性能。

⑦ 安装漏电保护器时，必须严格区分中性线和保护线。使用漏电保护器时，中性线应接入漏电保护器。经过漏电保护器的中性线不得作为保护线，如图 5-60 所示。

⑧ 工作零线不得在漏电保护器负荷侧重复接地，否则漏电保护器不能正常工作，如图 5-61 所示。

⑨ 采用漏电保护器的支路，其工作零线只能作为本回路的零线，禁止与其他回路工作零线相连，其他线路或设备也不能借用已采用漏电保护器后的线路或设备的工作零线，如图 5-62 所示。

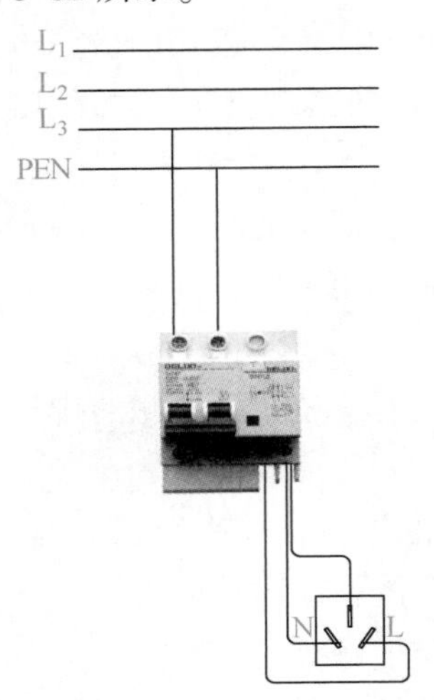

图 5-60　经过保护器的中性线不得作为保护线

图 5-61　漏电保护器负荷侧禁止重复接地

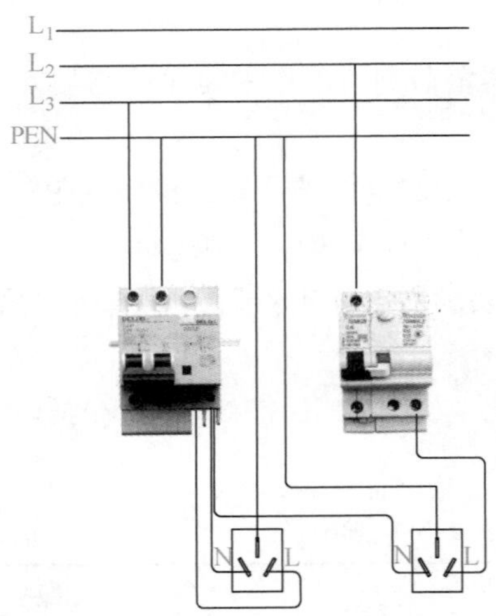

图 5-62　保护器的零线禁止其他回路零线混用

七、漏电保护器极数的选用

① 单相 220V 电源供电的电气设备应选用二极二线式或单极二线式漏电保护器。

② 三相三线式 380V 电源供电的电气设备，应选用三级式漏电保护器。

③ 三相四线式380V电源供电的电气设备，或单相设备与三相设备共用的电路，应选用三极四线式或四极四线式漏电保护器。

八、漏电保护器动作参数的选择

漏电保护器动作参数标注在保护器的外壳上，如图5-63所示。

① 手持式电动工具、移动电器、家用电器插座回路的设备应优先选用额定漏电动作电流不大于30mA的快速动作漏电保护器。

② 单台电机设备可选用额定漏电动作电流为30mA及以上、100mA以下的快速动作漏电保护器。

③ 有多台设备的总保护应选用额定漏电动作电流为100mA及以上的快速动作漏电保护器。

④ 对特殊负荷和场所应按其特点选用漏电保护器。

⑤ 医院中的医疗电气设备安装漏电保护器时，应选用额定漏电动作电流为10mA、快速动作的漏电保护器。

⑥ 安装在潮湿场所的电气设备应选用额定漏电动作电流为15~30mA、快速动作的漏电保护器。

⑦ 安装于游泳池、喷水池、水上游乐场、浴室的照明线路，应选用额定漏电动作电流为10mA、快速动作的漏电保护器。

⑧ 在金属物体上工作，操作手持式电动工具或行灯时，应选用额定漏电动作电流为10mA、快速动作的漏电保护器。

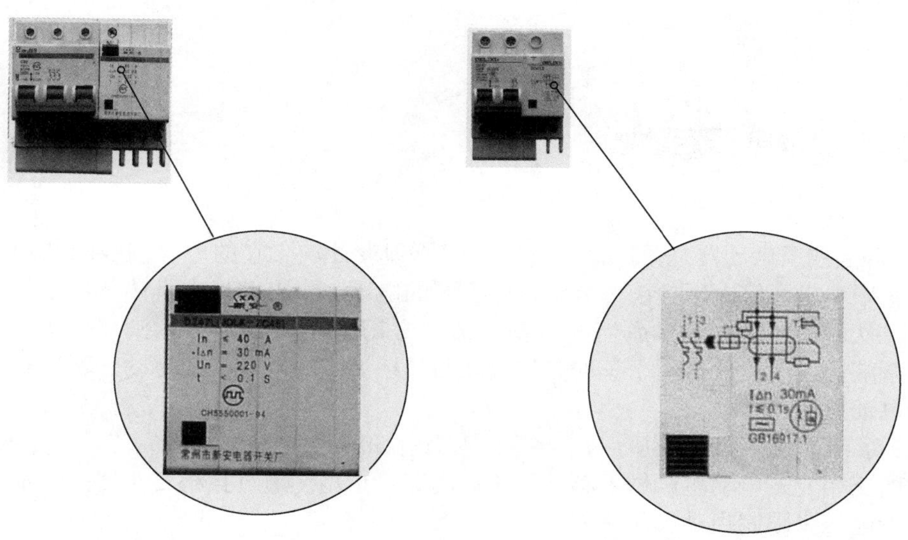

图5-63 漏电保护器额定值的标注

第六节　启动器

一、磁力启动器

磁力启动器(图 5-64)是由交流接触器、热继电器与控制按钮组成的组合控制电器。它广泛用于三相电动机的直接启动、停止及正、反转、Y-△启动器等电路控制。磁力启动器按其结构形式分为开启式和防护式。使用时只需接通电源线和电动机线即可，具有结构紧凑、安装方便优点。

磁力启动器的选用及使用安全注意事项参照交流接触器及热继电器的有关内容。

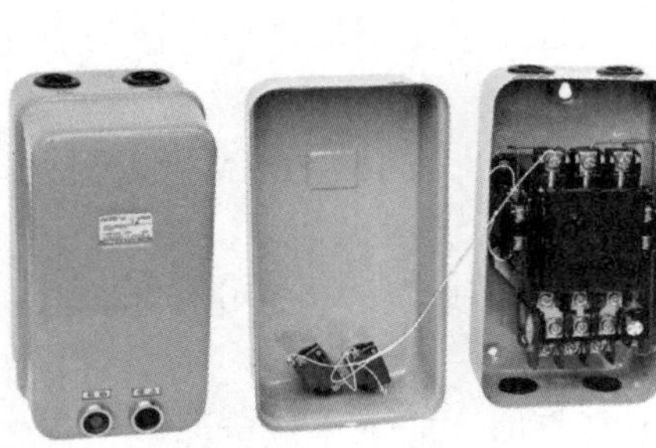

(a)单方向启动器

(b)Y-△启动器

图 5-64　磁力启动器

二、QJ3 自耦减压启动器

自耦减压启动器是根据自耦变压器的原理设计的。它的原、副线圈共用一个绕组，绕组中引出两组电压抽头，分别对应不同的电压，供电动机在具体条件下降压启动时选用，从而使电动机获得适当的启动电流。常用的型号有：QJ3 型(图 5-65)、QJ10 型。自耦减压启动器仅适用于长期工作或间断长期工作的电动机的启动，不适宜于频繁启动的电动机。

QJ3 系列油浸式自耦减压启动器适用于交流 50Hz、电压 440V 及以下、容量 75kW 及以下的三相笼式电动机，做不频繁降压启动和停止用。通过自耦变压器降低加在定子绕组上的电压来限制启动电流。

QJ3 系列油浸式自耦减压启动器是一种手动操作的启动器，它适用于容量在 75kW 及以下的定子绕组星形或三角形接线的笼式电动机，做不频繁启动和停止。

启动器有过负荷脱扣和失压脱扣等保护，过负荷保护是以带有手动复位的热继电器来实现的，失压保护由失压脱扣器完成，停止运行通过停止按钮完成。

失压脱扣器在额定电压值的75%及以上时能保证启动器接通电路。在额定电压值的35%及以下时能保证脱扣，切断电路。

过负荷脱扣的热继电器，在其额定工作电流下运行时，能保证长期工作。如在额定工作电流的120%下运行时，在20min的时间内能自动脱扣，切断电路。

QJ3系列油浸式自耦降压启动器由金属外壳、接触系统(触头浸在油箱里)、启动用自耦变压器、操作机构及保护系统组成。启动用自耦变压器采用星形接法三相单圈自耦变压器，在线圈上备有额定电压65%及80%的两组抽头，供降压启动时接线用。出厂时一般接在65%抽头上，如果需要较大的启动转矩，可改接在80%抽头上。QJ3自耦降压启动器接线原理如图5-66所示。

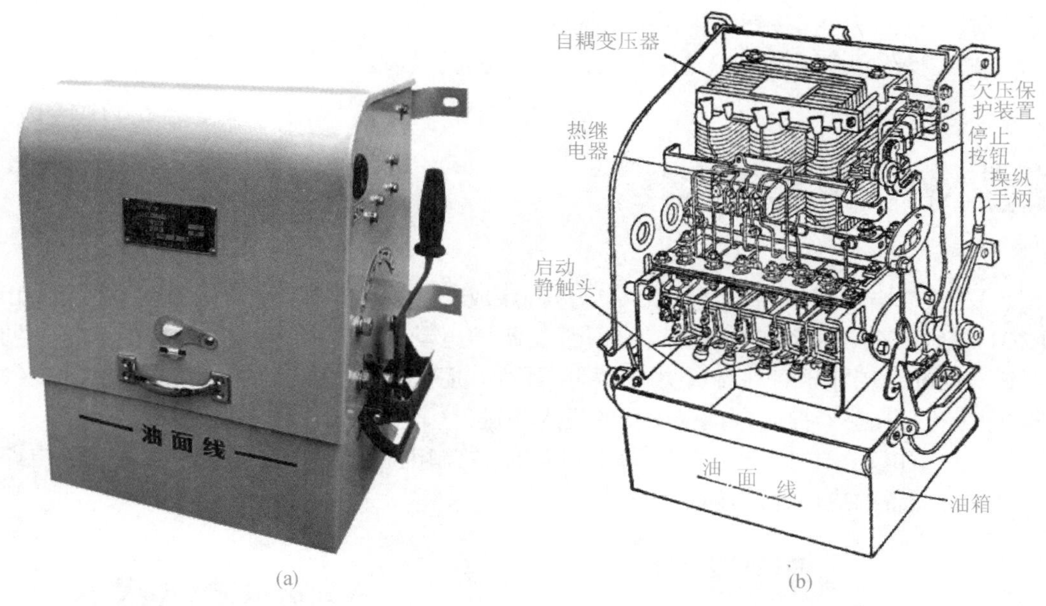

图5-65 QJ3系列油浸式自耦降压启动器外形及内部结构

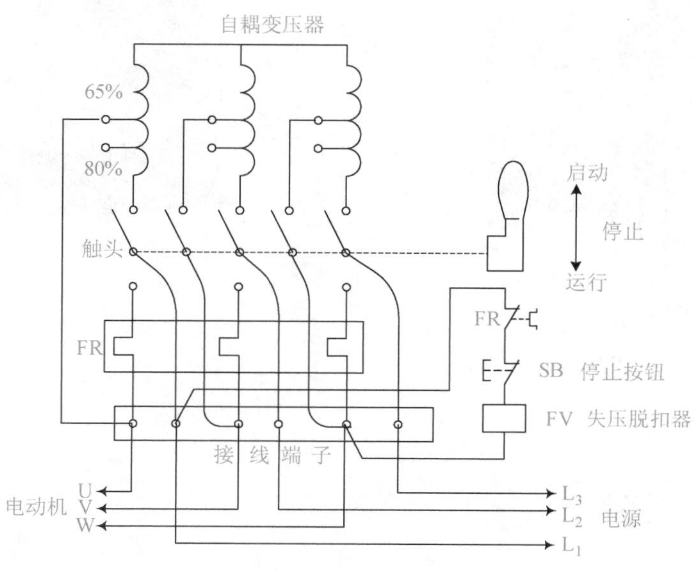

图5-66 QJ3型自耦降压启动器接线原理

安装及使用要求如下。

① 自耦减压启动器的容量应与被启动电动机的容量相适应。

② 安装的位置应便于操作。外壳应有可靠的接地(用于系系统时)或接零。

③ 第一次使用，要在油箱内注入合格的变压器油至油位线(油量不可过多或过少)。

④ 如发生启动困难，可将线路接在80%抽头上(出厂时，预接在65%抽头上)。

⑤ 连续多次启动时间的累计达到厂家规定的最长启动时间(根据容量不同，一般在30~60s)，再次启动应在4h以后。

⑥ 两次启动间隔时间不应少于4min。

⑦ 启动后，当电动机转速接近额定转速时，应迅速将手柄扳向“运转”位置。需要停止时，应按“停止”按钮。不得扳手柄使其停止。

⑧ 在操作位置下方应垫绝缘垫，操作人应戴手套。

三、成套自耦降压启动器

成套自耦降压启动器(图5-67)是低压成套装置。国产型号有XJ01系列和QJB、LZQ1系列，这三种系列的装置，根据所控制的电动机容量不同，其控制柜大小不同，配置不同的自耦降压启动器。QJB自耦降压变压器适用于成套自耦降压启动装置中(图5-67)，利用接触器控制自耦变压器的投入和退出。

第六章电动机控制第九节降自耦降压启动控制电路五、六自耦降压启动控制电路，即是这种设备的应用控制接线。

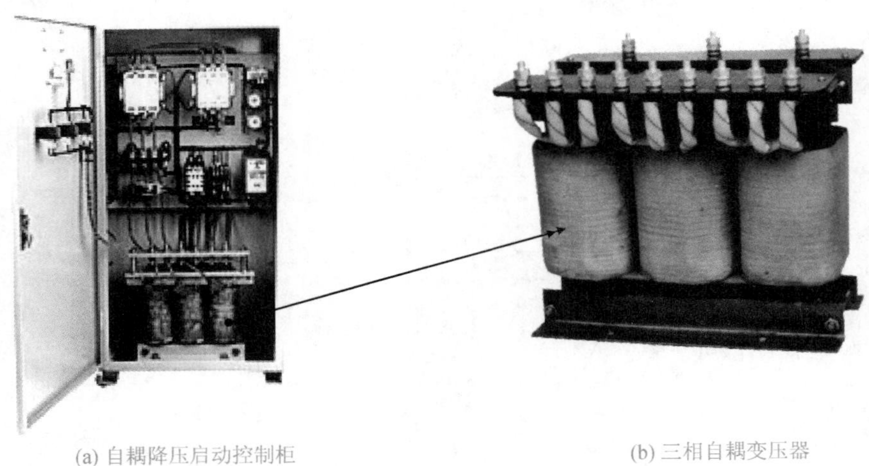

(a) 自耦降压启动控制柜　(b) 三相自耦变压器

图5-67　成套自耦降压启动器

四、频敏变阻启动器

频敏变阻启动器中的主要设备是频敏变阻器，如图5-68所示。频敏变阻器用于

绕线式电动机的启动，它与电动机转子绕组串联，可以减小启动电流平稳地启动，它的特点是其阻抗随通过电流的频率变化而改变。由于频敏变阻器串联在绕线式电动机的转子电路中，在启动过程中，变阻器的阻抗随着转子电流频率的降低而自动减小，电动机平稳启动之后，再短接频敏变阻器，使电动机正常运行。频敏变阻器由数片厚钢板和线圈组成，线圈为星形接线。

图 5-68　频敏变阻器

频敏变阻启动器控制线路的工作原理可参考第六章电动机控制第九节降压启动控制电路七、八，即是这种设备的应用控制接线。

使用频敏变阻启动器时应注意以下几点。

① 启动电动机时，若启动电流过大或启动太快，可换接到匝数较多的接线端子上，匝数增多，启动电流和启动转矩会相应减小。

② 当启动转速过低时，切除频敏变阻器时冲击电流过大，则可换接到匝数较少的接线端子上，启动电流和启动转矩也会相应增大。

③ 频敏变阻器需定期进行清除表面积尘，检测线圈对金属壳的绝缘电阻。

第七节　并联电容器

一、并联电容器的作用

并联电容器如图 5-69 所示，其作用：①补偿无功功率，提高功率因数；②提高供电设备的出力；③降低功率损耗和电能损失；④改善电压质量。

图 5-69　并联电容器

二、并联电容器的操作注意事项

① 正常情况下，全站停电操作时，应先拉开电容器的断路器，再拉开各路出线的断路器。

② 正常情况下，全站恢复送电时，应先合上各路出线的断路器，再合上电容器组的断路器。

③ 事故情况下，全站无电后，必须将电容器的断路器拉开。

④ 并联电容器组断路器跳闸后不准强送。保护熔丝熔断后，未查明原因前，不准更换熔丝送电。

⑤ 并联电容器组禁止带电荷合闸。电容器组再次合闸时，必须在断路 3min 之后进行。

三、电容器运行安全要求

① 运行电压不得超过额定电压的 1.1 倍。

② 运行电流不得超过额定电流的 1.3 倍。

③ 环境温度不得超过 40℃。

④ 电容器温度不得超过 60℃。

四、电容器的安装

① 电容器的安装如图 5-70 所示。一般不超过三层，层间不应加隔离板。电容器母线对上层构架的垂直距离不应小于 20cm，下层电容器的底部距地应不小于 30cm。

② 电容器构架间的水平距离不应小于 0.5m，每台电容器之间的距离不应小于 50mm，电容器的铭牌应面向通道。

③ 要求接地的电容器，其外壳与金属构架共同接地。

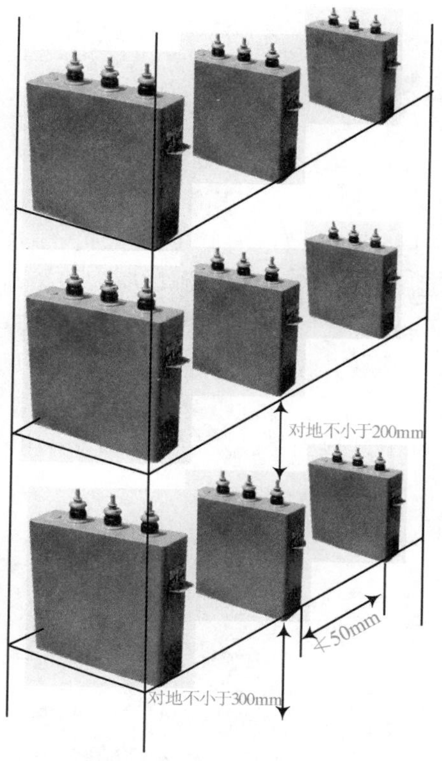

图 5-70　电容器的安装

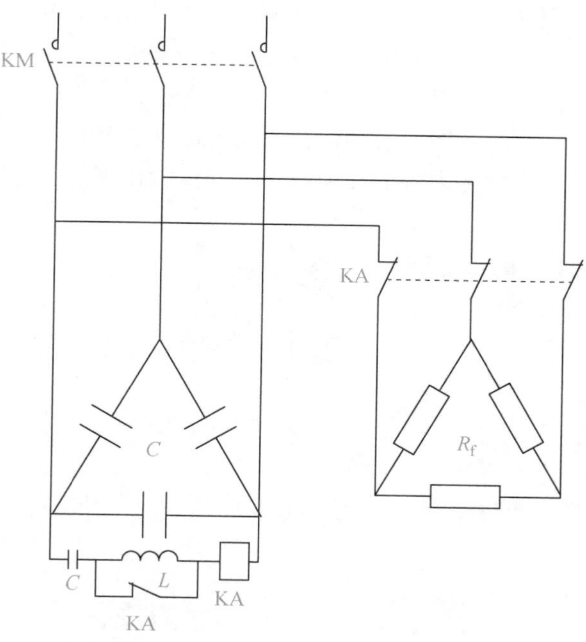

图 5-71　电容器放电电路

五、电容器组的放电装置

电容器组装设放电装置的目的是使其停电后能自动放电，防止电容器带电荷合闸会出现很大的冲击电流，同时防止值班人员在工作时，触及带有电荷的电容器发生触电事故。供电运行规程规定：电容器组脱离电源后应立即经放电装置放电，再次合闸运行，必须在电容器组断电 3min 后进行。电容器放电电路如图 5-71 所示。

① 按运行规程的要求，应使电容器组的残留电压在电容器断电 30s 内降至 65V 以下。

② 为避免放电电阻运行中过热损坏，规定每 1kVar 的电容器其放电电阻的功率不应小于 1W。

六、电容器的保护

① 低压并联电容器组通常采用熔断器保护，一般选用断流容量较大的 RTO 型熔断器，低压电容器组在容量 100kVar 以下可用交流接触器、刀开关或刀熔开关控制。当总容量大于 100kVar 时，应采用带有过流脱扣的自动空气断路器控制并作为短路保护。

② 高压并联电容器容量不大于 100kVar 时，可用跌开式熔断器或负荷开关控制，用熔丝或熔管作为短路保护。当并联电容器容量大于 100kVar 小于 300kVar 时，可以采用负荷开关或油断路器控制，也可集中控制分组熔丝保护，若采用油断路器控制可装设过流、速断保护装置；并联电容器总装容量在 300kVar 及以上时，需采用油断路器控制并装设过流及速断保护。为确保电容器在运行中的安全，还需配备专门用于保护电容器的高灵敏度的保护装置。

③ 并联电容器保护熔丝的选择。

对于单台电容器的熔丝保护：

$$I_{FU}=(1.5\sim2.5)I_{CN}$$

电容器组的熔丝保护：

$$I_{FU}=(1.3\sim1.8)I_{CN}$$

式中 I_{FU}——保护熔丝的额定电流，A；

I_{CN}——电容器或电容器组的额定电流，A。

第八节 执行元件

执行元件是指能够根据控制系统的输出要求执行各种动作指令的器件。如实现各种机械动作的电动机、控制管道的电磁阀、令设备停止的制动器。

一、电动机

电动机是使用最多的电器执行元件，它可以把电能变成各种机械动作，常用的电动机有三相电动机和单相电动机。

二、电磁制动器

要使电动机停止运转动，首先是切断它的电源。但是由于惯性的作用，电动机需经过一段时间才会完全停下来。在生产过程中有些设备要求缩短停车时间，有些设备要求停车的位置准确，有些设备为了安全，要求立即停车等原因常常要采用一些使电动机在切断电源后，能迅速停止的制动措施，电动机的制动，分机械制动和电力制动两种。

机械制动是利用机械装置，使电动机在切断电源后迅速停转的方法。应用较普遍的有电磁抱闸。电磁抱闸的结构如图 5-72 所示。电磁抱闸主要由两部分组成：制动电磁铁和闸瓦制动器。制动电磁铁由铁芯、衔铁和线圈三部分组成，并有单相和三相之分。闸瓦制动器包括闸轮、闸瓦、杠杆和弹簧等；闸轮与电动机装在同一根转轴上。制动强度可通过调整机械结构来改变。

电磁抱闸制动器如图 5-73，能广泛应用在起重运输机械中，制止物件升降速度以及吸收运动或回转机构运动质量的惯性。制动器主要由立板架、闸瓦、调整杆、弹簧及底座等部分组成。闸瓦与立板架，立板架与底座均由轴销连接，立板架的一边可以安装电磁铁，主弹簧安装在立板架的上方；调整杆的顶端与电磁铁的停挡位置相近，为了增加闸瓦与制动轮表面的摩擦系数，在闸瓦上装有可更换的石棉刹车带。当被操纵的电磁铁断电时，由制动器压缩弹簧，保持制动状态；当电磁铁通电吸合时，产生松闸，使机构可以运转。

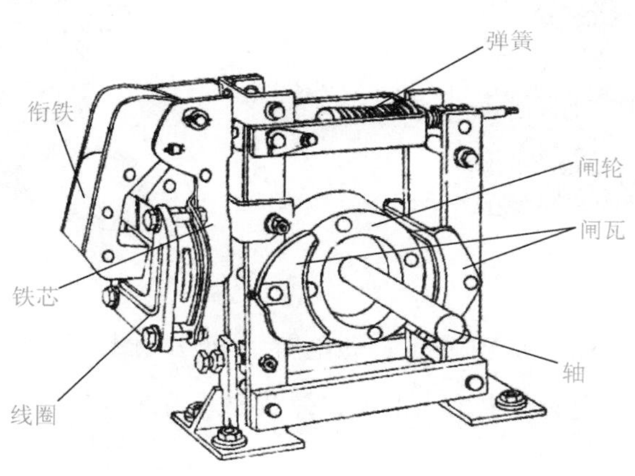

图 5-72　电磁抱闸的结构

图 5-73　电磁抱闸制动器

三、电磁阀

电磁阀是用电磁控制的工业设备，用在工业控制系统中调整介质的方向、流量、速度和其他的参数。电磁阀有很多种，不同的电磁阀在控制系统的不同位置发挥作用，最常用的是单向电磁阀如图 5-74 所示、安全阀、方向控制阀、速度调节阀等。电磁阀是用电磁的效应进行控制的，主要的控制方式由继电器控制。这样，电磁阀可以配合不同的电路来实现预期的控制，而控制的精度和灵活性都能够保证。

图 5-74　单向电磁阀

电磁阀的工作原理如图 5-75 所示，通电时，电磁线圈产生电磁力把关闭件从阀座上提起，阀门打开；断电时，电磁力消失，弹簧把关闭件压在阀座上，阀门关闭。

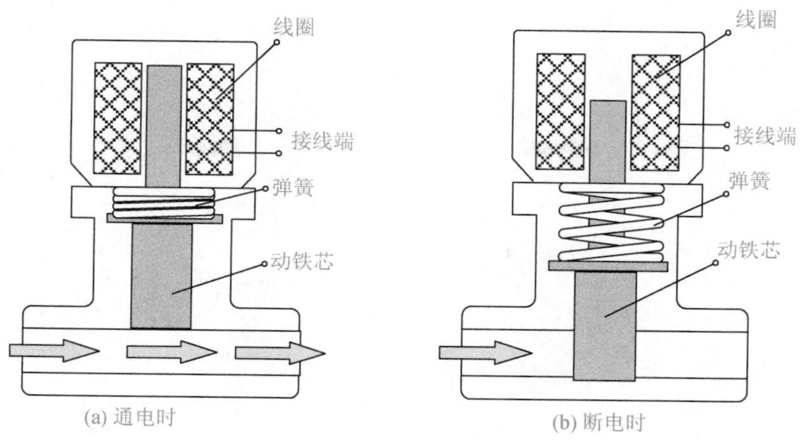

图 5-75　电磁阀的工作原理

第六章 控制电路

第一节 电动机的启动方式

一、笼异步电动机的几种启动方式的比较

电动机启动方式：全压直接启动、自耦减压启动、Y-△启动、软启动器、变频器启动。其中软启动器和变频器启动为新的节能启动方式。当然也不是一切电动机都要采用软启动器和变频器启动，应从经济性和适用性方面考虑，下面是几种启动方式的比较，与电动机控制电路接线相结合能更好地解决实际工作中的难题。

二、电动机全压直接启动

在电网容量和负载两方面都允许全压直接启动的情况下，可以考虑采用全压直接启动。优点是操纵控制方便，维护简单，而且比较经济。主要用于小功率电动机的启动，从节约电能的角度考虑，大于10kW的电动机不宜用此方法。

三、电动机自耦减压启动

电动机自耦减压启动是利用自耦变压器的多抽头减低电压，既能适应不同负载启动的需要，又能得到较大的启动转矩，是一种经常被用来启动容量较大电动机的减压启动方式。它的最大优点是启动转矩较大，当其自耦变压器绕组抽头在80%处时，启动转矩可达直接启动时的64%，并且可以通过抽头调节启动转矩，至今仍被广泛应用。

四、电动机星-三角启动

对于正常运行的定子绕组为三角形接法的笼式异步电动机来说，如果在启动时将定子绕组接成星形，待启动完毕后再接成三角形，就可以降低启动电流，减轻启动时电流对电源电压的冲击。这样的启动方式称为星三角减压启动，简称为星-三角启动(Y-△启动)。采用星-三角启动时，启动电流只是原来按三角形接法直接启动时的1/3。如果直接启动时的启动电流以6~7倍额定电流计算，则在星-三角启动时，启动电流才是额定电流的2~2.3倍。这就是说采用星三角启动时，启动转矩也降为原来按三角形接法直接启动时的1/3，适用于空载或者轻载启动的设备，并且同其他减压启动器相比较，其结构最简单，检修方便，价格也最便宜。

五、软启动器

这是利用了晶闸管的移相调压原理来实现对电动机的调压启动，主要用于电动机的启动控制，启动效果好但成本较高。因使用了晶闸管元件，晶闸管工作时谐波干扰较大，对电网有一定的影响。另外电网的波动也会影响可控硅元件的导通，特别是同一电网中有多台可控硅设备时。因此晶闸管元件的故障率较高，因为涉及电力电子技术，因此对维护技术人员的要求也较高。

六、变频器启动

变频器是现代电动机控制领域技术含量最高、控制功能最全、控制效果最好的电机控制装置，它通过改变电源的频率来调节电动机的转速和转矩。因为涉及电力电子技术和微机技术，因此成本高，对维护技术人员的要求也高，因此主要用在需要调速并且对速度控制要求高的领域。

在以上几种启动控制方式中，星-三角启动和自耦减压启动因其成本低，维护相对于软启动和变频控制容易，目前在实际运用中还占有很大的比重。但因其采用分立电气元件组装，控制线路接点较多，在其运行中，故障率相对还是比较高。从事电气维护的技术人员都知道，很多故障都是电气元件的触点和连线接点接触不良引起的，在工作环境恶劣(如粉尘、潮湿)的地方，这类故障比较多，检查起来确颇费时间。另外有时根据生产需要，要更改电机的运行方式，如原来电机是连续运行的，需要改成定时运行，这时就需要增加元件，更改线路才能实现。有时因为负载或电机变动，要更改电动机的启动方式，如原来是自耦启动，要改为星-三角启动，也要更改控制线路才能实现。

电动机常用接线是帮助大家更好地了解电动机控制方式，通过图解的方法，快而简单地掌握电动机控制接线，解决工作中遇到的难题。

第二节 电动机接线示意图中的图形含义

为了便于广大读者了解和掌握电动机接线及控制，在比对每一个电路都采用了控制原理图和实物接线示意图相结合分析的形式。

接触器各接线端子位置如图 6-1 所示。热继电器各接线端子位置如图 6-2 所示。

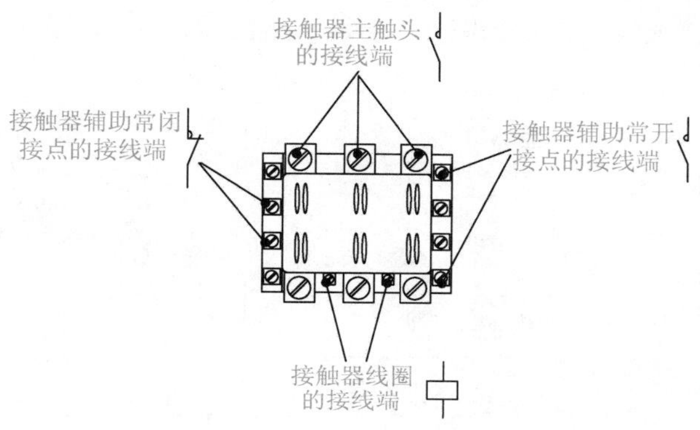

图 6-1 接触器各接线端子位置

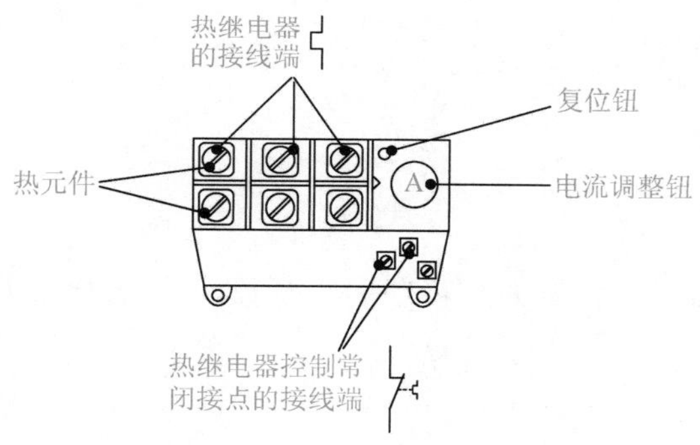

图 6-2 热继电器各接线端子位置

按钮各接线端子位置如图 6-3 所示，中间继电器各接线端子位置如图 6-4 所示。

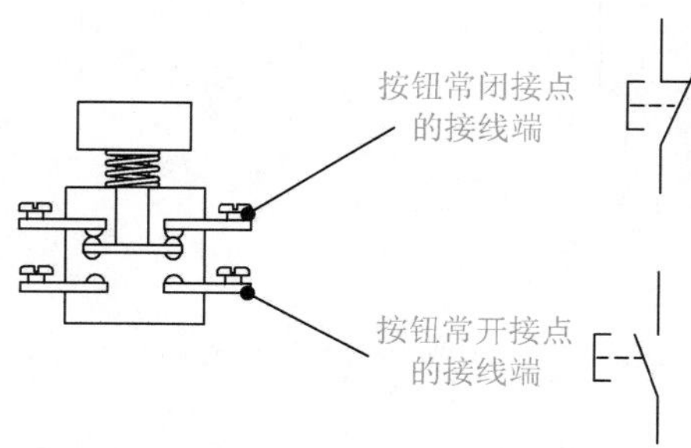

图 6-3 按钮各接线端子位置

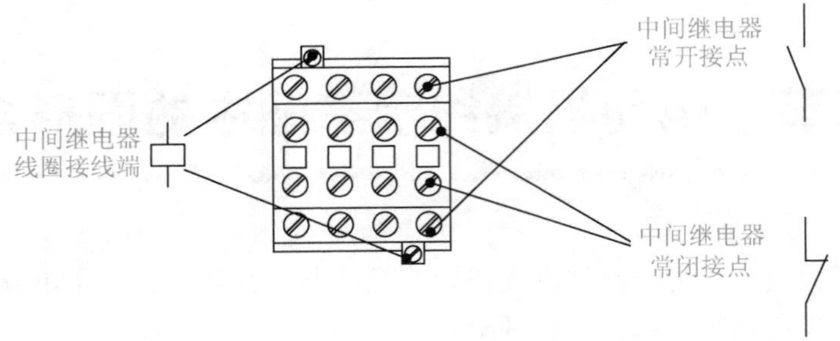

图 6-4　中间继电器各接线端子位置

小型断路器各接线端子位置如图 6-5 所示，熔断器接线端子位置如图 6-6 所示。

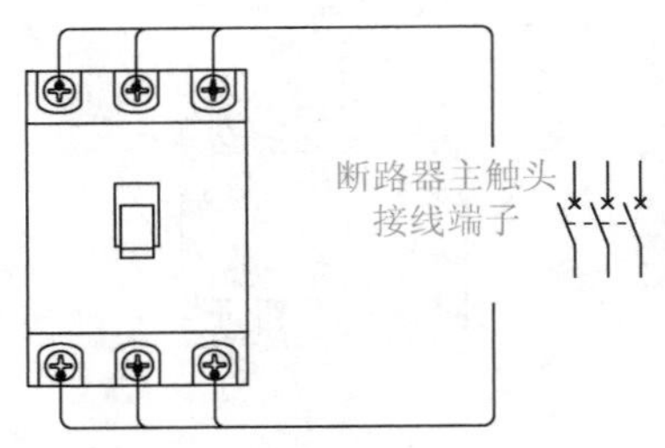

图 6-5　断路器各接线端子位置

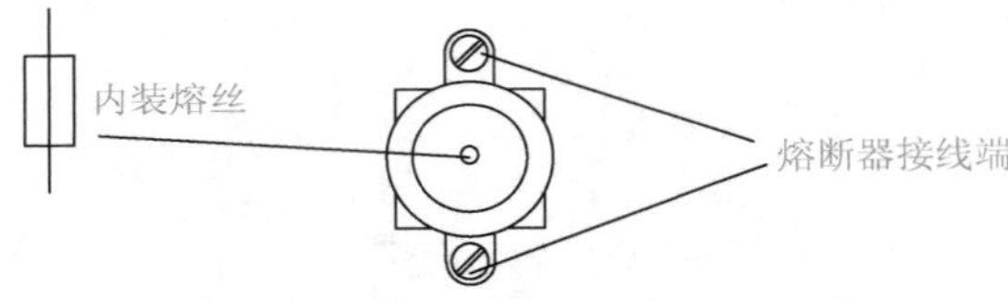

图 6-6　熔断器各接线端子位置

时间继电器各接线端子位置如图 6-7 所示、行程开关各接线端子位置如图 6-8 所示。

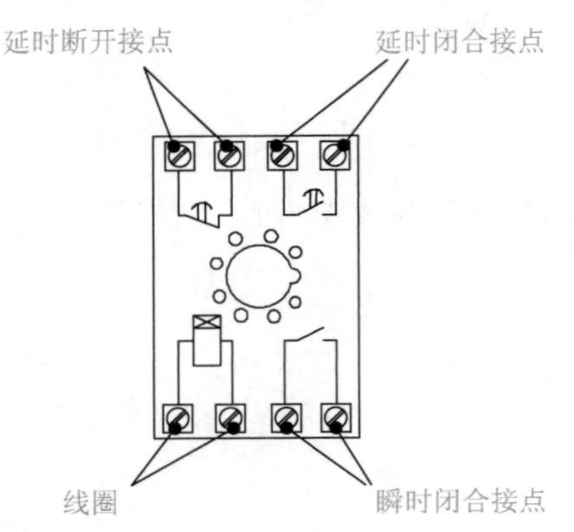

图 6-7　时间继电器各接线端位置

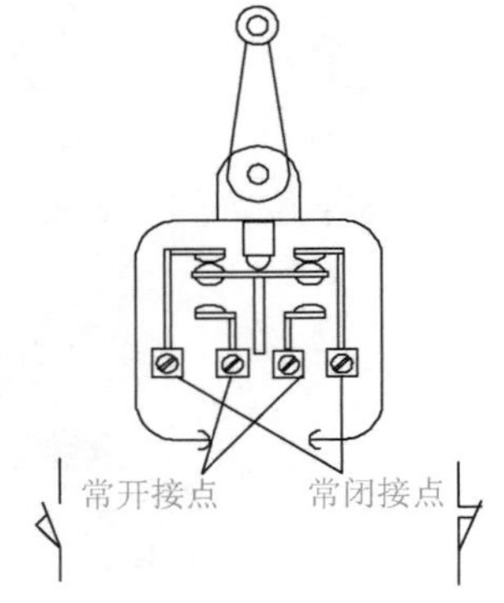

图 6-8　行程开关各接线端位置

第三节　基本控制电路

一、点动控制

如图 6-9 所示，点动控制电路是在需要动作时按下控制按钮 SB，SB 的常开触点接通，接触器 KM 线圈得电，主触点闭合，设备开始工作，松开按钮后触点断开，接触器端断电，主触头断开，设备停止运转。此种控制方法多用于起吊设备的“上”、“下”、“前”、“后”、“左”、“右”及机床的“步进”、“步退”等控制。

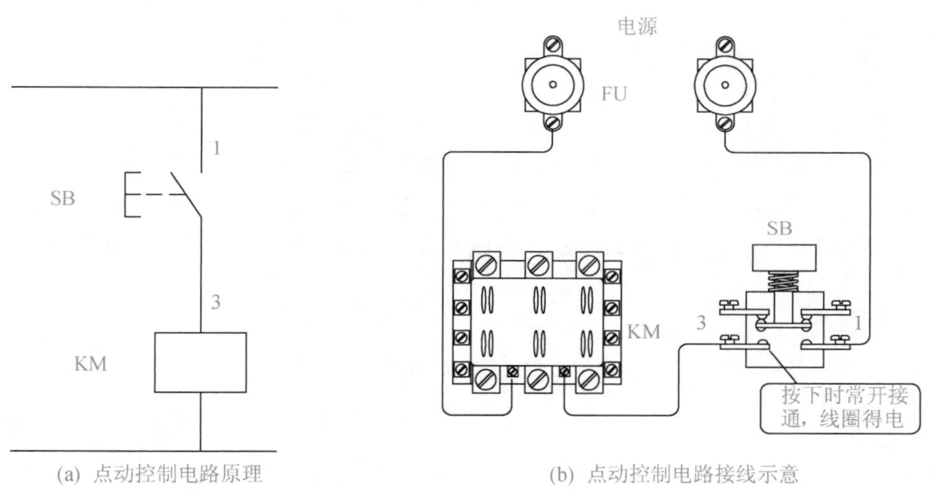

图 6-9　点动控制电路原理和接线示意

二、自锁电路

自锁电路(也称为自保电路)，是当按钮松开以后按钮的接点断开，接触器还能得电保持吸合的电路，是利用接触器本身附带的辅助常开接点来实现自锁的。如图 6-10 所示，当接触器吸合的时候辅助常开接点随之接通，当松开控制按钮 SB，接点断开后，电源还可以通过接触器辅助接点继续向线圈供电，保持线圈吸合，这就是自锁功能，“自锁”又称“自保持”，俗称“自保”。

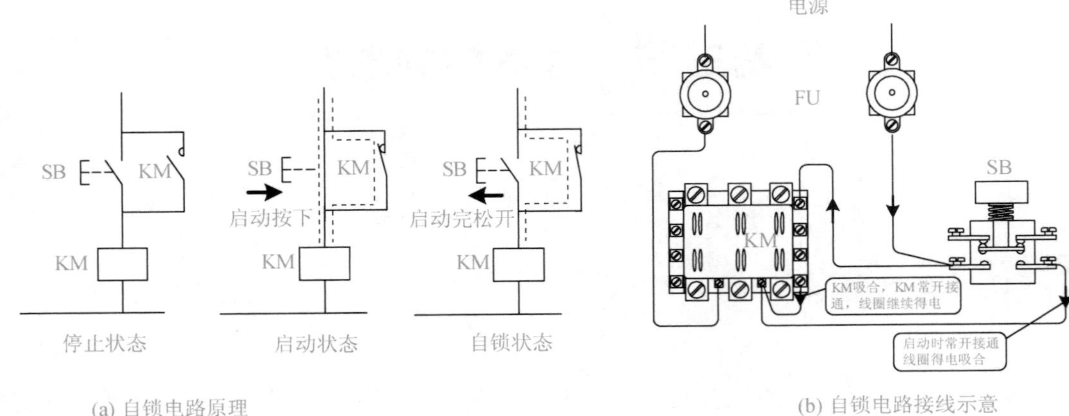

(a) 自锁电路原理

(b) 自锁电路接线示意

图 6-10 自锁电路原理和接线示意

三、两地控制电路

一个设备需要有两个或两个以上的地点控制启动、停止时，采用多地点控方法。如图 6-11 所示，按下控制按钮 SB_{12} 或 SB_{22} 任意一个都可用以启动，按下控制按钮 SB_{11} 或 SB_{21} 任意一个都可停止。通过接线可以将这些按钮安装在不同地方，从而达到多地点控制要求。

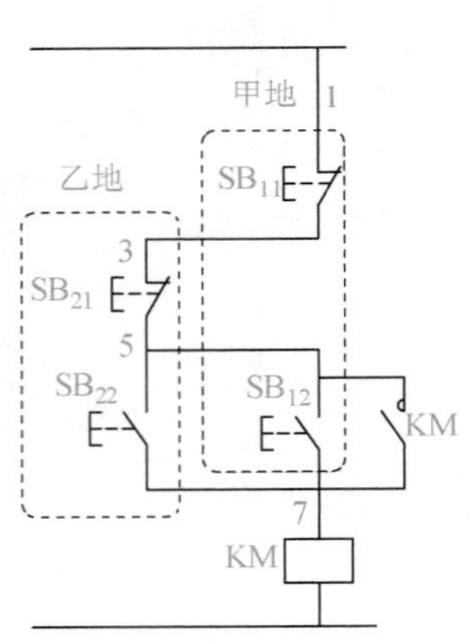

(a) 两地控制电路原理

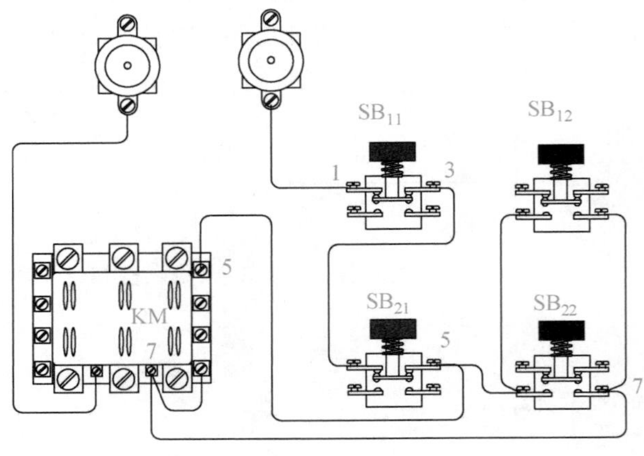

(b) 两地控制电路接线示意

图 6-11 两地控制电路

四、双信号“与”控制电路（也称多条件控制）

当对所控制的设备需要特定的操作任务时，设计要求一个操作地点不能完成启

动或停止，必须两个以上操作才可以实现的电路称为多信号控制电路，如图 6-12 所示。启动时必须将控制按钮 BS_2 和 BS_4 同时接通接触器 KM 线圈才能通电。停止时必须将控制按钮 SB_1 和 SB_3 常闭接点都断开才能停止。单独操作任何一个按钮都不会使接触器得电动作。SB_3、SB_4 也可以利用其他电器元件的触点。

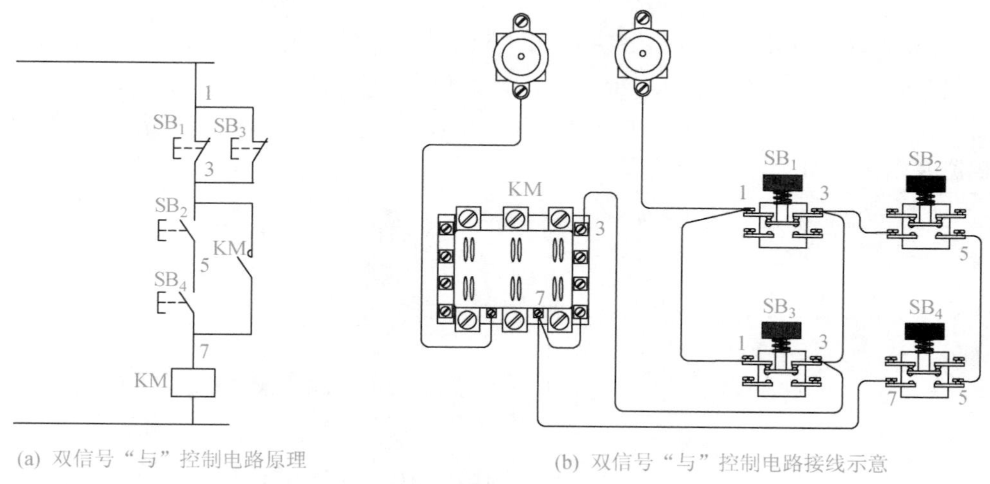

(a) 双信号“与”控制电路原理

(b) 双信号“与”控制电路接线示意

图 6-12 双信号“与”控制电路原理与接线示意

五、按钮互锁电路

按钮互锁是将两个控制按钮的常闭和常开接点相互联锁，如图 6-13 所示，当启动 KM_2 时，按下控制按钮 SB_1，SB_1 的常闭接点先断开 KM_1 线路，常开接点后闭合才接通 KM_2 线路，从而达到接通一个电路，而断开另一个电路的控制目的，有效地防止操作人员的误操作。

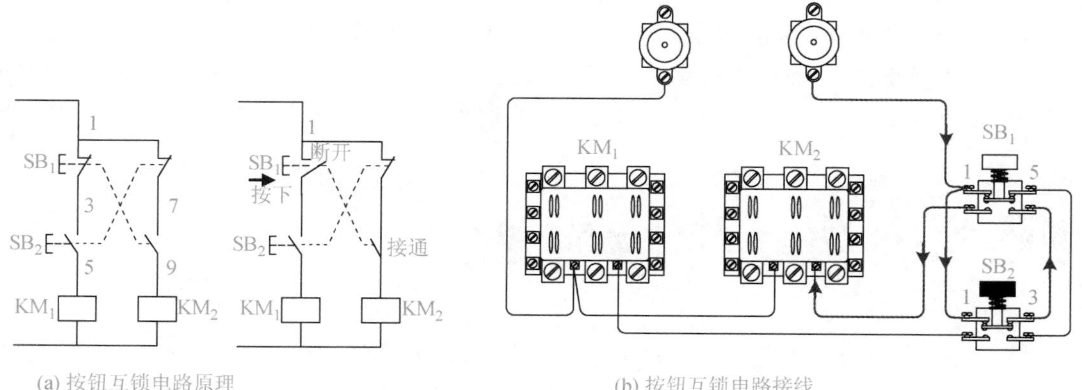

(a) 按钮互锁电路原理

(b) 按钮互锁电路接线

图 6-13 按钮互锁电路原理和接线示意

第六章 控制电路

六、利用接触器辅助触点的互锁电路

接触器互锁是将两台接触器的辅助常闭触点与线圈相互联锁，当接触器 KM_1 在吸合状态时，辅助常闭触点随之断开，由于常闭触点接于 KM_2 线路，使 KM_2 不能得电，如图 6-14 所示，从而达到只允许一台接触器工作的目的，这种控制方法能有效地防止接触器 KM_1 和 KM_2 同时吸合。

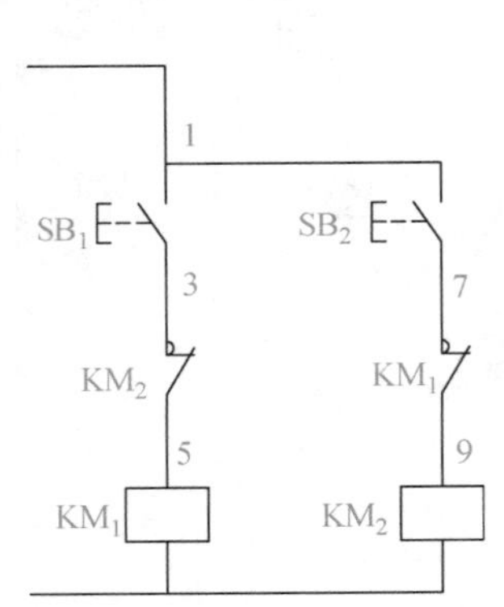

(a) 接触器辅助触点的互锁电路原理

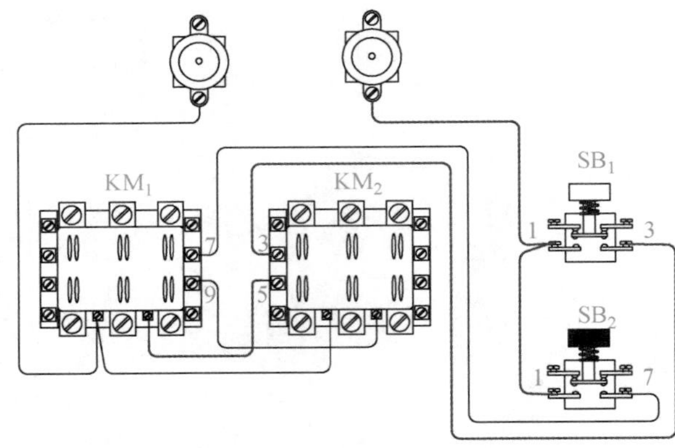

(b) 接触器辅助触点的互锁电路接线示意

图 6-14　利用接触器辅助触点的互锁电路原理与接线示意

七、顺序启动控制电路图

顺序控制电路是按照确定的操作顺序，在一个设备启动之后，另一个设备才能启动的一种控制方法。如图 6-15 所示，接触器 KM_2 要先启动是不行的，因为 SB_1 常开触点和接触器 KM_1 的辅助常开触点是断开状态，只有当 KM_1 吸合实现自保之后，SB_4 按钮才起作用，使 KM_2 通电吸合，这种控制多用于大型空调设备的控制电路。

八、利用行程开关控制的自动循环电路

利用行程开关控制的自动循环电路，是工业上常用的一种电路，如图 6-16 所示，当接触器 KM_1 吸合时，电动机正转运行，当机械运行到限位开关 SQ_1 时，SQ_1 的常闭触点断开 KM_1 线圈回路，常开触点接通 KM_2 线圈回路，KM_2 接触器吸合动作，电动机反转。到达限位开关 SQ_2，SQ_2 动作，常闭断开 KM_2，常开接通 KM_1，电动机又正转，重复上述的动作。

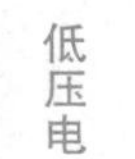

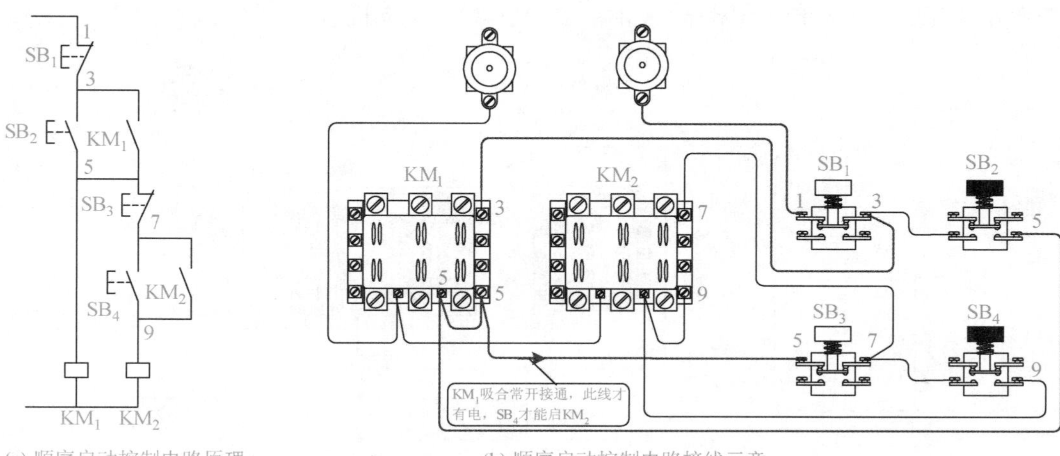

(a) 顺序启动控制电路原理　　(b) 顺序启动控制电路接线示意

图 6-15　顺序启动控制电路原理和接线示意

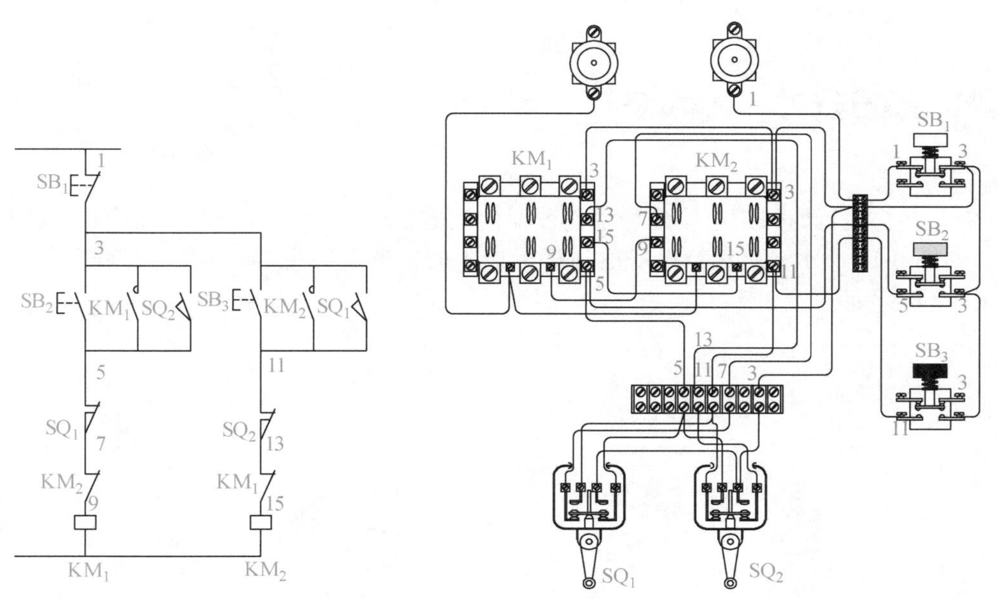

(a) 行程开关控制的自动循环电路原理　　(b) 行程开关控制的自动循环电路接线示意

图 6-16　利用行程开关控制的自动循环电路原理与接线示意

九、按时间控制的自动循环电路

如图 6-17 所示是利用时间继电器控制的循环电路。当接通 SA 后，KM 和 KT_1 同时得电吸合，KT_1 开始延时，达到整定值后 KT_1 的延时闭合接点接通，KA 和 KT_2 得电吸合，KA 辅助常开触点闭合(实现自保)，此时 KT_2 开始延时，同时 KA 的常闭触点将 KM 和 KT_1 断开，电机停止。当 KT_2 达到整定值后，KT_2 的延时断开，触点断开，KA 失电，其常开触点断开，常闭触点闭合，KM 和 KT 又得电，电动机运行，进入循环过程。

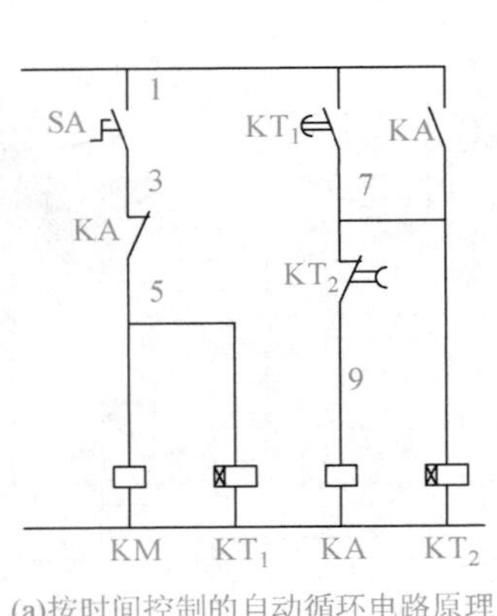

(a)按时间控制的自动循环电路原理

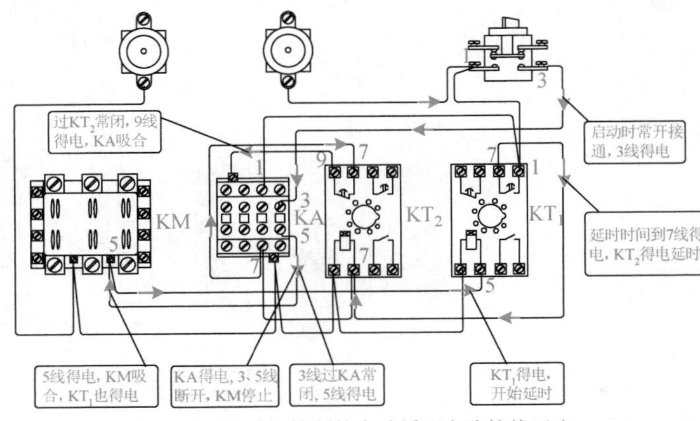

(b)按时间控制的自动循环电路接线示意

图 6-17　按时间控制的自动循环电路原理与接线示意

十、终止运行的保护电路

终止运行的保护电路是利用各种辅助继电器的常闭接点，串联在停止按钮电路中，如图 6-18 所示，当运行设备达到运行极限时，辅助继电器动作，接点断开，接触器 KM 断电，设备停止运行。

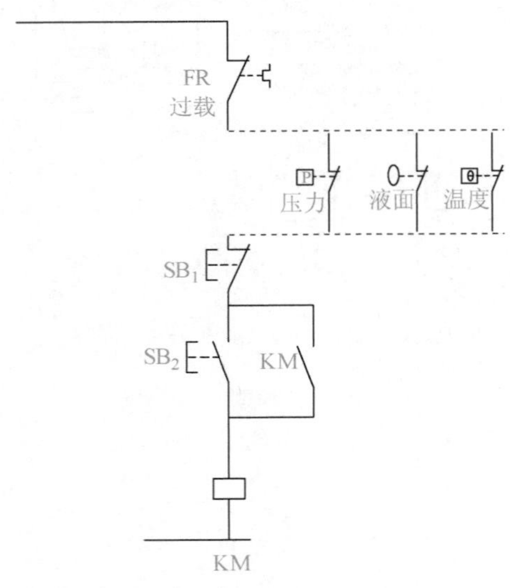

(a)终止运行的保护电路原理

各种辅助继电器的常闭接点，只要动作接点断开KM就断电

(b)终止运行的保护电路接线示意

图 6-18　终止运行的保护电路原理与接线示意

第四节　电动机单方向运行电路

一、电动机单方向运行电路

电动机单方向运行是应用的最多的控制电路，日常的水泵、风机等都是单方向电路，也是电工必须掌握的基本电路，电动机单方运行电路原理如图 6-19 所示，电动机单方向运行电路接线示意如图 6-20 所示。

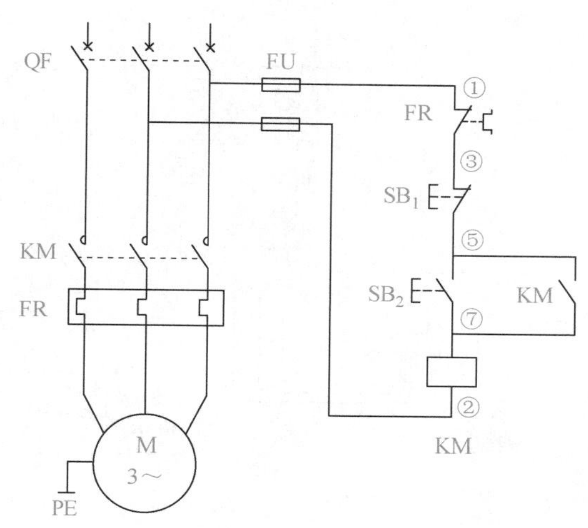

图 6-19　电动机单方向运行电路原理

工作过程：按下控制启动按钮 SB_2，接触器 KM 线圈得电铁芯吸合，主触点闭合使电动机得电运行，KM 的辅助常开接点也同时闭合，实现了电路的自锁，电源通过 FU_1→SB_1 的常闭→KM 的常开接点→接触器的线圈→FU_2，松开 SB_2，KM 也不会断电释放。当按下停止按钮 SB_1 时，SB_1 常闭接点打开，KM 线圈断电释放，主、辅接点打开，电动机断电停止运行。FR 为热继电器，当电动机过载或因故障使电机电流增大时，热继电器内的双金属片温度升高，使 FR 常闭接点打开，KM 失电释放，电动机断电停止运行，从而实现过载保护。

二、电动机两地控制单方向运行电路

为了操作方便，一台设备有几个操纵盘或按钮站，各处都可以进行操作控制。要实现多地点控制则在控制线路中将启动按钮并联使用，而将停止按钮串联使用。

如图 6-21 所示是电动机两地控制线路原理。两地启动按钮 SB_{12}、SB_{22} 并联，两地停止按钮 SB_{11}、SB_{21} 串联，如图 6-22 所示是电动机两地控制单方向运行接线示意。

操作过程如下。

（1）电动机启动　按下启动按钮 SB_{12} 或 SB_{22}(以操作方便为原则)，交流接触器 KM 线圈通电吸合，主触头闭合，电动机运行。同时 KM 辅助常开触点自锁。

（2）电动机停止　按下停止按钮 SB_{11} 或 SB_{21}(以方便操作为原则)，接触器 KM 线圈失电，KM 的触点全部释放，电动机停止。

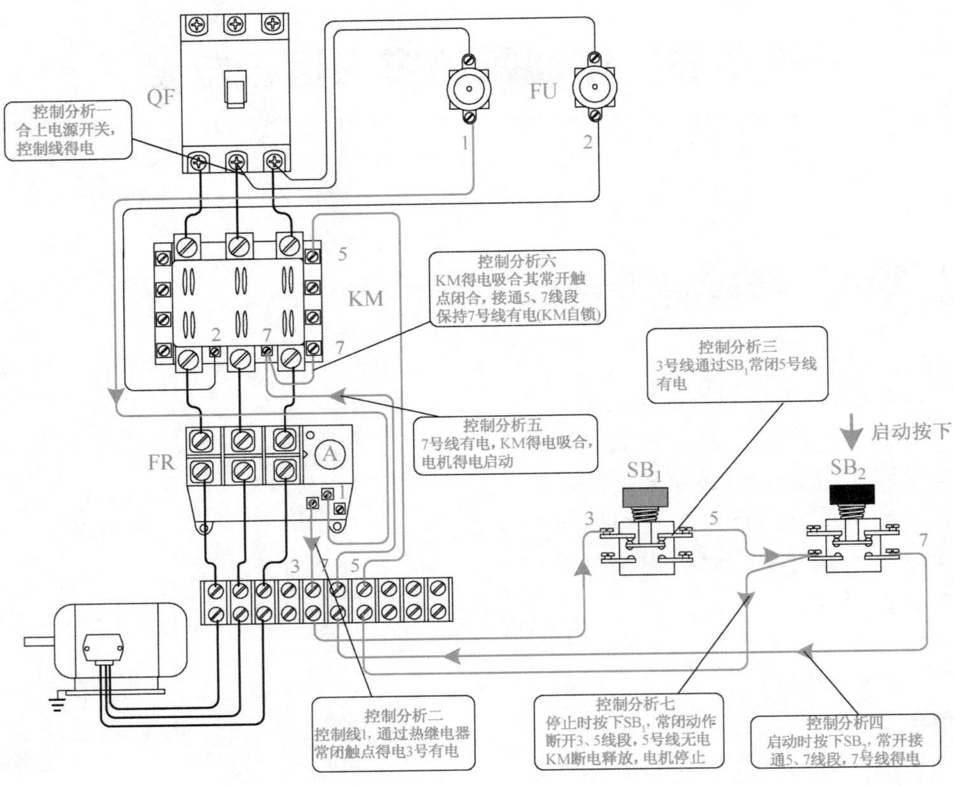

图 6-20　电动机单方向运行电路接线示意

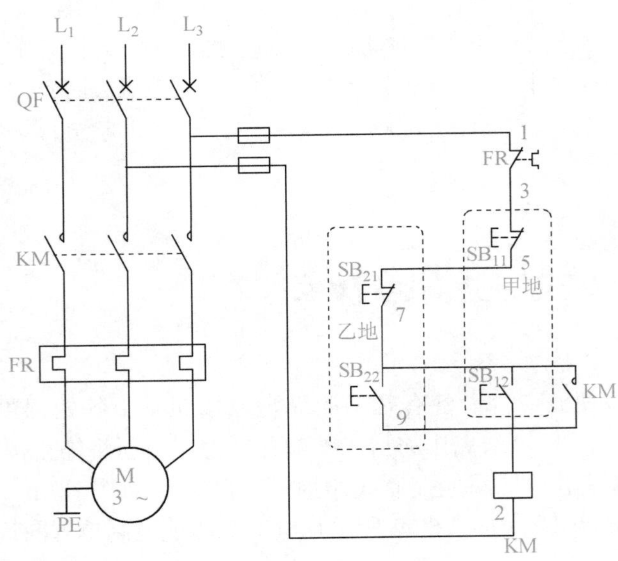

图 6-21　电动机两地控制单方向运行线路原理

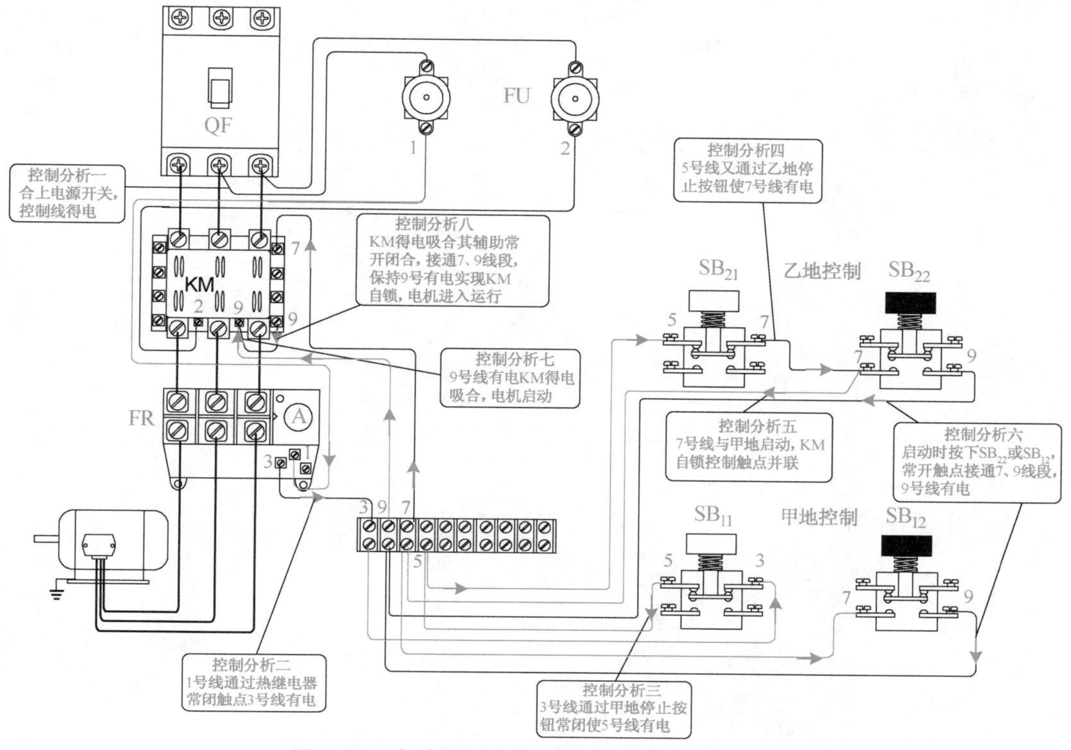

图 6-22　电动机两地控制单方向运行接线示意

三、电动机单方向运行带点动的控制电路（一式）

电动机单方向运行带点动的控制电路是一种方便的控制电路，电动机可以单独进行点动工作，又可以长期运行，其原理图如图 6-23 所示。元件接线示意如图 6-24 所示。

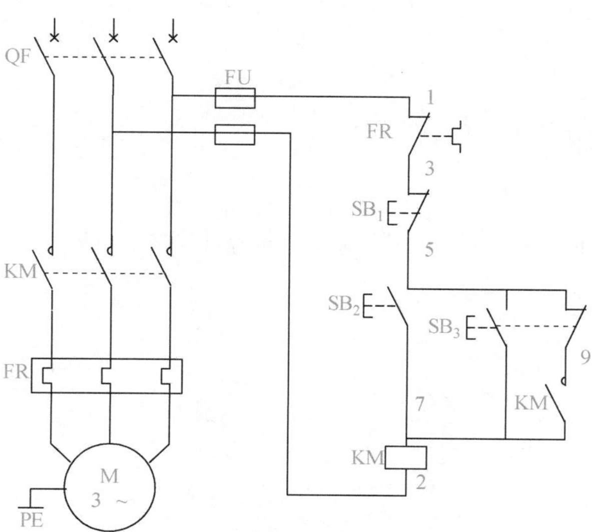

图 6-23　电动机单方向运行带点动的控制电路原理

需要运行时，按下按钮 SB_2，接触器 KM 线圈得电吸合，其 KM 辅助触点闭合实现自锁电机得电运行。需要点动时按下 SB_3，KM 吸合电动机得电运行，但由于其常闭触点断开接触器 KM 自锁回路，接触器 KM 无法实现自锁，SB_3 的常开触点接通时 KM 得电吸合，松开 SB_3，KM 失电，电动机断开电源而停车。

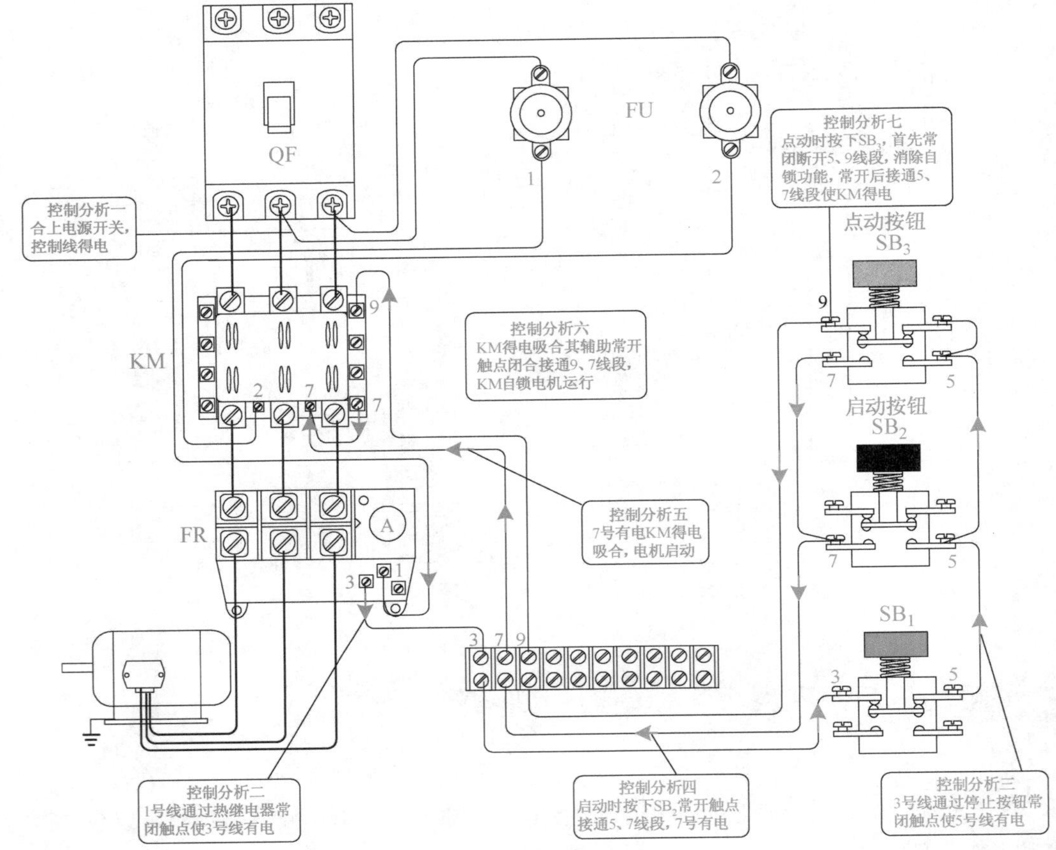

图 6-24　电动机单方向运行带点动的控制电路接线示意

四、电动机单方向运行带点动的控制电路（二式）

电动机单方向运行带点动的控制电路原理如图 6-25 所示，其接线示意如图 6-26 所示。

工作过程如下。

1. 点动

① 将手动开关 SA 打开，置于断开位置。

② 按下启动按钮 SB，接触器 KM 线圈得电吸合，其主触头闭合，电动机运行。

③ 虽然 KM 线圈得电后接触器 KM 辅助常开触点也闭合，但因为 KM 辅助常开触点与手动开关 SA 串联，而 SA 已打开使自锁环节失去作用，一旦松开按钮 SB 则 KM 线圈

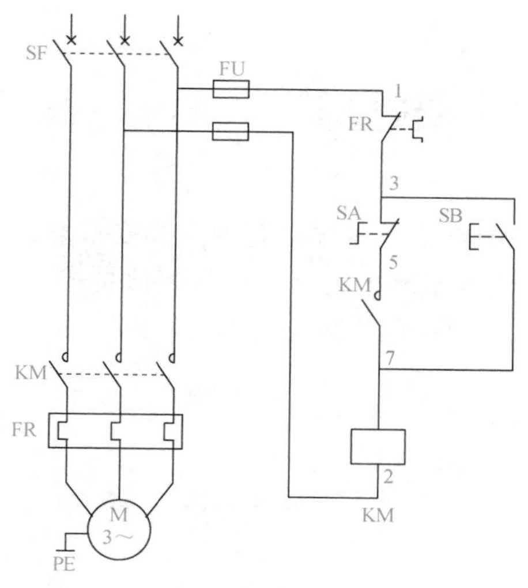

图 6-25　电动机单方向运行带点动的控制电路原理

立即失电，主触头断开，电动机停止运行。

2. 正常运行

① 将手动开关 SA 置于闭合位置。
② 按下启动按钮 SB，接触器 KM 线圈得电并自锁，其主触头闭合，电动机运行。
③ 将手动开关 SA 断开，KM 线圈失电，主触头立即断开，电动机停止运行。

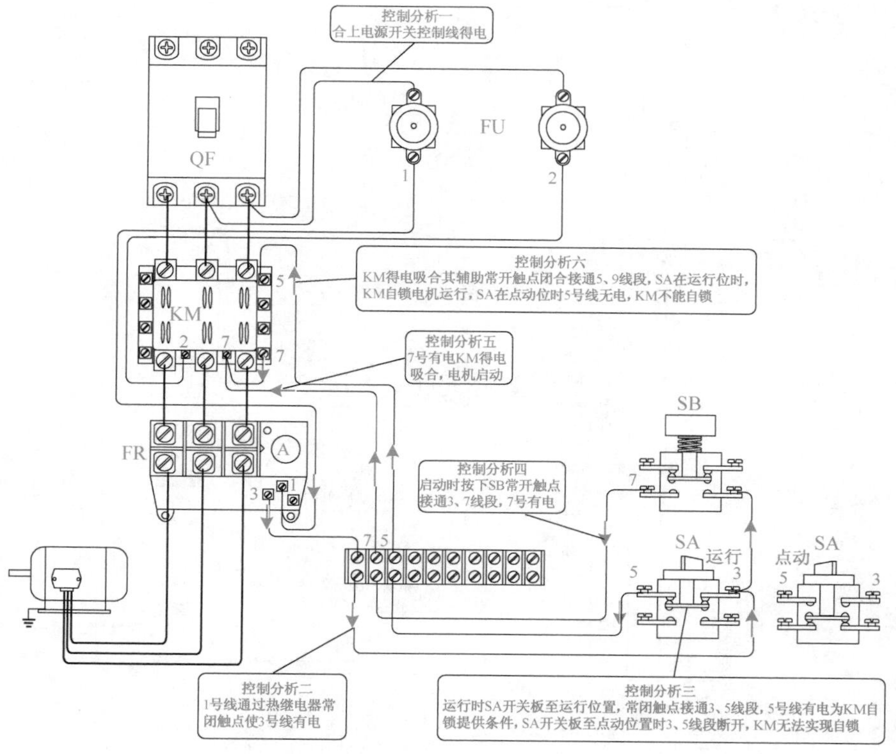

图 6-26　电动机单方向运行带点动的控制电路接线示意

五、电动机多条件启动控制电路

多条件启动电路只是在启动时要求各处达到安全要求设备才能工作，但运行中其他控制点发生了变化，设备不停止运行，这与多保护控制电路不一样。如图 6-27 所示是其电路原理，如图 6-28 所示是其接线示意。

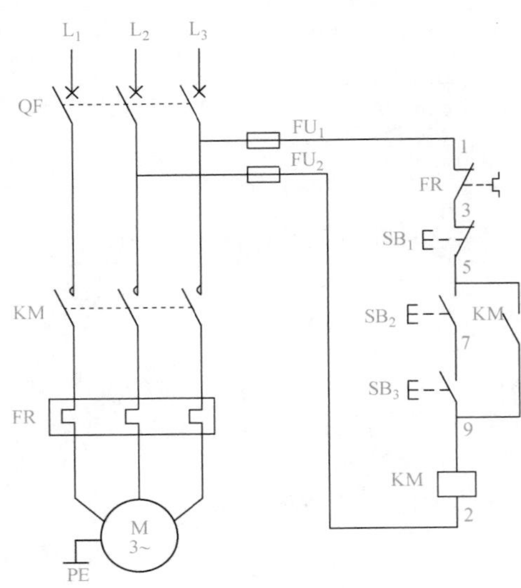

图 6-27　电动机多条件启动控制电路原理

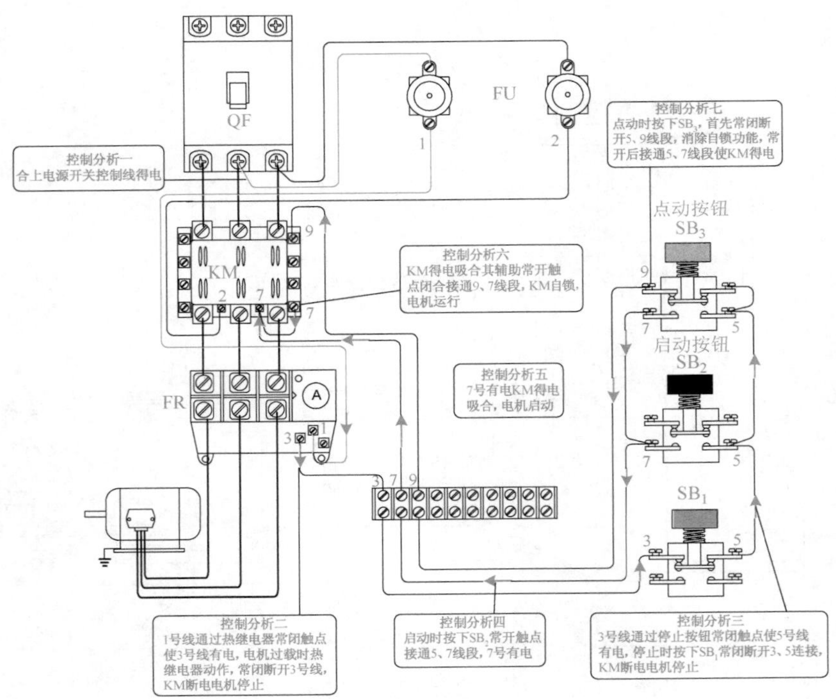

图 6-28　电动机多条件启动控制电路接线示意

为了保证人员和设备的安全，往往要求两处或多处同时操作才能发出主令信号，设备才能工作. 要实现多信号控制，在线路中需要将启动按钮(或其他电器元的常开触点)串联。

工作过程：这是以两个信号为例的多信号控制线路，启动时只有将 SB_2、SB_3 同时按下，交流接触器 KM 线圈才能通电吸合，主触点接通，电动机开始运行。而电动机需要停止时，可按下 SB_1，KM 线圈失电，主触点断开，电动机停止运行。

六、电动机多保护启动控制电路

电动机多保护启动电路是机械设备的外围辅助设备必须达到工作要求时电动机才可以启动的电路，如图 6-29 所示的 SQ 是一个限位开关起到位置保护作用，辅助设备未达到位置要求，电动机不能启动。根据工作需要，也可以是压力、温度、液位等多种控制，当需要多种保护时将各种辅助保护设备的常开接点串接起来即可。练习接线可以参考如图 6-30 所示的电动机多保护启动控制电路接线示意。

启动过程：合上 QF 开关电路得电，但这时 SB_2 启动动按钮不起作用，因为辅助保护的 SQ 常开接点未闭合，只有当辅助设备达到位置要求时，SQ 常开接点闭合，SB_2 按钮在起作用。如果在运行中辅助设备的位置发生了变化，SQ 接点立即断开，KM 接触器线圈断电释放，KM 接触器主触点断开电动机停止运行，从而达到保护的目的。

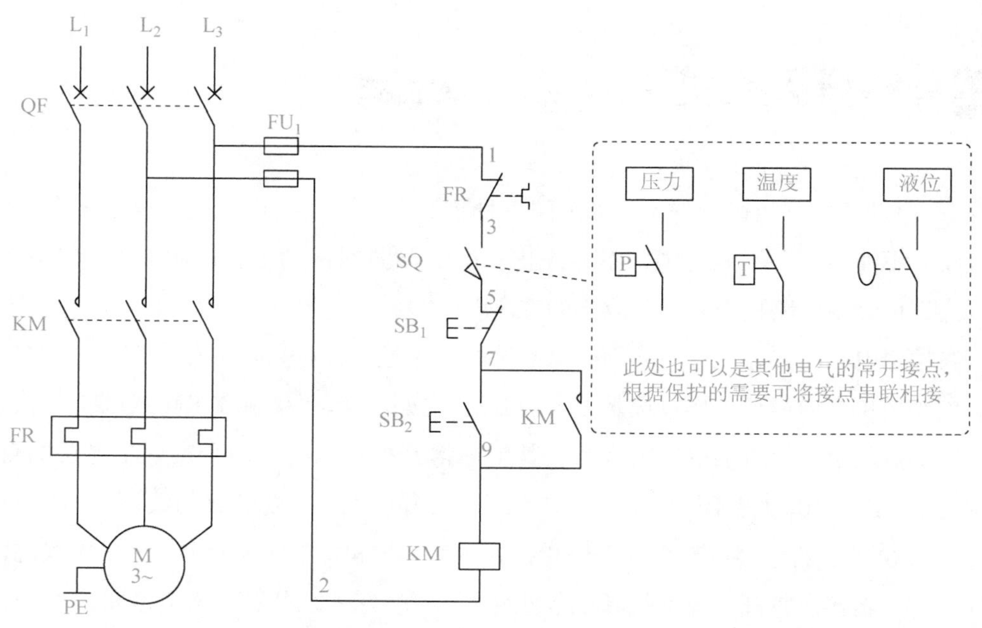

图 6-29 电动机多保护控制电路原理

第六章 控制电路

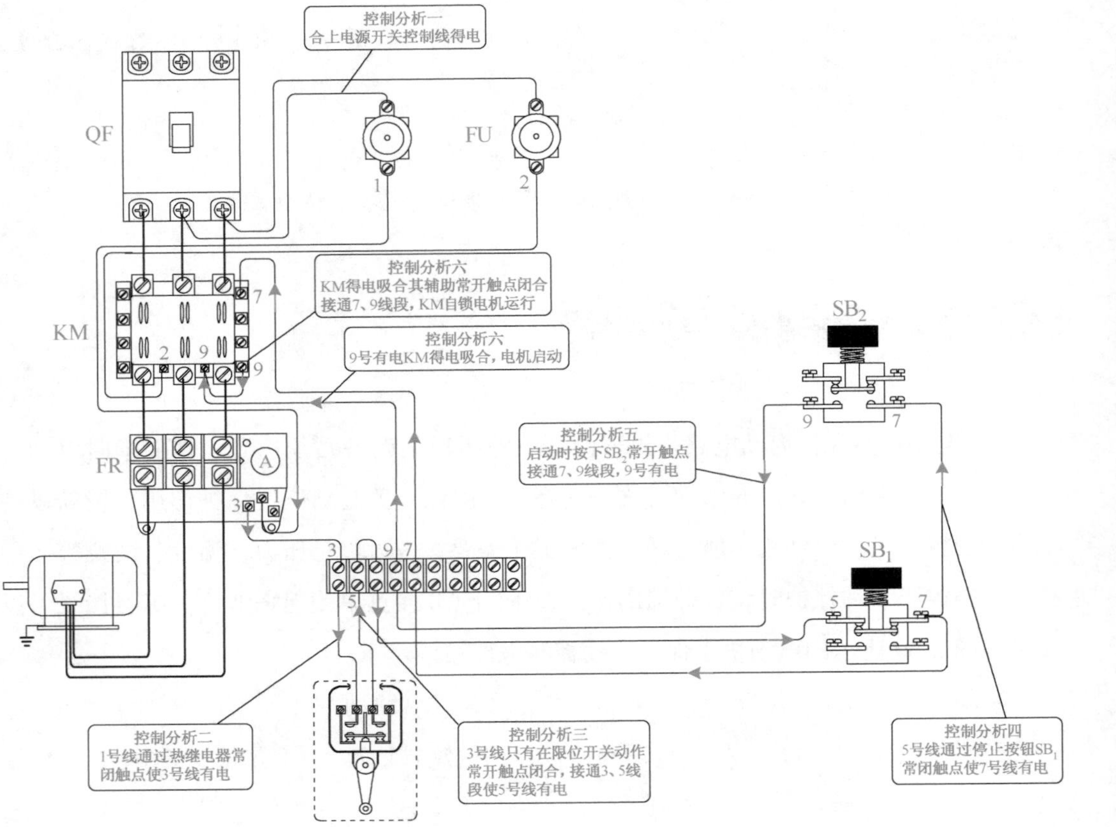

控制分析一
合上电源开关控制线得电

控制分析二
1号线通过热继电器常闭触点使3号线有电

控制分析三
3号线只有在限位开关动作常开触点闭合，接通3、5线段使5号线有电

控制分析四
5号线通过停止按钮SB_1常闭触点使7号线有电

控制分析五
启动时按下SB_2常开触点接通7、9线段，9号有电

控制分析六
9号有电KM得电吸合，电机启动

控制分析六
KM得电吸合其辅助常开触点闭合接通7、9线段，KM自锁电机运行

图 6-30　电动机多保护启动控制电路接线示意

七、电动机单方向运行电路常见故障的检修

电动机单方向运行是应用最多的一种控制电路，经常出现的故障也较多，常见的故障有不能启动、不能自锁、不能停止、接触器剧烈振动等，以图 6-31～图 6-36 为例，详细地介绍电路检查和排除故障的方法。

在检修电路时，首先应当详细分析电路的工作过程，做到心中有数。

电动机单方向运行工作过程是按下控制启动按钮 SB_2，接触器 KM 线圈得电铁芯吸合，主触点闭合，使电动机得电运行，其辅助常开接点也同时闭合实现了电路的自锁，电源通过 FU_1→SB_1 的常闭→KM 的常开接点（已经闭合）→接触器的线圈→FU_2，松开 SB_2，KM 也不会断电释放。当按下停止按钮 SB_1 时，SB_1 常闭接点打开，KM 线圈断电释放，主、辅接点打开，电动机断电停止运行。FR 为热继电器，当电动机过载或因故障使电机电流增大时，热继电器内的双金属片温度升高会使 FR 常闭接点打开，KM 失电释放，电动机断电停止运行，从而实现过载保护。

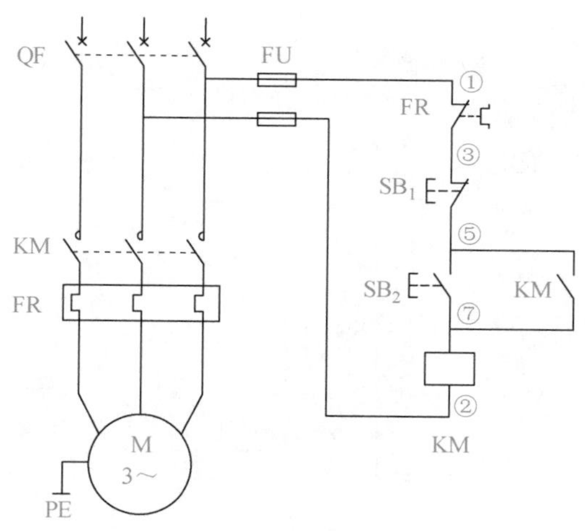

图 6-31　电动机单方向运行电路原理

1. 电动机正方向运行控制线路检查和试车

① 对照原理图和接线图逐线检查。重点检查按钮盒内的接线和接触器的自保线，防止错接线和漏接线。

② 检查各接线端子处接线牢固的情况，排除虚接线故障点。

③ 用万用表电阻挡(R×1 挡)检查，在不通电的情况下，用手动来模拟电器的操动作，用万用表测量线路的通断情况。检查方法：应根据控制线路动作来确定检查步骤和内容，根据原理图和接线图选择测量重点。先检查主回路后再检查辅助回路，主回路的检查如图 6-32 所示。

取下辅助电路熔断器 FU_1 和 FU_2，用万用表表笔分别测量电源开关下端子 A～B、B～C、A～C 之间的电阻，结果均应为断路电阻，应无穷大($R=\infty$)。

若某次测量中的电阻较小或为零，则说明所测两相之间的接线有短路点，应仔细逐相检查排除短路点。

用手按压接触器触头架，使三相主触点闭合，重复上述测量，可分别测得电动机各相绕的阻值。若某测量结果为断路($R=\infty$)，则应仔细检查所测两相之间的各段接线。例如测量 A～B 之间电阻值 $R=\infty$，则说明主电路 A、B 两相之间的接线有断路处。也可将一支表笔接断路器的下端处；另一只表笔依次测 A 相各段导线两端端子，均应测得 $R=0$，再将表笔移到其他相各段导线两端测量，则分别测得电动机—相绕组的阻值，这样即可准确地查出断路点，并予以排除。

2. 辅助电路检查内容

① 按下接触器 KM 触点架，检查辅助接点常闭应断开，常开应闭合，测量接触器线圈电阻值。

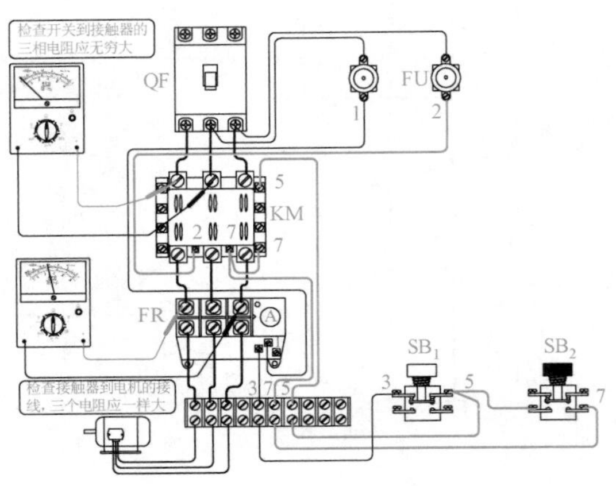

（a）主回路线间的检查

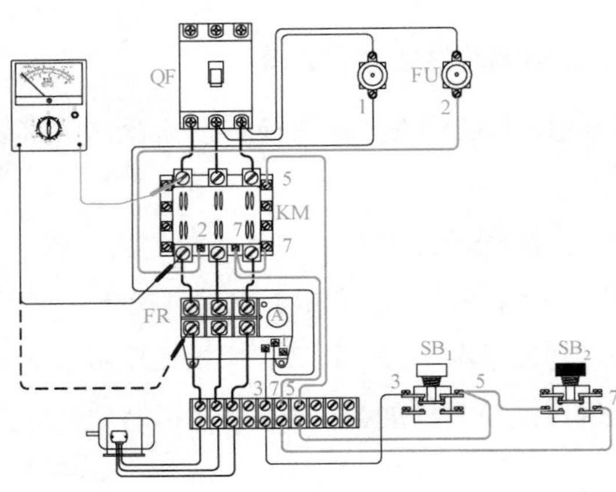

（b）主回路线段的检查

图 6-32　主回路检查

② 检查自保线路：自保的检查线段如图 6-33 所示，将表笔接在②、⑤之间，按下接触器 KM 触点架，使常开辅助接点闭合，应测 KM 线圈电阻，说明自保线路无误。如测得结果为断路，应检查 KM 自保接点是否正常，检查上下端子连接线是否正确、有无虚接及脱落，如上述测量中测得的结果为短路，则重点检查②、⑤、⑦号线是否错接到一端子上了。

例如：启动按钮 SB_2 下端引出的⑦号线应接到接触器 KM 线圈端子上，如错接到 KM 线圈下端的②号端子上，则辅助电路的两相电源不经负载（KM 线圈）直接相通，只要按 SB_2 就会造成两相相间短路。再如：停止按钮 SB_1 下线端子引出的⑤号线如接错接到接触器自保触点端子下端的⑦号线上，则启动按钮 SB_2 不起控制作用，此时只要合上电源开关 QF（未按下 SB_2）线路就会自动启动而造成危险。

③ 检查停车控制，将表笔接在②、③号线之间按下接触器 KM 触点架，按下启动按钮 SB_2，应测得接触器线圈的直流电阻，再按下 SB_1，应测电路由通变断。否则应检查按钮盒内接线，并排除错接线。

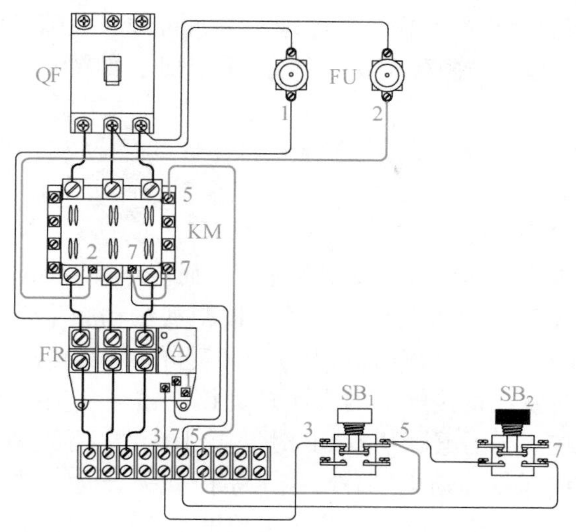

图 6-33　自保和停车检查的线段

3. 试车

完成上述各项检查后，清理好工具和材料，检查三相电源，将热继电器电流整定值按 1 倍电动机额定电流整定好后，在有专人监护下执行安全规程中的有关规定试车。

① 空载试验：拆下电动机定子绕组线的连接线，合上开关 QF，按下启动按钮 SB_2 后松开，接触器 KM 应通电动作，并能保持吸合状态，按下停止按钮 SB_1，KM 应立即释放，再反复操作几次，再检查线路动作的可靠性。

② 带负荷试车：切断电源后接好电动机定子接线，合上电源开关 QF，按下启动按钮 SB_2，电动机通电运行，按下 SB_1 电动机断电，停止运行。

4. 常见的故障分析处理

故障 1：合上电源开关 QF（未按下 SB_2）接触器 KM 立即得电动作，按下 SB_1 则 KM 释放，松开 SB_1 时接触器 KM 又得电动作。

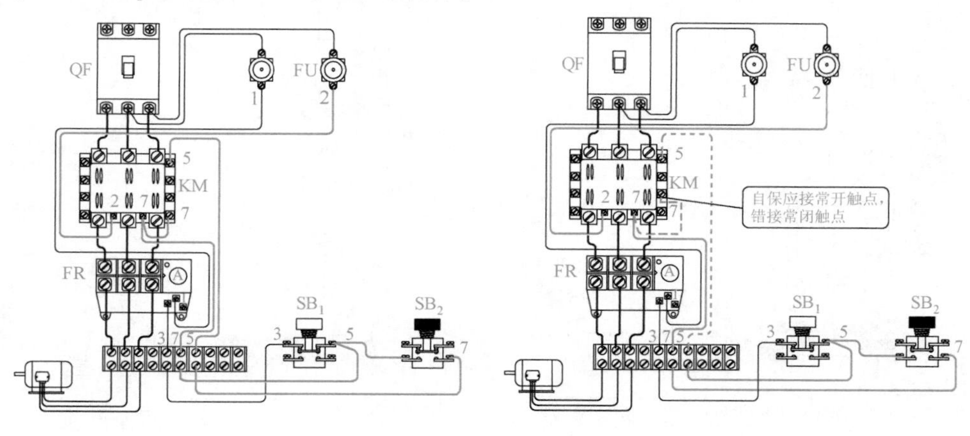

图 6-34　故障 1 的检查要点　　图 6-35　故障 2 的检查要点

分析：故障现象说明 SB_1（常闭停止按钮）的停车控制功能正常，而 SB_2（常开启动按钮)不起作用，接触器直接得电动作，从原理图分析可知，故障是由于 SB_1 下端连线直接接到 KM 线圈上端引起的，怀疑⑤或⑦号线有错接处，如图 6-34 所示，造成线路控制失控。

检查、按钮盒内⑤、⑦号线及接触器 KM 自保触点下接线端子⑦号线。

故障 2：试车时合上 QF，接触器剧烈振动(振动频率低，10～20Hz)，主触点严重起弧，电动机轴时转时停，按下 SB_1，则 KM 立即释放。

分析：故障现象表明启动控钮 SB_2 不起作用，而停止按钮 SB_1 有停车控制作用，说明接线错误，而且与故障 1 的错误相似。接触器剧烈振动频率低，不像是电源电压低(噪声约 50Hz)和短路环损坏(噪声约 100Hz)，怀疑自保线接错。

检查：核对接线时发现将接触器的常闭辅助接点错当自保接点使用，如图 6-35 所示，造成控制线路失控。合上电源开关 QF 时，接触器 KM 常闭辅助触点将按钮 SB_2 常开接点短接，使 KM 线圈立即通电动作，当 KM 衔铁吸合时，带动其常闭辅助接点分断，使 KM 线圈失压；而衔铁复位时，其常闭辅助触点随之复位，使 KM 线圈又通电，如此往复循环动作引起接触器 KM 剧烈振动。因为衔铁基本是在全行程内往复运动，因此振动频率较低。

处理：将自保线改接在 KM 常开辅助接点端子上，经检查核对后重新试车，故障排除。

故障 3：试车时按下启动按钮 SB_2 后，交流接触器 KM 不动作，检查接线无误，三相电源电压正常，线路接触良好。

分析：故障现象表明，问题出在电器元件上，怀疑按钮的触头、接触器线圈、热继电器控制触点有断路点。

检查：分别用万用表 $R\times1$ 挡测量上述元件。表笔跨接在辅助电路热继电器 FR 上端子和 SB_2 下端子(1 号和 2 号端子)，按下 SB_2 时测得 $R=0$，证明按钮完好。测量 KM 线圈阻值正常；测量热继电器常闭触点(1-3)，测量结果为断路。说明在检查 FR 过载保护动作后(或错接成常闭接点)，如图 6-36 所示，常闭辅助触点未复位，为此 KM 不能启动。

处理：按下 FR 复位按钮、重新试车正常。

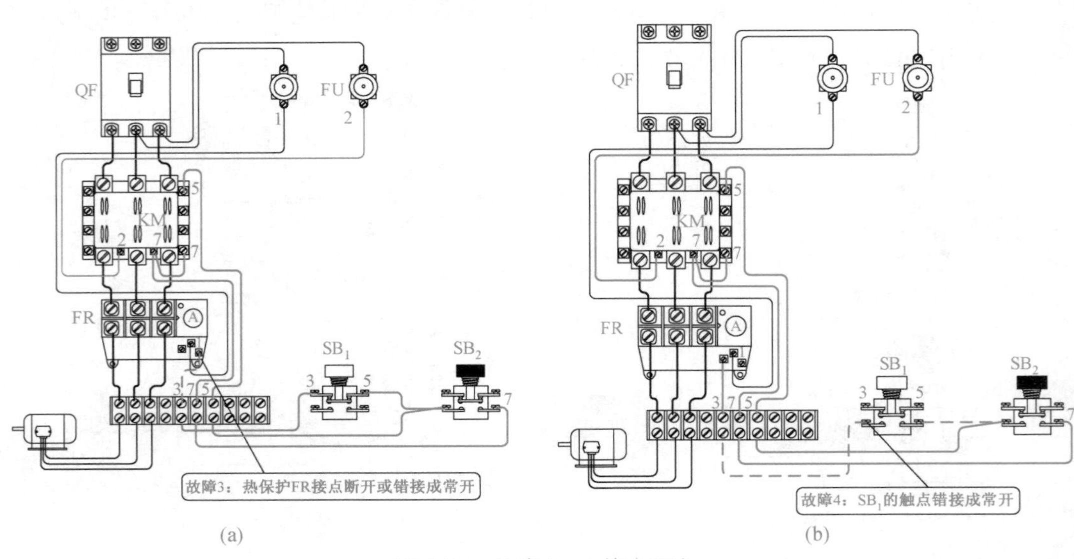

图 6-36　故障 3、4 检查要点

故障4：试车时按启动按钮 SB_2 时接触器不动作，而同时按下停止按钮 SB_1 时，KM 动作正常，松开 SB_1 则 KM 释放。

分析：SB_1 为停止按钮，不操作时触点应接通，启动时 SB_1 应无控制作用。故障现象表明 SB_1 似接成了"常开"形式，如图 6-36 所示。

检查：打开按钮盒校对接线，发现错将③号、⑤号线接到停止钮常开触点端子上。

处理：改正接线重新试车，故障排除。

第五节　电动机正反转控制电路

一、三相异步电动机正、反向点动控制电路

三相异步电动机正、反向点动控制电路如图 6-37 所示，其接线示意如图 6-38 所示。点动控制电路是在需要设备动作时按下控制按钮 SB_1，接触器 KM_1 线圈得电，主触点闭合，设备开始工作(正转)，松开按钮后接触器线圈断电，主触头断开设备停止。反转时按下控制按钮 SB_2，接触器 KM_2 线圈得电，主触点闭合设备开始工作(反转)，松开按钮后接触器线圈断电，设备停止。为了防止 KM_1 和 KM_2 同时动作造成电源短路，KM_1 与 KM_2 利用辅助常闭接点互锁，此种控制方法多用于小型起吊设备的电动机控制。

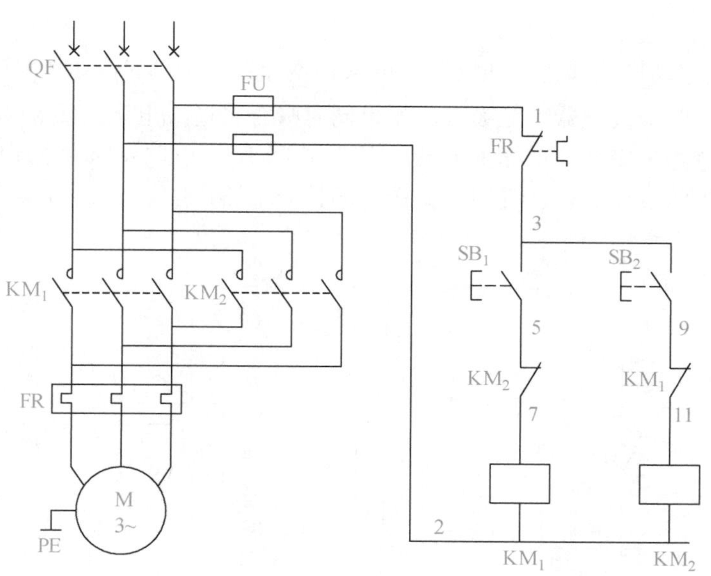

图 6-37　电动机正、反向点动控制电路电气原理

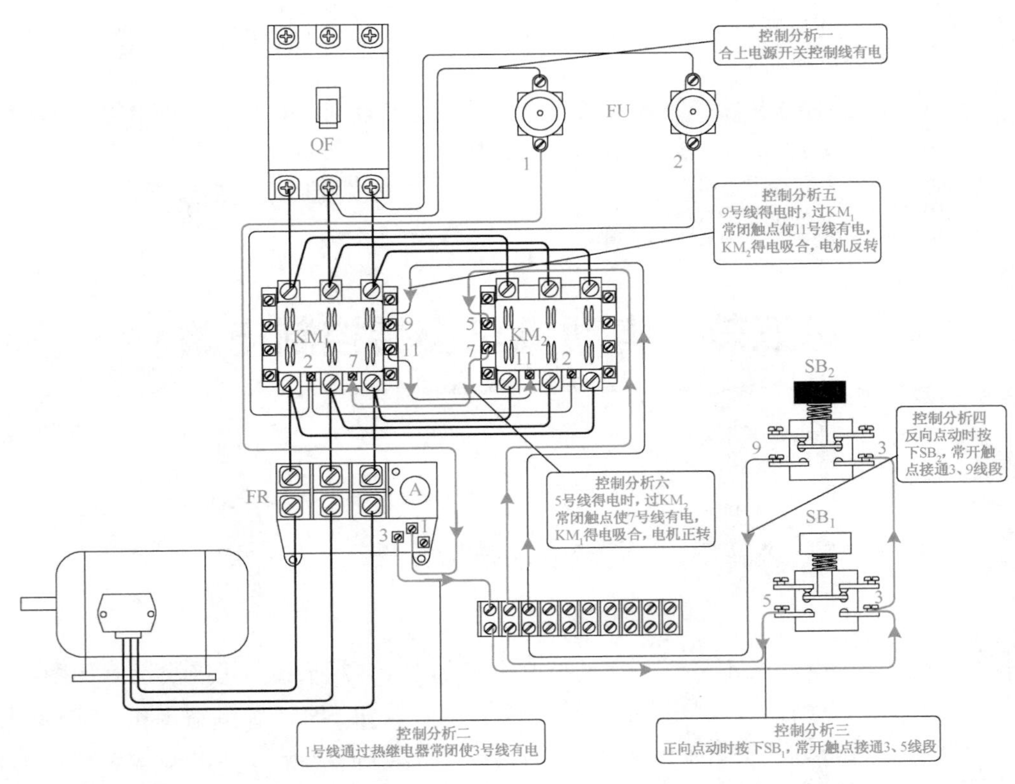

图 6-38 电动机正、反向点动控制电路接线示意

二、电动机正反转运行控制电路

为了使电动机能够正转和反转，可采用两个接触器 KM_1、KM_2 换接电动机三相电源的相序，但两个接触器不能吸合，如果同时吸合将造成电源的短路事故，为了防止这种事故，在电路中应采取可靠的互锁，如图 6-39 所示电路是采用按钮互锁和接触器互锁的双重互锁的电动机正、反两方向运行的控制电路。

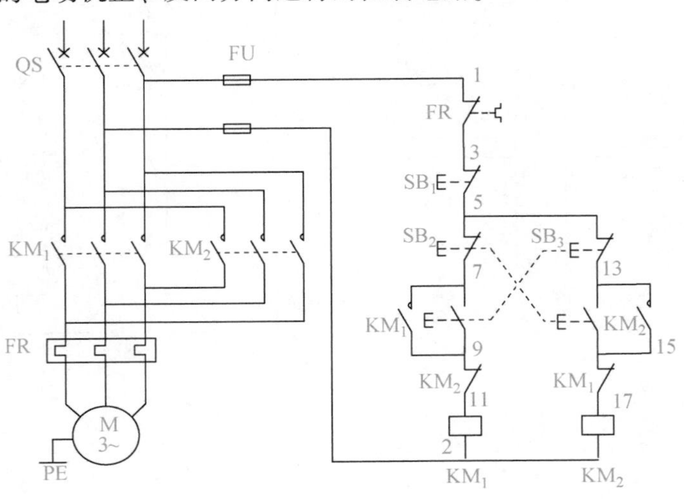

图 6-39 电动机可逆运行控制电路原理

线路分析如下。

（1）正向启动：按下正向启动按钮 SB_3，KM_1 通电吸合并自锁，主触头闭合，接通电动机，此时电动机的相序是 L_1、L_2、L_3，如图 6-40 所示，即正向运行。

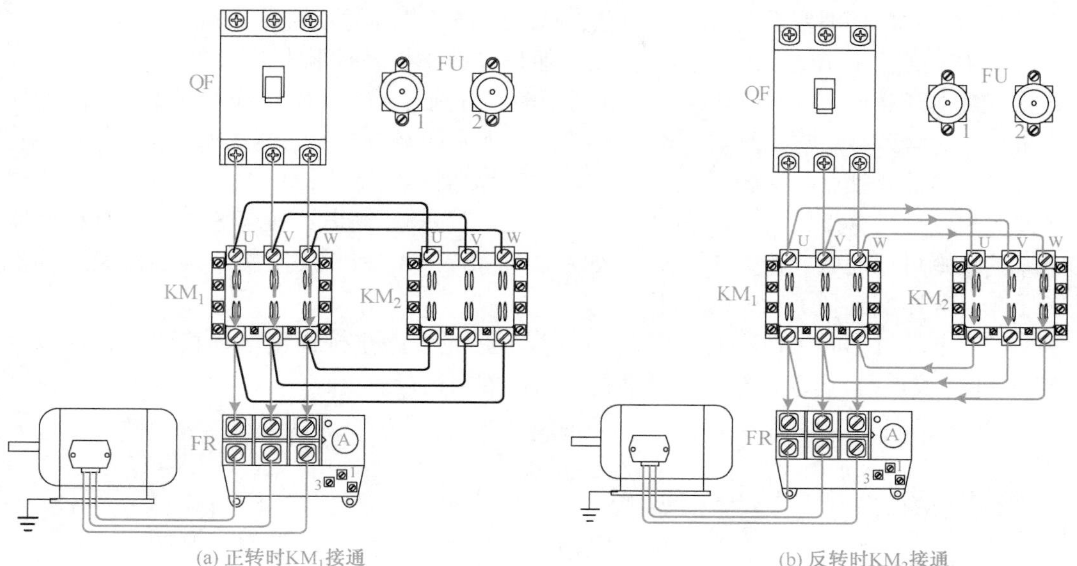

(a) 正转时KM_1接通　　(b) 反转时KM_2接通

图 6-40　正反转主回路接线

（2）反向启动：按下反向启动按钮 SB_2，KM_2 通电吸合并通过辅助触点自锁，常开主触头闭合换接了电动机三相的电源相序，这时电动机的相序是 L_3、L_2、L_1，即反向运行。

（3）互锁环节：具有禁止功能，在线路中起安全保护作用，控制回路接线如图 6-41 所示。

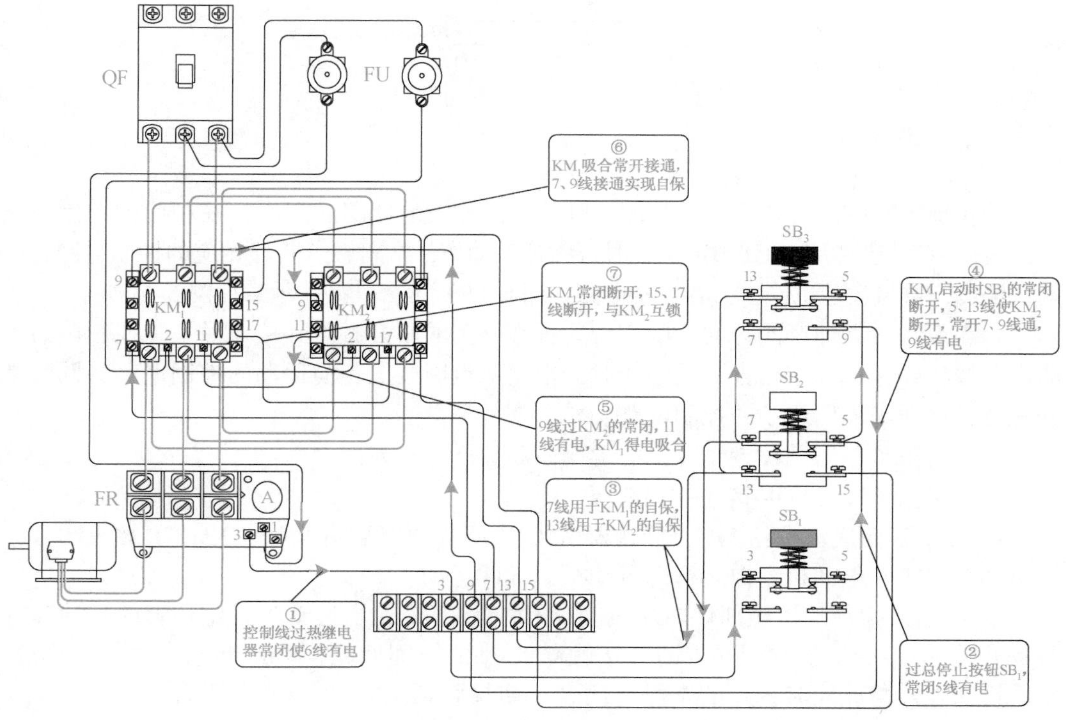

图 6-41　电动机可逆运行控制电路接线示意

① 接触器互锁　KM_1 线圈回路串入 KM_2 的常闭辅助触点，KM_2 线圈回路串入 KM_1 的常闭触点。当正转接触器 KM_1 线圈通电动作后，KM_1 的辅助常闭触点断开了 KM_2 线圈回路，若使 KM_1 得电吸合，必须先使 KM_2 断电释放，其辅助常闭触头复位，这就防止了 KM_1、KM_2 同时吸合造成相间短路，这一线路环节称为互锁环节。

② 按钮互锁　在电路中采用了控制按钮操作的正反转控制电路，按钮 SB_2、SB_3 都具有一对常开触点，一对常闭触点，这两个触点分别与 KM_1、KM_2 线圈回路连接。例如按钮 SB_2 的常开触点与接触器 KM_2 线圈串联，而常闭触点与接触器 KM_1 线圈回路串联。按钮 SB_3 的常开触点与接触器 KM_1 线圈串联，而常闭触点压 KM_2 线圈回路串联。这样当按下 SB_2 时只有接触器 KM_2 的线圈可以通电，而 KM_1 断电；按下 SB_3 时只有接触器 KM_1 的线圈可以通电，而 KM_2 断电；如果同时按下 SB_2 和 SB_3 则两个接触器线圈都不能通电，这样就起到了互锁的作用。

(4) 电动机正向(或反向)启动运转后，不必先按停止按钮使电动机停止，可以直接按反向(或正向)启动按钮，使电动机变为反方向运行。

三、电动机自动往返控制电路

电动机自动往返控制电路按照位置控制原则的电动机正反转电路，是生产机械电气化自动中应用最多和作用原理最简单的一种形式，在位置控制的电气自动装置线路中，由行程开关或终端开关的动作发出信号来控制电动机的工作状态。如图 6-42 所示的工作台需要往返运动。

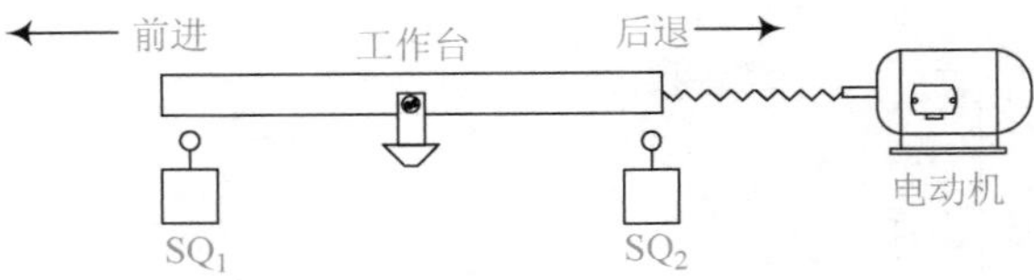

图 6-42　机械往返运动

若在预定的位置电动机需要停止，则将行程开关的常闭触点串接在相应的控制电路中，这样在机械装置运动到预定位置时行程开关动作，常闭触点断开相应的控制电路，电动机停转，机械运动也停止，其控制电路如图 6-43 所示，其接线示意如图 6-44 所示。

若需停止后立即反向运动，则应将此行程开关的常开触点并接在另一个控制回路中的启动按钮处，这样在行程开关动作时，常闭触点断开了正向运动的控制电路，同时常开触点又接通了反向运动的控制电路。

电动机自动往返循环控制电路的动作原理如下。

① 合上空气开关 QF 接通三相电源。

② 按下正向启动按钮 SB_3，接触器 KM_1 线圈通电吸合并自锁，KM_1 主触头闭合接通电动机电源，电动机正向运行。带动机械部件运动。

③ 电动机拖动的机械部件向左运动(设左为正向)，当运动到预定位置时挡块碰撞行程开关 SQ_1，SQ_1 的常闭触点断开接触器 KM_1 的线圈回路，KM_1 断电，主触头释放，电动机断电。与此同时 SQ_1 的常触点闭合，使接触器 KM_2 线圈通电吸合并自锁，其主触头使电动机电源相序改变而反转。电动机拖动运动部件向右运动(设右为反向)。

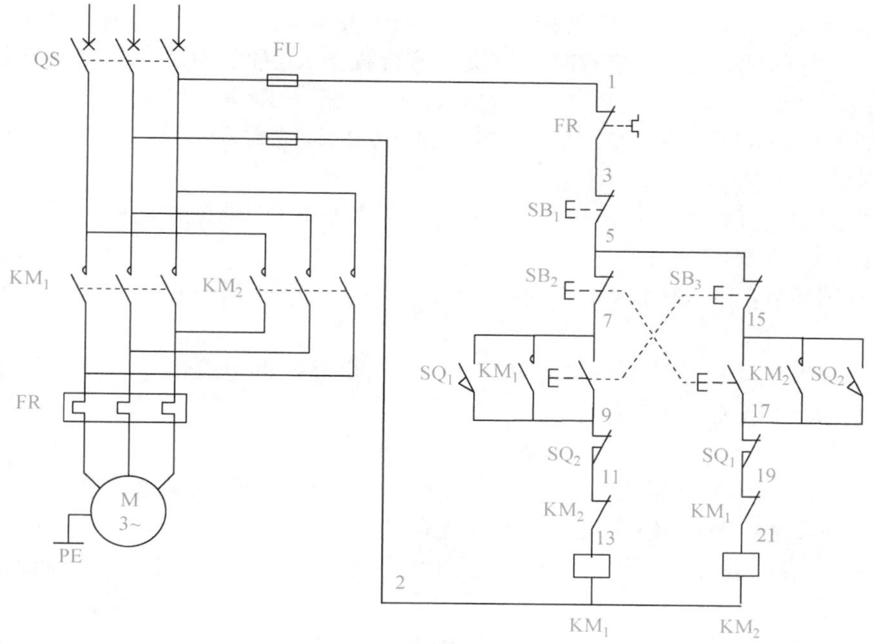

图 6-43　电动机自动往返控制电路

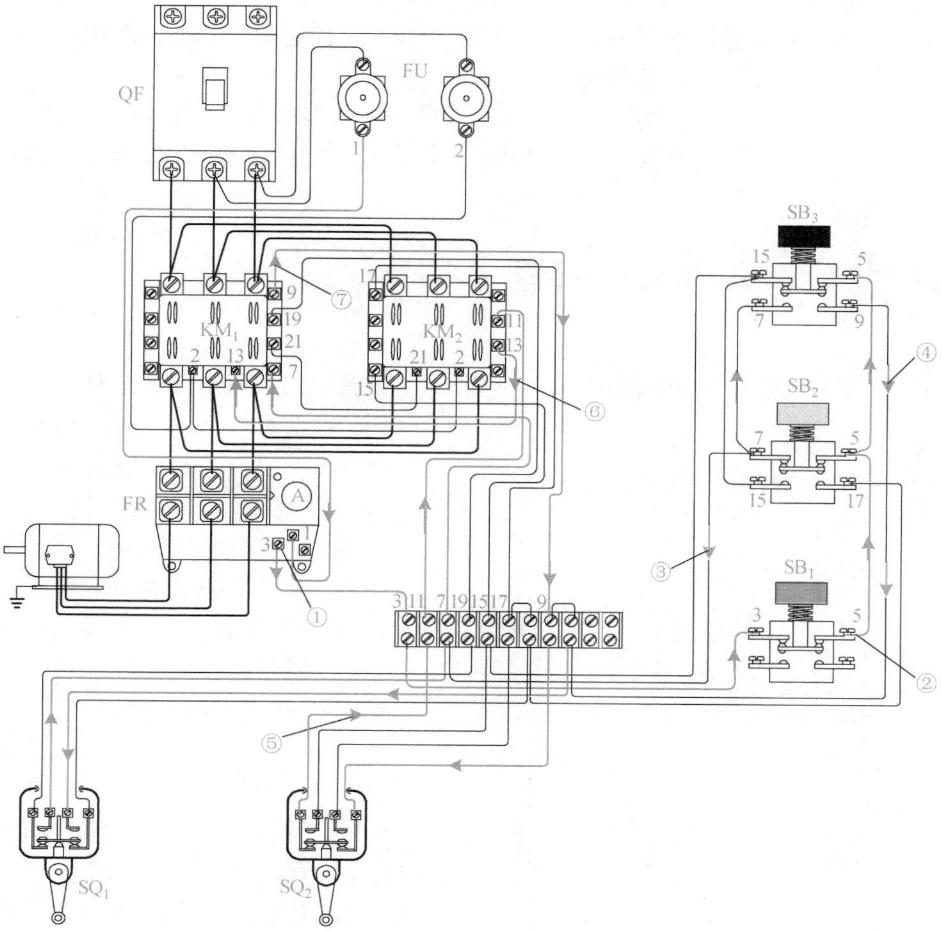

图 6-44　电动机自动往返控制电路接线示意

④ 在运动部件向右运动的过程中，挡块使 SQ_1 复位，为下次 KM_1 动作做好准备。当机械部件向右运动到预定位置时，挡块碰撞行程开关 SQ_2，SQ_2 的常闭触点断开接触器 KM_2 线圈回路，KM_2 线圈断电，主触头释放，电动机断电，停止向右运动。与此同时 SQ_2 的常开触点闭合使 KM_1 线圈通电并自锁，KM_1 主触头闭合，接通电动机电源，电动机运转，并重复以上的过程。

⑤ 电路中的互锁环节：接触器互锁由 KM_1（或 KM_2）的辅助常闭触点互锁完成；按钮互锁由 SB_2（或 SB_3）完成。

⑥ 自锁环节：由 KM_1（或 KM_2）的辅助常开触点并联 SB_2（或 SB_3）的常开触点实现自锁。

⑦ 若想使电动机停转则按停止按钮 SB_1，则全部控制电路断电，接触器主触头释放，电动机断开电源，停止运行。

以正转 KM_1 启动分析各个动作步骤。

① 控制线过热继电器 FR 常闭，3 号线有电，保证控制按钮有电。

② 3 号线过总停按钮 SB_1 常闭，5 号线有电。

③ 5 号线过 SB_2 常闭（按钮互锁），7 号线有电，通过行程开关 SQ_1 常开触点与 9 号线并接。

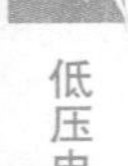

④ KM_1 启动时按下 SB_3，SB_3 的常闭断开 15 号线，常开接通 7、9 号线，9 号线有电。（如果 SQ_1 动作，7、9 号线也接通，可实现自动控制）。

⑤ 9 号线有电通过行程开关 SQ_2 的常闭，11 号线有电（如果 SQ_2 动作，其断开 9、11 号线连接，KM_1 不能启动或停止）。

⑥ 11 号线通过 KM_2 常闭触点（接触器互锁），13 号线有电，KM_1 得电吸合。

⑦ KM_1 吸合，KM_1 的辅助常开触点接通 7、9 号线，保持 9 号线有电，KM_1 实现自保。

四、电动机可逆带限位控制电路

电动机可逆带限位控制电路是一种带有位置保护的控制电路，这种电路多用在具有往返于机械运动的设备上，为了防止设备在运动时超出运动位置极限，在极限位置装有限位开关 SQ，当设备运行到极限位置时 SQ 动作使之能够停止，其原理如图 6-45 所示。

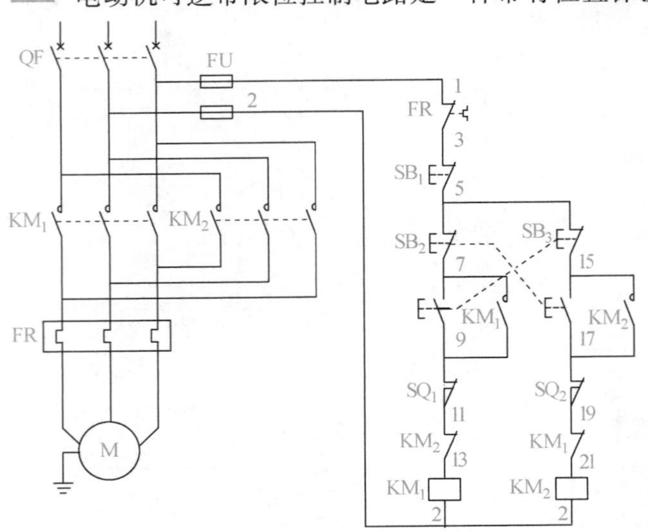

图 6-45　电动机可逆带限位控制电路原理

线路分析如下。

（1）正向运动　按下正向启动按钮 SB_3，KM_1 通电吸合并自锁，主触头闭合接通电动机，此电动机的相序是 L_1、L_2、L_3，即正向运行。如果运动到了极限位置，将碰到限位

开关 SQ_1，SQ_1 的常闭断开，KM_1 失电不再吸合，主触点断开，电动机停止。

（2）反向运动　按下反向启动按钮 SB_2，KM_2 通电吸合并通过辅助触点自锁，常开主触头闭合换接了电动机三相的电源相序，这时电动机的相序是 L_3、L_2、L_1，即反向运行。如果运动到了极限位置，将碰到限位开关 SQ_2，SQ_2 的常闭断开，KM_2 失电不再吸合，主触点断开，电动机停止。

（3）互锁环节　具有禁止功能，在线路中起安全保护作用。

① 接触器互锁：KM_1 线圈回路串入 KM_2 的常闭辅助触点，KM_2 线圈回路串入 KM_1 的常闭触点。当正转接触器 KM_1 线圈通电动作后，KM_1 的辅助常闭触点断开了 KM_2 线圈回路，若使 KM_1 得电吸合，必须先使 KM_2 断电释放，其辅助常闭触头复位，这就防止了 KM_1、KM_2 同时吸合造成相间短路，这一线路环节称为互锁环节。

② 按钮互锁：在电路中采用了控制按钮操作的正反转控制电路，按钮 SB_2、SB_3 都具有一对常开触点，一对常闭触点，这两个触点分别与 KM_1、KM_2 线圈回路连接。例如按钮 SB_2 的常开触点与接触器 KM_2 线圈串联，而常闭触点与接触器 KM_1 线圈回路串联。按钮 SB_3 的常开触点与接触器 KM_1 线圈串联，而常闭触点与 KM_2 线圈回路串联。这样当按下 SB_2 时只有接触器 KM_2 的线圈可以通电，而 KM_1 断电；按下 SB_3 时只有接触器 KM_1 的线圈可以通电，而 KM_2 断电；如果同时按下 SB_2 和 SB_3 则两个接触器线圈都不能通电，这样就起到了互锁的作用。

如图 6-46 所示是电动机可逆带限位控制电路接线示意。

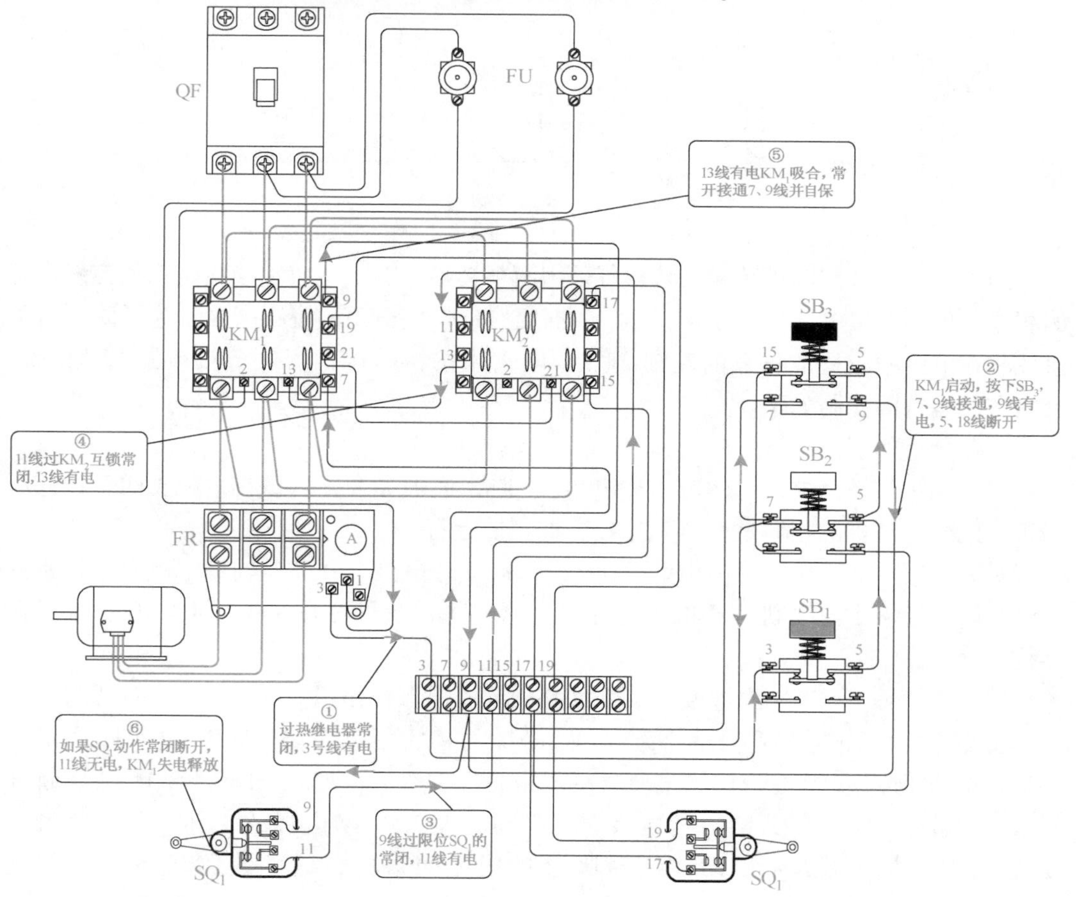

图 6-46　电动机可逆带限位控制电路接线示意

五、电动机正反转控制电路安装与故障检查

电动机正反转运行是应用很多的一种控制电路，如常见的升降机、卷帘门等。经常出现的故障也较多，常见的故障有不能启动、不能自锁、不能不互锁、接触器剧烈振动等，以如图 6-47 所示电路为例，详细地介绍电路检查和排除故障的方法。

在检修电路时，首先应当详细分析电路的工作过程，做到心中有数。

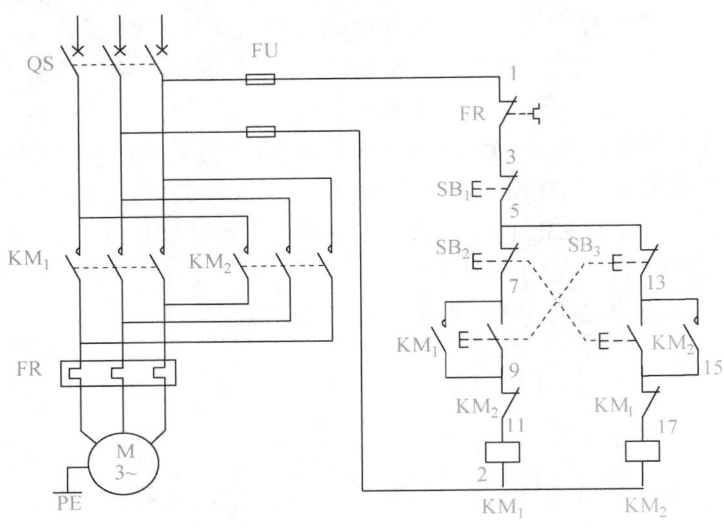

图 6-47 电动机正反转运行控制电路

为了使电动机能够正转和反转，可采用两个接触器 KM_1、KM_2 换接电动机三相电源的相序，但两个接触器不能吸合，如果同时吸合将造成电源的短路事故，为了防止这种事故，在电路中应采取可靠的互锁，图 6-47 采用按钮和接触器双重互锁的电动机正、反两方向运行的控制电路。

线路分析如下。

（1）正向启动　按下正向启动按钮 SB_3，KM_1 通电吸合并自锁，主触头闭合接通电动机，此时电动机的相序是 L_1、L_2、L_3，即正向运行。

（2）反向启动　按下反向启动按钮 SB_2，KM_2 通电吸合并通过辅助触点自锁，常开主触头闭合换接了电动机三相的电源相序，这时电动机的相序是 L_3、L_2、L_1，即反向运行。

（3）互锁环节　具有禁止功能，在线路中起安全保护作用。

① 接触器互锁：KM_1 线圈回路串入 KM_2 的常闭辅助触点，KM_2 线圈回路串入 KM_1 的常闭触点。当正转接触器 KM_1 线圈通电动作后，KM_1 的辅助常闭触点断开了 KM_2 线圈回路，若使 KM_1 得电吸合，必须先使 KM_2 断电释放，其辅助常闭触头复位，这就防止了 KM_1、KM_2 同时吸合造成相间短路，这一线路环节称为互锁环节。

② 按钮互锁：在电路中采用了控制按钮操作的正反传控制电路，按钮 SB_2、SB_3 都具有一对常开触点，一对常闭触点，这两个触点分别与 KM_1、KM_2 线圈回路连接。例如按钮 SB_2 的常开触点与接触器 KM_2 线圈串联，而常闭触点与接触器 KM_1 线圈回路串联。按钮 SB_3 的常开触点与接触器 KM_1 线圈串联，而常闭触点与 KM_2 线圈回路串联。这样当按下 SB_2 时只有接触器 KM_2 的线圈可以通电，而 KM_1 断电；按下 SB_3 时只有接触器 KM_1 的线圈可以通电，而 KM_2 断电；如果同时按下 SB_2 和 SB_3，则两个接触器线圈都不能通电，这样就起到了互锁的作用。

电动机正向（或反向）启动运转后，不必先按停止按钮使电动机停止，可以直接按反向（或正向）启动按钮，使电动机变为反方向运行。

电动机可逆运行控制电路的调试如下。

① 检查主回路的接线是否正确，为了保证两个接触器动作时能够可靠调换电动机的相序，接线时应使接触器的上口接线保持一致，在接触器的下口调相。

② 检查接线无误后，通电试验，通电试验时为防止意外，应先将电动机的接线断开。

故障现象预处理如下。

故障 1：不启动。

原因：检查控制保险 FU 是否断路、热继电器 FR 接点是否用错或接触不良、SB_1 按钮的常闭接点是否不良、按钮互锁的接线是否有误。可以在接线端子处用万用表电阻挡的通断来判断按钮接线，如图 6-48 所示。

检查 SB_3 的互锁：用万用表接在 3、9 两点，应当不通，按下 SB_3 表针应打零。

检查 SB_2 的互锁：用万用表接在 3、15 两点，应当不通，按下 SB_2 表针应打零。

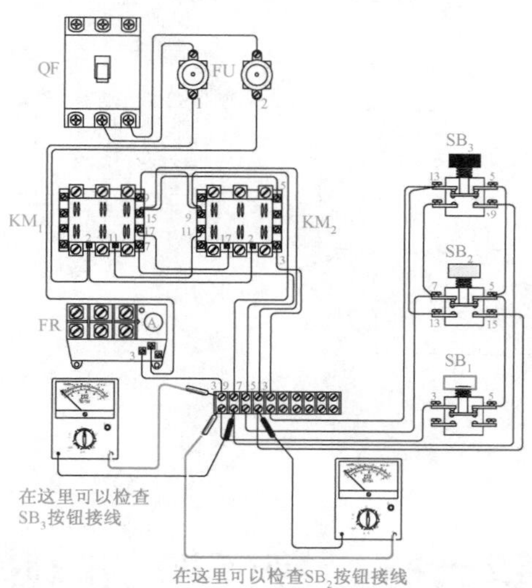

图 6-48 按钮互锁的检查方法

检查接触器互锁的方法如图 6-49 所示，万用表的一支表笔接到端子 9 的位置；另一支表笔接到 KM_1 线圈端子 11 的位置，万用表应当通，按下 KM_2 接触器支架万用表应当断开，表示 KM_2 锁住了 KM_1。

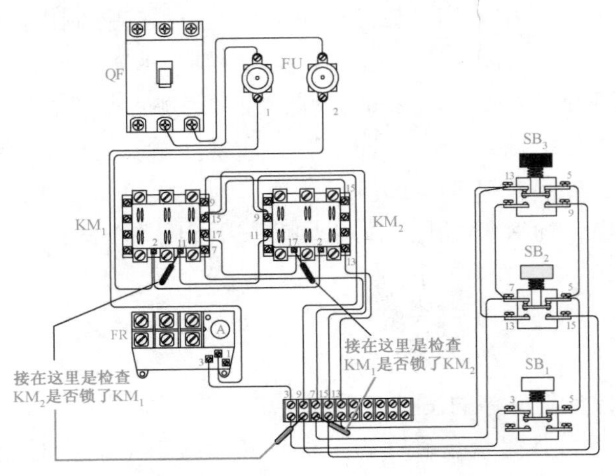

图 6-49　检查接触器互锁的方法

同样万用表的一支表笔接到端子 15 的位置，另一支表笔接到 KM_2 线圈端子 17 的位置，万用表应当通，按下 KM_1 接触器支架万用表应当断开，表示 KM_1 锁住了 KM_2。

故障 2：启动时接触器"吧嗒"动作一下就不吸了。

原因：这是因为接触器的常闭接点互锁接线有错，将互锁接点接成了"自己锁自己"，启动时常闭接点是通的，接触器线圈的电吸合，但接触器吸合后常闭接点断开，接触器线圈又断电释放，释放常闭接点，接通接触器又吸合，接点又断开(图 6-50)，所以会出现"吧嗒"声音，接触器不吸合的现象。

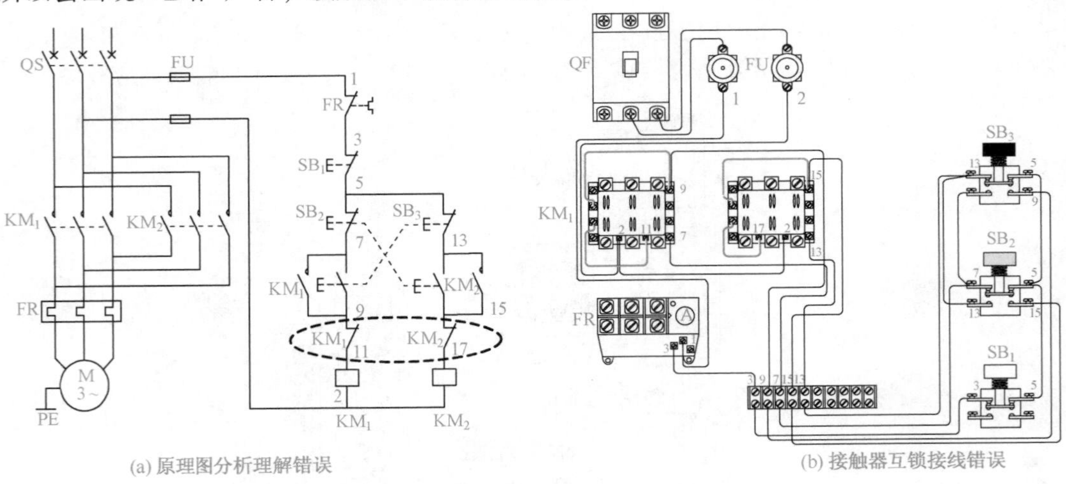

图 6-50　故障 2 互锁接点接错

第六节　顺序控制电路

在人们正常所接触的设备中有许多设备的控制是有一些特殊要求的，各个执行元件之间有着先后顺序动作，不能随意的动作，例如大型制冷机组的启动，必须是先启动冷却水，再启动制冷机组等，顺序控制电路有顺序启动随意停止、随意启动顺序停止、顺序启动顺序停止电路，以下将详细的介绍这些电路。

一、两台电动机顺序启动控制电路

顺序启动控制电路是在一个设备启动之后，另一个设备才能启动的一种控制方法， KM_1 是辅助设备，KM_2 是主设备，只有当辅助设备运行之后主设备才可以启动，如图 6-51 所示，KM_2 要先启动是不能动作的，因为 SB_2 和 KM_1 是断开状态，只有当 KM_1 吸合实现自锁之后，SB_4 按钮才对控制电源起作用，能使 KM_2 通电吸合，这种控制多用于大型空调、制冷等设备的主、辅设备的控制电路。其元件接线如图 6-52 所示。

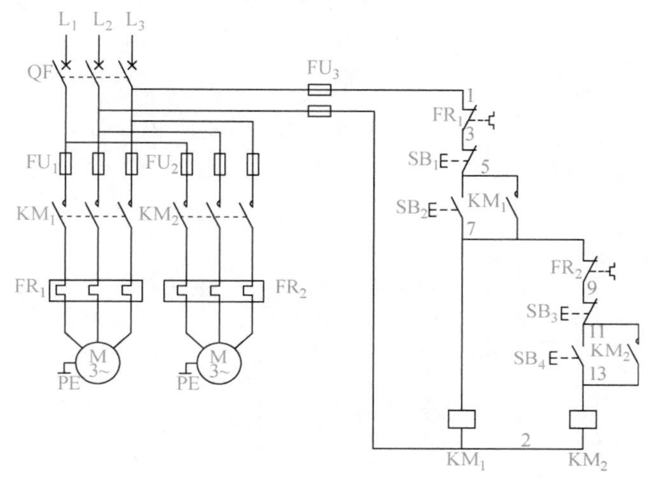

图 6-51　两台电动机顺序启动控制电路原理

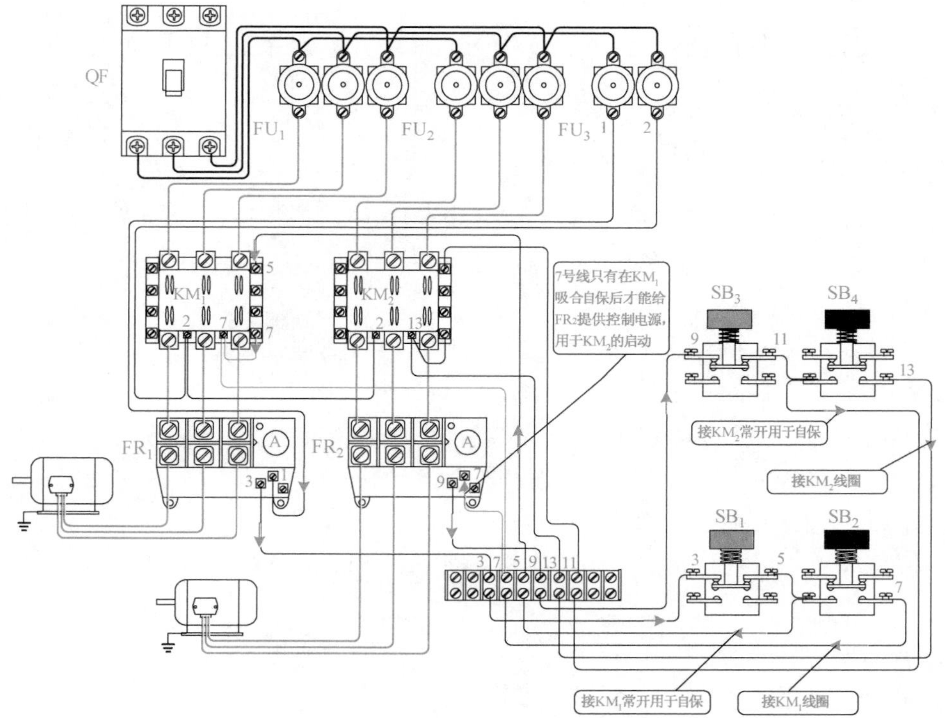

图 6-52　两台电动机顺序启动控制电路接线示意

二、两台电动机顺序停止控制电路

顺序停止电路是启动时不分先后，但停止时必须按照顺序停止的控制方法，如图 6-53 所示，启动时，按控制按钮 SB_2 或 SB_4 可以分别使接触器 KM_1 或 KM_2 线圈得电吸合，主触点闭合，M_1 或 M_2 通电电机运行工作。接触器 KM_1、KM_2 的辅助常开触点同时闭合电路自锁。停止时，按控制按钮 SB_3，接触器 KM_2 线圈失电，电机 M_2 停止运行。若先停电机 M_1 按下 SB_1 按钮，由于 KM_2 没有释放，KM_2 常开辅助触点与 SB_1 的常闭触点并联在一起并呈闭合状态，所以按钮 SB_1 断开时不起作用。只由当接触器 KM_2 释放之后，KM_2 的常开辅助触点断开，按钮 SB_1 才起作用。但是电机 1(KM_1)由于故障造成热继电器 FR_1 动作，两个电机 KM_1、KM_2 全都失电而停止运行。如图 6-54 所示是两台电动机顺序停止控制电路接线示意。

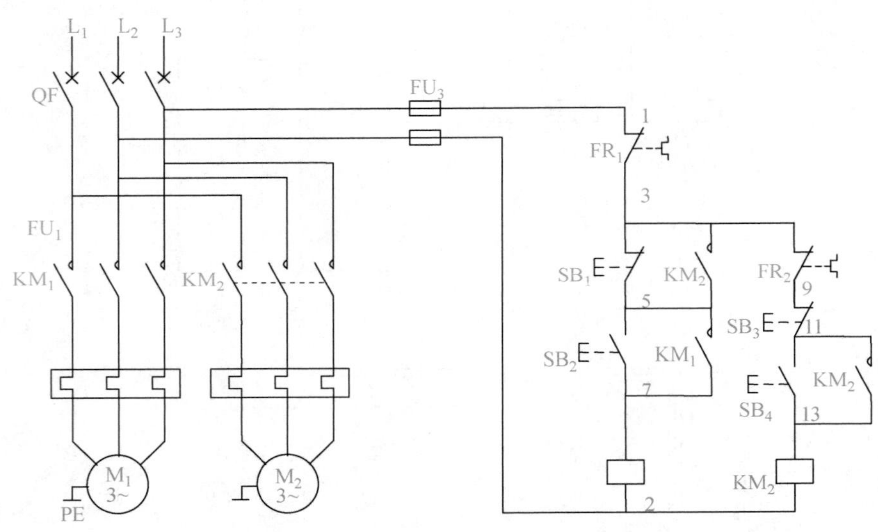

图 6-53　两台电动机顺序停止控制电路原理

① 控制电源 1 号线经热继电器的常闭触点使 3 号线有电，3 线一路接 FR_2 常闭，一路接 SB_1 控制按钮。

② 3 号线过 KM_1 的停止按钮 SB_1 的常闭使 5 号线有电，5 号线一路接 KM_1 的常开用于 KM_1 的自保，一路接 SB_2 用于启动控制。

③ KM_1 启动时按下 SB_2，使 5、7 号线接通，7 号线有电。

④ 7 号线有电，KM_1 得电吸合，电机 1 运行。

⑤ KM_1 吸合，KM_1 的辅助常开 5、7 号线接通，KM_1 自保。

⑥ 3 号线用 FR_2 的常闭使 9 号线有电，又通过 SB_3 的常闭，11 号线有电，并接于 KM_2 的常开用于 KM_2 的自保。

⑦ KM_2 启动时按下 SB_4，11、13 号线接通，13 号线有电。

⑧ 13 号线有电，KM_2 得电吸合，电机 2 运行。

⑨ KM_2 吸合，KM_2 的辅助常开 11、13 号线接通，KM_3 自保。

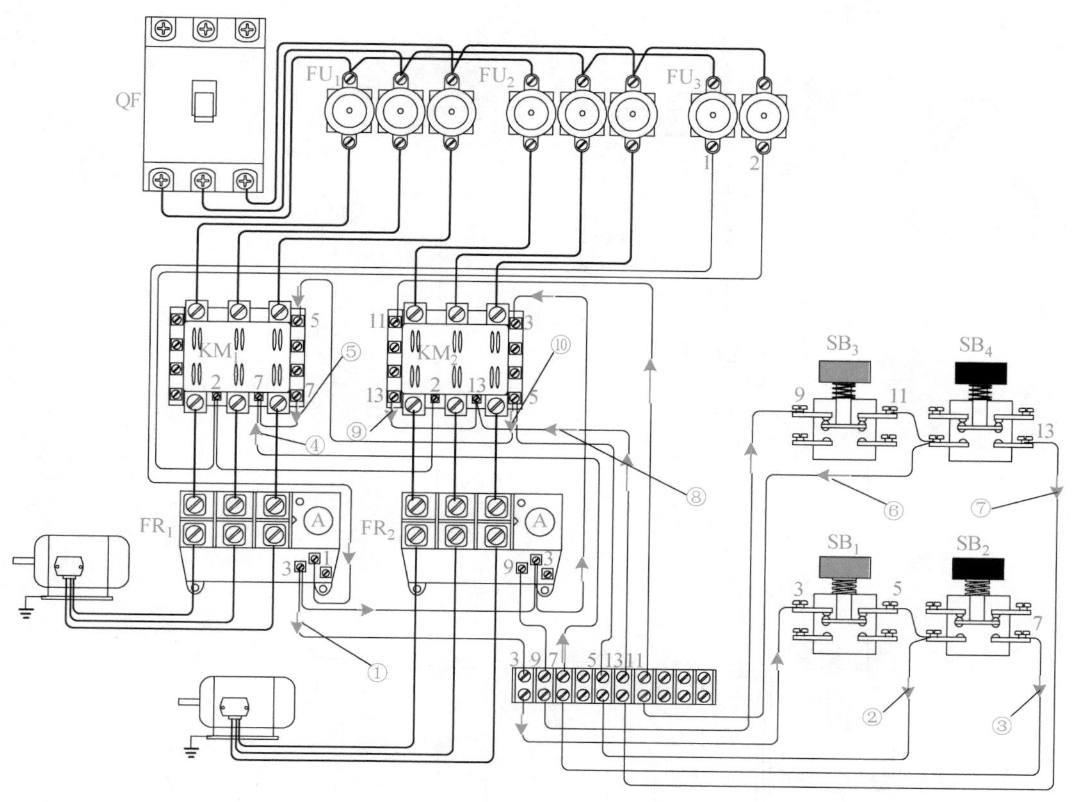

图 6-54　两台电动机顺序停止控制电路接线示意

三、两台电动机顺序启动、顺序停止电路

顺序启动、停止控制电路是在一个设备启动之后，另一个设备才能启动运行的一种控制方法，常用于主、辅设备之间的控制，如图 6-55 所示，当辅助设备的接触器 KM_1 启动之后，主要设备的接触器 KM_2 才能启动，主设备 KM_2 不停止，辅助设备 KM_1 也不能停止。但辅助设备在运行中因某原因停止运行（如 FR_1 动作），主要设备也随之停止运行。如图 6-56 所示是两台电动机顺序启动、顺序停止电路接线示意。

工作过程如下。

① 合上开关 QF 使线路的电源引入。

② 按辅助设备控制按钮 SB_2，接触器 KM_1 线圈得电吸合，主触点闭合，辅助设备运行，并且 KM_1 辅助常开触点闭合，实现自保。

③ 按主设备控制按钮 SB_4，接触器 KM_2 线圈得电吸合，主触点闭合，主电机开始运行，并且 KM_2 的辅助常开触点闭合，实现自保。

④ KM_2 的另一个辅助常开触点将 SB_1 短接，使 SB_1 失去控制作用，无法先停止辅助设备 KM_1。

⑤ 停止时只有先按 SB_3 按钮，使 KM_2 线圈失电，辅助触点复位（触点断开），SB_1 按钮才起作用。

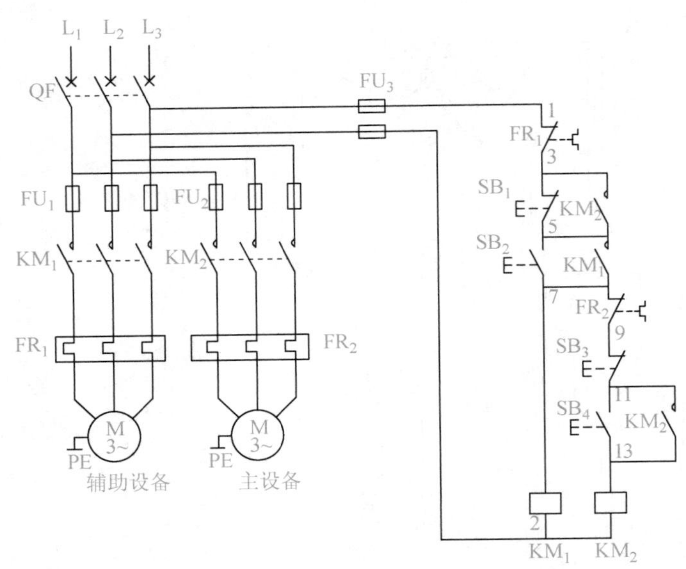

图 6-55　两台电动机顺序启动、顺序停止电路

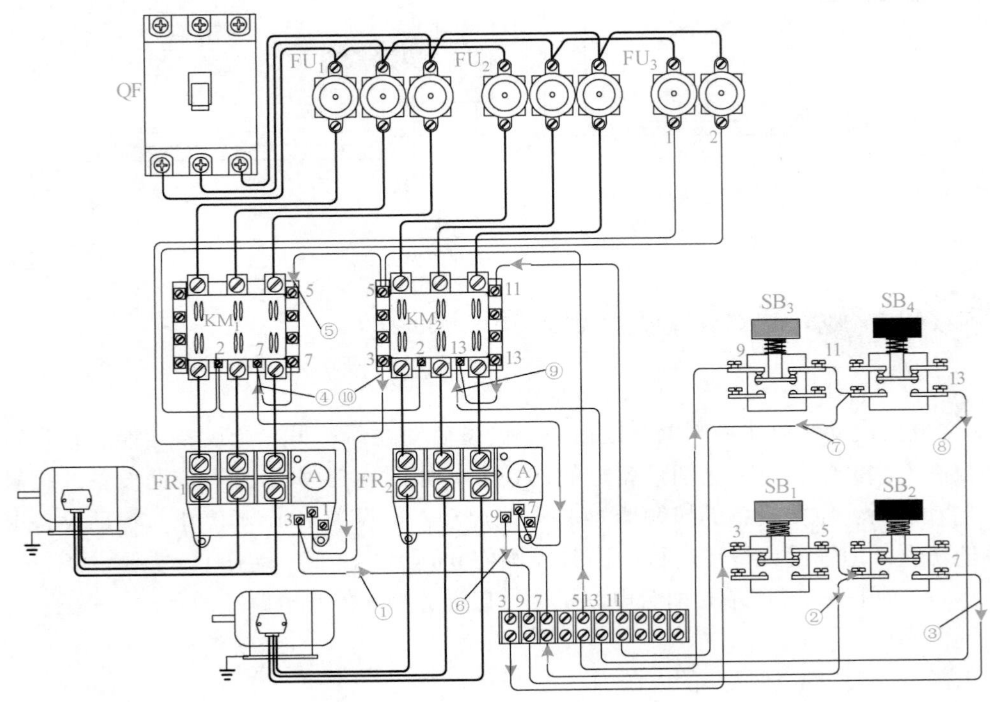

图 6-56　两台电动机顺序启动、顺序停止电路接线示意

⑥ 主电机的过流保护由 FR_2 热继电器来完成。

⑦ 辅助设备的过流保护由 FR_1 热继电器来完成，但 FR_1 动作后控制电路全断电，主、辅设备全停止运行。

要领与分析如下。

① 控制电源 1 号线经热继电器 FR_1 的常闭使 3 号线有电，一路接 KM_2 的常开用于程序控制；另一路接 SB_1 常闭。

② 3 号线过 SB_1 常闭使 5 号线有电，一路接 KM_2 的下口用于顺序停止；另一路接

KM_1 用于 KM_1 自保，并接 SB_2 使用启动。

③ KM_1 启动时按下 SB_2 常开使 5、7 号线接通，7 号线有电。

④ 7 号线有电，KM_1 线圈得电吸合，电机 1 工作。

⑤ KM_1 吸合，KM_1 的常开接通实现自保。保持 7 号线有电。

⑥ 7 号线又接 FR_2 的常闭，使 9 号线有电，9 号线接于 SB_3 的常闭。

⑦ SB_3 的常闭使 11 号线有电，一路接 KM_2 常开用于 KM_2 的自保；另一路接 SB_4 用于 KM_2 的启动。

⑧ KM_2 启动时按下 SB_4 使 11、13 接通，13 号线有电。

⑨ 13 号线有电，KM_2 得电吸合，电机 2 运行，KM_2 上的 11、13 号线通实现自保。

⑩ KM_2 吸合，5、3 号线也接通，SB_1 不起作用，只有当 KM_2 停电之后 5、3 号线断开，KM_1 才可以停止。

四、先发出开车信号再启动的电动机控制电路

先发出开车信号再启动的电动机控制电路也是一种顺序控制电路，一些大型设备所带动运行的部件移动范围很大，需要在启动前发出工作信号，如图 6-57 所示，经过一段时间再启动电动机，以便告知工作人员及维修人员远离设备，以防事故的发生。例如大型的传送带启动时需要告诉传送带另一端人员做好安全准备工作。

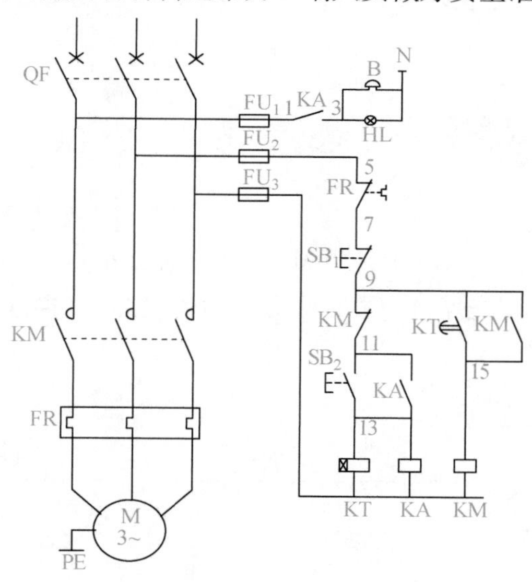

图 6-57　先发出开车信号再启动的电动机控制电路原理

工作过程；当需要启动时按下启动按钮 SB_2，检电器 KA 得电吸合，KA 的常开触点闭合，电铃 B 和信号灯 HK 均发出准备开车信号，KA 的辅助触点接通实现自保，时间继电器 KT 得电开始延时，延时的时间到 KT 的延时闭合触点接通，主接触器 KM 得电吸合，电动接通电源开始运行，同时 KM 的辅助常闭触点断开，使 KT 和 KA 失电，电铃和信号灯停止工作，KM 的辅助常开触点闭合，KM 实现自报，电动机运行。如图 6-58 所示为先发出开车信号再启动的电动机控制电路接线示意。

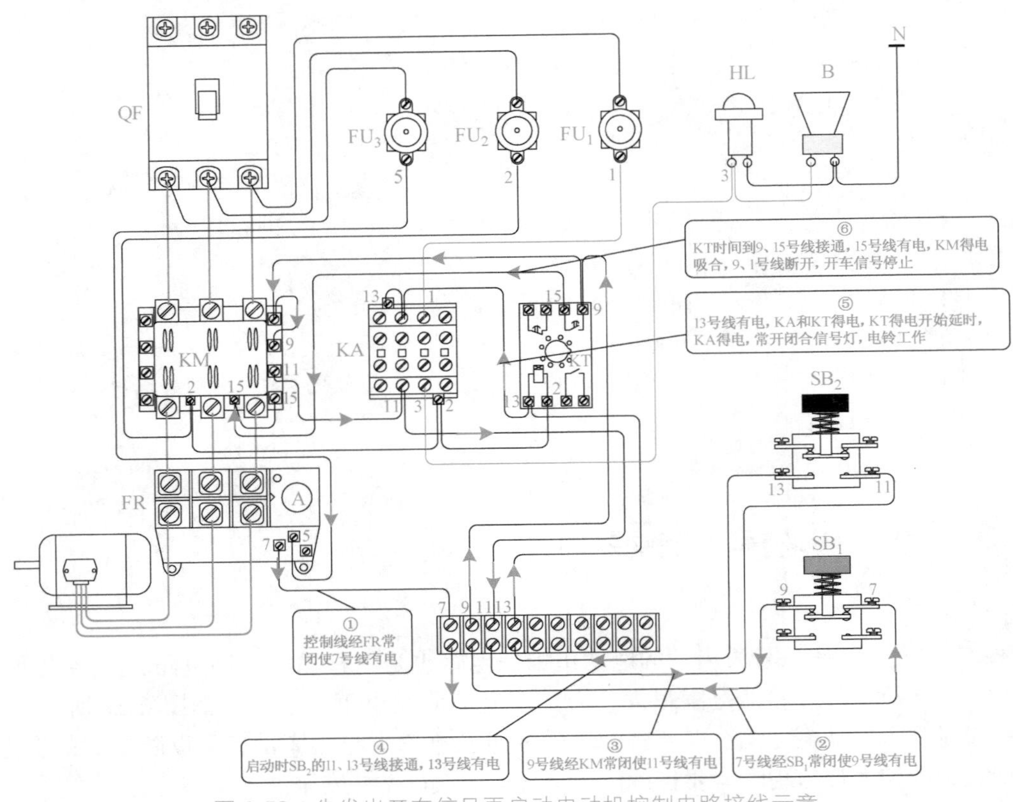

图 6-58　先发出开车信号再启动电动机控制电路接线示意

五、按照时间要求控制的顺序启动、顺序停止电路

有三台电动机 M_1、M_2、M_3，当 M_1 启动时间过 t_1 以后 M_2 启动，再经过时间 t_2 以后 M_3 启动；停止时 M_3 先停止，过时间 t_3 以后 M_2 停止，再过时间 t_4 后 M_1 停止，其电路原理如图 6-59 所示。

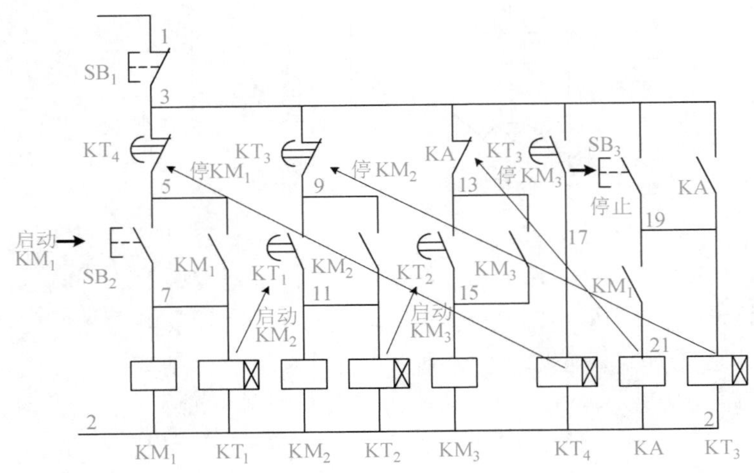

图 6-59　按照时间要求控制的顺序启动、顺序停止电路原理

电路分析：启动时按下 SB_2 按钮，KM_1 得电动作，KT_1 得电开始延时，延时到 KT_1 的闭合触点接通 KM_2，KM_2 得电动作开始延时，延时到 KT_2 闭合触点接通 KM_3 吸合动作，完成顺序启动的过程。停止时按下 SB_3 按钮，KA 得电吸合，KA 的常闭触点断开 KM_3 电路，KM_3 停止，同时 KA 自锁，同时时间继电器 KT_3 得电开始延时，KM_3 延时断开触点，断开 KM_2 电路，KM_2 停止，同时 KM_3 的延时闭合触点接通 KT_4，KT_4 得电开始延时，KT_4 的时间到 KT_4 的延时断开触点断开 KM_1 电路，KM_1 停止。如图 6-60 所示是按照时间要求控制的顺序启动、顺序停止电路元件接线示意。

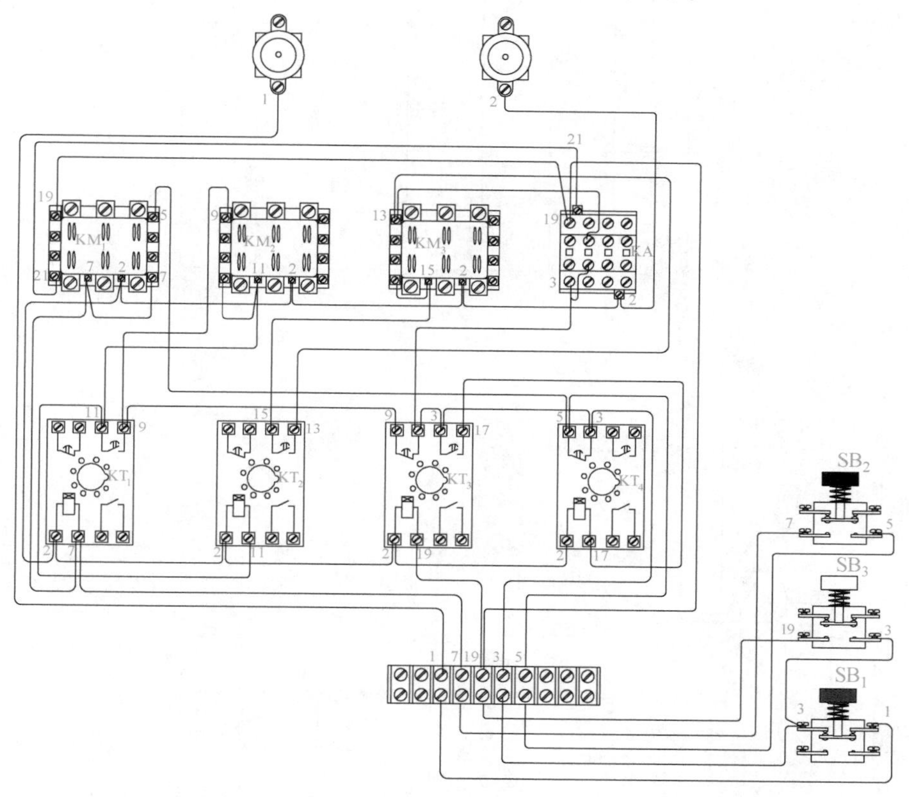

图 6-60　按照时间要求控制的顺序启动、顺序停止电路元件接线示意

六、电动机间歇循环运行电路

按时间控制的自动循环电路用于间歇运行的设备，如自动喷泉用的就是这种电路，如图 6-61 所示，其接线示意如图 6-62 所示。按下启动按钮 SB_2，中间继电器 KA_1 得电吸合并自保，接触器 KM 通过中间继电器 KA_2 的常闭触点得电吸合，电动机运行，同时时间继电器 KT_1 得电开始计时。计时时间到 KT_1 的延时闭合触点接通，KA_2 和 KT_2 得电吸合，KA_2 的常闭触点断开 KM 线路，电动机停止运行，KT_2 开始延时，KT_2 延时时间到，其延时断开触点打开 KA_2 线圈，KA_2 失电复位，KM 又得电，电动机又开始运行。KT_1 再次计时，反复循环运行，KT_1 可对电动机运行时间计时，KT_2 可对电动机停止时间计时。停止时按下 SB_1 按钮，中间继电器 KA_1 失电断开，间歇循环停止。

QF
FU
1
2
FR
3
SB_1
5
SB_2
KA_1
7
KA_2
KT_1
KA_2
11
13
KT_2
15
9
KM
FR
M
3~
PE
2
KA_1
KM
KT_1
KA_2
KT_2

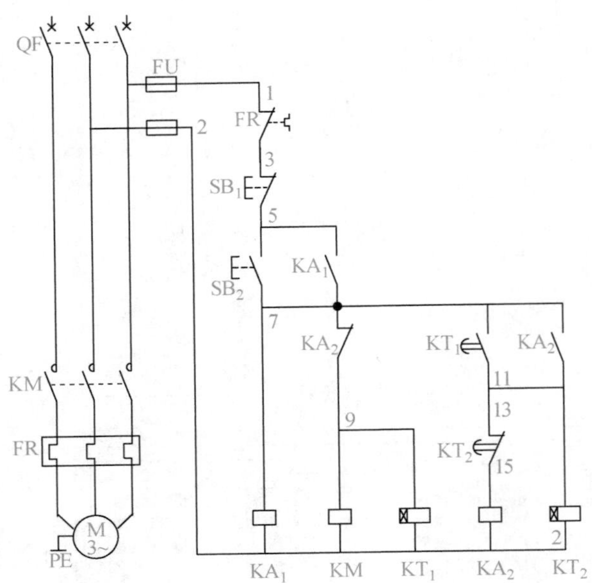

图 6-61　电动机间歇循环运行电路原理

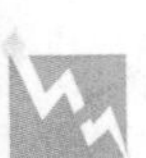

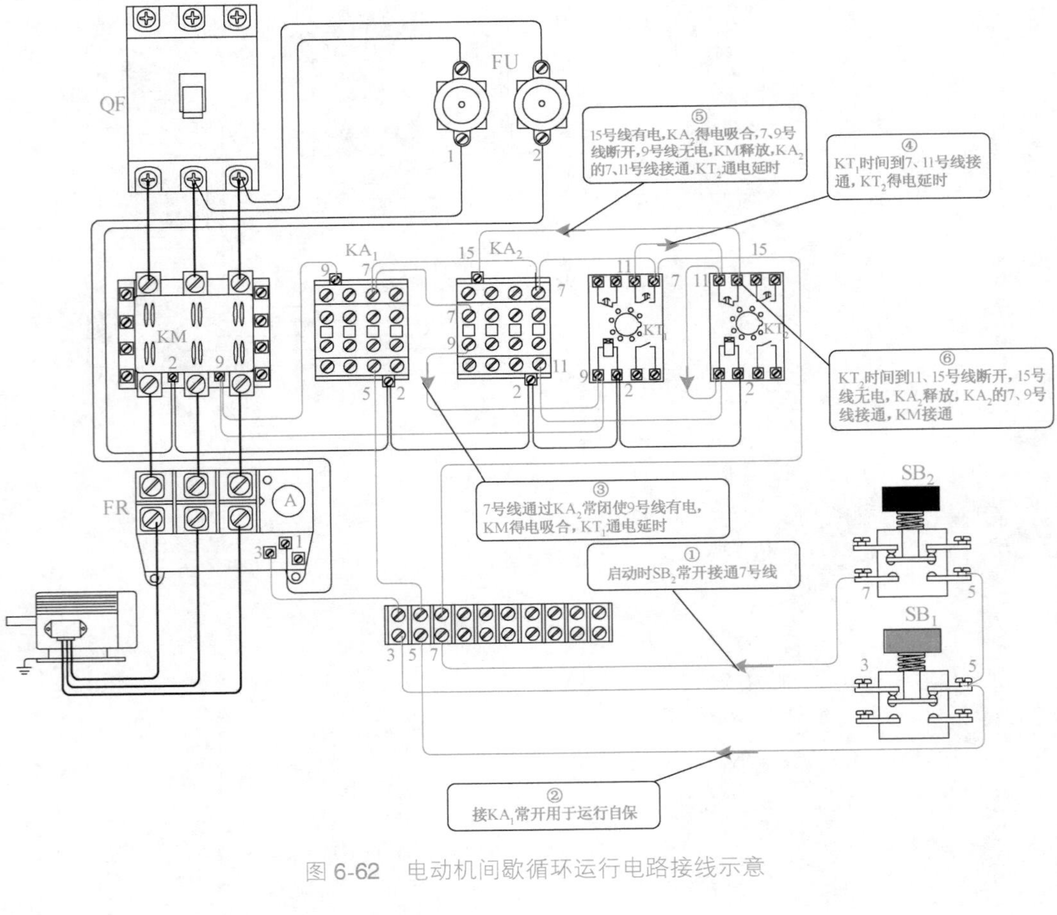

QF
FU
⑤
15号线有电，KA_2得电吸合，7、9号线断开，9号线无电，KM释放，KA_2的7、11号线接通，KT_2通电延时
④
KT_1时间到7、11号线接通，KT_2得电延时
KA_1
KA_2
KM
KT_1
KT_2
⑥
KT_2时间到11、15号线断开，15号线无电，KA_2释放，KA_2的7、9号线接通，KM接通
FR
③
7号线通过KA_2常闭使9号线有电，KM得电吸合，KT_1通电延时
①
启动时SB_2常开接通7号线
SB_2
SB_1
②
接KA_1常开用于运行自保

图 6-62　电动机间歇循环运行电路接线示意

第七节　有特殊要求的电动机电路

一、电动机断相保护电路

运行中的三相 380V 电动机缺一相电源后，变成两相运行，如果运行时间过长则有烧毁电动机的可能。为了防止缺相运行烧毁电动机，可以采用多种保护方案。如图 6-63 所示为一种三相电动机断相保护电路原理，当电动机运行时发生断相后三相电压不平衡时，断相保护电路板（图 6-64）上的桥式整流则有电压输出，当输出的直流电压达到中间继电器 KA 动作值时，KA 动作，于是 KA 与 KM 自锁触点串联的常闭触点断开，使 KM 线圈断电，其主触头全部释放，电动机停止。电路的元件接线可参考图 6-65。

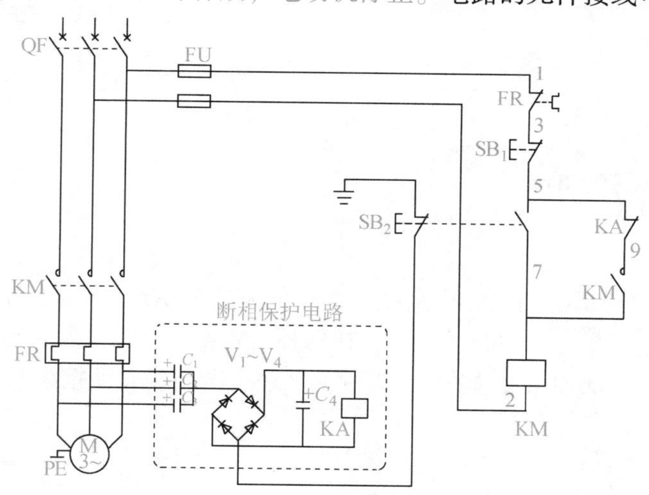

图 6-63　三相电动机断相保护电路原理

$C_1 \sim C_3$—2. 4μF/500V；$V_1 \sim V_4$—2CP12×4；C_4—100μF/50V；KA—直流 12V 继电器

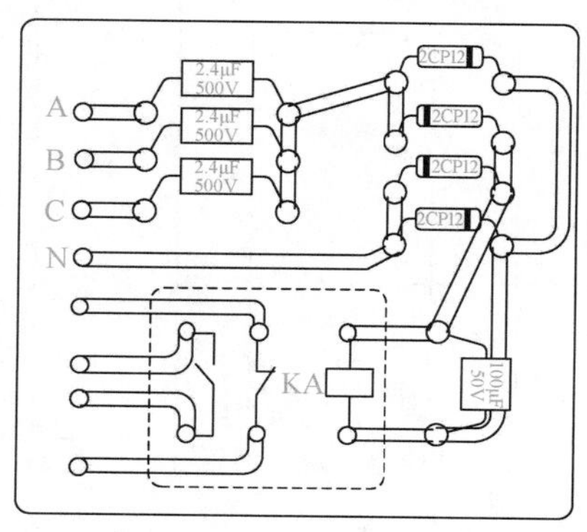

图 6-64　断相保护电路板

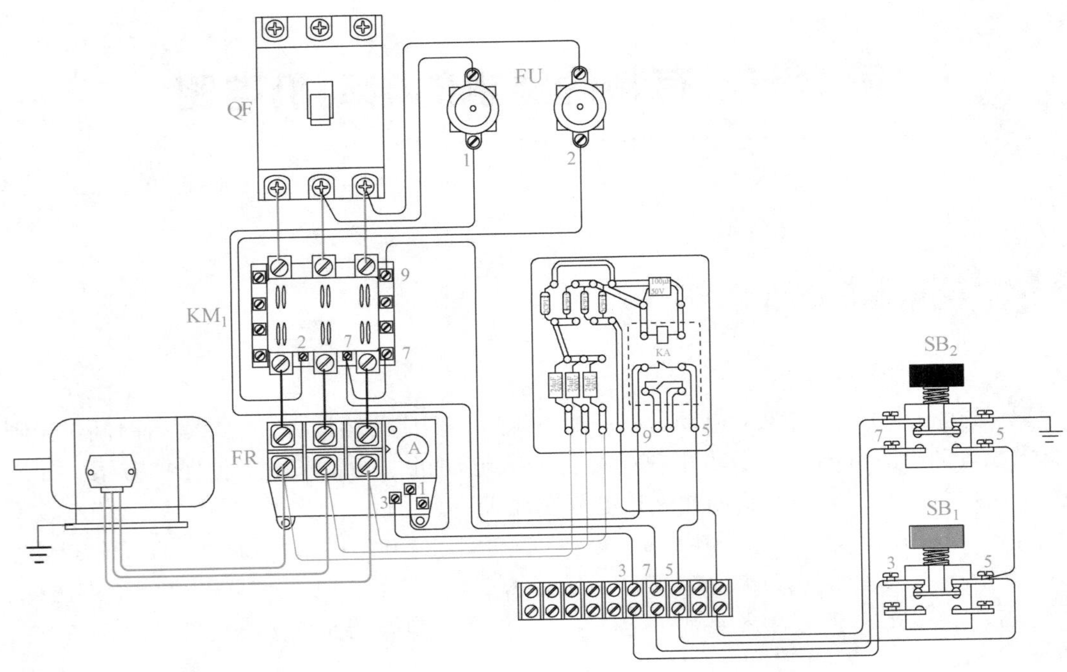

图 6-65　电动机断相保护电路(一式)接线示意

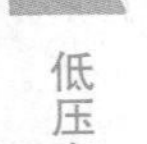

二、继电器断相保护电路

在一般的电动机控制电路中加装一个中间继电器 KA，与接触器一起连接到三相电路中，这样不论三相电源中断哪一相，接触器 KM 都会断电，从而起到保护电动机的作用。其原理如图 6-66 所示，如图 6-67 所示是这个电路的元件接线示意图。

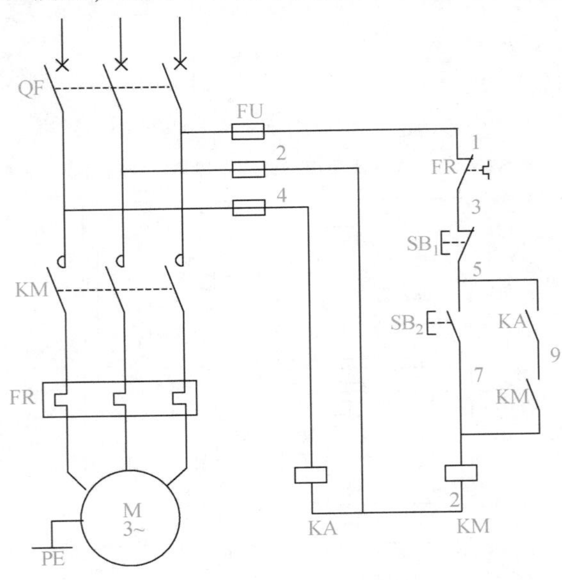

图 6-66　继电器断相保护电路原理

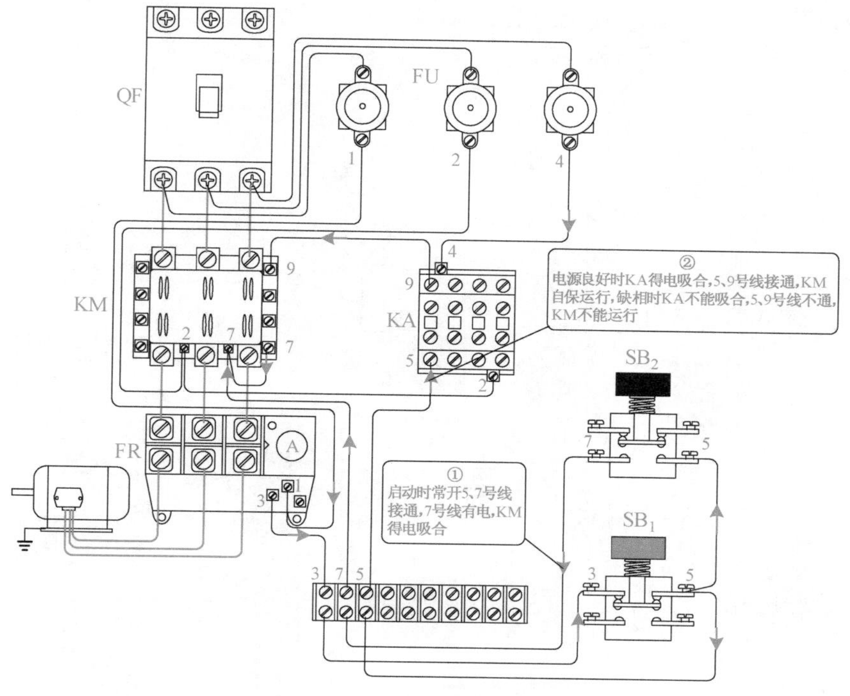

图 6-67　继电器断相保护电路元件接线示意

三、零序电流断相保护电路（一式）

如图 6-68 所示，用三个等值的电容器接成星形与电动机并联，在星形连接的中性点与零线之间串联接一个电压继电器，当三相电源正常时，电容器中性点约等于零，电动机在运行中断相时，中性点将有 10~50V 的电压，从而电压继电器 KV 动作，KV 的常闭触点断开接触器 KM 自锁线路，使接触器 KM 失电释放，电动机停止运行，从而起到保护作用。

如图 6-69 所示是这个电路的元件接线示意，电路中的电压继电器 KV 可用动作电压 10~60V，长期允许电压 220V 型的电压继电器，电容器可选用 0. 1~0. 47μF/400V 的电容器，接触器 KM 的线圈电压也应当是 220V 的。

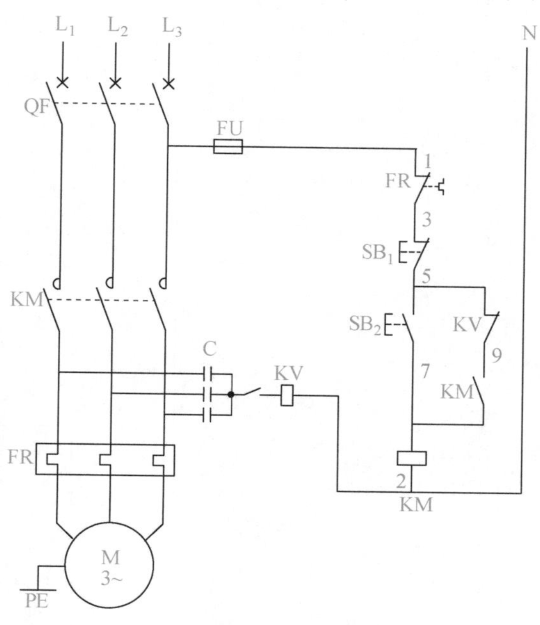

图 6-68　利用三个电容器断相保护电路原理

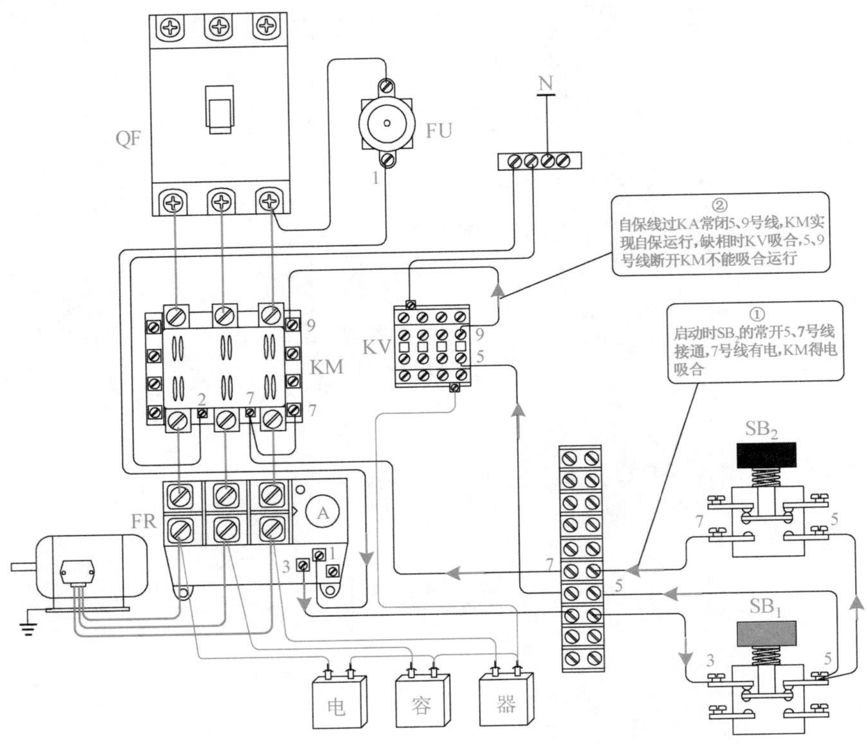

图 6-69　利用三个电容器断相保护电路元件接线示意

四、零序电流断相保护电路（二式）

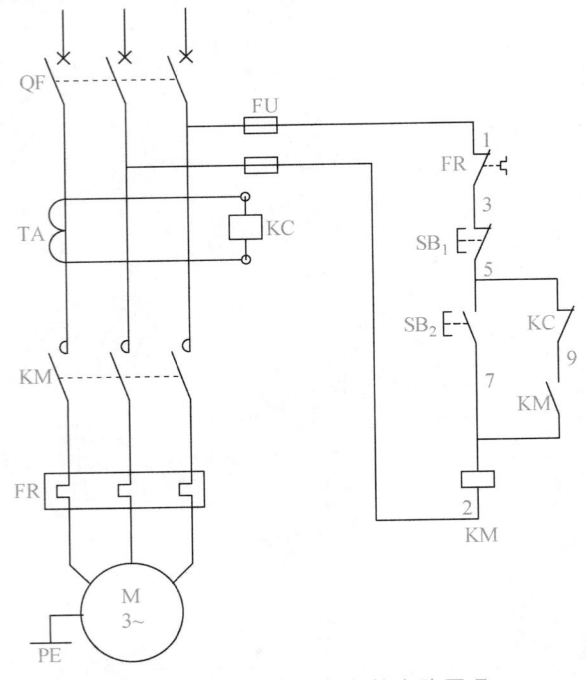

图 6-70　零序电流断相保护电路原理

如图 6-70 所示，零序电流断相保护电路是将电动机的三根相线一起穿入一个穿心式电流互感器（LMZ型）TA 中，电流互感器的二次端接入一个电流继电器 KC，正常时三相电流值的和为零，电流互感器二次侧无电流流过继电器，继电器串接在控制电路中的常闭触点不动作，不影响电动机的正常启动和运行，一旦三相电源断一相，三相电流的和不再为零，就有不平衡电流流过继电器 KC，KC 动作，其常闭触点断开 KM 自锁电路，电动机停止运行。**元件接线可参考图 6-71 的零序电流断相保护电路接线示意。**

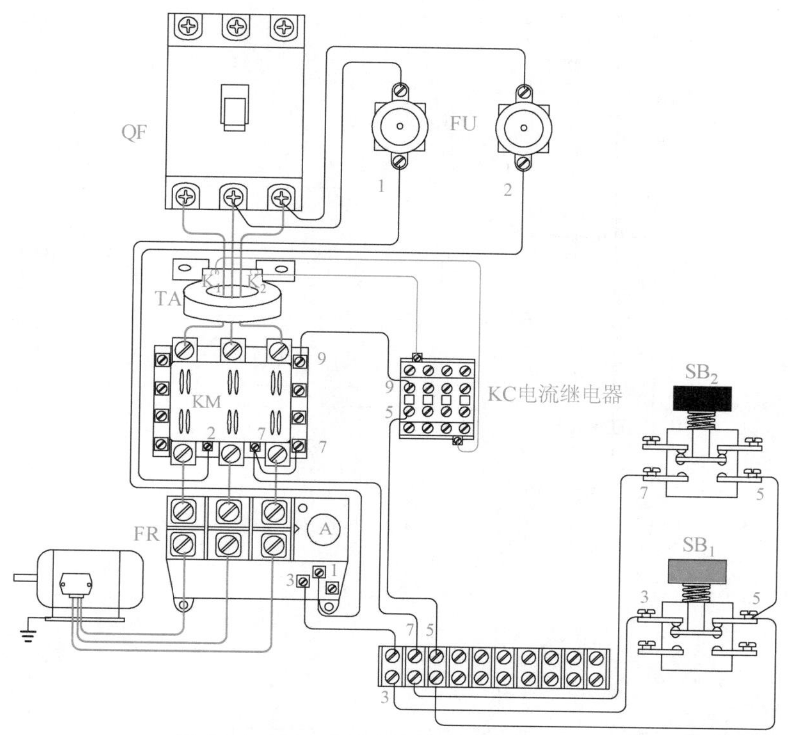

图 6-71 零序电流断相保护电路接线示意

五、具有启动熔断器保护的电动机单方向电路

由于三相交流电动机直接启动时的启动电流很大，一般是其额定电流的 4~7 倍，如果选用额定电流很大的熔丝，会在运行中对电动机起不到保护作用。如果在电路中增加一组熔断器，启动时使用两组熔断器，以利于启动，运行时使用电流较小的熔断器利于保护。如图 6-72 所示是具有启动熔断器保护的电动机单方向电路原理，如图 6-73 所示是具有启动熔断器保护的电动机单方向电路接线示意。

具有启动熔断器保护的电路，当启动时按下启动按钮 SB_2，KM_2 得电，熔断器 FU_2 接通，同时时间继电器 KT_1 和 KT_2 得电并开始计时，KT_2 时间到(不到 1s)，KT_2 的延时闭合接点接通 KM_1 线路，KM_1 得电吸合，其主触点闭合电动机启动，时间继电器 KT_1 经过数秒的延时(根据电动机启动时间的长短整定)动作，KT_1 的常闭接点断开，KM_2 失电释放，其主触点断开，FU_2 退出，FU_1 继续工作，执行运行中的保护任务。

工作过程如下。

① 控制电源 1 号线经热继电器的常闭触点使 3 号线有电。

② 3 号线经 SB_1 的常闭触点使 5 号线有电，5 号线接时间控制触点和 KM_1 自保触点。

③ 5 号线经 KT_1 的延时断开触点使 7 号线有电，并为启动按钮 SB_2 提供控制电源。

④ 启动时 SB_2 的常开触点使 7、9 号线接通，9 号线有电。

⑤ 9 号线有电使 KM_2 得电吸合，KT_1 通电延时。

⑥ 9 号线又通过 KM_1 的常闭触点使 11 号线有电，接 KT_2 线圈，KT_2 也开始延时。

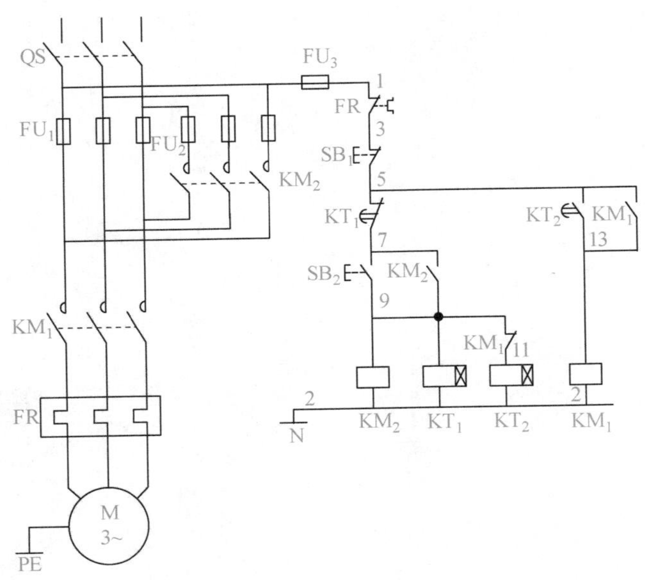

图 6-72　具有启动熔断器保护的电动机单方向电路原理

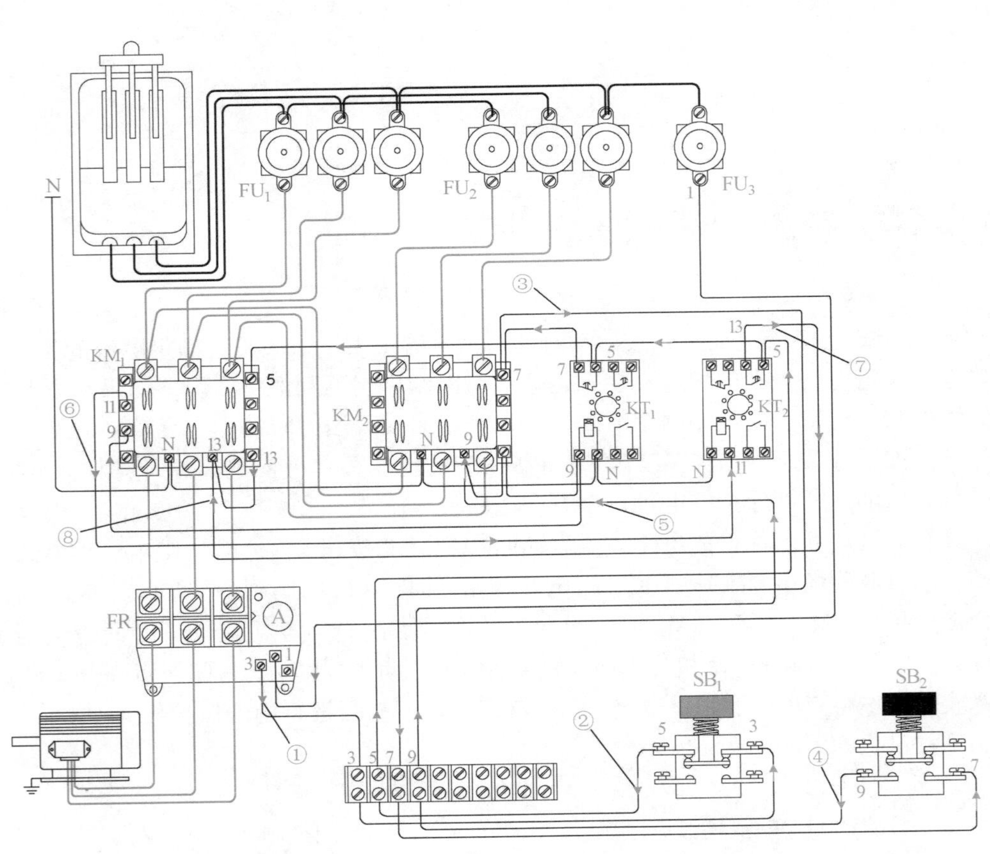

图 6-73　具有启动熔断器保护的电动机单方向电路接线示意

⑦ KT_2 的延时时间到延时闭合触点 5、13 线段，13 线有电，使 KM_1 得电吸合。

⑧ KT_2 的延时时间到延时断开触点 5、7 点开，7 号线无电，KM_2、KT_1 和 KT_2 失电释放。

六、防止相间短路的正反转控制电路（一式）

容量较大的电动机或操作不当等原因，在电动机正反转切换时，如果电弧尚未完全熄灭，反转的接触器闭合，就会引起相间短路事故。如图 6-74 所示为防止相间短路的正反转控制电路原理，在电路中多加了一个接触器 KM_3，当正转接触器 KM_1 断电后，KM_3 接触器也随之断开，电路由两个接触器组成四个断开点，能有效地熄灭电弧，防止相间短路。元件接线可参考如图 6-75 所示的防止相间短路的正反转控制电路接线示意。

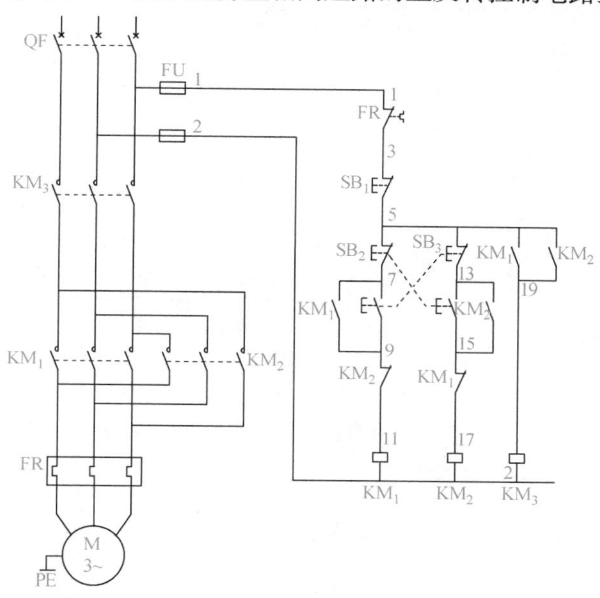

图 6-74　防止相间短路的正反转控制电路原理

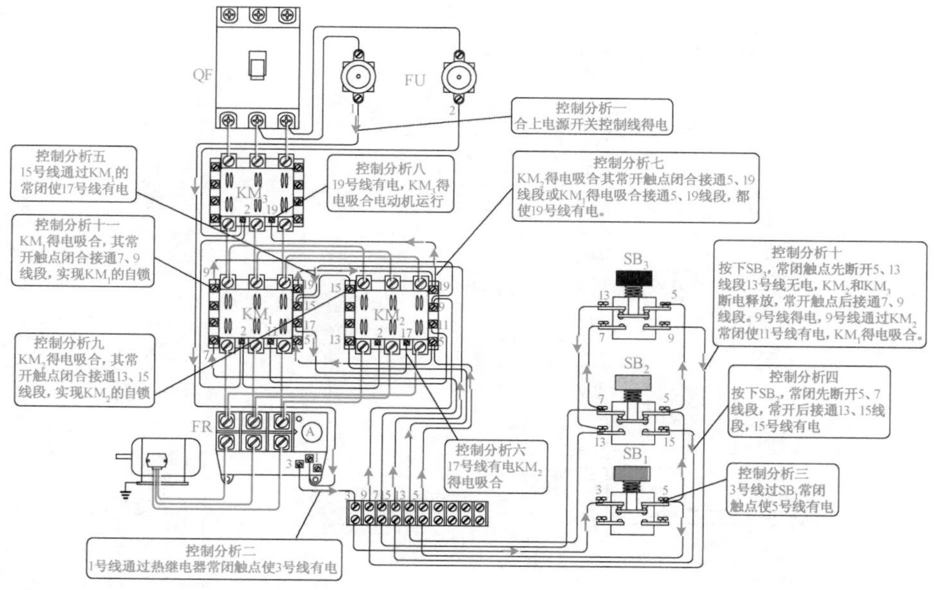

图 6-75　防止相间短路的正反转控制电路接线示意

第六章　控制电路

七、防止相间短路的正反转电路（二式）

如图 6-76 所示是防止相间短路的正反转电路(二式)的原理，如图 6-77 所示是防止相间短路的正反转电路(二式)的接线示意。

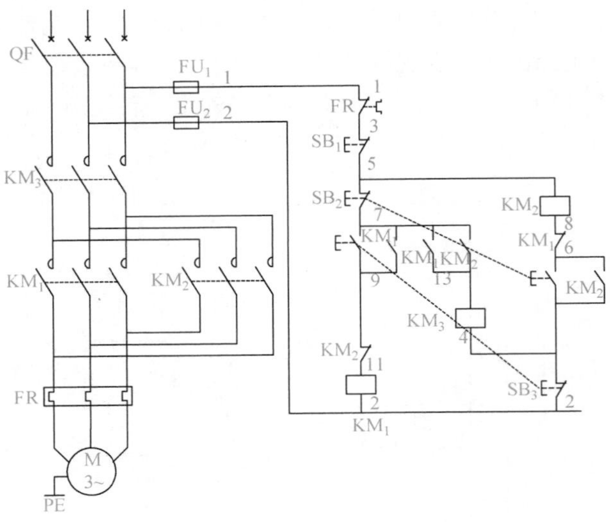

图 6-76　防止相间短路的正反转电路(二式)的原理

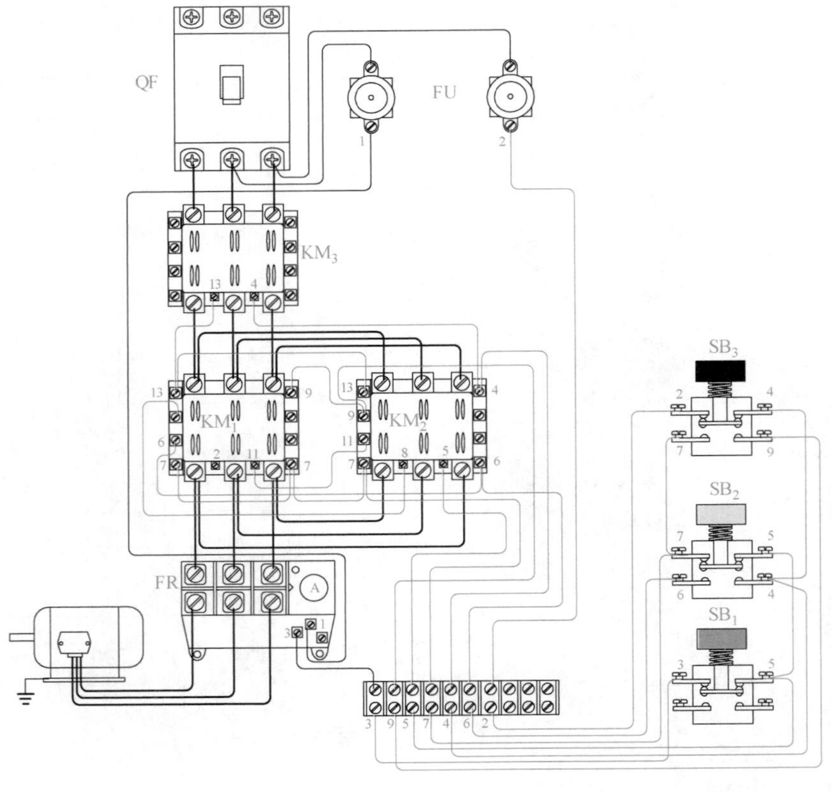

图 6-77　防止相间短路的正反转电路(二式)的接线示意

低压电工上岗技能一本通（双色版）

电路工作过程；按下 SB_2 时，SB_2 的常闭触点断开，KM_1、KM_3 不能得电，SB_2 的常开触电接通，使 KM_2 接触器得电吸合，KM_2 的主触点闭合，同时 KM_2 的常开触点闭合，KM_2 自保，KM_2 的常开触点也闭合，接通了 KM_3 的电路，当 SB_2 松开时 SB_2 常闭触点闭合，KM_3 得电吸合，电动机得电旋转。

当反转按下 SB_3 时，SB_3 的常闭触点先断开 KM_2 的线路，KM_2 释放，KM_2 的常开触电也不再接通，KM_3 也因为失电而释放，SB_3 的常开触点后接通，它接通了 KM_1 的线路，KM_1 得电吸合，KM_1 的常开触点，一个接成自保电路；另一个接通 KM_3 的线路使 KM_3 吸合，电动机得电向另一个方向旋转。

八、具有后备保护功能的正反转电路

电动卷帘门、电葫芦等常用小型设备，在使用过程中由于各种原因，会有一些动作不灵敏情况，到位之后电动机不停，致使设备损坏。具有后备保护功能的电路是一种发生故障时，强迫电动机停止运行的电路，其电路原理如图 6-78 所示。

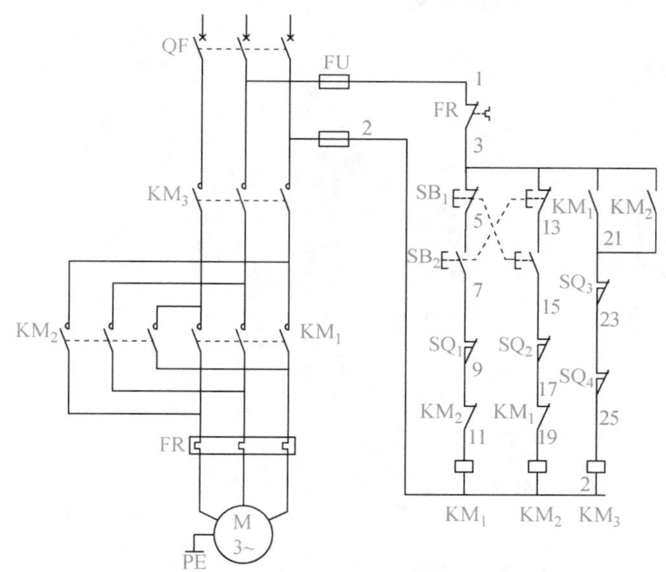

图 6-78 具有后备保护功能的正反转电路原理

电路工作原理如下：

当需要正转时，按下 SB_1，SB_1 的常闭(3-5)接点断开 KM_1 电路，常开(13-15)接点接通 KM_2 电路，KM_2 得电进行吸合，同时 KM_2 的辅助常开接点接通 KM_3，KM_3 也得电吸合，其主触头接通电动机正转运行，到达设定位置，限位开关 QS_2 的常闭(17-19)接点断开，KM_2 失电而电动机停止。

当需要反转时，按下 SB_2，SB_2 的常闭(3-13)接点断开 KM_2 电路，常开(5-7)接点接通 KM_1 电路，KM_1 得电进行吸合，同时 KM_1 的辅助常开接点接通 KM_3，KM_3 也得电吸合，其主触头接通电动机正转运行，到达设定位置，限位开关 QS_1 的常闭(9-11)接点断开，KM_1 失电而电动机停止。

如果在运行的过程中（限位开关失灵，接触器不能断开，电动机仍然运行时），紧急位置的限位开关 SQ_3（SQ_4）动作，切断 KM_3 电源，停止向电动机供电，强迫电动机停止，待故障排除后，再继续运行。

具有后备保护功能的限位开关布置如图 6-79 所示。

具有后备保护功能的正反转电路接线示意如图 6-80 所示。

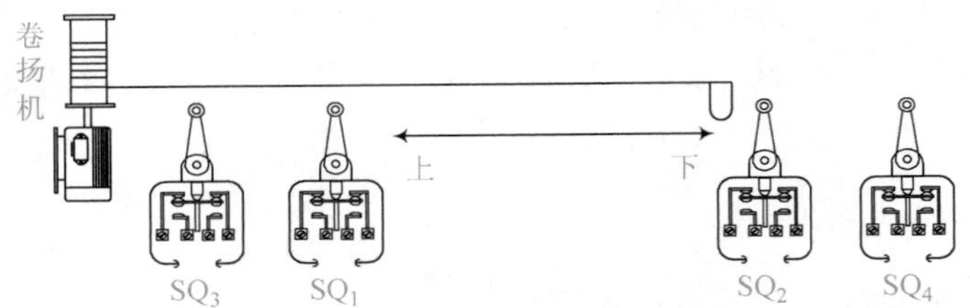

图 6-79　具有后备保护功能的限位开关布置

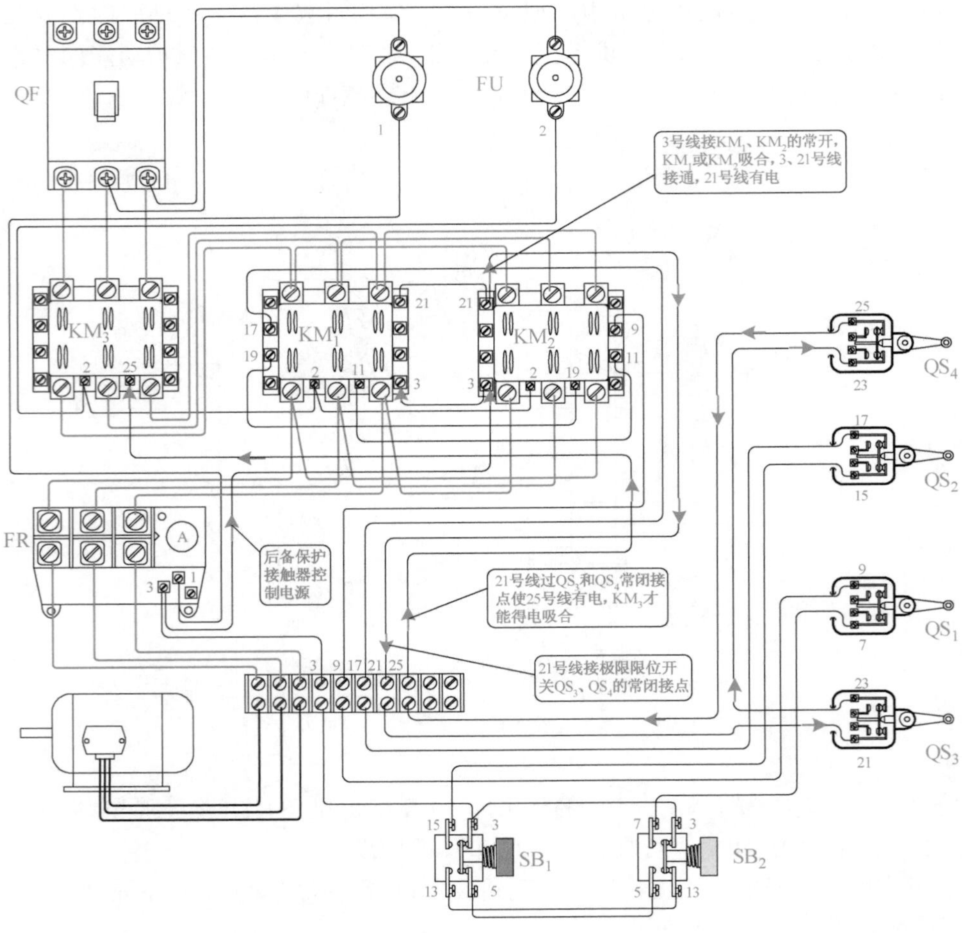

图 6-80　具有后备保护功能的正反转电路接线示意

第八节 电动机制动控制电路

电动机停电以后自由惯性继续旋转，这对某些设备，尤其是起重设备是不利的，所以要强力制止电动机的惯性运行。常用的制动方法有电磁抱闸制动、能耗制动、反接制动等多种。以下介绍几种常用的电动机制动电路。

一、机械电磁抱闸制动

电磁抱闸是利用电磁抱闸制动器的闸瓦，在电磁制动器无电时紧紧抱住电机轴使其停止，电磁制动器的原理可见本书的第七章低压电器的第八节控制电器。电动机电磁制动原理如图 6-81 所示。

电磁制动过程分析如图 6-82 所示，电磁抱闸制动器的闸瓦停电时在拉簧的作用下紧紧地抱住与电动机同轴的闸轮，使电动机不能转动，当电动机得电运行时电磁铁 YB 也得电吸合衔铁，衔铁带动闸瓦松开闸轮，电动机可以转动，当电动机停电时闸瓦又抱紧闸轮，电动机立即停止转动。电动机电磁抱闸制动电路接线示意如图 6-83 所示。

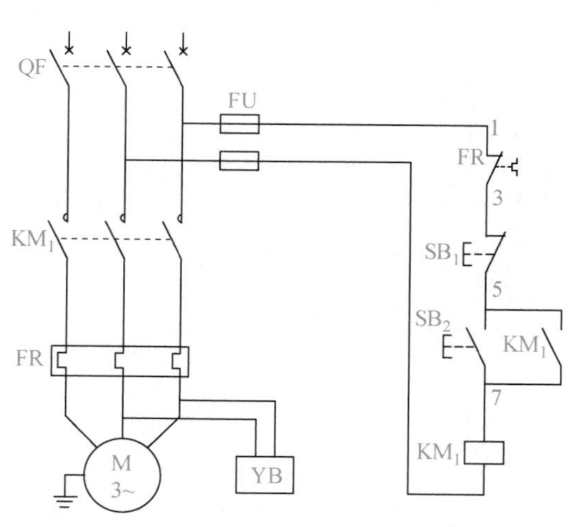

图 6-81 电动机电磁制动原理

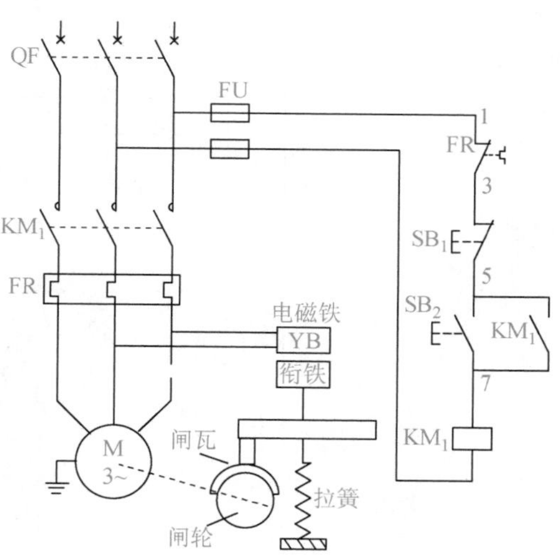

图 6-82 电磁制动过程分析

二、电动机电容制动电路

当电动机切断电源后，立即给电动机定子绕组接入电容器来迫使电动机迅速停止转动的方法称为电容制动。电容制动的工作原理：当旋转的电动机断开交流电源时，

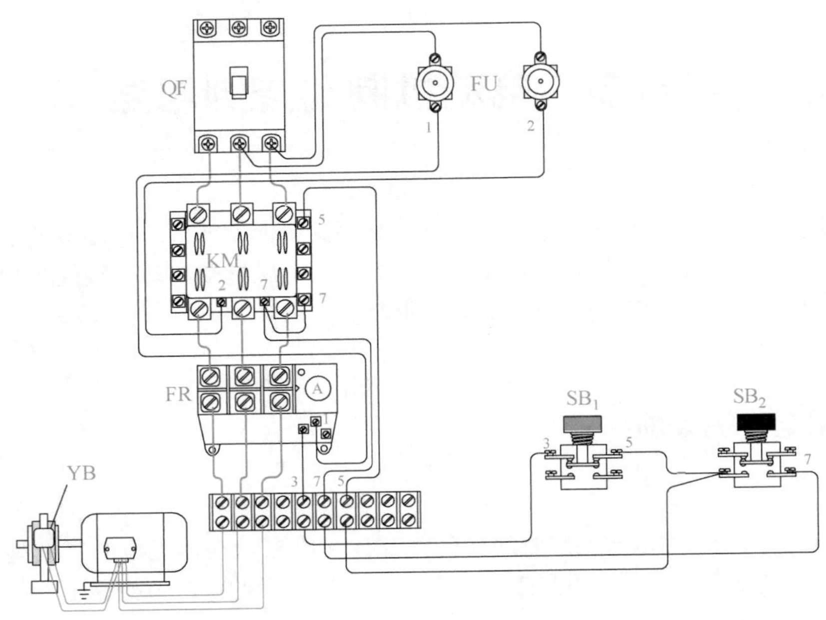

图 6-83　电动机电磁抱闸制动电路接线示意

电动机转子内仍有剩磁，随着转子的惯性转动，有一个随转子转动的旋转磁场，这个磁场切割定子绕组产生感应电动势，并通过电容器回路形成感生电流，该电流产生的磁场与转子绕组中感生电流相互作用，产生一个与旋转方向相反的制动转矩，使电动机受制动而迅速停止转动，其电路原理如图 6-84 所示，其接线示意如图 6-85 所示。

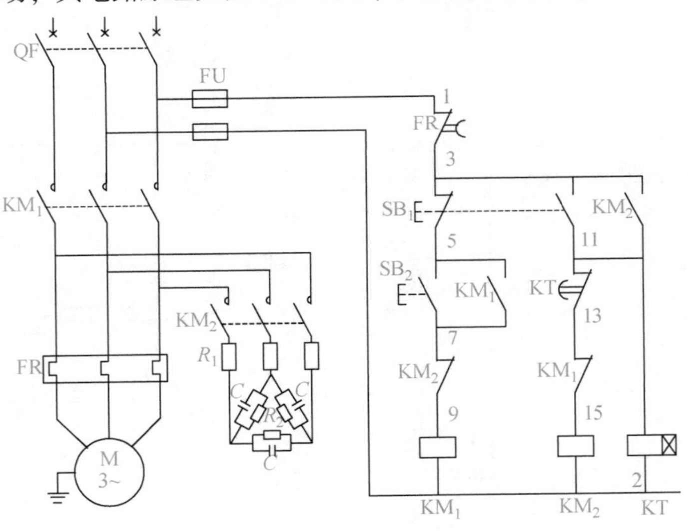

图 6-84　电动机电容制动电路原理

工作过程如下

按下启动按钮 SB_2，接触器 KM_1 线圈得电吸合，其主触头闭合，电动机通电运行，同时 KM_1 的辅助常开触点也闭合，电路自锁，KM_1 的辅助常闭触点断开，KM_2 线圈回路实现互锁。

停止时按下 SB_1 按钮，SB_1 的常闭断开 KM_1 线路，电动机停止运行，SB_2 的敞开触点接通 KM_2 线圈，KM_2 得电吸合，电动机接入电容器制动，同时常开触点闭合自保，

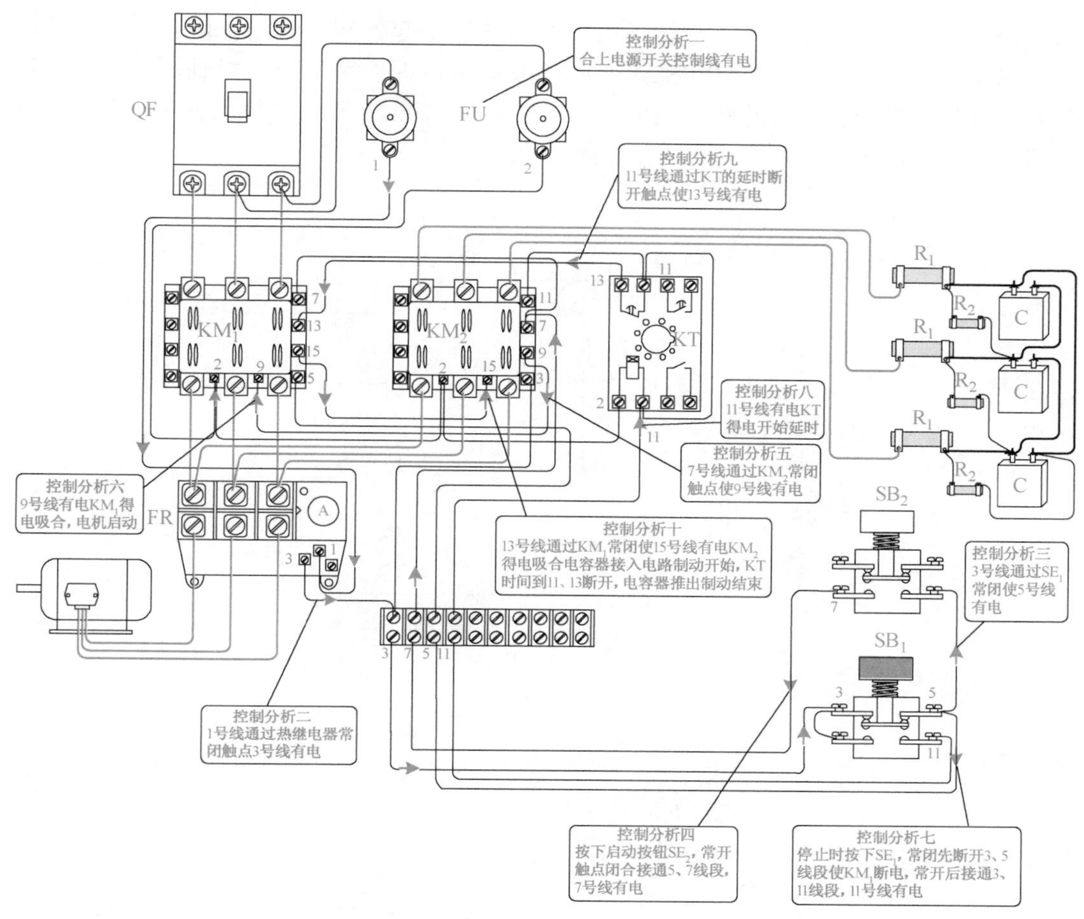

图 6-85　电动机电容制动电路控制接线示意

时间继电器 KT 得电开始延时，延时时间（制动时间）到 KT 的延时断开触点动作断开 KM_2 线圈，KM_2 主触头断开，三相电容器切除，电动机停止。

制动电路中的电阻 R_1 是电流调节电阻，用以调节制动力矩的大小，电阻 R_2 是电容器放电电阻，对于 380V、50Hz 三相笼式电动机，电容器电容值约每千瓦 150μF，电容器的耐压为 500V。

电容制动电路的制动时间约为无制动停车时间的 1/20，所以电容制动是一种制动迅速、能量消耗小、设备简单的制动方法，一般适用于 10kW 以下的小容量电动机。

三、三相笼式异步电动机反接制动电路

反接制动是电动机电气制动方法之一，此种方法有制动力大、制动迅速等优点，多用在停止动作要求准确的机械设备控制电路中。其原理如图 6-86 所示，接线示意如图 6-87 所示。

电动机需要反接制动时，可将电动机电源线任意两相对调，电动机的旋转磁场立即改变方向，但电动机转子由于惯性依然保持原来的转向，转子的感应电势和电流方向改

变电磁转矩方向也随之改变，与转子旋转方向相反，起到制动作用，使电动机迅速停止。为了保证制动准确，在电动机转速低于 100r/min 时，利用电动机轴所接的速度继电器常开接点断开，从而断开控制电路，接触器 KM_2 线圈失电释放，主触头断开，电动机及时脱离电源，准确停止，防止反向启动。

L1 L2 L3
QF
FU
1
FR
3
SB1
KM2
5
11
R
KM1
KM2
SB2
KM1
n
7
13
KM2
9
KM1
15
FR
M
3~
Kn
PE
2
KM1
KM2

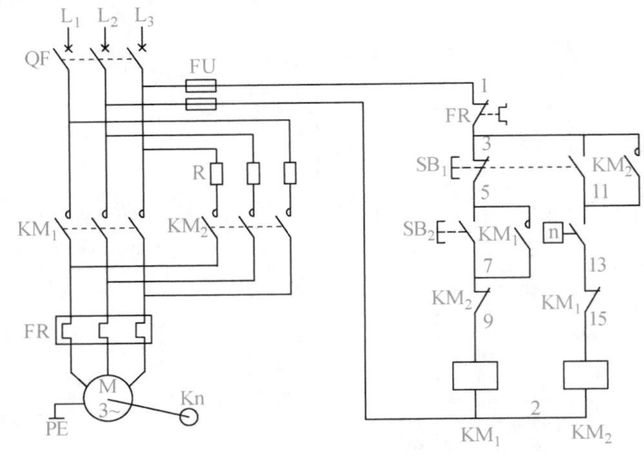

图 6-86　三相笼式异步电动机反接制动电路原理

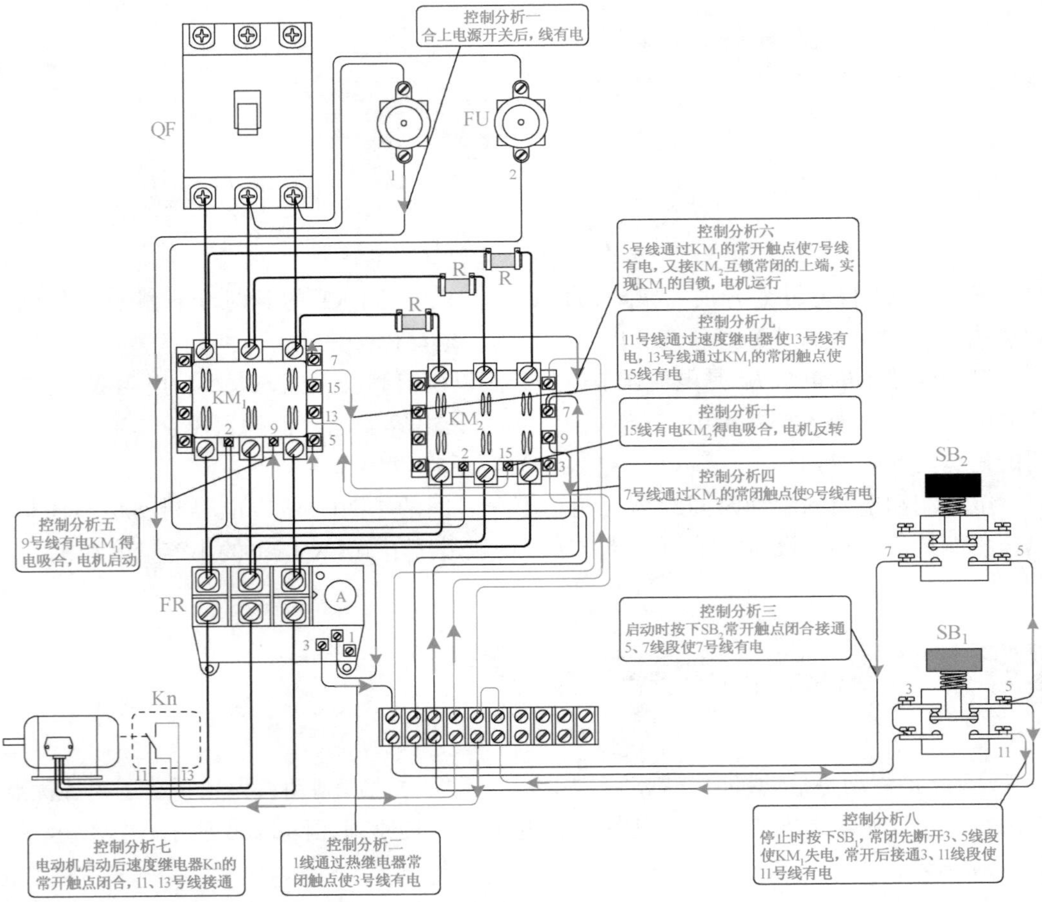

控制分析一
合上电源开关后，线有电
QF
FU
1
2
R
R
R
控制分析六
5号线通过KM1的常开触点使7号线有电，又接KM2互锁常闭的上端，实现KM1的自锁，电机运行
控制分析九
11号线通过速度继电器使13号线有电，13号线通过KM1的常闭触点使15线有电
控制分析十
15线有电KM2得电吸合，电机反转
控制分析四
7号线通过KM2的常闭触点使9号线有电
KM1
KM2
7
15
13
5
2
9
7
9
3
2
15
控制分析五
9号线有电KM1得电吸合，电机启动
SB2
7
5
FR
A
3
1
SB1
3
5
11
控制分析三
启动时按下SB2常开触点闭合接通5、7线段使7号线有电
Kn
11
13
控制分析七
电动机启动后速度继电器Kn的常开触点闭合，11、13号线接通
控制分析二
1线通过热继电器常闭触点使3号线有电
控制分析八
停止时按下SB1，常闭先断开3、5线段使KM1失电，常开后接通3、11线段使11号线有电

图 6-87　三相笼式异步电动机反接制动控制电路接线示意

启动过程：按下启动按钮 SB_2，接触器 KM_1 线圈回路通电，并通过辅助接点自保，电动机启动运行。随着电动机转速升高，速度继电器 KS 的常开触点闭合，为 KM_2 通电做好了准备。

停止过程：按下停止按钮 SB_1，接触器 KM_1 断电，全部触点释放。电动机脱离电源。SB_1 的常开点接通 KM_2 线圈回路，并通过辅助接点自保，KM_2 主触点闭合，并将经电阻 R 串联相接的电源（相序已经改变）接入电动机定子绕组回路，进行反接制动。

电动机转速迅速降低，当转速接近零时，速度继电器 KS 复原，常开触点打开，KM_2 线圈断电，其常开触点打开，切断电动机电源，反接制动结束。

速度继电器是将机械的旋转信号转换为电信号的电器元件，速度继电器的转子与被控制电动机的转子相接，其辅助触点在一定转速情况下会动作，其动合触点闭合，动断触点断开，主要作用是对电动机实现反接制动的控制。在原理图中，速度继电器的图形符号和文字符号如图 6-88 所示。

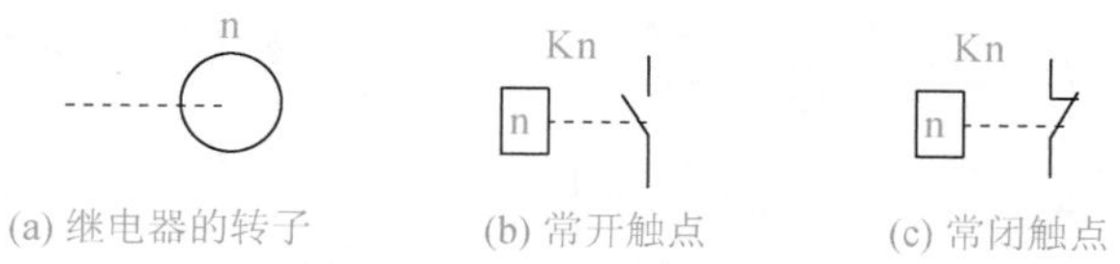

图 6-88　速度继电器的图形符号和文字符号

四、笼式电动机半波整流能耗制动控制电路

半波整流能耗制动就是将运行中的电动机，从交流电源上切除后立即接通一个半波直流电源，如图 6-89 所示，在定子绕组接通直流电源时，直流电流会在定子内产生一个静止的磁场，转子因惯性在磁场内旋转，并在转子导体中产生感应电流，并与恒定磁场相互作用产生制动转矩，使电动机迅速减速，最后停止转动。

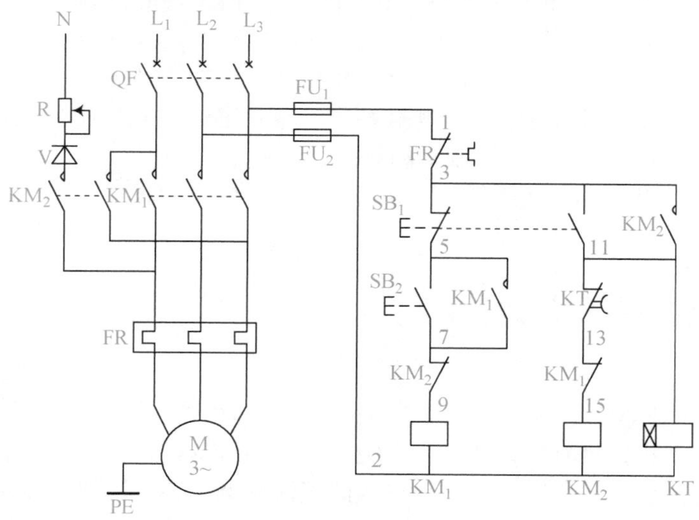

图 6-89　笼式电动机半波整流能耗制动控制电路原理

元件接线示意如图 6-90 所示，按下启动按钮 SB_2 时，接触器 KM_1 得电吸合并通过辅助常开触点自锁，电动机启动运行，KM_1 辅助常闭触点断开接触器 KM_2 线圈回路，实现互锁，使接触器 KM_2 不能动作。

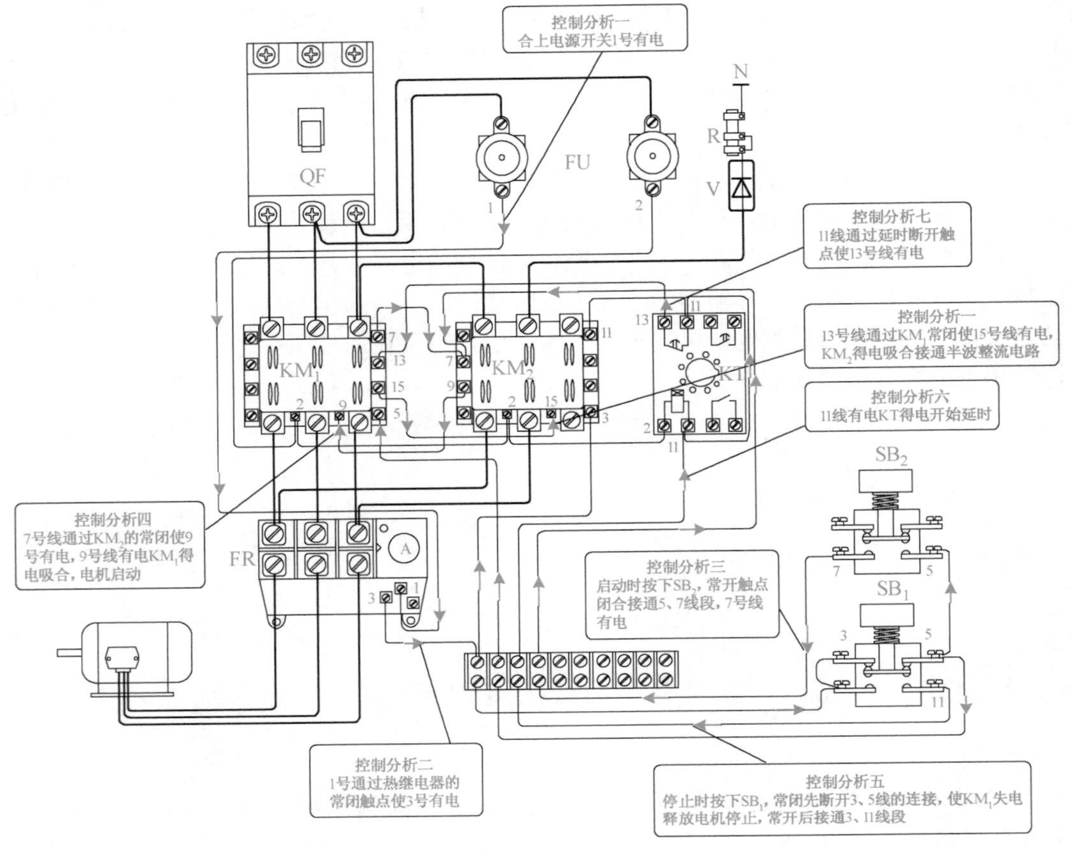

图 6-90　笼式电动机半波整流能耗制动电路控制分析接线示意

停止时按下按钮 SB_1，SB_1 的常闭断开使 KM_1 线圈失电。KM_1 的辅助常闭触点复位闭合，SB_1 的常开触点接通，使接触器 KM_2 和时间继电器 KT 线圈得电吸合，并通过 KM_2 辅助常开触点自锁，KM_2 主触点闭合接通直流电源(制动开始)，同时时间继电器 KT 开始延时，经延时后 KT 的延时动断触点断开 KM_2 线圈电源，KM_2 失电释放，电动机停止转动。

停止速度的调整：制动时间是由电阻 R 的大小决定的，R 阻值小，制动速度快，但要求电阻的功率要大；R 阻值大，制动的时间长。

整流二极管的选择：二极管的额定电流应大于 3. 5~4 倍的电动机空载电流。

五、电动机全波能耗制动控制电路

全波能耗制动就是将运行中的电动机，从交流电源上切除并立即接通直流电源，它与半波能耗制动相比具有制动力更强的优点，如图 6-91 所示，在定子绕组接通直流电源时，直流电流会在定子内产生一个静止的直流磁场，转子因惯性在磁场内旋转，并在转子导体中产生感应电势，有感应电流流过。同时与恒定磁场相互作用，消耗电动机转子惯性能量产生制动力矩，使电动机迅速减速，最后停止转动。

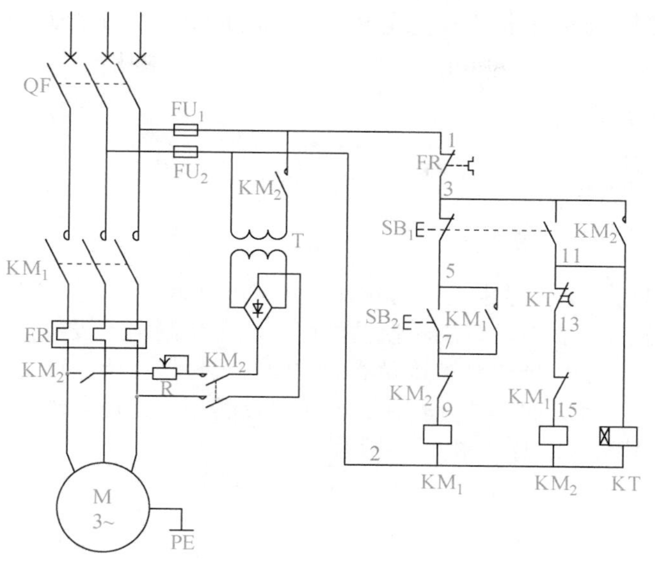

图 6-91　电动机全波能耗制动控制电路原理

当需要停止时，按下停止按钮 SB_1，KM_1 线圈断电，其主触头全部释放，电动机脱离电源。同时，接触器 KM_2 和时间继电器 KT 线圈通电并自锁，KT 开始计时，KM_2 主触点闭合，将直流电源接入电动机定子绕组，电动机在能耗制动下迅速停车。其元件接线示如图 6-92 所示。

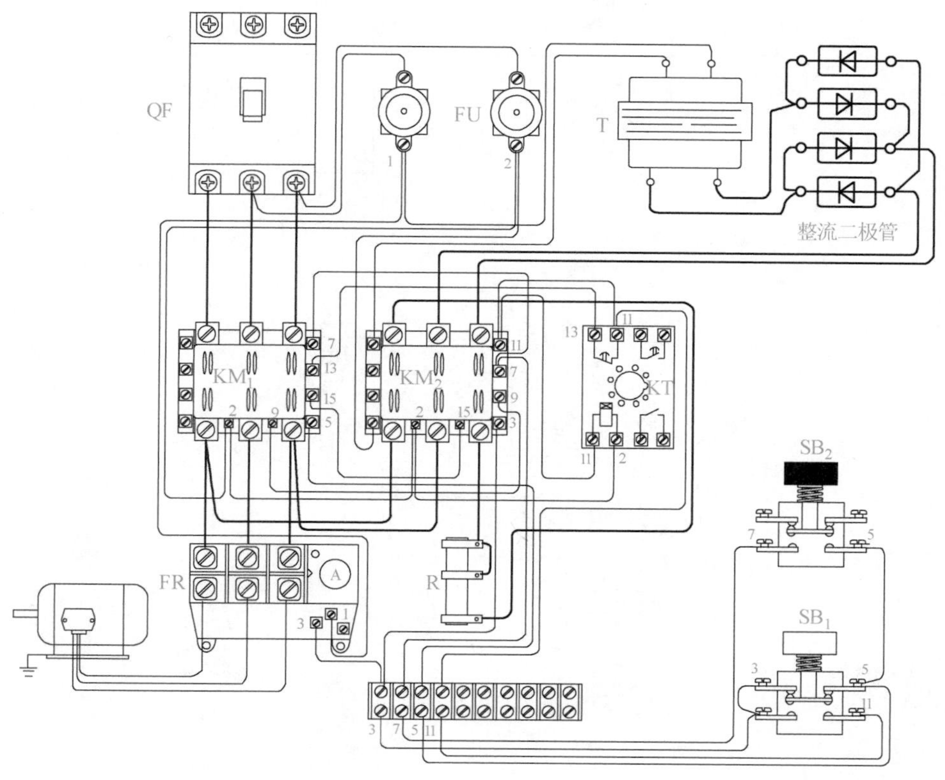

图 6-92　电动机全波能耗制动控制电路接线示意

另外，时间继电器 KT 的常闭触点延时断开时接触器 KM_2 线圈断电，KM_2 常开触点断开直流电源，脱离电源及定子绕组，能耗制动及时结束，保证了停止准确。

直流电源采用二极管单相桥式整流电路，电阻 R 用来调节制动电流大小，改变制动力的大小。

六、三相笼式电动机定子短接制动电路

在电动机切断电源停止运行的同时，将定子绕组短接，由于转子有剩磁的存在，形成了一个旋转磁场，在电动机旋转惯性作用下磁场切割定子绕组，并在定子绕组中产生感应电动势，由于定子绕组已被接触器的常闭触头短接，所以在定子绕组回路中有感应电流，该电流又与旋转磁场相互作用，产生制动转矩，迫使电动机停止转动。其原理如图 6-93 所示，其接线示意如图 6-94 所示。

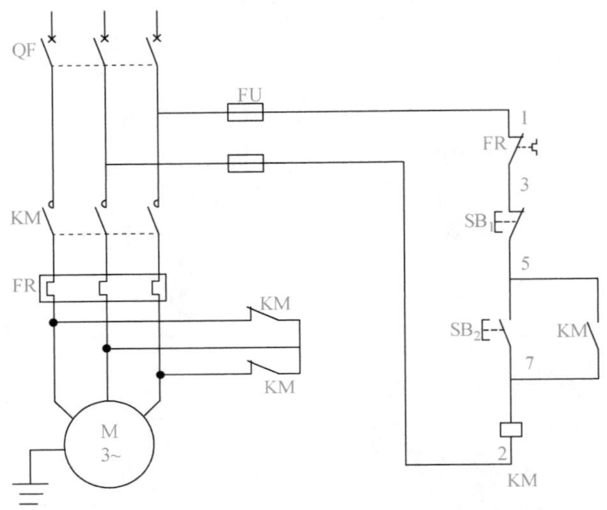

图 6-93 三相笼式电动机定子短接制动电路原理

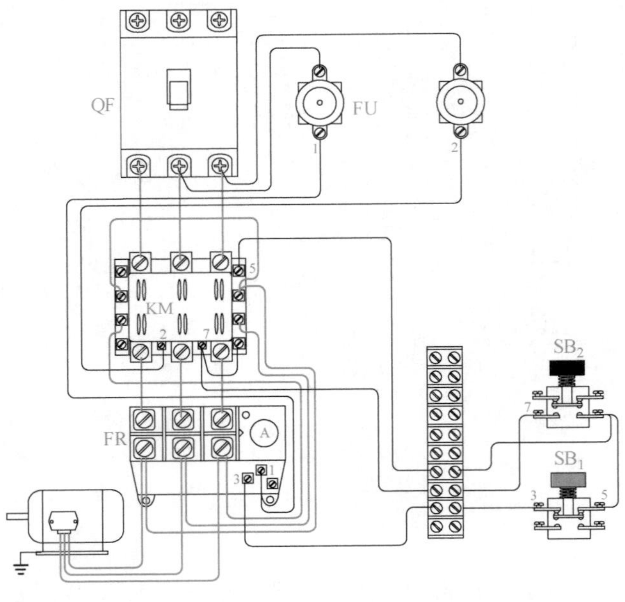

图 6-94 三相笼式电动机定子短接制动电路接线示意

这种制动方法适用于小容量的高速电动机及制动要求不高的场合，短接制动的优点是无需增加控制设备，简单易行。

第九节 电动机降压启动电路

电动机的降压启动，是利用一定的设备先行降低电压，来启动电动机，待转速达到一定时，再加上额定电压运行，以达到降低启动电流的目的。电动机启动电流是额定电流的4~7倍，若是大型的电动机直接启动，启动电流可达几百安培，这样大的电流不仅对电器设备有损坏，同时也对线路有很大的影响，会造成线路电压的下降，影响同线路上其他的用电器使用。所以各地电业部门对允许直接启动的电动机容量均有相应的规定。北京地区电气安装标准规定如下。

① 由公用低压网络供电时，容量在10kW及以下者，可直接启动。

② 由小区配电室供电者，容量在14kW及以下的，可直接启动。

③ 由专用变压器供电者，电压损失值不超过下列数值的，可直接启动：

- 经常启动的电动机——10%；
- 不经常启动的电动机——15%。

一、笼式三相异步电动机Y-△启电路（手动一式）

凡正常运行时定子绕组接成三角形的则是三相笼式异步电动机，如图6-95所示，在启动时临时成星形，待电动机启动后接近额定转速时，在将定子绕组通过Y-△降压启动装置接换成三角形运行，这种启动方法称为Y-△降压启动。它属于电动机降压启动的一种方式，由于启动时定子绕组的电压只有原运行电压的$1/\sqrt{3}$，启动力矩较小，只有原力矩的1/3，所以这种启动电路适用于轻载或空载启动的电动机。

线路分析如下。

① 合上空气开关QF接通三相电源。

② 按下启动按钮SB_2，首先交流接触器KM_3线圈通电吸合，KM_3的三对主触头将定子绕组尾端连在一起。KM_3的辅助常开触点接通，使交流接触器KM_1线圈通电吸合，KM_1三对主常触头闭合接通电动机定子绕组的首端，电动机在Y接下低压启动，如图6-96所示是接触器星形接线。

③ 随着电动机转速的升高，待接近额定转速时（或观察电流表接近额定电流时），按下运行按钮SB_3，此时BS_3的常闭触点断开KM_3线圈的回路，KM_3失电释放，常开主触头释放将三相绕组尾端连接打开，SB_3的常开接点接通中间继电器KA线圈通电吸合，KA的常闭接点断开KM_3电路（互锁），KM_3的常开接点吸合，通过SB_2的常闭接点和

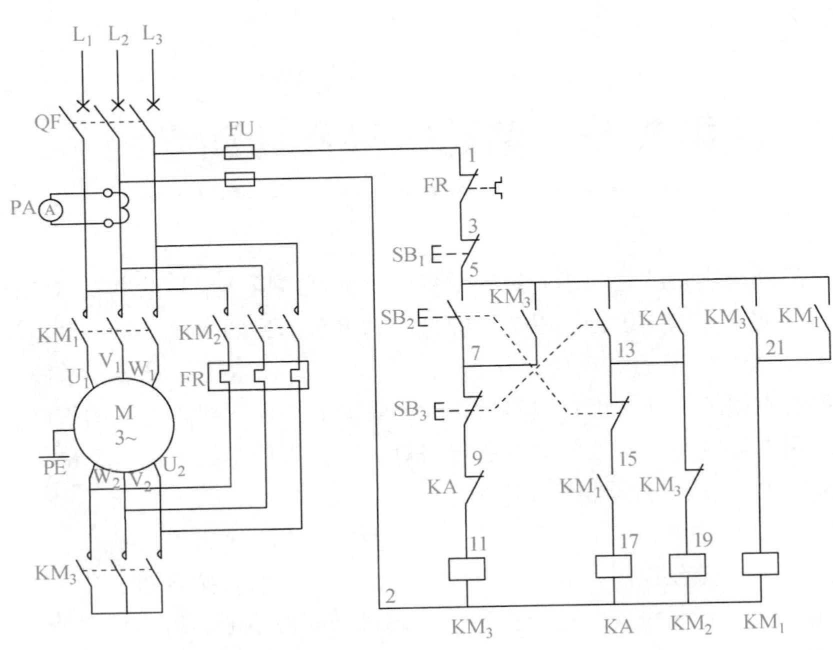

图 6-95　笼式三相异步电动机Y-△降压手动控制电路原理

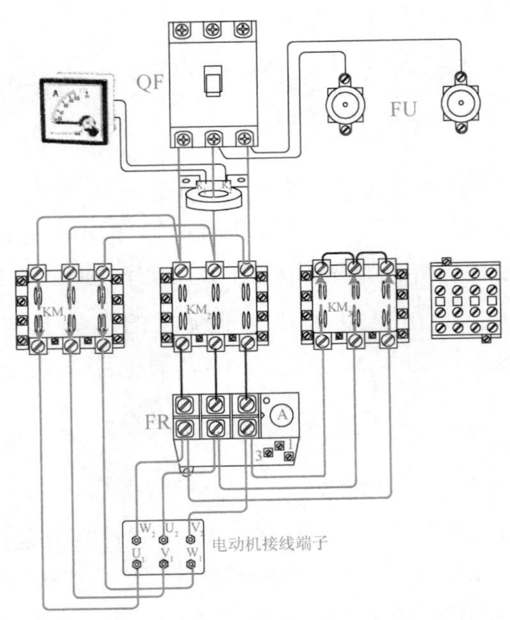

图 6-96　接触器星形接线

KM_1 常开互锁接点实现自保，同时通过 KM_3 常闭接点（互锁）使接触器 KM_2 线圈通电吸合，KM_2 主触头闭合将电动机三相绕组连接成三角形，使电动机在△接法下运行。完成了Y-△降压启动的任务。如图 6-97 所示为接触器三角形接线。

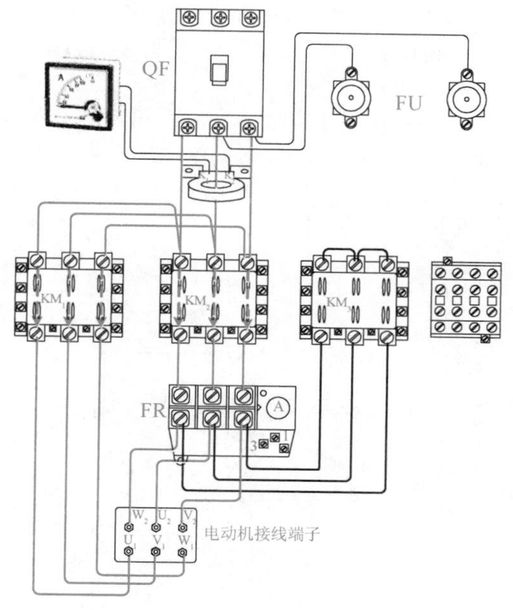

图 6-97　接触器三角形接线

④ 热继电器 FR 作为电动机的过载保护，其热元件接在三角形内，流过热继电器的电流是相电流，定值时应按电动机额定电流的 $1/\sqrt{3}$ 计算。

⑤ KM_2 及 KM_3 常闭触点构成互锁环节，保证了电动机Y-△接法不可能同时出现，避免发生将电源短路的事故。

其接线示意如图 6-98 所示。

安装注意事项如下。

① Y-△降压启动电路，只适用于△形接线、380V 的笼异步电动机。不可用于Y形接线的电动机应为启动时已是Y形接线，电动机全压启动，当转入△形运行时，电动机绕组会因电压过高而烧毁。

② 接线时应先将电动机接线盒的连接片拆除。

③ 接线时应特别注意电动机的首尾端接线相序不可有错，如果接线有错，在通电运行时会出现启动时电动机左转，运行时电动机右转，因为电动机突然反转，电流剧增，会烧毁电动机或造成掉闸事故。

④ 如果需要调换电动机旋转方向，应在电源开关负荷侧调电源线为好，这样操作不容易造成电动机首尾端接线错误。

⑤ 电路中装电流表的目的，是监视电动机启动、运行电流的，电流表的量程应按电动机额定电流的 3 倍选择。

接线要点与动作分析如下。

① 控制电源经热继电器常闭触点 3 号线使其有电，并接控制按钮 SB_1。

② 3 号线过 SB_1 的常闭触点闭合接通 3、5 号线，使 5 号线有电，5 号线一路接 KM_1、KM_2、KA 的常开触点、用于自保；另一路接 SB_2 和 SB_3 的常开触点用于启动。

③ 启动时按下 SB_2 按钮，常闭断开 13、15 号线的连接使中间继电器 KA 不能动作，常开触点后 5、7 号线接通，7 号线通 SB_3 的常闭触点使 9 号线有电。

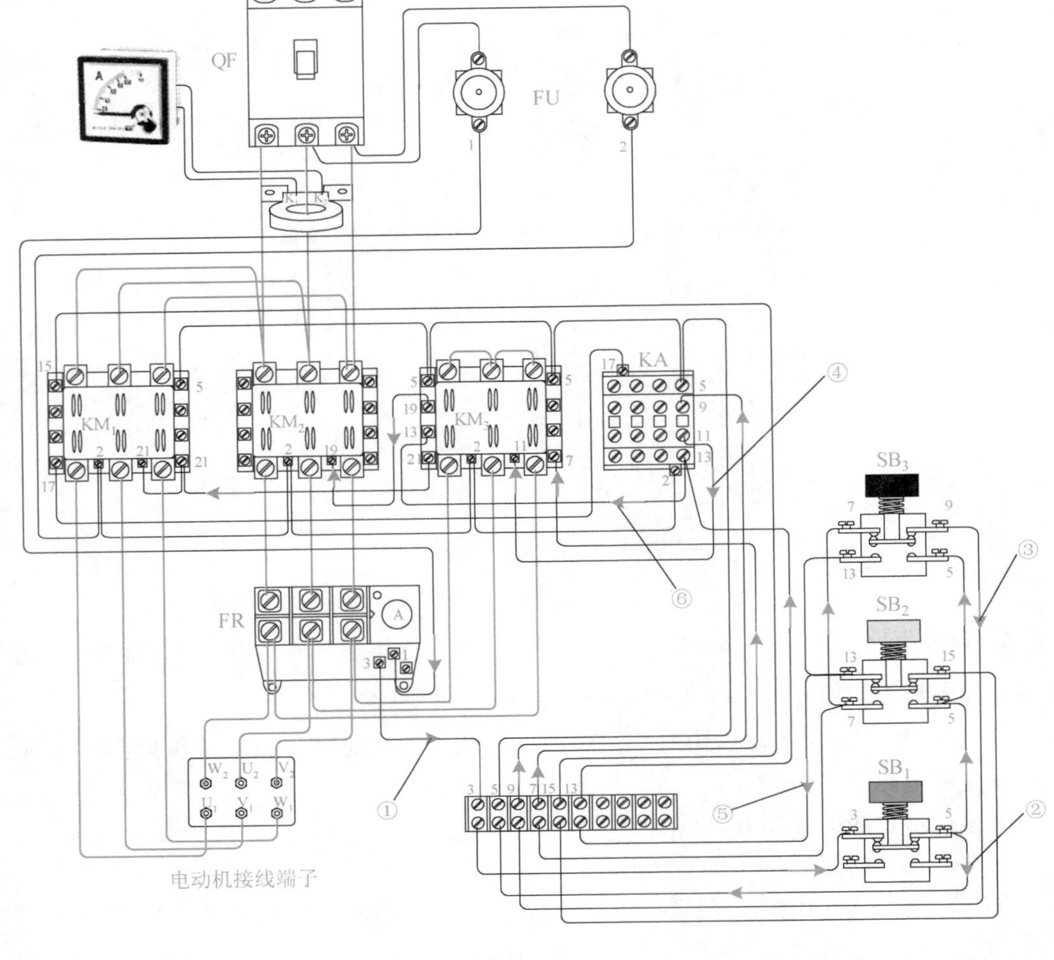

图 6-98 笼式三相异步电动机Y-△降压手动控制电路接线示意

④ 9 号线通过 KA 的常闭触点，使 11 号线有电，KM_3 得电吸合，电机尾端封接，KM_3 的辅助常开触点闭合使 5、21 号线接通，KM_1 也得电吸合并自保，电动机进入星形启动。

⑤ 运行时按下 SB_3，SB_3 的常闭触点断开 7、9 号线的连接使 KM_3 失电释放，SB_3 的常开触点后 5、13 线段使 13 号线有电。

⑥ 13 号线有电通过 KM_3 的常闭(互锁)13、19 号线接通，19 号线有电使 KM_2 得电吸合，电动机进入三角形运行。

二、笼式异步电动机的Y-△启动电路（手动二式）

如图 6-99 所示，这种启动方法线路控制比较简单，一般适用于 20kW 以下的电动机Y-△启动。

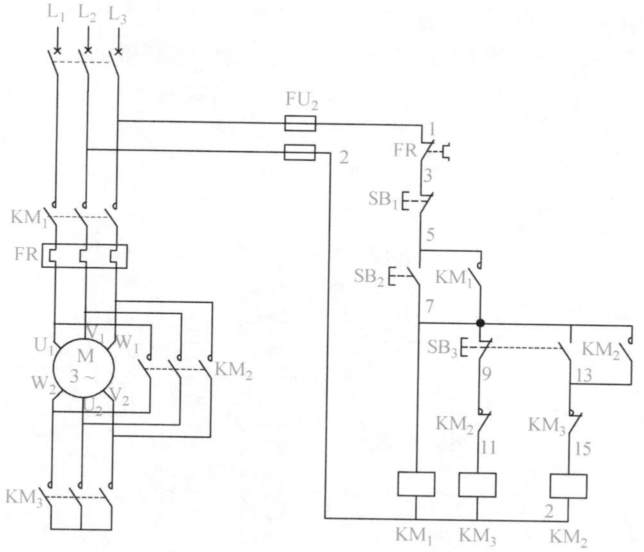

图 6-99　笼式三相异步电动机Y-△降压手动控制电路原理

线路分析如下。

（1）合上电源开关 QS 接通三相电源。

（2）按下启动按钮 SB_2，交流接触器 KM_1 及 KM_3 的线圈通电吸合并自锁。其控制电路分析如图 6-100 所示，KM_1 的三对主触头闭合接通电动机定子三相绕组的首端，KM_3 的三对主触头将定子绕组尾端连在一起，电动机在Y接法下低电压启动。

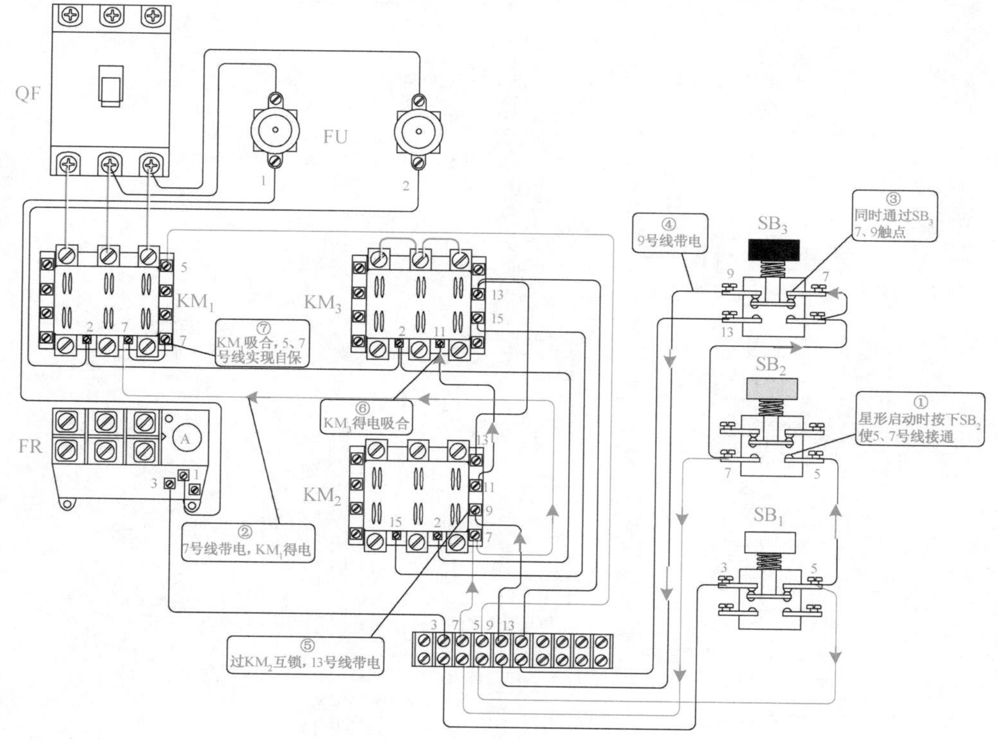

图 6-100　星形启动时控制电路分析

（3）随着电动机转速的升高，待接近额定转速时(或观察电流表接近额定电流时)，按下运行按钮 SB_3，动作分析如图 6-101 所示，此时 BS_3 的常闭触点断开 KM_3 线圈的回路，KM_3

失电释放，常开主触头释放将三相绕组尾端连接打开，常闭触点复位闭合，为 KM_2 通电做好准备，而 SB_3 的常开触点接通了 KM_2 线圈回路，使 KM_2 线圈得电并自锁，KM_2 主触头闭合将电动机三相绕组连接成△，使电动机在△接法下运行，即完成了Y-△降压启动的任务。

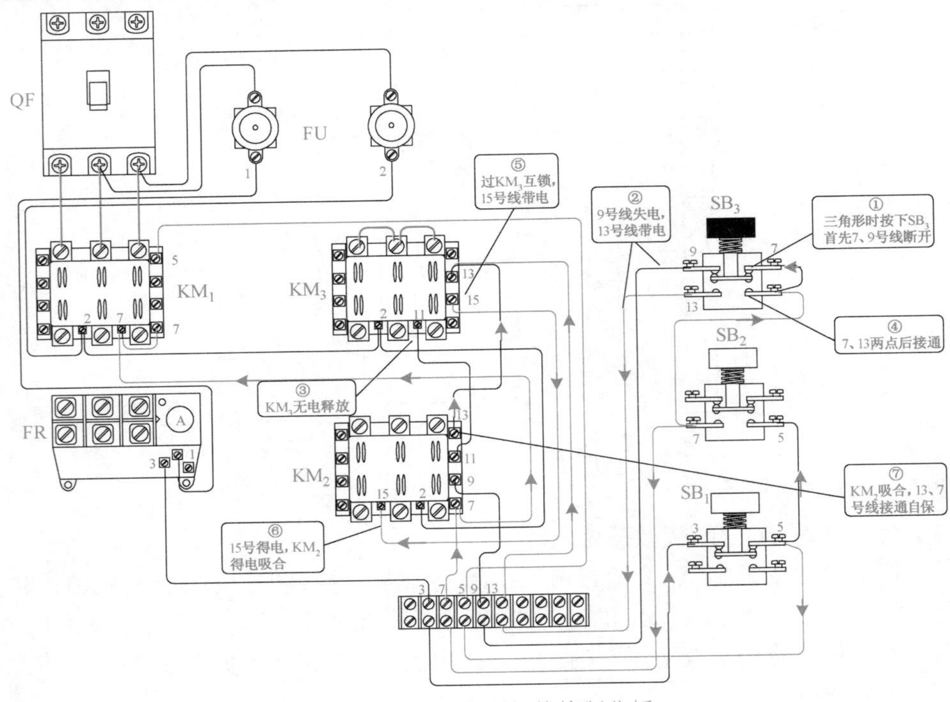

图 6-101　三角形切换控制分析

如图 6-102 是完整的Y-△启动电路元件接线示意。

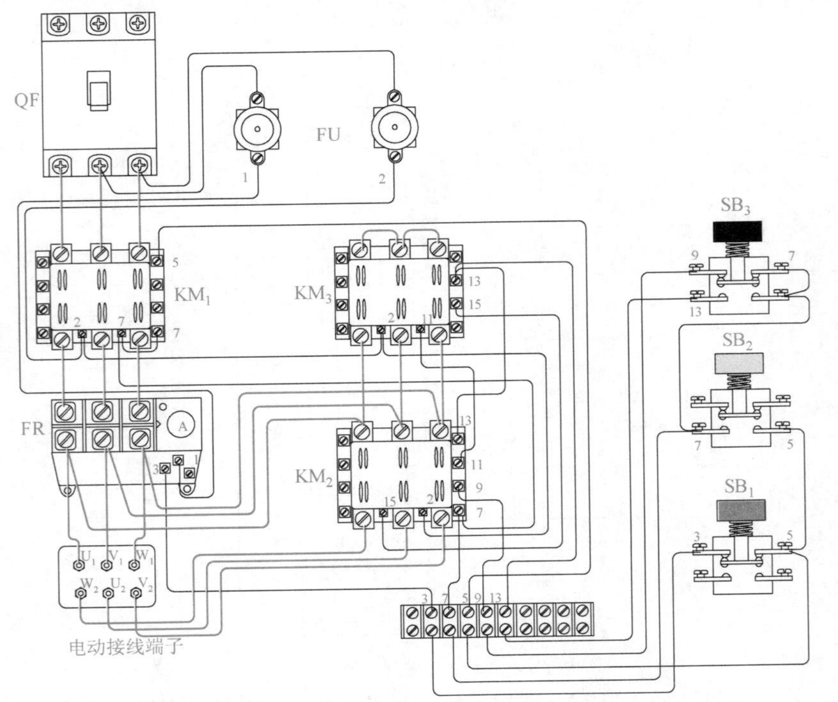

图 6-102　完整的Y-△启动电路元件接线示意

三、笼式异步电动机Y-△启动电路（自动一式）

电动机Y-△启动电路由时间继电器来完成转换，能可靠地保证转换过程的准确，其原理如图 6-103 所示，其电路接线示意如图 6-104 所示。

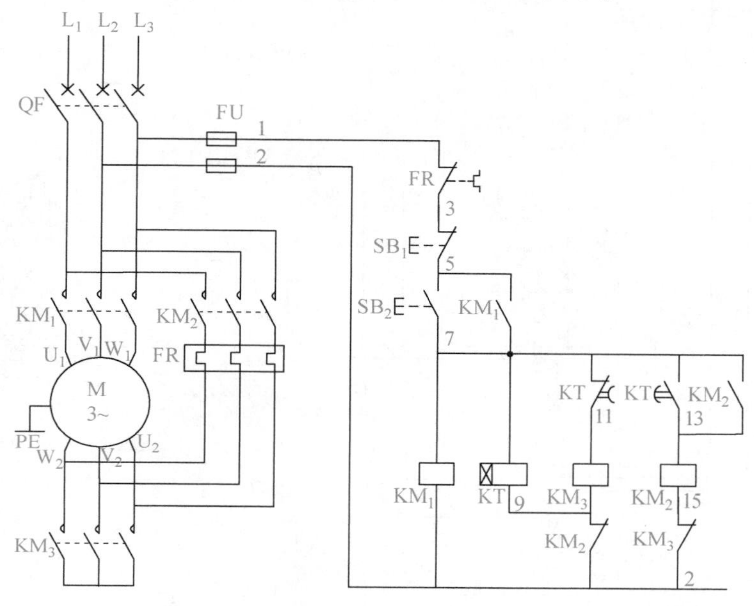

图 6-103 笼式异步电动机Y-△自动启动电路（时间继电器自动切换）

启动时按下启动按钮 SB_2，交流接触器 KM_1 线圈回路通电吸合并通过自己的辅助常开触点自锁，其主触头闭合接通电动机三相电源，时间继电器 KT 线圈也通电吸合并开始计时，交流接触器 KM_3 线圈通过时间继电器的延时断开接点通电吸合，KM_3 的主触头闭合将电动机的尾端连接，电动机定子绕组成Y形连接，这是电动机在Y形接法下降压启动。

当时间继电器 KT 整定时间到时后，其延时断开触点打开，交流接触器 KM_3 线圈回路断电，主触点打开定子绕组尾端的接线，KM_3 的辅助常闭触点闭合，为 KM_2 线圈的通电做好准备。同时时间继电器 KT 的延时闭合触点闭合，接通 KM_2 线圈回路，使得 KM_2 通电吸合并通过自己的辅助常开触点自锁，KM_2 主触头闭合将定子绕组接成三角形，电动机在三角形接法下运行。

常见故障如下。

（1）Y启动过程正常，但按下 SB_3 后电动机发出异常声音，转速也急剧下降。

分析现象：接触器切换动作正常，表明控制电路接线无误。问题出现在接上电动机后，从故障现象分析，很可能是电动机主回路接线有误，使电路由Y接转到△接时，送入电动机的电源顺序改变，电动机由正常启动突然变成了反序电源制动，强大的反向制动电流造成了电动机转速急剧下降和异常声音。

处理故障：核查主回路接触器及电动机接线端子的接线顺序。

（2）线路空载试验工作正常，接上电动机试车时，一启动电动机，电动机就发出异

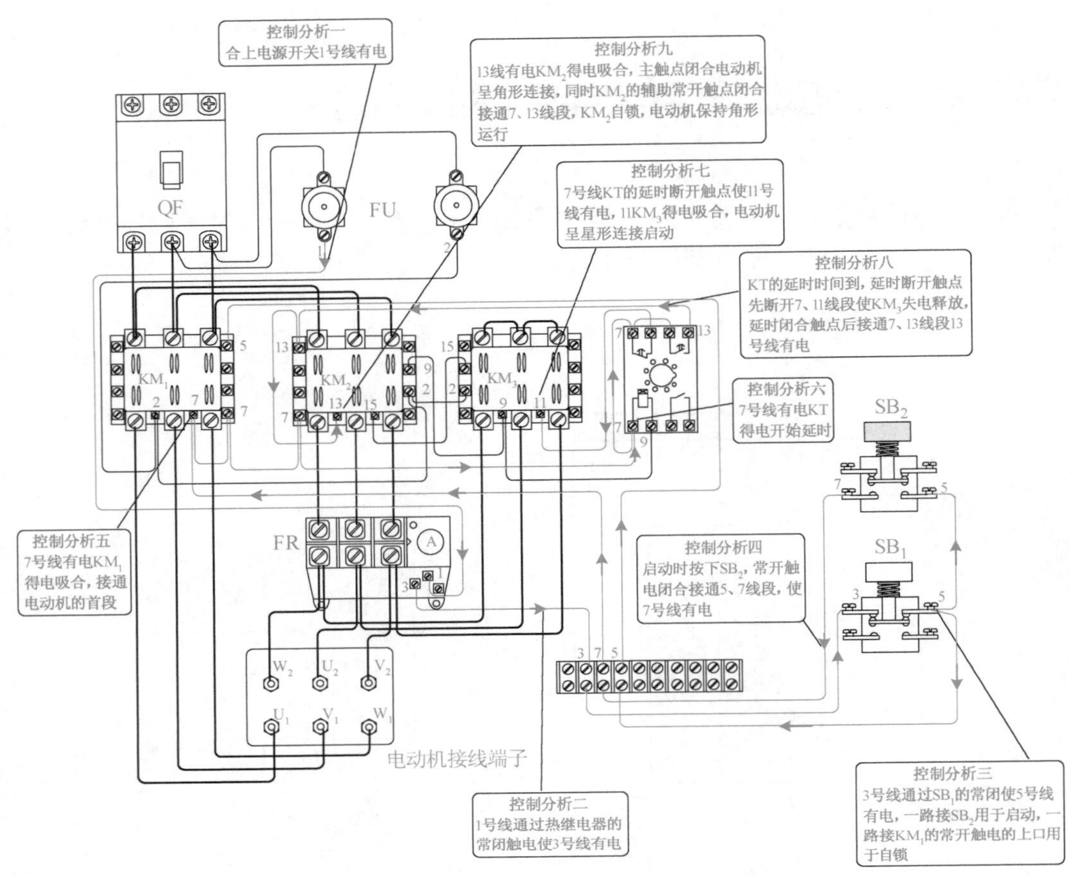

图 6-104　笼式异步电动机Y-△自动启动电路接线示意与步骤分析

常声音，转子左右颤动，立即按 SB_1 停止，停止时 KM_2 和 KM_3 的灭弧罩内有强烈的电弧现象。

分析现象：空载试验时接触器切换动作正常，表明控制电路接线无误。问题出现在接上电动机后，从故障现象分析是由于电动机缺相所引起的。电动机在Y启动时有一相绕组未接入电路，电动机造成单相启动，由于缺相绕组不能形成旋转磁场，使电动机转轴的转向不定而左右颤动。

处理故障：检查接触器接点闭合是否良好，接触器及电动机端子的接线是否紧固。

（3）空载试验时，一按启动按钮 SB_2，KM_2 和 KM_3 就“嘣叭、嘣叭”切换，不能吸合。

分析故障：一启动 KM_2 和 KM_3 就反复切换动作，说明时间继电器没有延时动作，一按 SB_2 启动按钮，时间继电器线圈得电吸合，接点也立即动作，造成了 KM_2 和 KM_3 的相互切换，不能正常启动。分析问题出现在时间继电器的接点上。

处理故障：检查时间继电器的接线，发现时间继电器的接点使用错误，接到时间继电器的瞬动接点上，所以一通电接点就动作，将线路改接到时间继电器的延时接点上，故障排除。

时间继电器往往有一对延时动作接点，还有一对瞬时动作接点，接线前应认真检查时间继电器的接点的使用要求。

四、笼式异步电动机Y-△启动电路（自动二式）

图 6-105 所示是Y-△降压启动电路的又一种接线方法，为了大家便于接线和分析电路过程，在图 6-106 中主要讲解控制回路的工作过程，主回路可以参考本章的Y-△降压启动电路自动一式中的图 6-103。

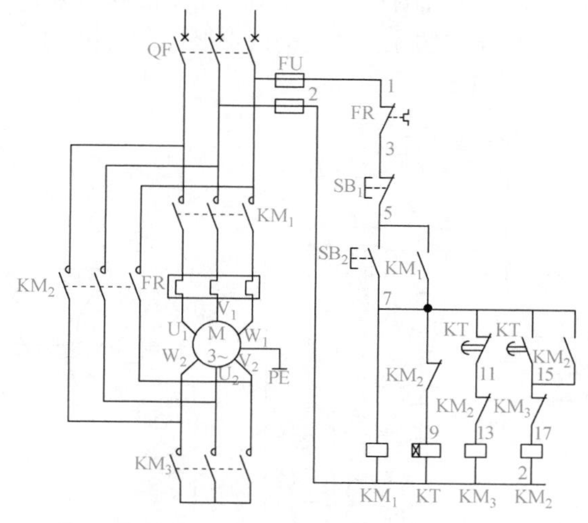

图 6-105 电动机Y-△降压启动电路(自动二式)原理

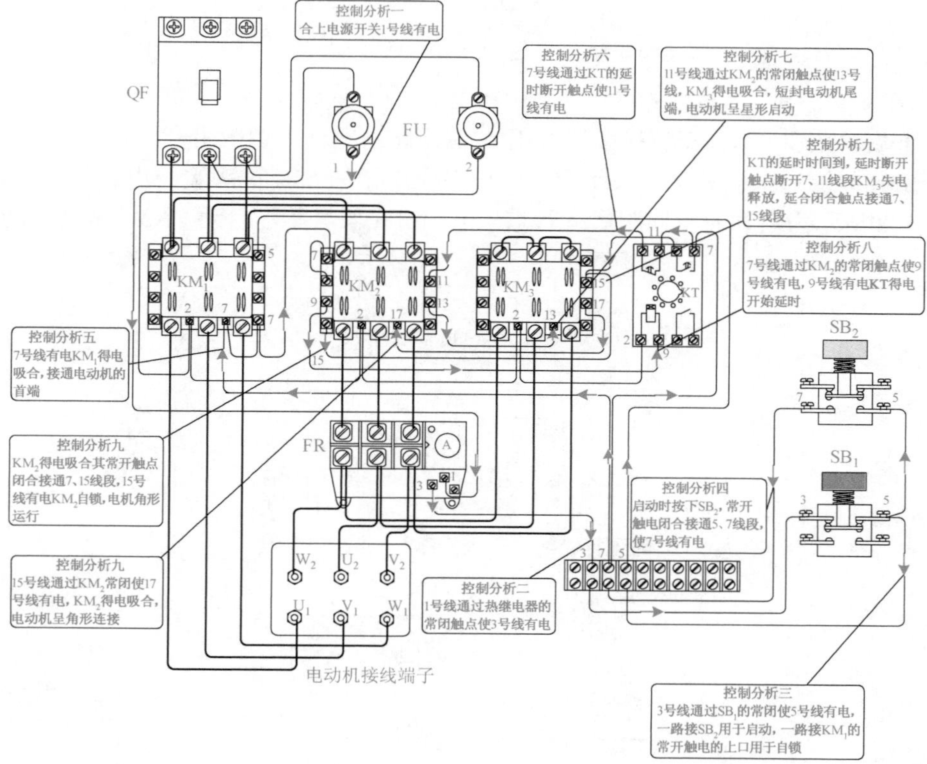

图 6-106 电动机Y-△降压启动电路(自动二式)控制回路接线与分析

五、笼式电动机自耦降压启动手动控制电路

自耦降压启动是利用自耦变压器降低电动机端电压的启动方法，其原理如图 6-107 所示，自耦变压器一般由两组抽头，可以得到不同的输出电压(一般为电源电压的 80% 和 65%)，启动时使自耦变压器中的一组抽头(例如 65%)接在电动机的回路中，当电动机的转速接近额定转速时，将自耦变压器切除，使电动机直接接在三相电源上进入运转状态。

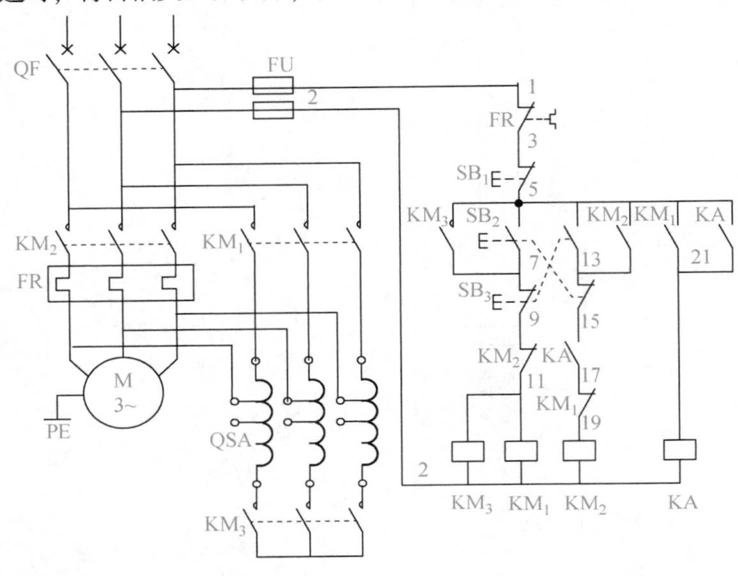

图 6-107　手动控制自耦减压启动原理

按下启动按钮 SB_2，交流接触器 KM_3 线圈回路通电，主触头闭合，自耦变压器接成星形。KM_1 线圈通电，其主触头闭合，由自耦变压器的 65% 抽头端将电源接入电动机，如图 6-108 所示为启动时主回路运行状态，电动机在低电压下启动。KM_1 常开辅助触点

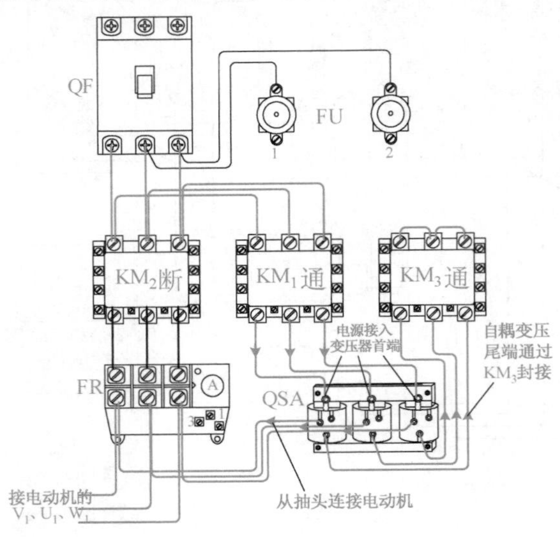

图 6-108　启动时主回路运行状态

闭合，接通中间继电器 KA 的线圈回路，KA 通电并自锁 KA 的常开触点闭合，为 KM_2 线圈回路通电做准备。

当电动机转速接近额定转速时，按下按钮 SB_3，KM_1、KM_3 线圈断电，将自耦变压器切除，KM_2 线圈得电并自锁，将电源直接接入电动机，电动机在全压下运行，如图 6-109 所示。

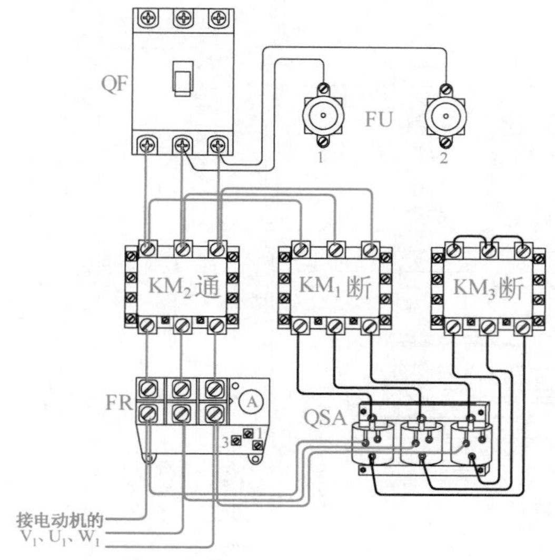

图 6-109　运行时的主回路

如图 6-110 所示是启动时控制电路接线分析，如图 6-111 所示是运行时控制电路分析。

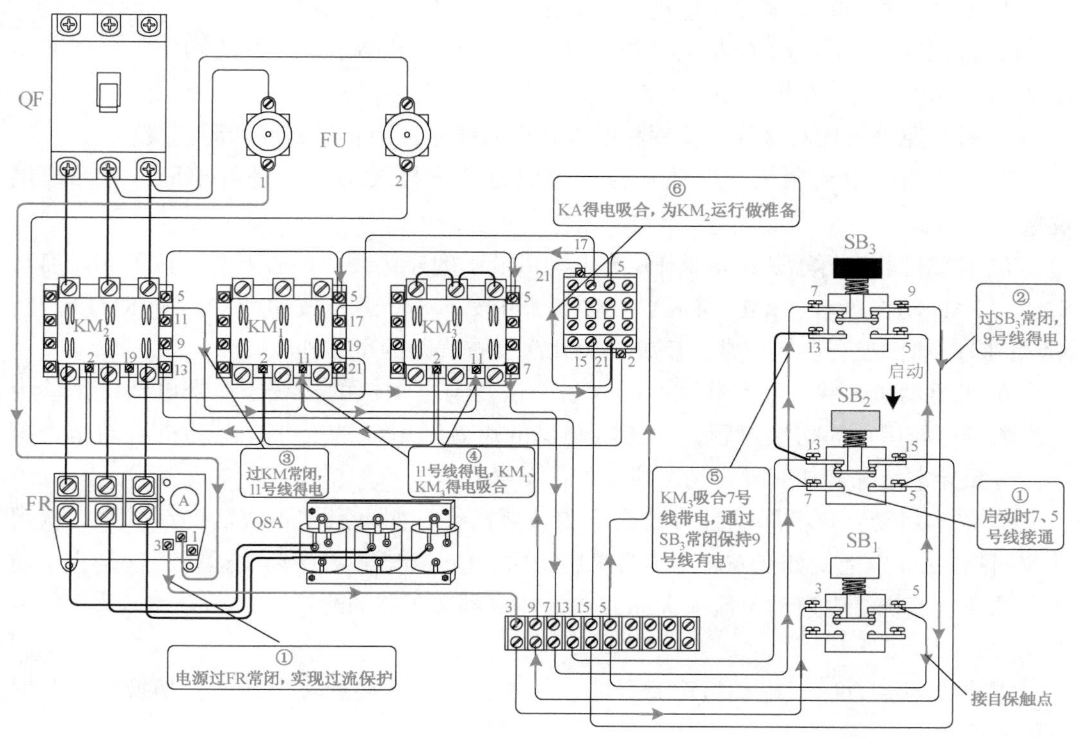

图 6-110　启动时控制电路接线分析

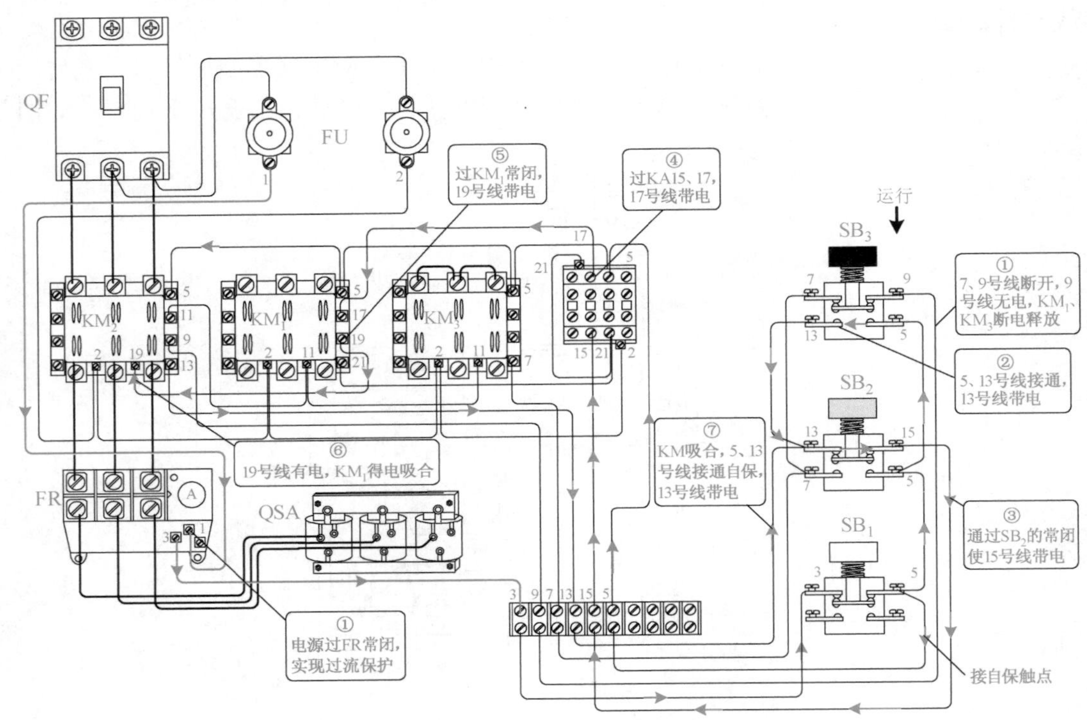

图 6-111 运行时控制电路分析

安装调试注意事项如下。

① 电动机自耦降压电路，适用于任何接法的三相笼式异步电动机。

② 自耦变压器的功率应与电动机的功率一致，如果小于电动机的功率，自耦变压器会因启动电流大、发热，损坏绝缘、烧毁绕组。

③ 对照原理图核对接线，要逐相的检查核对线号，防止接错线和漏接线。

④ 由于启动电流很大，应认真检查主回路端子接线的压接是否牢固，有无虚接现象。

⑤ 空载试验：拆下热继电器 FR 与电动机端子的连接线，接通电源，按下 SB_2 启动 KM_1 与 KM_3 动作吸合，KM_2 与 KA 不动作。再按下 SB_3 运行按钮，KM_1 和 KM_3 释放，KA 和 KM_2 动作吸合切换正常，反复试验几次检查线路的可靠性。

⑥ 带电动机试验：经空载试验无误后，恢复与电动机的接线。在带电动机试验中应注意启动与运行的切换过程，注意电动机的声音及电流的变化，电动机启动是否困难，有无异常情况，如有异常情况应立即停车处理。

⑦ 再次启动：自耦降压启动电路不能频繁操作，如果启动不成功的话，第二次启动应间隔 4min 以上，如在 60s 连续两次启动后，应停电 4h 再次启动运行，这是为了防止自耦变压器绕组内启动电流太大而发热损坏自耦变压器的绝缘。

常见故障如下。

① 带负荷启动时，电动机声音异常，转速低，不能接近额定转速，切换到运行时有很大的冲击电流。

分析现象：电动机声音异常，转速低，不能接近额定转速，说明电动机启动困难，怀疑是自耦变压器的抽头选择不合理，电动机绕组电压低，启动力矩小，拖动的负载大所造成的。

处理：将自耦变压器的抽头改接在 80%位置后，再试车，故障排除。

② 电动机由启动转换到运行时，仍有很大的冲击电流，甚至掉闸。

分析现象：这是电动机启动和运行的切换时间太短所造成的，时间太短，电动机的启动电流还未下降，转速为接近额定转速就切换到全压运行状态所至。

处理：延长启动时间，故障排除。

六、电动机自耦降压启动（自动控制电路）

电动机自耦降压启动（自动控制电路）电路原理如图 6-112 所示，其接线示意如图 6-113 所示。

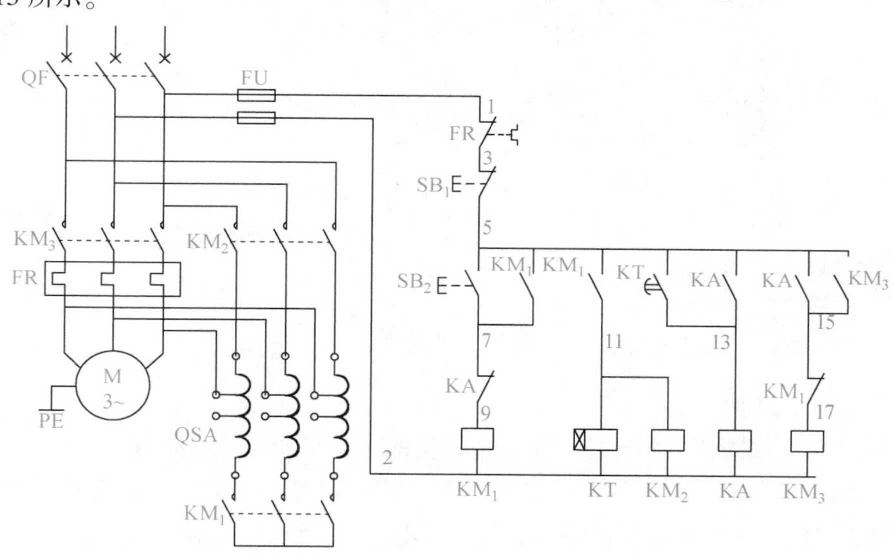

图 6-112　电动机自耦降压启动（自动控制）电路原理

控制过程如下。

① 合上空气开关 QF 接通三相电源。

② 按启动按钮 SB_2 交流接触器 KM_1 线圈通电吸合并自锁，其主触头闭合，将自耦变压器线圈接成星形，与此同时由于 KM_1 辅助常开触点闭合，使得接触器 KM_2 线圈通电吸合，KM_2 的主触头闭合，由自耦变压器的低压抽头（例如 65%）将三相电压的 65%接入电动。

③ KM_1 辅助常开触点闭合，使时间继电器 KT 线圈通电，并按已整定好的时间开始计时，当时间到达后，KT 的延时常开触点闭合，使中间继电器 KA 线圈通电吸合并自锁。

④ 由于 KA 线圈通电，其常闭触点断开使 KM_1 线圈断电，KM_1 常开触点全部释放，主触头断开，使自耦变压器线圈封星的接线端打开；同时 KM_2 线圈断电，其主触头断开，切断自耦变压器电源。此时 KM_1 的常闭触点复位，使 KM_3 线圈得电吸合，KM_3 主

触头接通电动机在全压下运行。

⑤ KM_1 的常开触点断开也使时间继电器 KT 线圈断电，其延时闭合触点释放，保证了在电动机启动任务完成后，使时间继电器 KT 可处于断电状态。

⑥ 停车时，按下 SB_1 则控制回路全部断电，电动机切除电源而停转。

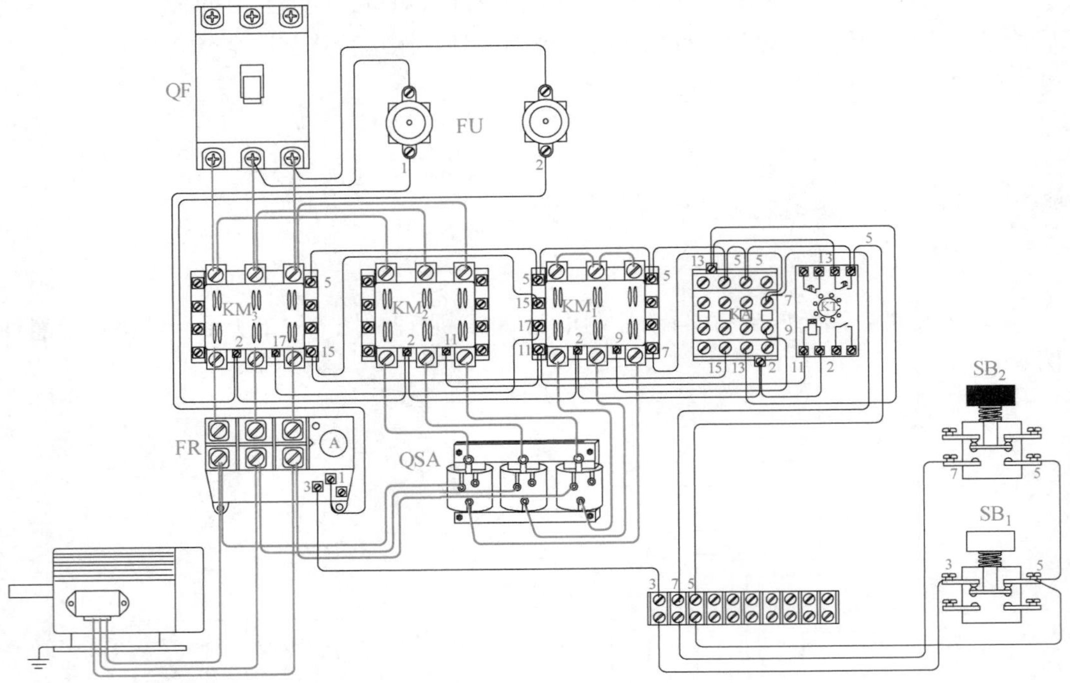

图 6-113　电动机自耦降压启动(自动控制)电路接线示意

安装与调试如下。

① 电动机自耦降压电路，适用于任何接法的三相笼式异步电动机。

② 自耦变压器的功率应与电动机的功率一致，如果小于电动机的功率，自耦变压器会因启动电流大、发热，损坏绝缘、烧毁绕组。

③ 对照原理图核对接线，要逐相地检查核对线号，防止接错线和漏接线。

④ 由于启动电流很大，应认真检查主回路端子接线的压接是否牢固，无虚接现象。

⑤ 空载试验：拆下热继电器 FR 与电动机端子的连接线，接通电源，按下 SB_2 启动 KM_1 与 KM_2 动作吸合，KM_3 与 KA 不动作。时间继电器的整定时间到，KM_1 和 KM_2 释放，KA 和 KM_3 动作吸合切换正常，反复试验几次，检查线路的可靠性。

⑥ 带电动机试验：经空载试验无误后，恢复与电动机的接线。在带电动机试验中应注意启动与运行的切换过程，注意电动机的声音及电流的变化，电动机启动是否困难，有无异常情况，如有异常情况应立即停车处理。

⑦ 再次启动：自耦降压启动电路不能频繁操作，如果启动不成功的话，第二次启动应间隔 4min 以上，如在 60s 连续两次启动后，应停电 4h 再次启动运行，这是为了防止自耦变压器绕组内启动电流太大而发热，损坏自耦变压器的绝缘。

其控制电路接线分析如图 6-114 所示。

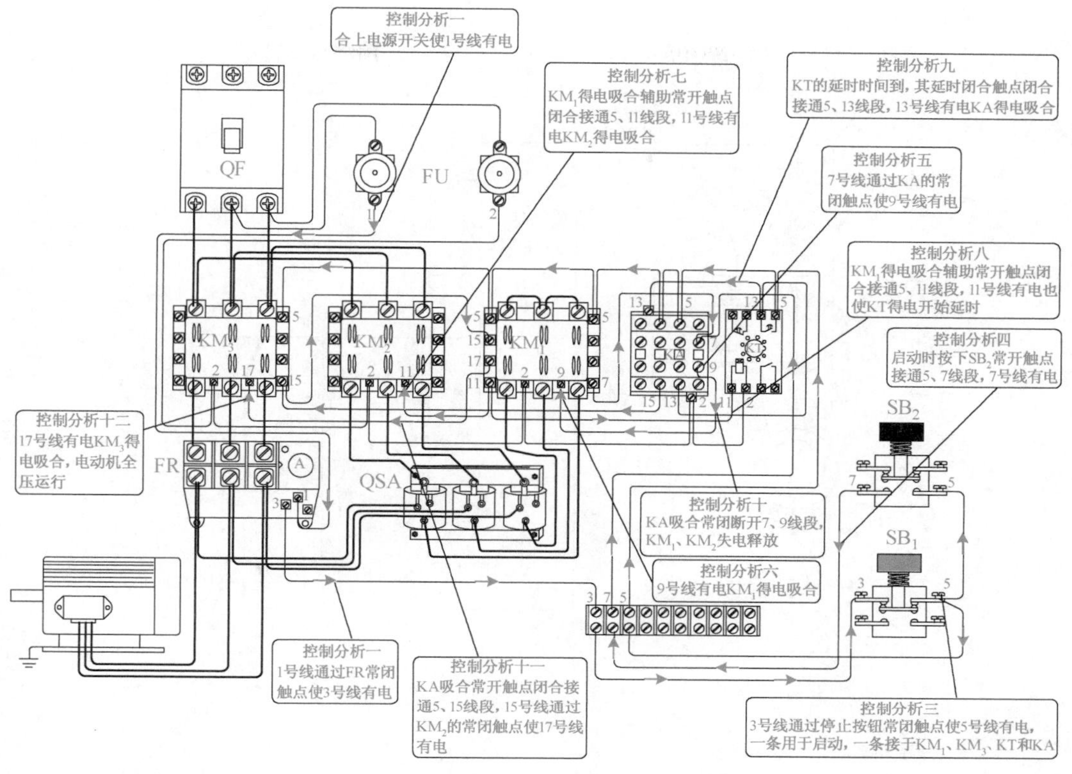

图 6-114　电动机自耦降压启动（自动控制）控制电路接线分析

七、绕线式电动机转子回路串频敏变阻器启动电路

1. 频敏变阻器的工作原理

频敏变阻器实际上是一个特殊的三相铁芯电抗器，它有一个三柱铁芯，每个柱上有一个绕组，三相绕组一般接成星形。频敏变阻器的阻抗随着电流频率的变化而有明显的变化，电流频率高时，阻抗值也高，电流频率低时，阻抗值也低。频敏变阻器的这种频率特性非常适合于控制异步电动机的启动过程，其电路原理如图 6-115 所示启动时，转子电流频率 f_z 最大。R_f 与 X_d 最大，电动机可以获得较大启动转矩。启动后，随着转速的提高，转子电流频率逐渐降低，R_f 和 X_f 都自动减小，所以电动机可以近似地得到恒转矩特性，实现了电动机的无级启动。启动完毕后，频敏变阻器应短路切除。

2. 启动电路原理

启动过程可分为自动控制和手动控制，由转换开关 SA 完成。

（1）自动控制　将 SA 扳向自动位置，按 SB_2 使交流接触器 KM_1 线圈得电并自锁，主触头闭合，电动机定子接入三相电源开始启动（此时频敏变阻器串入转子回路，如图 6-116 所示）。

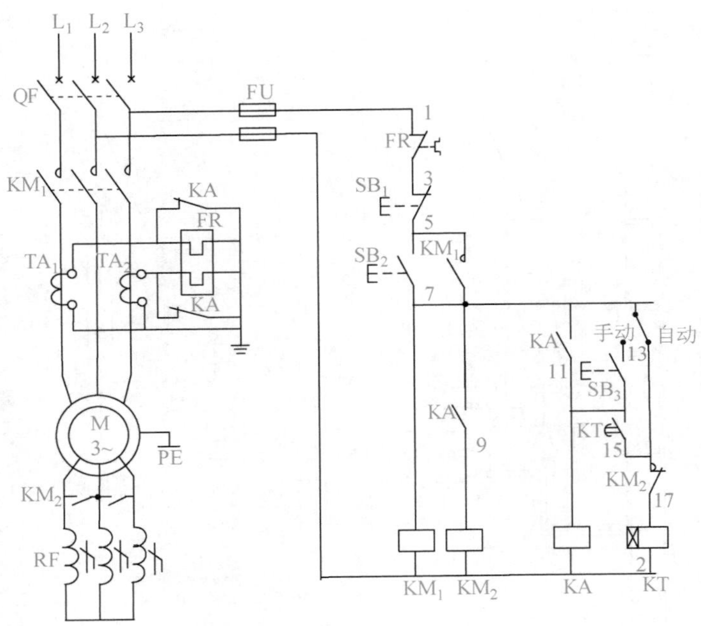

图 6-115 绕线式电动机转子回路串频敏变阻器启动电路原理

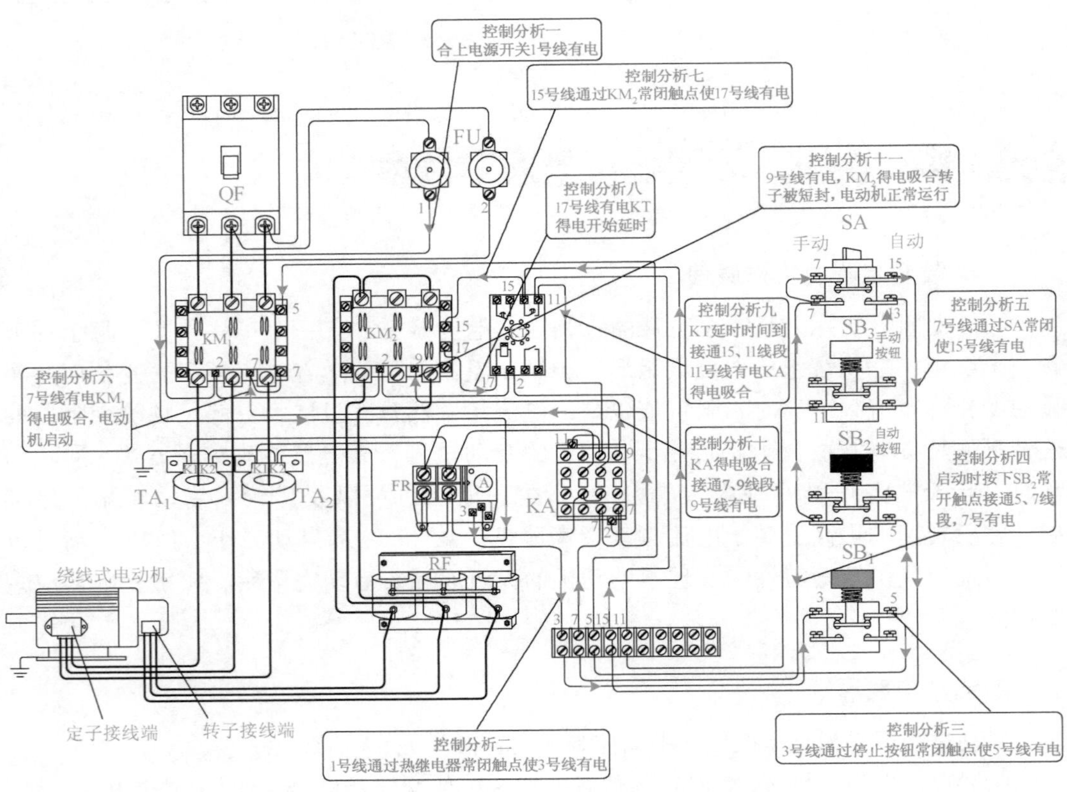

图 6-116 绕线式电动机转子回路串频敏变阻器启动接线与自动控制分析

此时时间继电器KT也通电并开始计时，达到整定时间后KT的延时闭合的常开触点闭合，接通了中间继电器KA线圈回路，KA的常开触点闭合，使接触器KM_2线圈回路得电，KM_2的常开触点闭合，将频敏变阻器短路切除，启动过程结束。

线路过载保护的热继电器接在电流互感器二次侧，这是因为电动机容量大。为了提高热继电器的灵敏的度和可靠性，故接入电流互感器的二次侧。

另外在启动期间，中间继电器KA的常闭触点将继电器的热元件短接，是为了防止启动电流大，引起热元件误动作。在进入运行期间KA常闭触点断开，热元件接入电流互感器二次回路进行过载保护。

（2）手动控制　将SA扳至手动位置，按下启动按钮SB_2，接触器KM_1线圈得电，吸合并自锁，主触头闭合电动机带频敏变阻器启动。

待转速接近额定转速或观察电流表接近额定电流时，按下按钮SB_3中间继电器KA线圈得电吸合并自锁，KA的常开触点闭合接通KM_2线圈回路，KM_2的常开触点闭合，将频敏变阻器短路切除。

KA的常闭触点断开，将热元件接入电流互感器二次回路进行过载保护

八、绕线式电动机频敏变阻器启动电路（二式）

绕线式电动机频敏变阻器启动电路（二式）原理如图6-117所示，其接线示意，如图6-118所示。

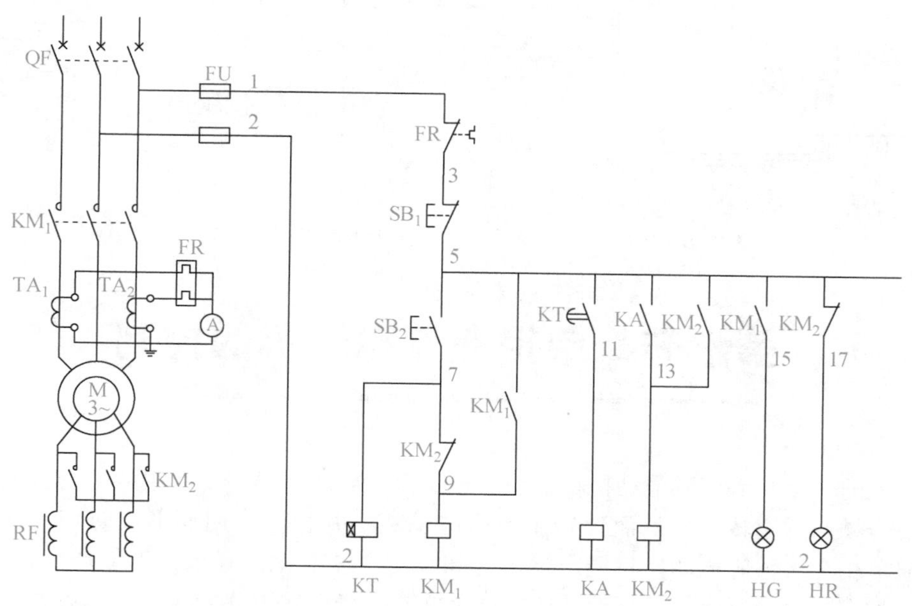

图6-117　绕线式电动机频敏变阻器启动电路（二式）原理

电路分析如下。

① 控制线经过继电器的常闭触点，3号线给控制按钮提供电源，实现热保护控制。

② 3号线过停止按钮SB_1的常闭触点，5号线有电，5号线一路接SB_2；另一路接自保和其他控制功能。

③ 启动时按下 SB_2，SB_2 的常开触点 5、7 接通，7 号线有电。

④ 7 号线有电，KT 时间继电器线圈得电开始延时。

⑤ 7 号线通过 KM_2 的常闭触点使 9 号线有电，使 KM_1 得电吸合，电动机转子通电，电机启动，并通过自保触点 5、9 接通，KM_1 实现自保。

⑥ KT 延时的时间到，延时闭合触点接通 11 号线使其有电，中间继电器 KA 得电吸合。

⑦ KA 吸合常开触点接通 5、13，13 号线有电，KM_2 得电吸合，将转子短接，频敏变阻器甩开，电动机启动完成。

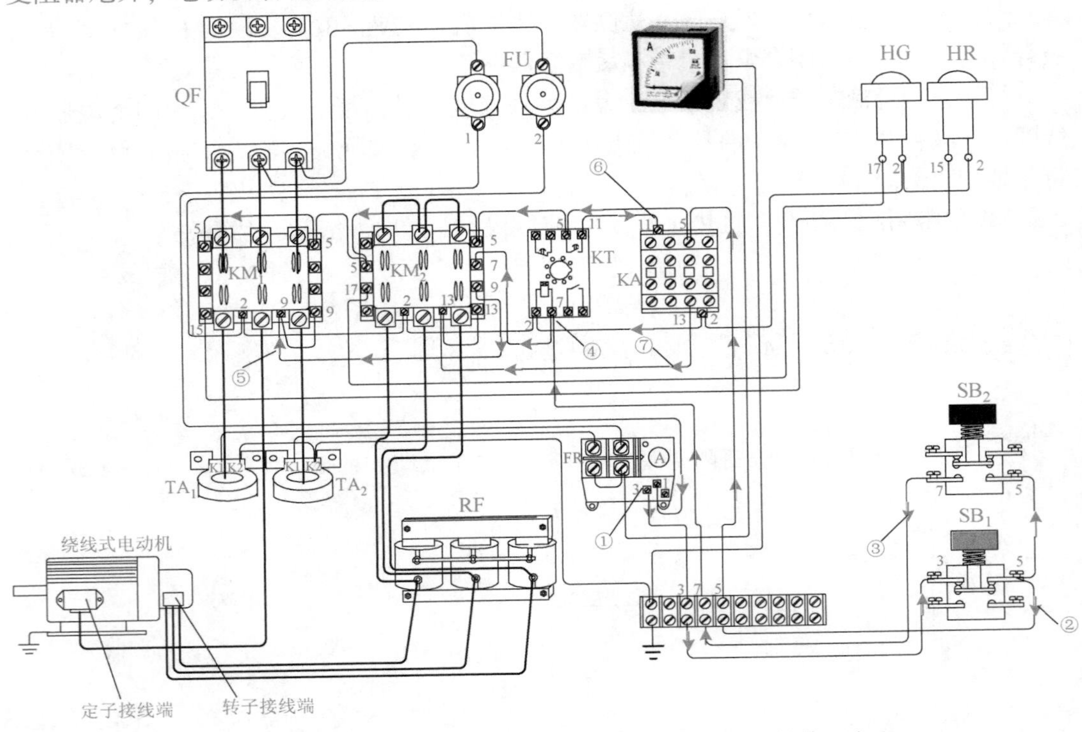

图 6-118　绕线式电动机频敏变阻器启动电路（二式）接线示意

第十节　单相交流电动机的控制

一般的三相交流感应电动机在接通三相交流电后，电机定子绕组通过交变电流后产生旋转磁场并感应转子，从而使转子产生电动势，并相互作用而形成转矩，使转子转动。但单相交流感应电动机只能产生极性和强度交替变化的磁场，不能产生旋转磁场，因此单相交流电动机必须另外设计使它产生旋转磁场，转子才能转动，所以常见单相交流电机有分相启动式、罩极式、电容启动式等种类。

在家用电器设备中，常配有小型单相交流感应电动机。交流感应电动机因应用类别的差异，一般可分为分相式电动机、电容启动式电动机、永久分相式电容电动机、罩极式电动机、永磁直流电动机及交直流电动机等类型。

一、分相启动式电动机

分相式单相交流电动机如图 6-119 所示，这种电机广泛应用于电冰箱、空调、小型水泵等电器中，该电机有一个笼式转子和主、副两个定子绕组。两个绕组相差一个很大的相位角，使副绕组中的电流和磁通达到最大值的时间比主绕组早一些，因而能产生一个环绕定子旋转的磁通。这个旋转磁通切割转子上的导体，使转子导体感应一个较大的电流，电流所产生的磁通与定子磁通相互作用，转子便产生启动转矩。电机一旦启动，转速上升至额定转速 70%时，离心开关脱开副绕组即断电，电机即可正常运转。

分相式电动机共有两组线圈；一组是运行线圈，另一组是启动线圈，颠倒两组线圈中任意一组的两个线端就可以使电动机反转。

图 6-119　分相式单相交流电动机

二、罩极式单相交流电动机

罩极式单相交流电动机如图 6-120 所示，它的结构简单，其电气性能略差于其他单相电机，但由于制作成本低，运行噪声较小，对电器设备干扰小，所以被广泛应用在电风扇等小型家用电器中，罩极式电动机只有主绕组，没有副绕组(启动绕组)，它在电机定子的两极处各设有一个副短路环，也称为电极罩极圈。当电动机通电后，主磁极部分的磁场产生的脉动磁场感应短路而产生二次电流，从而使磁极上被罩部分的磁场比未罩住部分的磁场滞后些，因而磁极构成旋转磁场，电动机转子便旋转启动工作。罩极式单相电动机还有一个特点，即可以很方便地转换成二极或四极转速，以适应不同转速电器的配套使用。

图 6-120　罩极式单相交流电动机

只有将罩极式电动机的定子铁芯取出换个方向就可以使电动机反转。

三、单相串激电动机

一般常用单相串激电动机如图 6-121 所示，在交流 50Hz 电源中运行时，电动机转速较高的也只能达每分钟 3000 转。而交、直流两用电动机在交流或直流供电下，其电机转速可高达 20000r/min，同时其电机的输出启动力矩也大，所以尽管电机体积小，

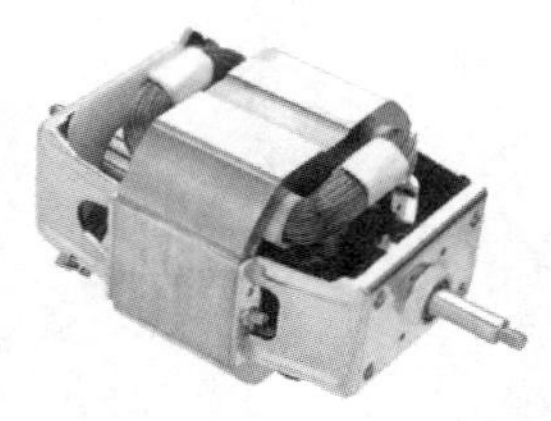

图 6-121　单相串激电动机

但由于转速高，输出功率大，因此交直流两用电动机在吸尘器、手电钻、家用粉碎机等电器中得以应用。

交、直流两用电动机的内在结构与单纯直流电机无太大差异，均由电机电刷经换向器将电流输入电枢绕组，其磁场绕组与电枢绕组构成串联形式。为了充分减少转子高速运行时电刷与换向器间产生的电火花干扰，而将电机的磁场线圈制成左右两个，分别串联在电枢两侧。两用电机的转向切换很方便，只要将切换开关将磁场线圈反接，即能实现电机转子的逆转或顺转。

四、电容式启动电动机

该类电动机可分为电容分相启动电机和永久分相电容电机。这种电机结构简单、启动快速、转速稳定，如图 6-122 所示，被广泛应用在电风扇、排风扇、抽油烟机等家用电器中。电容分相式电动机在定子绕组上设有主绕组和副绕组(启动绕组)，并在启动绕组中串联大容量启动电容器，使通电后主、副绕组的电相角成 90°，从而能产生较大的启动转矩，使转子启动运转。

对于永久分相电容电动机来说，其串接的电容器，当电机在通电启动或者正常运行时，均与启动绕组串接。由于永久分相电机其启动的转矩较小，因此很适于排风机、抽风机等要求启动力矩低的电器设备中应用。电容式启动电动机，由于其运行绕组分正、反相绕制设定，所以只要切换运行绕组和启动绕组的串接方向，即可方便实现电机逆、顺方向运转。

图 6-122　电容式启动电动机

五、单相电动机的接线

当了解了单相电动机的构造后，单相电动机的接线并不复杂，单相电机里面有两组线圈，一组是运转线圈；另一组是启动线圈。大多数电机的启动线圈并不是只启动后就不用了，而是一直工作在电路中。启动线圈电阻比运转线圈电阻大一些，用万用表测量一下便可知。启动线圈串接电容器，也就是串接电容器的启动线圈与运转线圈并联，再接到 220V 电压上，这就是电机的接法。

六、几种单相电动机接线

如图 6-123 所示是电容启动型电动机单方向运行的接线，

如图 6-124 所示是电容启动型电动机正反转的接线，这种电机一般功率不大，多用于普通洗衣机、排风扇、抽油烟机等电器上。

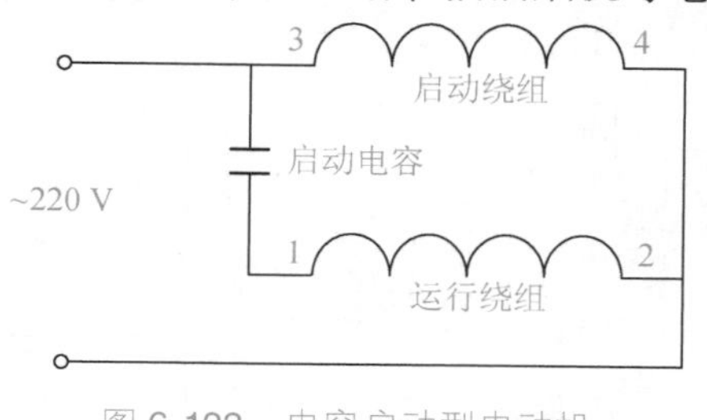

图 6-123　电容启动型电动机单方向运行的接线

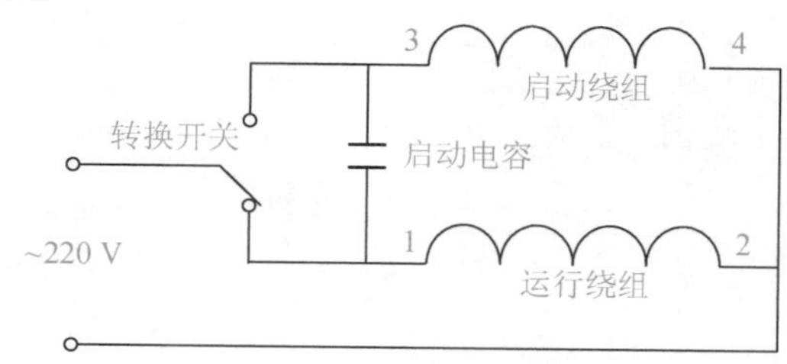

图 6-124　电容启动型电动机正反转的接线

分相启动式电动机的接线如图 6-125 和图 6-126 所示，分相启动式电动机的功率较大，可用于小型水泵电机、卷帘门电机、小型食品加工机械等。分相启动式电动机正反转控制比较麻烦，不像电容启动电机接线那样简单。

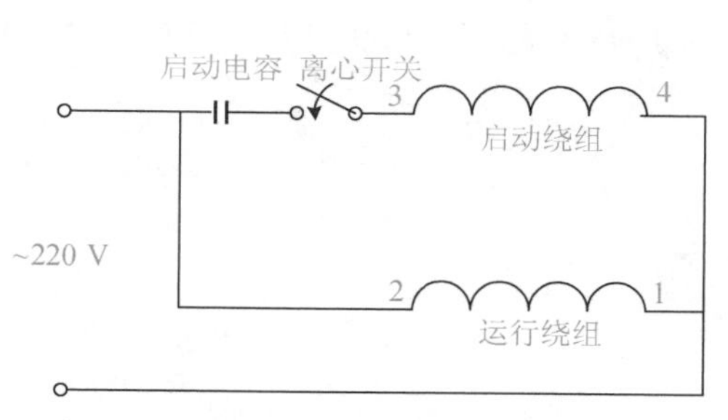

图 6-125　分相启动式电容启动接线

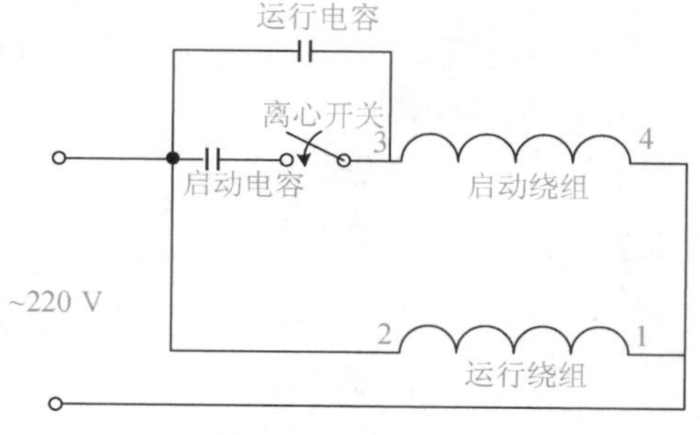

图 6-126　分相启动式电容启动运行接线

分相启动式单相电动机接线盒如图 6-127 所示，有六个接线端子，分相式单相电动机接线盒的接法如图 6-128 所示，利用两个连接板不同的接法可实现电动机的正转和反转运行。

图 6-127　分相启动式单相电动机接线盒

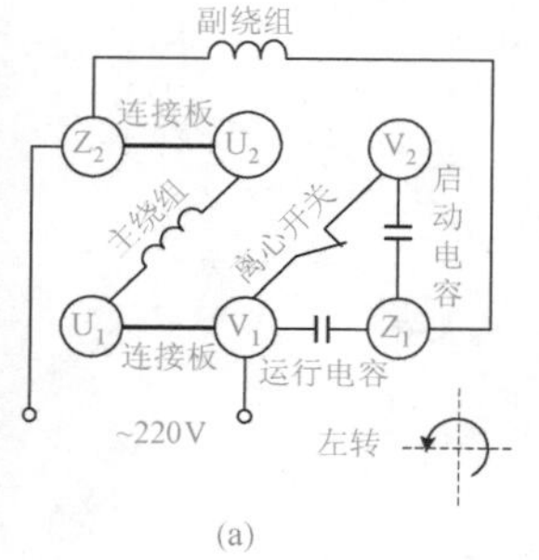

(a)

(b)

图 6-128　分相式单相电动机接线盒的接法

分相启动式单相电动机正反转接线原理图如图 6-129 所示，若要实现单相电动机正反转运行，接线时需要将电机接线盒内的连接板拆除，再通过接触器的连接以实现正反转运行。线路特点：由于需要利用接触器的触点改变连接板的接法，热继电器 FR 不应安装在接触器的后面，要装在接触器的前面，这样接线比较简单，KM_1 吸合时电机左转连接，U_1、V_1 通过一个主触点接通，Z_2、U_2 通过两个主触点接通，KM_2 吸合时电机右转连接，V_1、U_2 通过一个主触点接通，U_1、Z_2 通过两个主触点接通。

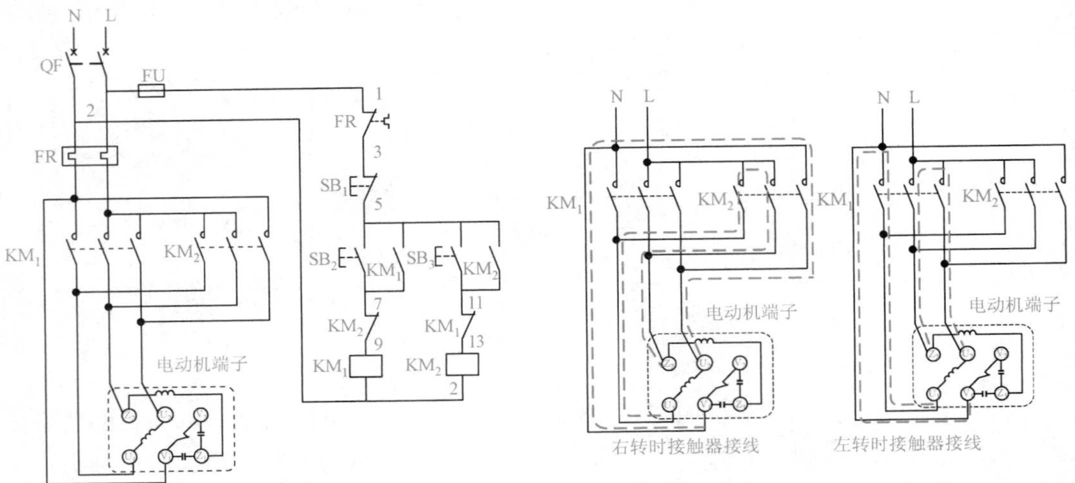

图 6-129　分相启动式单相电动机正反转接线原理

单相电动机正反转接线示意如图 6-130 所示。HY2 倒顺开关单相电动机正反转的接线如图 6-131 所示。

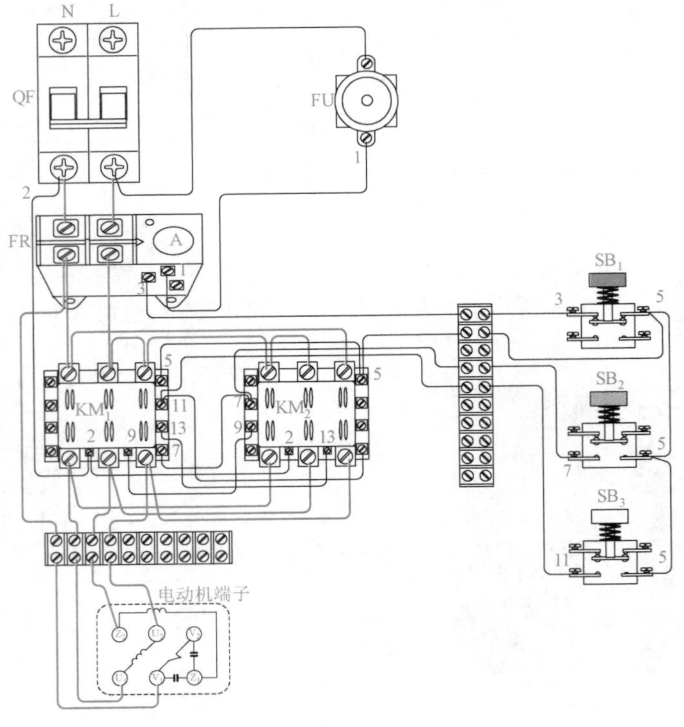

图 6-130　单相电动机正反转接线示意

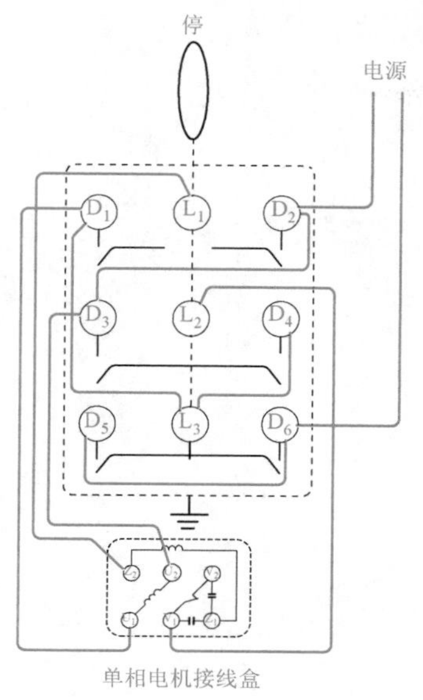

图 6-131　HY2 倒顺开关单相电动机正反转的接线

七、单相电动机电容选择

需要两个电容，C_1 为运行电容，C_2 为启动电容，启动时 C_1 和 C_2 全部投入，电动机转速接近额定时，用开关将 C_2 断开。

电容 C_1 的计算公式：$C_2=1950I/(U\cos\varphi)$。

式中，I、U、$\cos\varphi$ 分别是原三相电机铭牌上的额定电流、额定电压和功率系数值。

例：某台三相异步电机额定电压为 380V，额定电流为 4A，功率系数为 0.8，则改为单相运行时运行电容 C_1 为：

$$C_1=1950I/(U\cos\varphi)=1950\times4/(380\times0.8)=26(\mu\text{F})$$

电容 C_2 的容量可根据电动机启动时负载的大小来选择，通常为 C_2 的 1~3 倍，空载、轻载可以取小一些。

对于功率 1kW 以下的小电机，C_2 也可以去掉不用，但 C_1 数值要适当加大。

上述电路中的电容要选直接油浸电容或金属化电容等无极性电容器，不能用电解电容器，同时要注意其耐压值。一般情况下，若电机工作电压力 220V，电容耐压应为 400V；若电机工作电压力为 380V，则电容耐压应力为 600V 左右，电压只能高，不能低。

第七章 照明与线路

一、照明供电系统

一般企事业单位，目前都采用灯力合一，接入三相四线(三相五线)电源，分支出照明回路，设照明配电箱，装设专用电度表计费。

① 建筑物内无变电所时，其供电系统，如图 7-1 所示。

② 建筑物内有一个变电所时，其供电系统如图 7-2 所示。

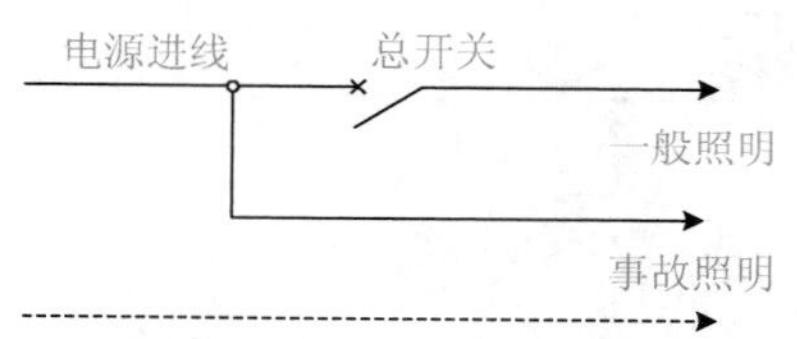

图 7-1 建筑物内无变电所的供电系统

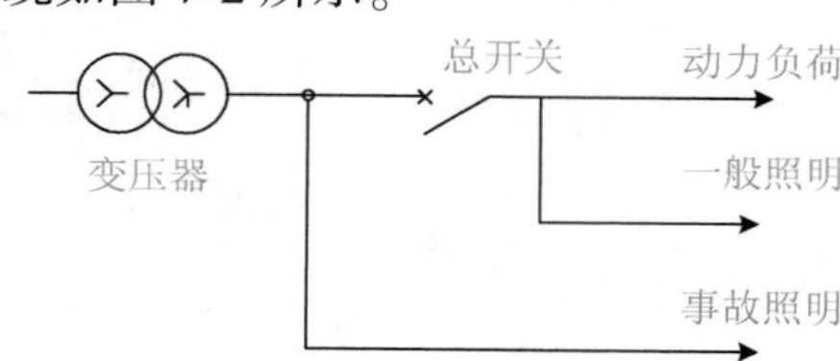

图 7-2 建筑物内有变电所的供电系统

二、照明电力的分配

三相照明负荷在设计和安装时应分配均衡，如图 7-3 所示 A、B、C(楼层)各负荷单元均为三相供电。

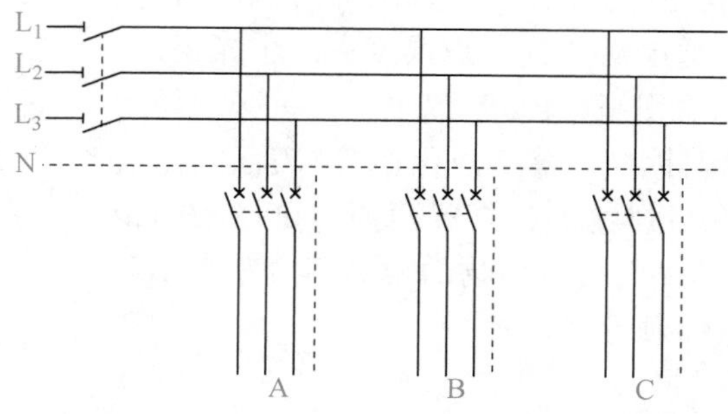

图 7-3 照明系统

三、照明支路的安装要求

① 照明单相支路，应按灯具数量的回路确定，一般为 4～12 个回路，如图 7-4 所示。

② 室内照明支线，每个单相回路，一般采用不大于 15A 熔断器或空气开关保护，大型场所允许增大 20～30A。每个单相回路，所接灯数(包括插座)一般应不超过 25 个，当采用多管日光灯时，允许增加到 50 个。

③ 插座导线截面应满足负荷电流的要求，在不考虑负荷的情况下，采用导线截面不小于 1.5mm² 的独股铜绝缘线。

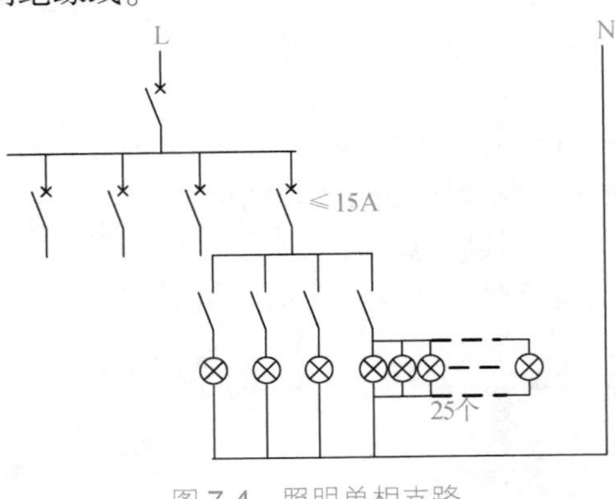

图 7-4　照明单相支路

四、常用的照明光源

现在使用的光源，按其工作原理可分为固体发光光源和气体放电光源两大类。

1. 固体发光光源

固体发光光源主要包括热辐射光源，热辐射光源是以热辐射作为光辐射的电光源，包括白炽灯和卤钨灯，它们都是以钨丝为辐射体，通电后达到白炽温度，产生光辐射。这种灯具点亮后表面温度很高，100W 以上的灯具必须使用瓷灯口，高温灯具(如碘钨灯、金属卤化灯等)表面温度极高，不可以直接安装在可燃物上，灯罩两侧与可燃物的距离不应小于 0.5m，灯具正面与可燃物的距离不应小于 1m，如图 7-5 所示，防止热辐射造成火灾。

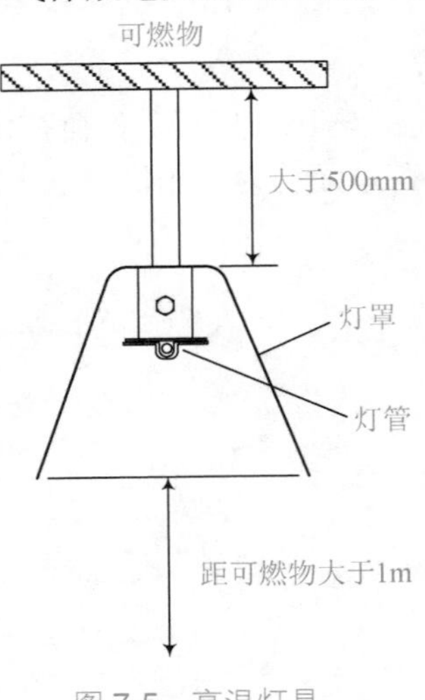

图 7-5　高温灯具的安全距离

2. 气体放电光源

气体放电光源是利用电流通过气体(或蒸气)而发光的

光源，它们主要以原子辐射形式产生光辐射。气体放电型电光源主要有普通型荧光灯、节能型荧光灯、高压汞灯、高压钠灯、金属钠灯、镝灯等品种。这类灯具的发光效率很高，但需配用镇流器、起辉器等附件。

五、灯具的选择要求

灯具选择应按工作环境、生产要求、尽可能注意美观大方、与建筑格调相协调以及符合经济上的合理性。

① 普通较干燥的工业厂房，广泛采用配照型、广照型、深照型灯具。13m 以上较高厂房可采用镜面深照型灯，一些辅助设施如控制室、操作室，也可采用圆球形灯、乳白球链吊灯、吸顶灯、天棚座灯或荧光灯；变压器室、开关室，可采用壁灯。

② 尘埃较多或既有尘埃又潮湿场所，可采用防水防尘灯，如考虑节能、经济，当悬挂点又较高时，可采用防水灯头的配照、深照型灯具，局部加投光灯。

③ 潮湿场所、地下水泵房、隧道，可采用防潮灯，水蒸气密度太大的场所，可采用散照型防水防尘灯、圆球形工厂灯；特别潮湿的场所，如浴池，可采用带反射镜加装密封玻璃板，墙孔内安装灯具的方式。正面照射经密封的玻璃板，面对潮湿场所，背面维修，摇门式反射镜靠较干燥场所。

④ 有腐蚀性气体房间，可采用耐腐蚀的防潮灯或密闭式灯具。当厂房较高，光强达不到要求时，亦可采用防水灯头配照型或深照灯具。

⑤ 有爆炸危险物的场所，按防爆等级选用防爆灯，有隔爆型、增安型灯具等。

⑥ 易发生火灾的场所，如润滑油库、储存可燃性物质的房间，可采用各种密闭式灯具。

⑦ 高温车间，可采用投光灯斜照，加其他灯具混合照明。

⑧ 要求视觉精密和区分颜色的场所，可采用日光灯，若避免灯具布置过密，可采双管、三管或多管日光灯。

⑨ 需局部加强照明的地方，按具体情况装设局部照明灯，仪表盘、控制盘可采用斜口罩灯，小型检验平台可装荧光灯、碘钨灯、工作台灯等；大面积检验场地，可采用投光灯、碘钨灯。

⑩ 生活间、办公室，一般选用日光灯，吊链灯，考虑经济条件，也可采用软线吊灯，裸天棚灯座(如走廊上使用)。

⑪ 在有旋转体的车间，不宜采用气体放电型灯具。

⑫ 室外场所，一般厂区道路，可采用马路弯灯，较宽的道路可采用拉杆式路灯，交通量较大的主干道，装高压水银灯或高压钠灯。

⑬ 室外大面积照明可采用镝灯。

六、照明线路用熔断器熔丝或自动开关脱扣器电流的整定

首先应根据灯具功率(P_{js})求出计算电流(I_{js})，即：

$$I_{js}=\frac{P_{js}}{U\cos\varphi}$$

1. 熔断器熔体额定电流 I_{er}

对于白炽灯和荧光灯：

$$I_{er}\geqslant I_{js}$$

对于高压水银灯、高压钠灯：

$$I_{er}\geqslant 1.2I_{js}$$

式中 I_{js}——照明线路计算负荷电流，A；

I_{er}——熔断器熔丝额定电流；A。

2. 空气开关

空气开关热脱扣器整定电流(A)$I_{g\cdot zd}\geqslant 1.1\times$照明线路计算负荷电流 I_{js}。

熔断器或空气开关，应能在线路过负荷时可靠动作，使导线或电缆不致过热损坏，造成火灾危险，为此尚需满足：

$$I_{er}\leqslant(0.8\sim1)I\text{导线允许电流(A)}$$

七、灯具的固定要求

① 灯具质量在 1kg 以下，可用软线吊灯，但灯头线芯不得受力，应在灯头盒内和吊盒内做灯头结，灯头结的做法如图 7-6 所示，螺丝灯口的金属螺口，必须接零线(N)，顶芯接相线。

② 灯具质量为 1~3kg，应采用吊链或管安装，导线不应受力，如图 7-7 所示。

③ 灯具质量超过 3kg，应采用专用预埋件或吊钩，并应能承受 10 倍灯具质量。预埋件的安装如图 7-8 所示。

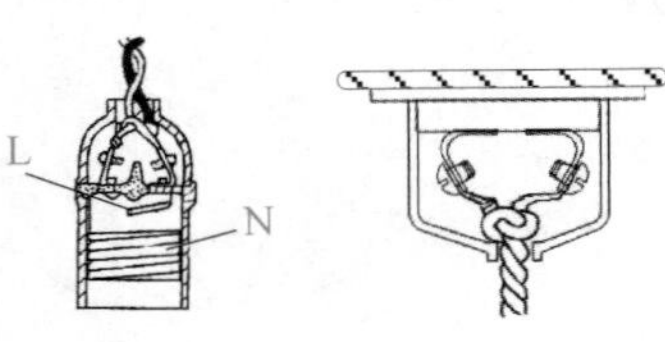

(a) 吊盒内和灯头内的接法

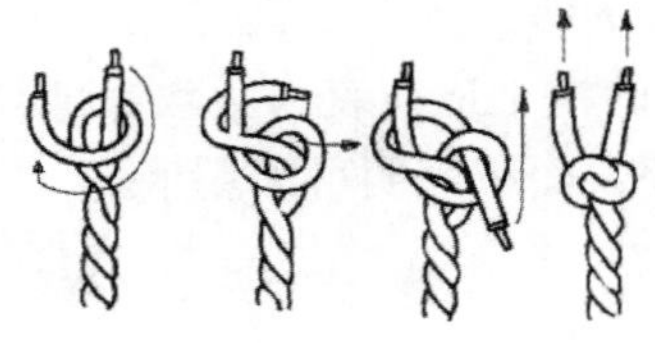

(b) 灯头结

图 7-6　灯光结的做法

(a) 灯具吊杆安装　　(b) 灯具吊链安装

图 7-7　灯具吊链或吊管的安装

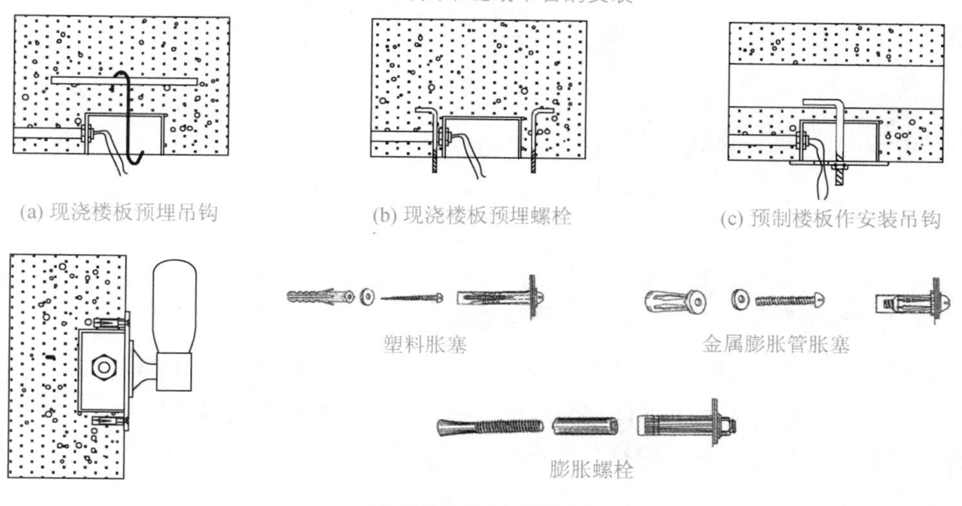

(a) 现浇楼板预埋吊钩　　(b) 现浇楼板预埋螺栓　　(c) 预制楼板作安装吊钩

塑料胀塞　　金属膨胀管胀塞

膨胀螺栓

(d) 墙壁接线盒用膨胀螺栓固定方法

图 7-8　预埋件的安装

八、灯具控制开关的安装要求

灯具开关有多种多样，常用的灯具开关如图 7-9 所示。

(a) 拉线开关

(b) 双向开关

(c) 翘板开关

(d) 插卡开关

(e) 调光开关

(f) 声控开关

图 7-9　常用的灯具开关

① 拉线开关距地面应≥1. 8m，图 7-10 所示，视房间高度而安装，但距天棚应为 0. 3m 为宜；距出入口水平距离应为 0. 15~0. 2m，工业厂房里不宜用拉线开关。

② 扳把开关距地面应为 1. 2~1. 4m，距出入口水平距离应为 0. 15~0. 2m。如图 7-10 所示，扳把开关应使操作柄扳向下时接通电路，扳向上时断开电路，与空气开关恰巧相反，传统做法，久沿至今，不要装反。

③ 严禁翘板开关与插座靠近安装。

④ 有爆炸危险的场所，应使用防爆开关。

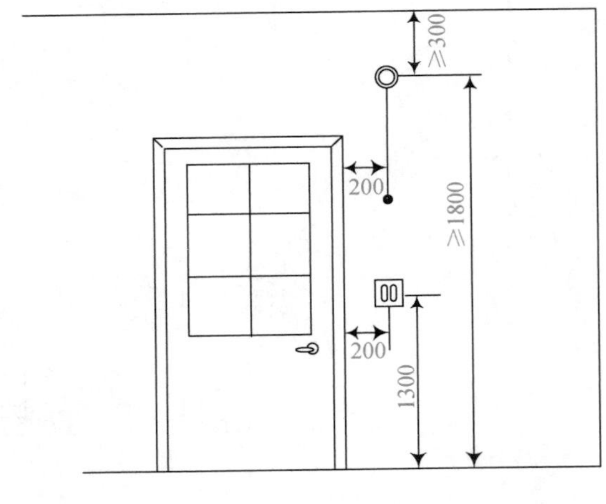

图 7-10　照明开关安装位置

1. 双控灯接线

双控灯广泛应用在车间的两端、楼梯上下、室内外对一套灯具的开关控制。SA_1、SA_2 是单刀双向开关，如图 7-11 所示，不论 SA_1、SA_2 在什么位置，只要扳动开关其一，灯就会改变工作状态。具体的接线示意如图 7-12 所示。

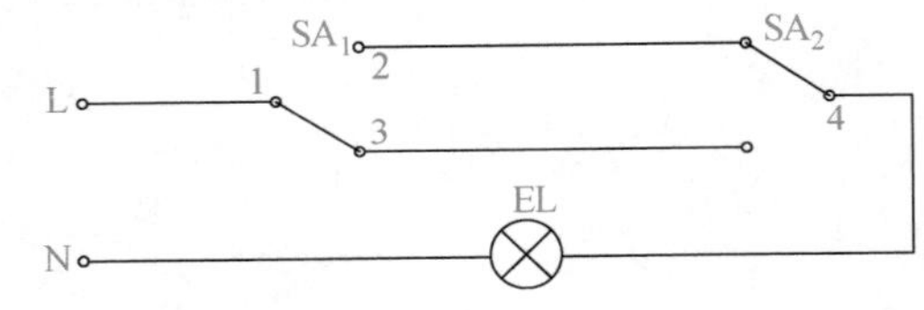

图 7-11　双控灯接线原理

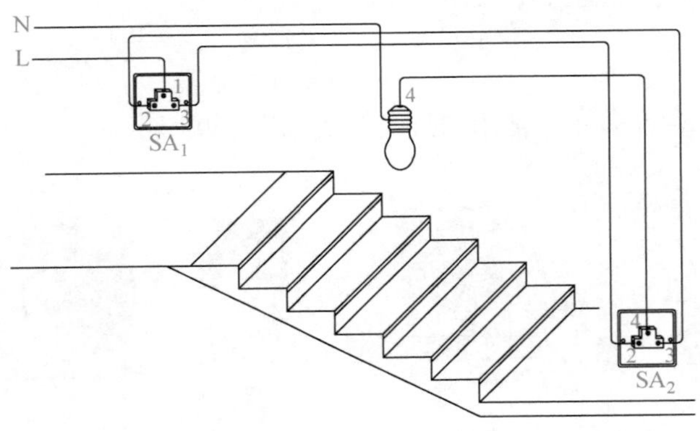

图 7-12　双控灯接线示意

2. 日光灯接线

日光灯，其光色好，发光效率高(17.5~60lx/W)，为白炽的 4 倍，寿命长达 2000~3000h，需配用镇流器、起辉器等附件，但功率系数较低，为 0.4~0.5。若拟提高功率系数，相应造价高。日光灯接线原理如图 7-13 所示，接线示意如图 7-14 所示。

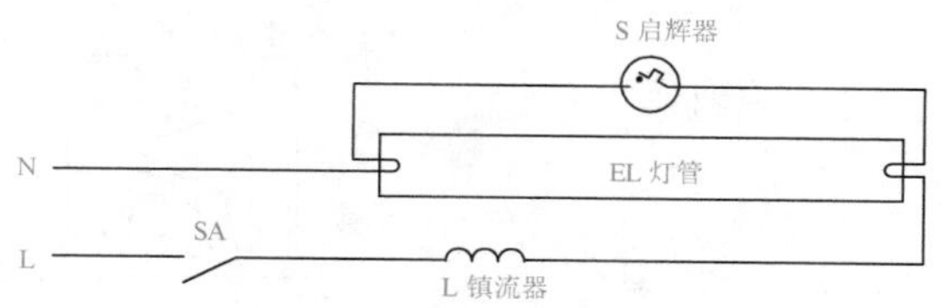

图 7-13 日光灯接线原理

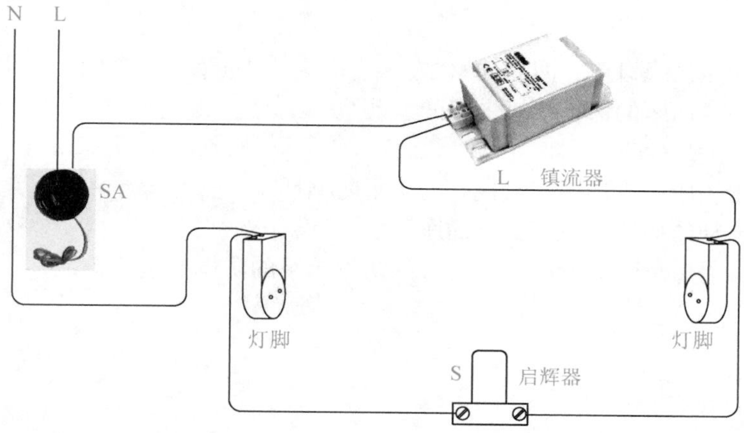

图 7-14 日光灯各元件接线示意

九、插座的安装要求

① 明装插座距地面应不低于 1.8m。

② 暗装插座应不低于 0.3m，儿童活动场所应用安全插座。

③ 不同电压等级的插座，安装在同一场地时，在结构上应有明显区别，以防插错。

④ 严禁翘板开关与插座靠近安装。

⑤ 有爆炸危险的场所，应使用防爆插座。

⑥ 同一室内插座高度相差不应大于 5mm。

常用插座的外形与图形符号如图 7-15 所示。

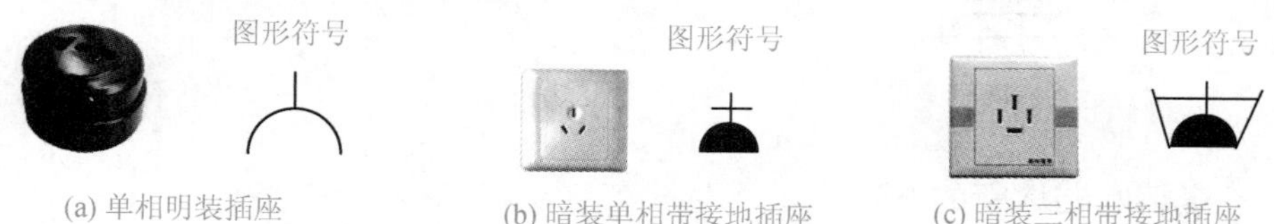

图 7-15 常用插座的外形与图形符号

安装接线方法如下。

① 插座导线截面应满足负荷电流的要求，在不考虑负荷的情况下，选用导线截面不小于 2.5mm^2 的铜绝缘线。

② PE 保护线截面应为 1.5mm^2 以上的铜绝缘线，导线颜色为黄/绿双色线。

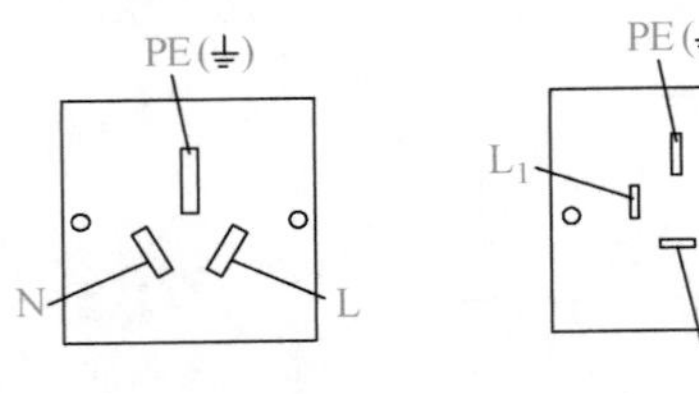

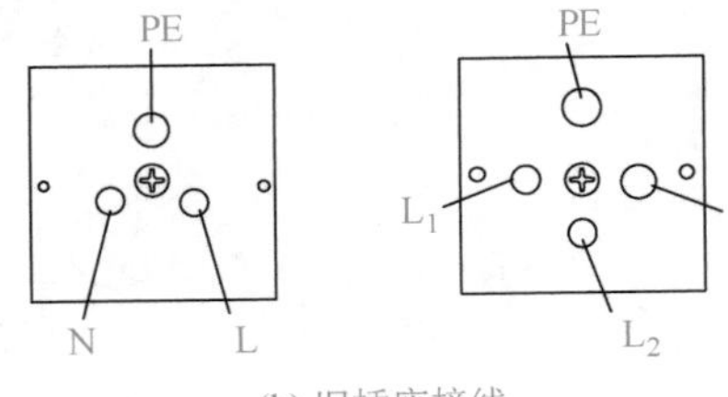

(a) 推广使用的新安全插座

(b) 旧插座接线

图 7-16 插座接线

③ 单相插座接线口诀：面对插座“左零、右火、中间地”，如图 7-16 所示。

④ 三相四线插座的保护线接中间的上孔。

以下场所应使用安全插座。

① 在潮湿场所，应选用密封良好的防水防溅插座。

② 儿童活动的场所应使用安全插座。

③ 易燃、易爆危险场所应使用对应的防爆等级的防爆插座。

十、照明线路的检修

1. 插座余线的处理

接线盒内的导线应留有一定余量，以便于再次剥削线头，否则线头断裂后将无法再与接线端连接，留出的线头应盘绕成弹簧状（图 7-17），使之安装开关面板时接线端不会因受力而松动造成接触不良。

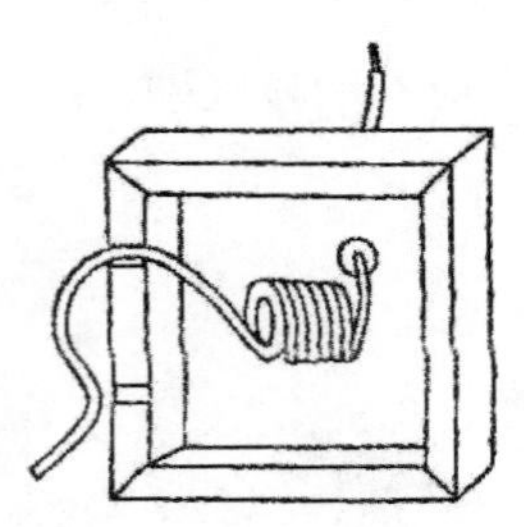

图 7-17 接线盒内的导线处理

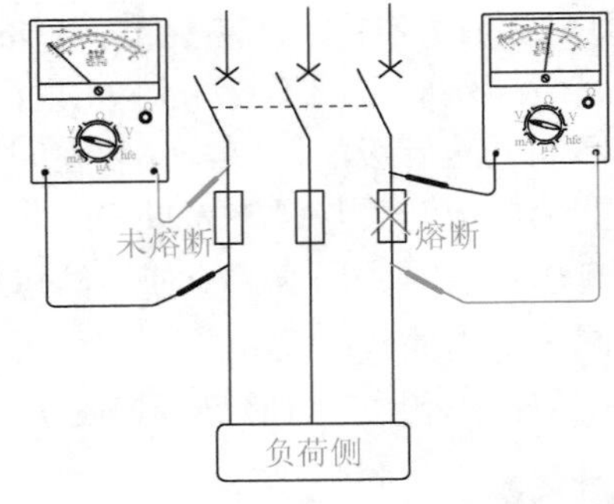

图 7-18 熔断器检查方法

2. 检查熔断器熔断的方法

在检修照明电路时为了防止错拉闸造成其他用电设备的停电，当不能明确故障线路或位置时，检查开关或熔断器时，应采用电压测量法，检查时用万用表测量开关或熔断器的两端，如图 7-18 所示，有电压的则为故障点，无电压的则表明接触良好。

3. 检修开（断）路的方法

整个楼的灯不亮，断路的地方一般在配电板或总干线上。先用测电笔测火线保险盒内电源进线接线柱是否有电。若保险盒上没有电，而电源进线有电，则是配电板发生了故障，应检查闸刀开关有无断路，电度表有无损坏。若保险盒上有电，则是室内总干线上发生了断路或接触不良。重点应检查胶布包裹的接头处，然后再细心检查电线芯有无断裂的痕迹。

(1)部分灯具不亮的检修方法　这部分故障一般是由分支电路断路引起的。检查时，可以从分支电路与总干线接头处开始，逐段检查，直到第一个用电器的接头处。方法与检查总干线断路的方法一样。

(2)某一灯具不亮的检修方法　某一灯具不亮的故障，用测电笔检查比较方便。方法是用电笔分别检查装在灯泡的灯头两端的接线柱，如果电笔都不亮，则是这盏灯火线开路或接触不良；若在两个接线柱上电笔都发光，则是这盏灯零线断开或接触不良；如果只有一个接线柱发光，则是灯丝断了，灯头内部接触不良或灯泡与灯头接触不良。

(3)发光不正常故障检修　白炽灯常见故障是灯光暗淡和灯光闪烁。若整个住宅灯光都暗淡，可能是电源电压太低，或者是有漏电的地方。若灯光闪烁，可能是电压波动，开关、灯头接触不好，也可能是总干线、配电板等地方有跳火现象。如果是个别灯具灯光暗淡，可能是该灯泡陈旧。

4. 检修短路的方法

照明电路是采用并联连接的，所以室内电路中任何一个地方短路，均会烧断保险丝。对短路故障，应将所有用电器插头拔下来，全部切断电源开关，拔下相线上的保险盒盖，然后把一个 100W 的灯泡串联在电路中，如图 7-19 所示。接通电源，若灯泡正常发光，说明总干线或各开关以前的分支线路有短路或漏电现象。这时可以仔细寻找短路点或漏电点。若灯泡不发光，说明电路没有短路或漏电现象。然后将用电器逐个恢复通电状态，火泡会逐渐发红，但远达不到灯泡正常亮度。如果在接入某个用电器时，灯泡突然接近正常的亮度，说明该用电器内部或它与干线连接的部分电路有短路现象。这时可切断电源仔细检修。

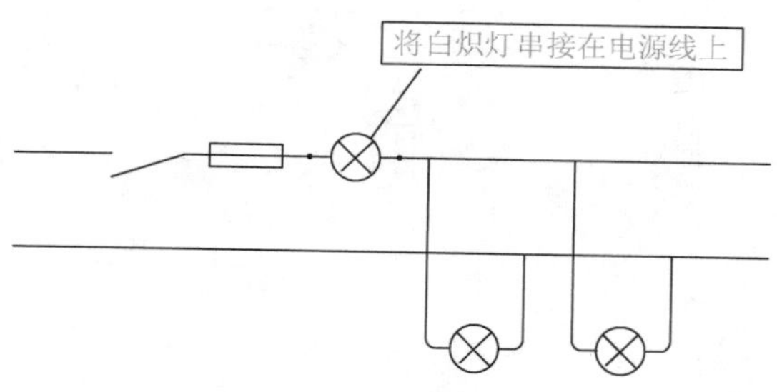

图 7-19　检查短路的方法

之所以能用灯泡检查短路故障，是因为将灯泡串联接入保险盒两端头之间时，灯泡即串联进了照明总电路。若电路没有短路现象，灯泡与其他用电器串接，由于串联电路电压的分配与电阻成正比，灯泡两端的电压小于额定电压，故不能正常发光，只能发红甚至不亮。若线路中发生短路时，其他用电器电阻几乎为零，分压也近乎为零，全部电源电压都在灯泡上，灯泡便正常发光。

十一、室内布线

1. 护套线安装

护套线分为塑料护套线和铅皮线两种，适用于户内或户外，耐潮性能好，抗腐蚀性能强，线路整齐美观，相对造价也较低，在照明线路上被广泛采用。其安装规定如下。

① 护套线最小截面：户内使用时，铜≥$0.5mm^2$，铝线≥$1.5mm^2$；户外使用时，铜线≥$1.0mm^2$，铝线≥$2.5mm^2$。

② 导线连接必须装接线盒，或借助电气设备的接线端子进行连接。电气设备每一接线端子一般不超过两个接线头。接线盒中通常有瓷接头、保护盖等。其瓷接头有双线、三线和四线等，按线路要求选用。

③ 护套线可采用钢精卡子固定，其分为 0、1、2、3、4 号多种，号码越大其长度越长，按需要选用。钢精卡子又分为用小铁钉固定、胶黏剂固定两种。

④ 护套线固定点间距离：直线部分为 0.2m；转角前后各应安装一个固定点；两线十字交叉时，在交叉四个方向，各装一个固定点，穿入管前、后均应装一个固定点，如图 7-20 所示。

⑤ 护套线在同一平面转弯时，应保持垂直，弯曲半径应是护套线宽度或外径的 3～4 倍，在同一敷设场所，应保持一致。

⑥ 护套线距地面应≥0.15m，穿墙、穿楼板应加钢管或硬塑料管保护。

⑦ 采用铅皮电缆时，整个铅皮应连接成一体，并应妥善接地。

⑧ 塑料护套线允许敷设在空心楼板的孔中；不允许直接埋设在水泥抹面层中，或石灰粉刷层中。

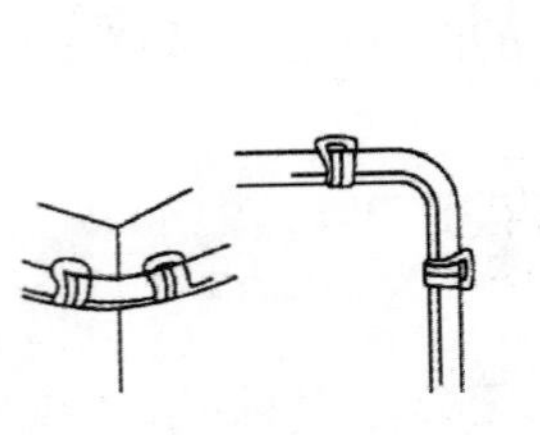

(a) 护套线转角固定

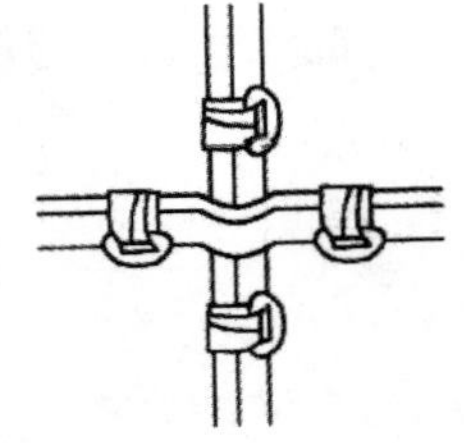

(b) 护套线十字交叉固定

(c) 护套线直线固定

图 7-20　护套线的固定

2. 固定线槽

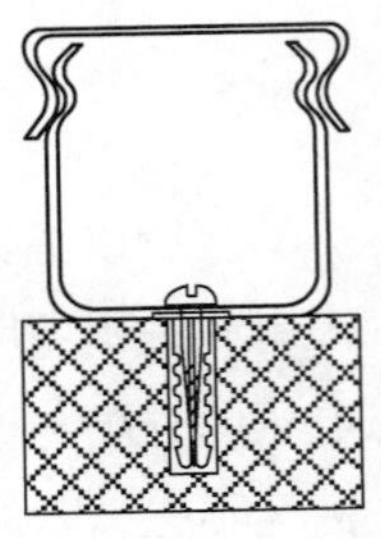

图 7-21　塑料线槽固定

配合土建结构施工时预埋木砖。加气砖墙或砖墙剔洞后再埋木砖，梯形木砖较大的一面应朝洞里，外表面与建筑物的表面平齐，然后用水泥砂浆抹平，待凝固后，再将线槽底板用木螺丝固定在木砖上，如图 7-21 所示。

① 塑料线槽布线一般适用于正常环境的室内场所。在高温和易受机械损伤的场所不宜采用。弱电线路可采用难燃型带盖塑料线槽在建

筑顶棚内铺设。

② 强、弱电线路不应同铺设于一根线槽内。线槽内电线或电缆的总截面及根数应符合“金属线槽布线”的规定。

③ 电线、电缆在线槽内不得有接头、分支接头，应在接线盒内进行。

④ 塑料线槽铺设时，槽底固定点间距应根据线槽规定而定，一般不应大于下面数值：20~40mm 固定点最大间距不应大于 0.8m；60mm 固定点最大间距不应大于 1.0m；80~120mm 固定点最大间距不应大于 0.8m。

⑤ 塑料线槽布线，在线路连接、转角、分支及终端应采用相应附件，如图 7-22 所示。

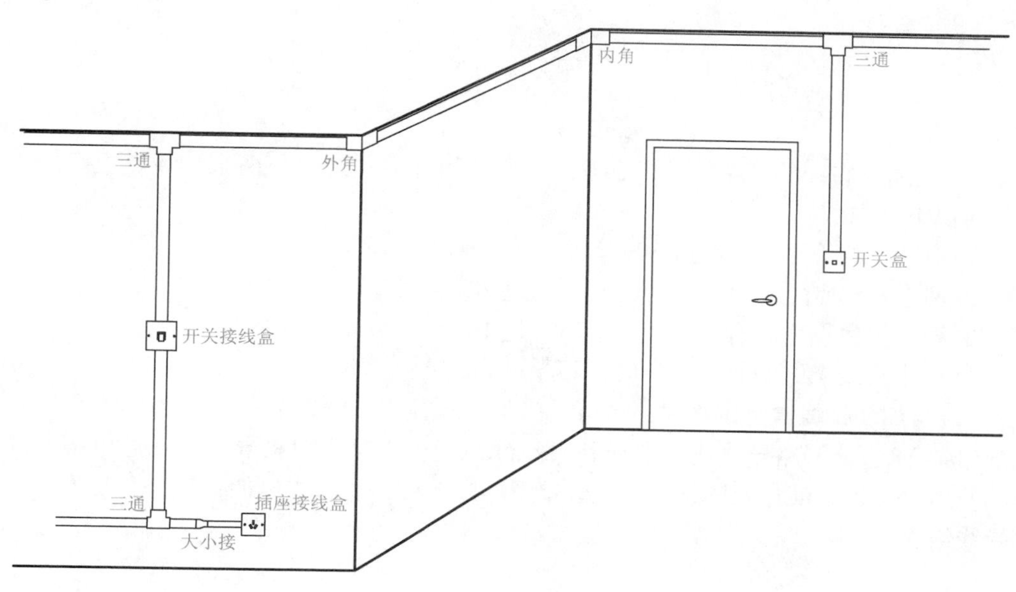

图 7-22　线槽布线

3. 金属管布线

(1) 金属管布线一般适用于室内、外场所，但对金属管有严重腐蚀的场所不应使用。建筑物顶棚内应采用金属管布线。

(2) 明铺于潮湿场所或埋地铺设的金属管布线，应该采用水、煤气钢管。明铺或暗铺于干燥场所的金属管布线可以采用塑料或金属线管。

(3) 三根以上绝缘导线穿于一根管时，其总截面积(包括外保护层)不应超过管内截面积的 40%；两根绝缘导线穿于同一根管时，管内径不应小于两根导线外径之和的 1.35 倍(立管可取 1.25 倍)。

(4) 穿金属管的交流电路，应将同一回路的所有相线和中性线(如有中性线时)穿于同一管中。

(5) 穿管导线，其绝缘强度不得低于交流 500V，导线最小截面铜芯应不小于 $1mm^2$(控制、信号线除外)，铝芯应不小于 $2.5mm^2$。

(6) 管线转弯其曲率半径规定：如图 7-23 所示，明敷管线应不小于线管外径的 4 倍；暗敷管线应不小于线管外径的 6 倍；埋设混凝土内的管线应不小于线管外径的 10 倍，并且拐弯处不能拐成死弯(弯曲后夹角应不小于 90°)。

(7) 不同回路的线路不应穿于同一金属管内，但下列情况除外。

① 电压在 50V 及以下的回路。

② 同一设备或联动系统设备的电力回路和无干扰要求的控制回路。

③ 同一照明花灯的几个回路。

④ 同类照明的几个回路，但管内绝缘导线的根数不应多于 8 根。

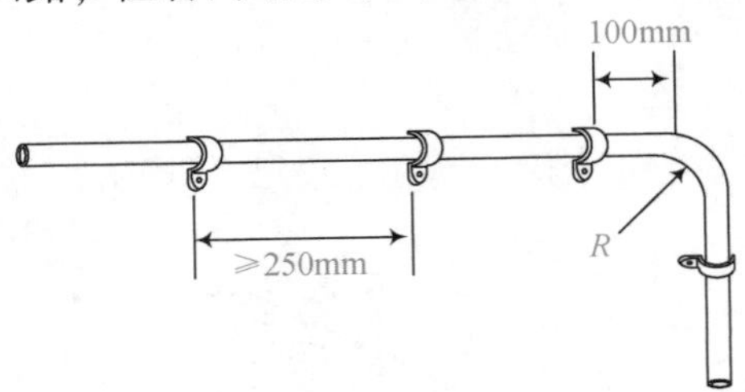

图 7-23　明敷管线安装

(8) 金属管布线的管路较长或有弯时，应适当加装拉线盒，两个拉线点之间的距离应符合以下要求。

① 对无弯的管路，不超过 30m。

② 两个拉线点之间有一个弯时，不超过 20m。

③ 两个拉线点之间有两个弯时，不超过 15m。

④ 两个拉线点之间有三个弯时，不超过 8m。

(9) 当加装拉线盒有困难时，也可适当加大管径。

(10) 除直流回路导线或接地线外，不准在钢管中穿入单根导线；三芯电缆并联做单芯使用时，也不准穿入钢管，以免管壁形成闭合磁路，增加电能损耗，且易发热，损坏导线绝缘。

十二、电缆的安装

① 在电缆沟内安装的应先检查电缆沟的走向、宽度、深度、转弯处和各交叉跨越处的预埋管是否符合设计要求。

② 电缆入沟中后，不必严格将其拉直，应松弛成波浪形。

③ 电缆的两端应留有做检修的长度余量。

④ 电缆水平固定如图 7-24 所示，水平固定不应大于 1m，垂直固定距离不应大于 2m。

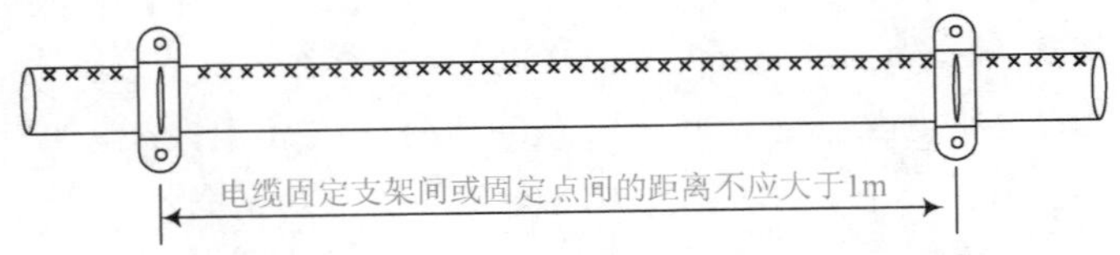

图 7-24　电缆水平固定

⑤ 电缆穿管敷设时，如图 7-25 所示，管内径不应小于电缆外径的 1.5 倍，且不小于 100mm。

⑥ 电缆最小允许弯曲半径与电缆直径比较。如图 7-26 所示，铅包电缆的弯曲半径

为电缆直径的15倍，铝包电缆的弯曲半径为电缆直径的20倍。

⑦ 电缆在埋地敷设或电缆穿墙、穿楼板时，应穿管或采取其他保护措施。

⑧ 直埋电缆深度为0.7m，电缆上下应各铺盖100mm厚的软土或沙，并盖混凝土保护，并埋设电缆标志桩，如图7-27所示。

⑨ 电缆从地下或电缆沟引出地面时，如图7-28所示，出地面2m的一段应用金属管或罩加以保护。

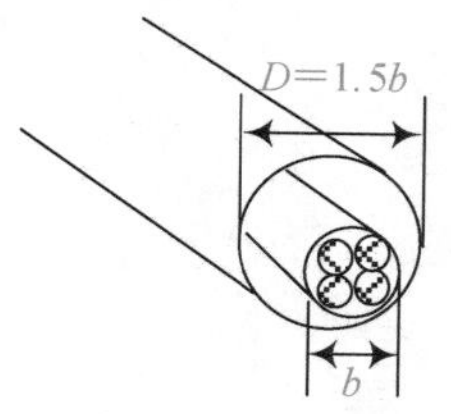

图7-25 电缆穿管敷设

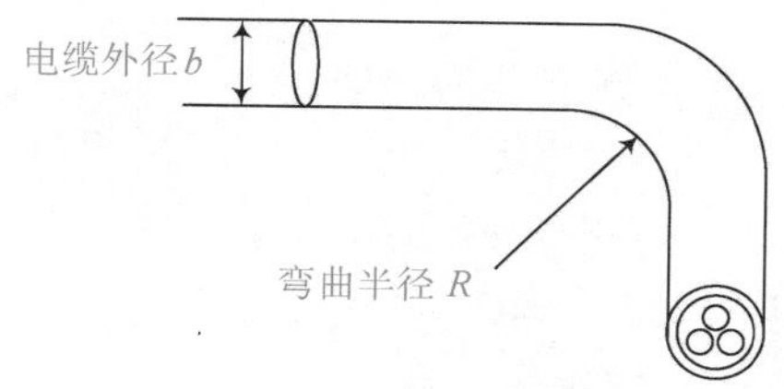

图7-26 电缆弯曲半径图

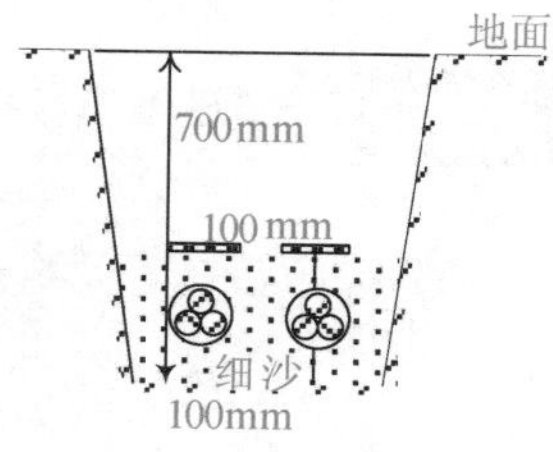

图7-27 直埋电缆的要求

⑩ 直埋电缆时禁止将电缆平行敷设在管道的上面或下面。

⑪ 一般禁止地面明敷电缆，否则应有防止机械损伤的措施。

⑫ 相同电压的电缆并列敷设时，电缆间净距应大于35mm，且不小于电缆外径，如图7-29所示。

⑬ 低压与高压电缆应分开敷设，并列敷设时净距不应小于150mm。

⑭ 进出配电室的电缆应排列整齐，并用绑线固定好，挂上标志牌。

⑮ 电缆水平悬挂在钢索上，固定点的距离不应大于0.6m。

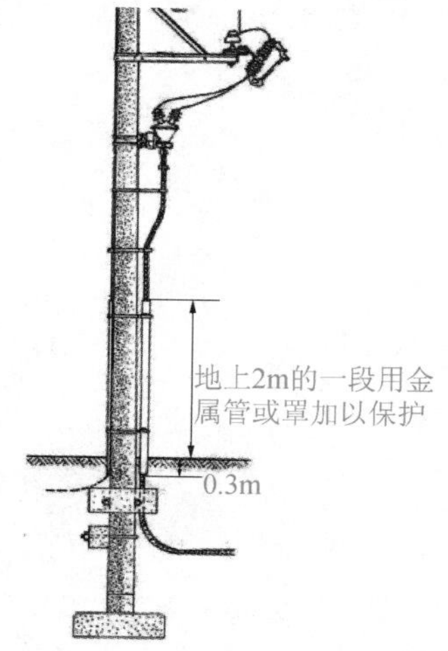

图7-28 电缆沟引出地面

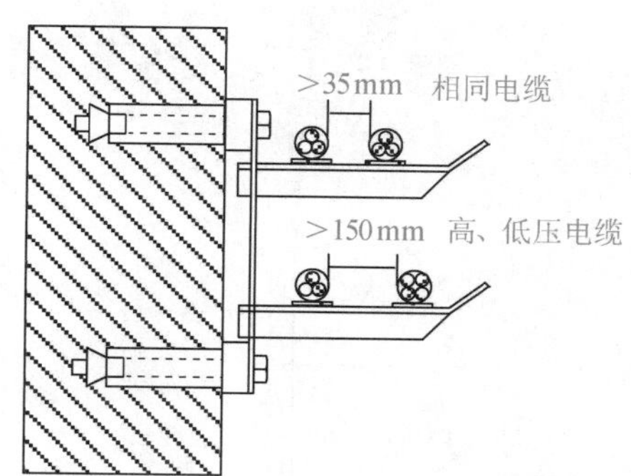

图7-29 电缆并列敷设

十三、电缆检查周期

① 敷设在地下、隧道以及沿桥梁架设的电缆，发电厂、变电所的电缆沟、电缆井、电缆支架电缆段等的巡视检查，每三个月至少一次。

② 敷设在竖井内的电缆，每年至少一次。

③ 室内电缆终端头，根据现场运行情况，每1~3年停电检修一次；室外终端头每月巡视检查一次，每年2月及11月进行停电清扫检查。

④ 对于有动土工程挖掘暴露出的电缆，按工程情况，随时检查。

⑤ 接于电力系统的主进电缆及重要电缆，每年应进行一次预防性试验；其他电缆一般每 1~3 年进行一次预防性试验。预防检查宜在春秋季节、土壤水分饱和时进行。

⑥ 1kV 以下电缆用 1000V 兆欧表测试其电缆绝缘，不得低于 10MΩ：6kV 及以上电缆用 2500V 兆欧表，不得低于 400MΩ。

十四、电缆敷设安全的要求

电缆敷设安全要求如图 7-30~图 7-42 所示

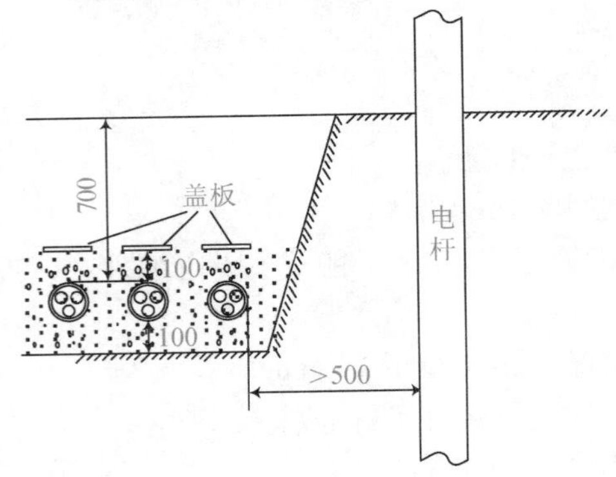

图 7-30　电缆与电线杆水平距离应大于 0.5m

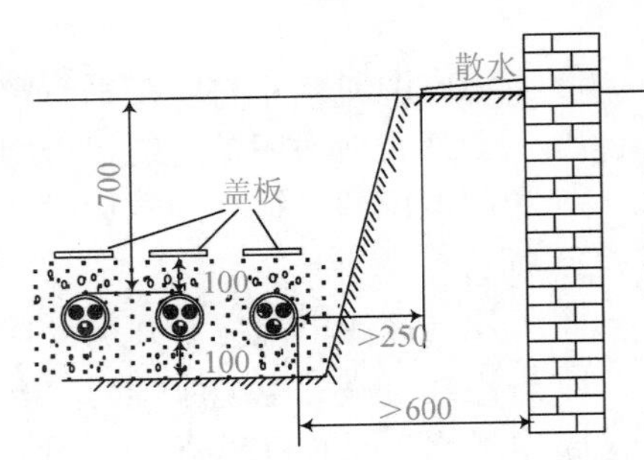

图 7-31　电缆与建筑物基础水平距离应大于 0.6m

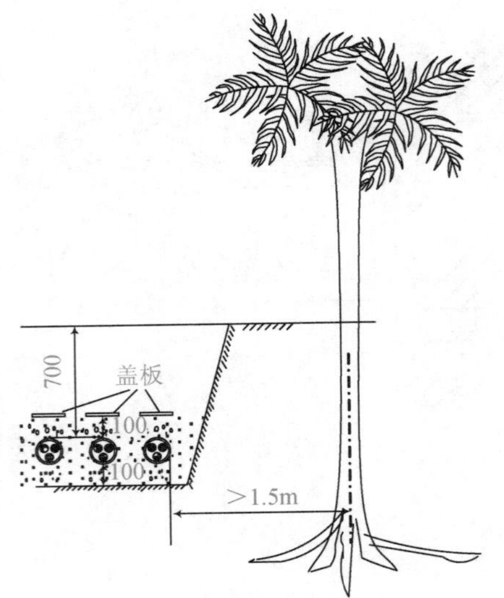

图 7-32　电缆与乔木水平距离应大于 1.5m

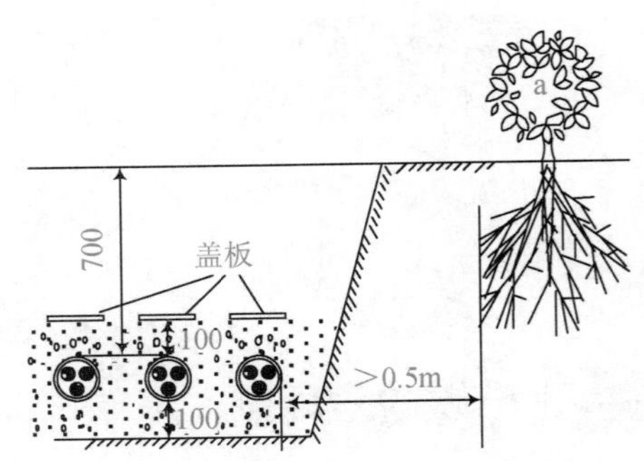

图 7-33　电缆与灌木水平距离应大于 0.5m

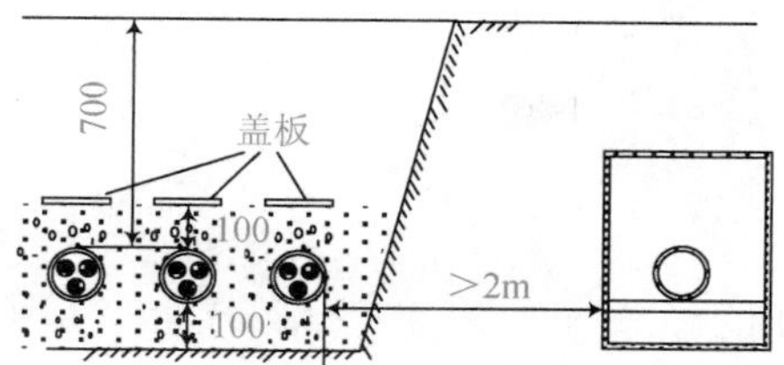

图 7-34　电缆与热力管沟水平距离应大于 2m

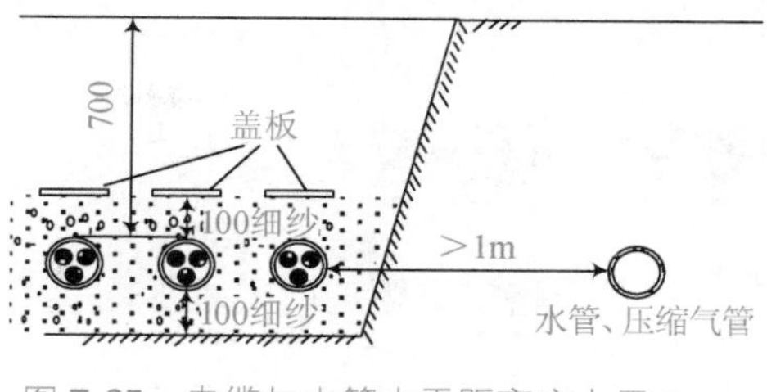

图 7-35　电缆与水管水平距离应大于 1m

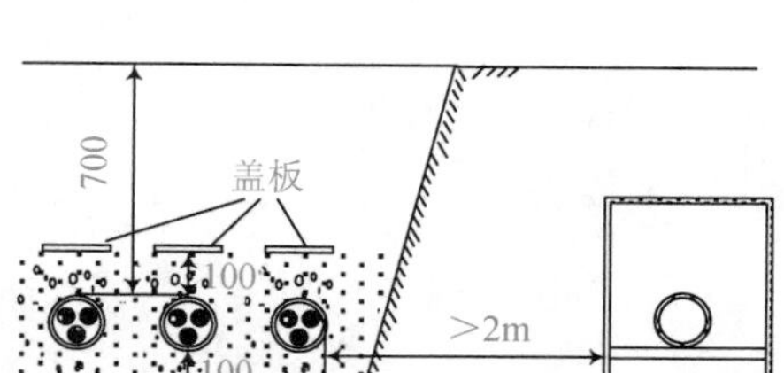

图 7-36　电缆与明水沟水平距离应大于 1m

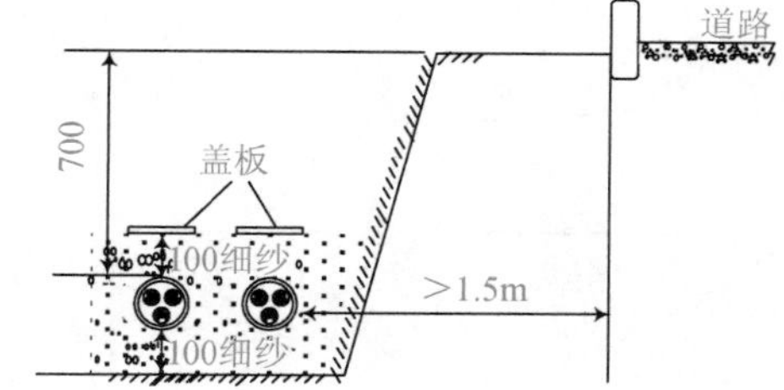

图 7-37　电缆与道路水平距离应大于 1. 5m

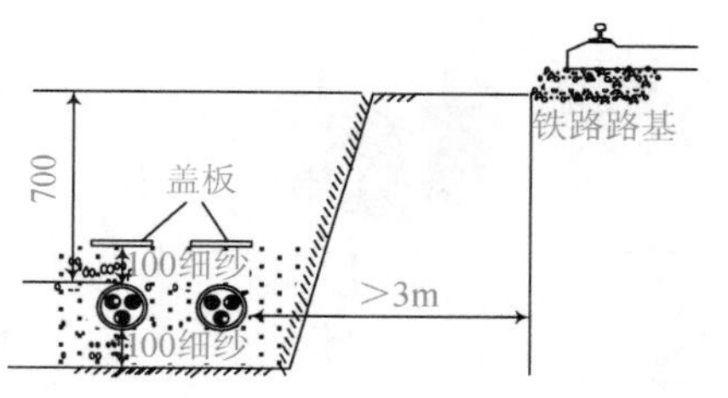

图 7-38　电缆与铁路水平距离应大于 3m

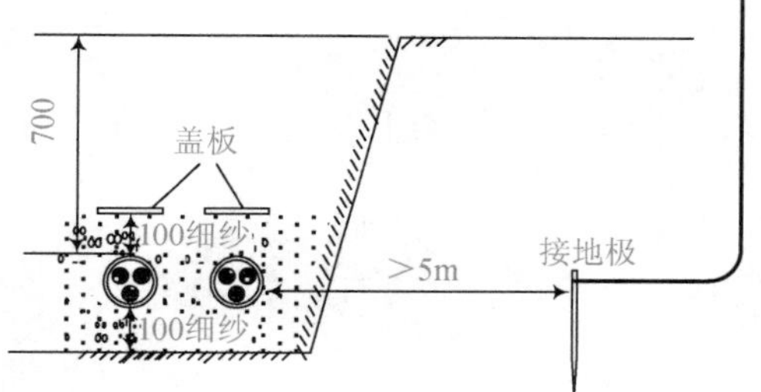

图 7-39　电缆与电气接地极水平距离应大于 5m

电缆线路必须要交叉时，电缆应在管道的下方，低压电缆在高压电缆上方，而高压电缆在低压电缆下方。

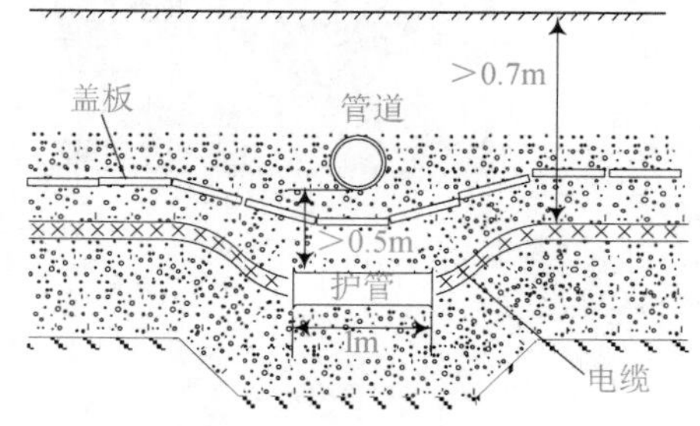

图 7-40　电缆与管道交叉垂直距离应大于 0. 5m

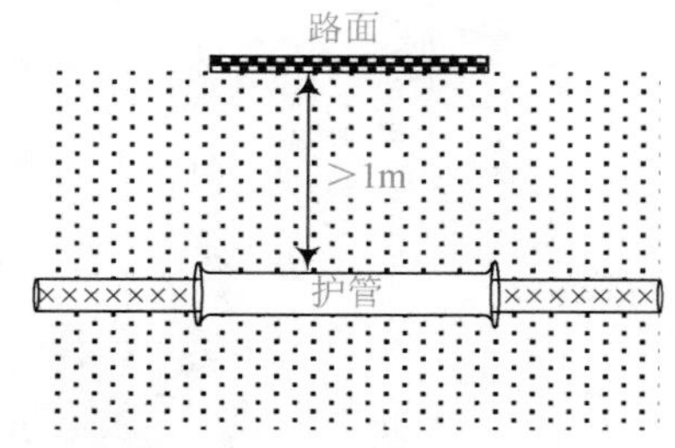

图 7-41　电缆与道路交叉垂直距离应大于 1m

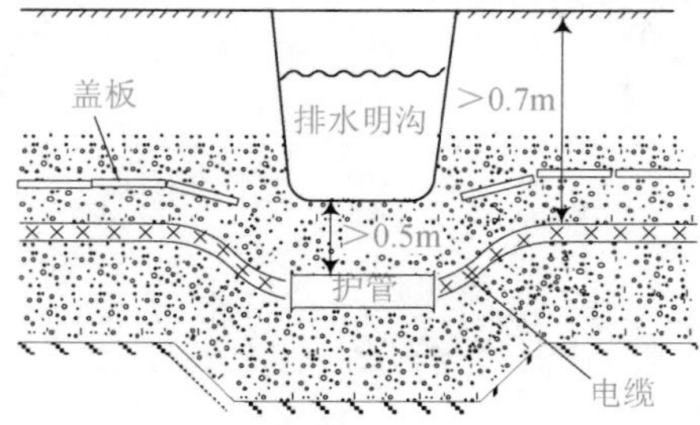

图 7-42　电缆与排水沟交叉垂直距离应大于 0. 5m

十五、架空线路安全距离的要求

架空线路安全距离的要求如图 7-43 ~ 图 7-50 所示。

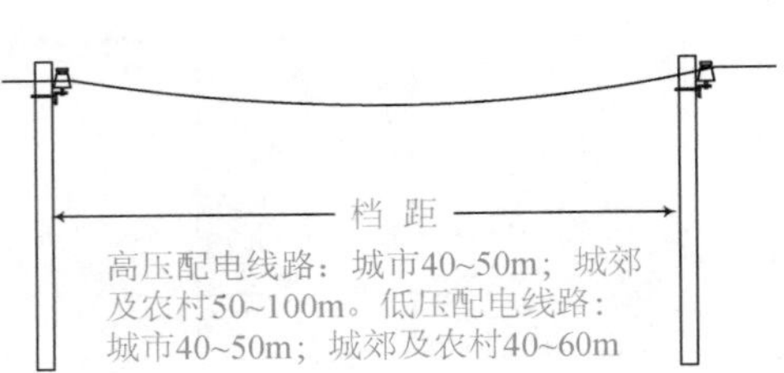

图 7-43　电线杆档距

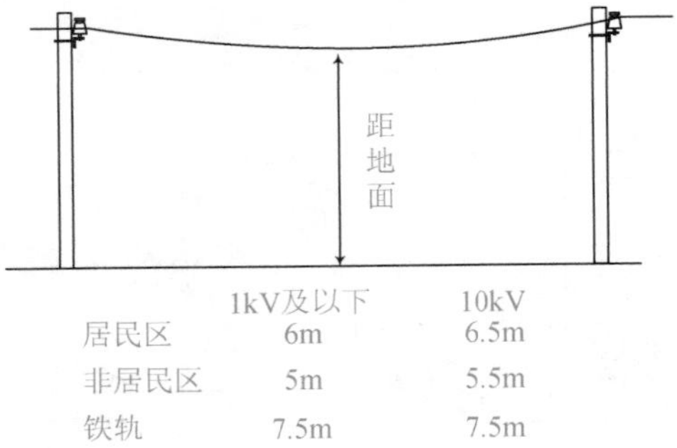

距地面

	1kV及以下	10kV
居民区	6m	6.5m
非居民区	5m	5.5m
铁轨	7.5m	7.5m

图 7-44　架空导线垂弧对地最小距离

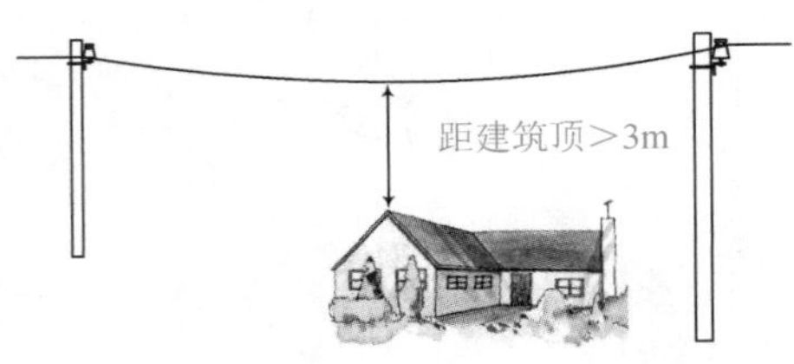

图 7-45　架空导线垂弧对建筑屋顶的最小距离

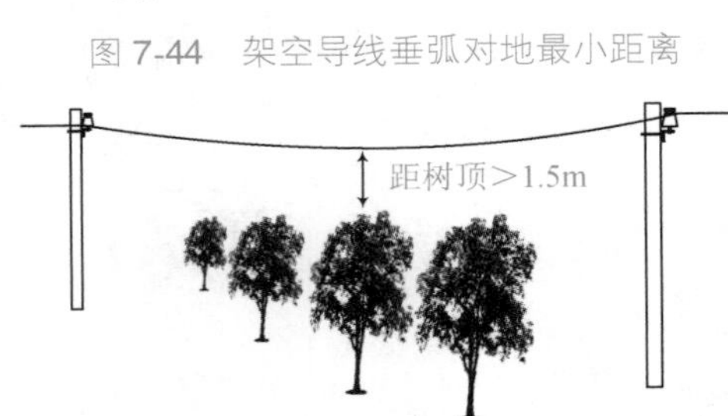

图 7-46　架空导线垂弧对树顶的最小距离

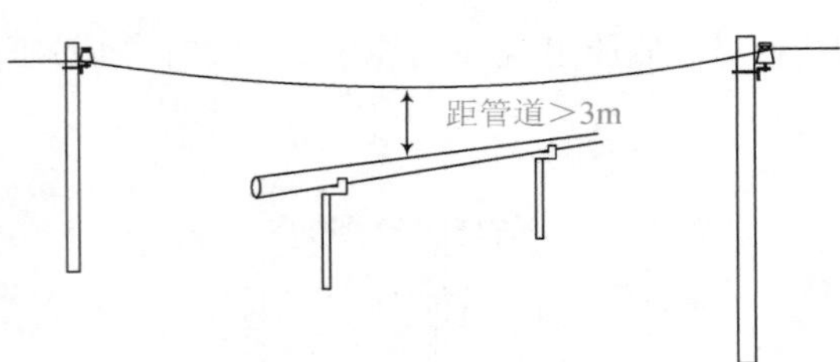

图 7-47　架空导线垂弧对管道的最小距离

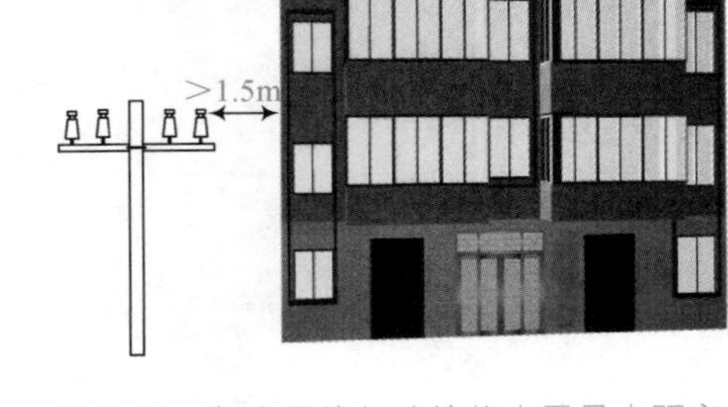

图 7-48　架空导线与建筑物水平最小距离

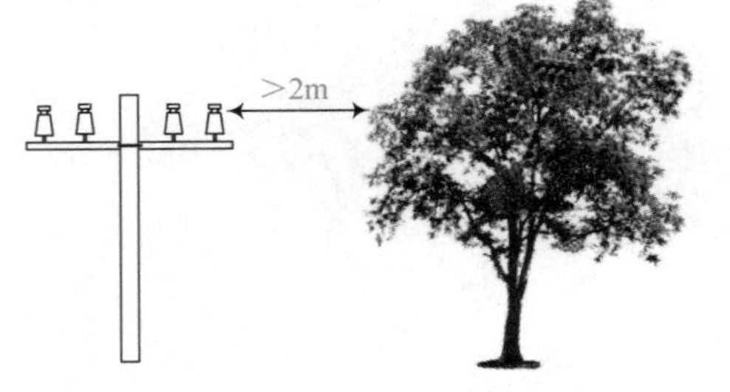

图 7-49　架空导线与树木水平最小距离

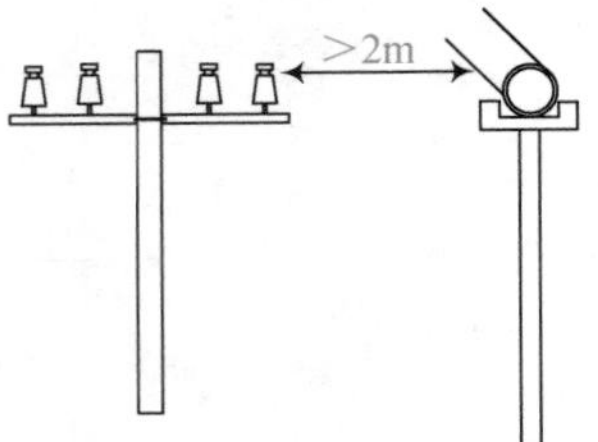

图 7-50　架空导线与管道水平最小距离

十六、同杆架设线路横担之间的最小垂直距离要求

同杆架设线路横担之间的最小垂直距离要求如图 7-51 ~ 图 7-55 所示。

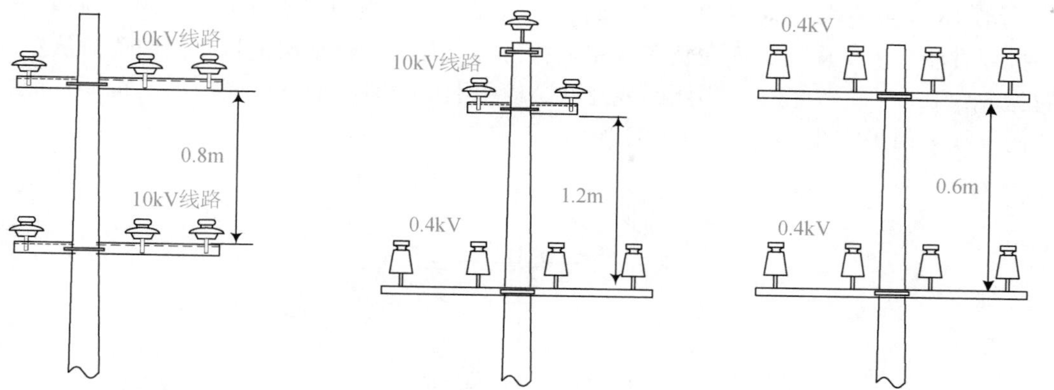

图 7-51 10kV 与 10kV 之间的距离　图 7-52 10kV 与 0.4kV 之间的距离　图 7-53 0.4kV 与 0.4kV 之间的距离

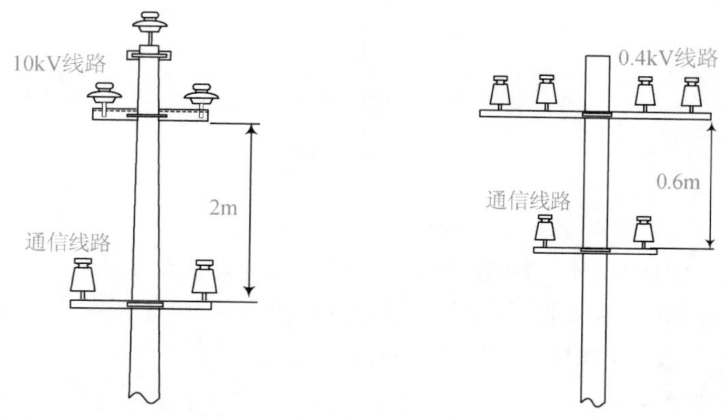

图 7-54 10kV 与通信线路之间的距离　图 7-55 0.4kV 与通信线路之间的距离

十七、架空线路相序的排列

① 电杆横担应装在负荷侧，横担上下歪斜和左右扭斜不得超过 20mm。

② TT 系统供电时，其相序排列：面向负荷从左至右为 L_1、N、L_2、L_3，如图 7-56 所示。

③ TN-S 系统或 TN-C-S 系统供电时，和保护零线在同一横担架设时的相序排列：面向负荷从左至右为 L_1、N、L_2、L_3、PE，如图 7-57 所示。

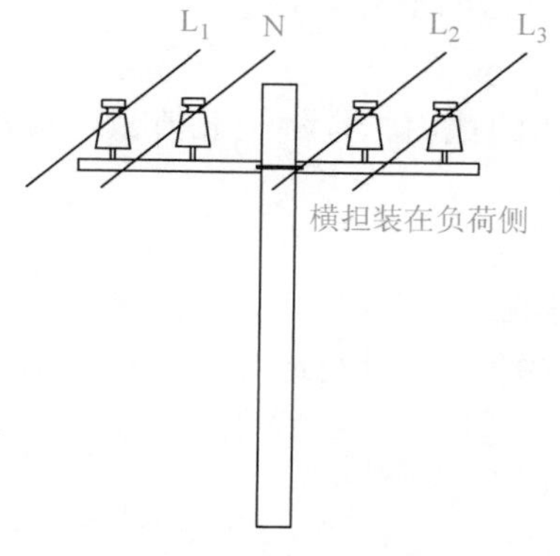

图 7-56 TT 系统供电导线的排列

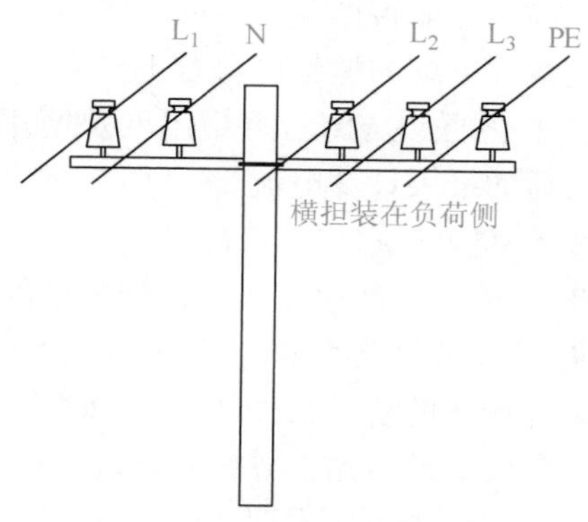

图 7-57 TN-S 系统供电导线的排列

第七章 照明与线路

④ TN-S 系统或 TN-C-S 系统供电时，动力线、照明线同杆架设上、下两层横担，相序排列方法：上层横担，面向负荷从左至右为 L_1、L_2、L_3；下层横担，面向负荷从左至右为 L_1、L_2、L_3、N、PE。当照明线在两个横担上架设时，最下层横担面向负荷，最右边的导线为保护零线 PE。如图 7-58 所示。

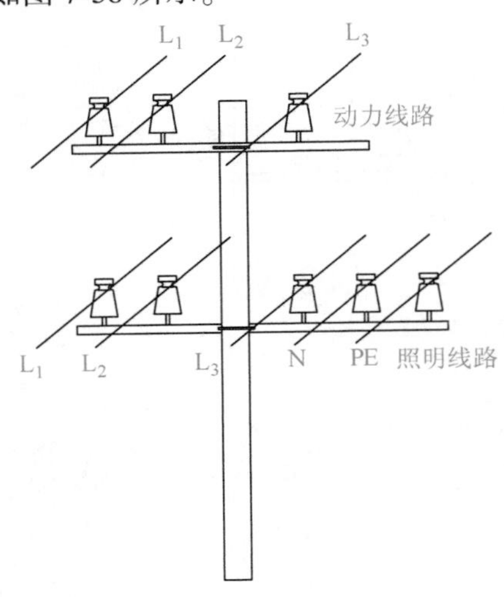

图 7-58　动力线、照明线同杆架设上、下两层横担导线排列

⑤ 低压架空线路的档距一般为 50m，线间距离应大于 0.4m。

⑥ 施工现场内导线最大弧垂与地面距离不小于 4m，跨越机动车道时为 6m。

⑦ 架空线路所使用的电杆应为专用混凝土杆或木杆。当使用木杆时，木杆不得腐朽，其梢径应不小于 130mm。

⑧ 架空线路所使用的横担、角钢及杆上的其他配件应视导线截面、杆的类型具体选用，杆的埋设、拉线的设置均应符合有关施工规范。

十八、导线的安全要求

1. 导线的选择

电线、电缆应按低压配电系统的额定电压、电力负荷、敷设环境及与附近电气装置、设施之间能否产生有害的电磁感应等要求，选择合适的型号和截面。

电线、电缆的选择应符合下要求。

① 按照敷设方式、环境温度及使用条件确定导体的截面，且额定载流量不应小于预期负荷的最大计算电流。

② 线路电压损失不应超过允许值。

③ 导体最小截面应满足机械强度的要求，绝缘导线最小允许截面见表 8-1。

④ 导线敷设路径的冷却条件：沿不同冷却条件的路径敷设绝缘导线和电缆时，当冷却条件最坏的线段长度超过 5m 时，应按该线段条件选择绝缘导线和电缆的截面，对于已经敷设好的线路，导线载流能力应按八折计算。

⑤ 架空导线的截面不应小于其最小允许截面的规定。

- 铜线在 10kV 电压情况下，在居民区为 $16mm^2$，非居民区为 $16mm^2$，低压时为

φ2.3mm(北京供电部门规定为φ4.0mrn)。

● 铝线在10kV电压情况下，在居民区为$35mm^2$，非居民区为$25mm^2$，低压时为$16mm^2$。

● 钢芯铝线在10kV电压情况下，在居民区为$25mm^2$，非居民区为$16mm^2$，低压时为$16mm^2$。

⑥ 按照发热要求，塑料绝缘和橡皮绝缘导电线芯的最高允许工作温度不得超过65℃，一般裸导线也不得超过70℃。

⑦ 在铜线与铝线连接时，要防止电化学腐蚀。导致接触不良引发事故的发生，铜线和铝线连接时，必须使用铜铝过渡连接，如图7-59所示为常用的铜铝过渡接头。

(a) 铜铝过渡接线鼻子

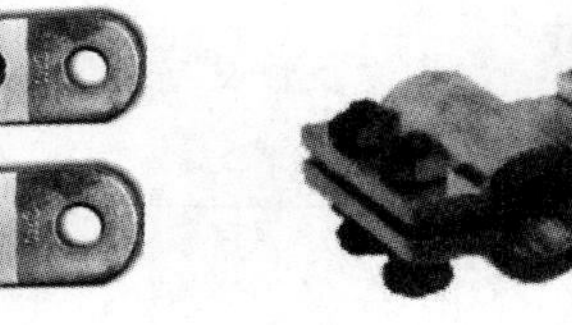

(b) 铜铝过渡双沟线夹

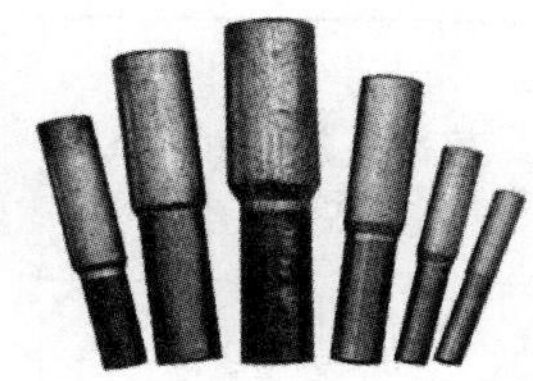

(c) 铜铝过渡连接管

图7-59 常用的铜铝过渡接头

2. 必须采用铜芯电线配电线路

① 特殊建筑(具有重大纪念、历史或国际意义的各类建筑)。
② 重要的公共建筑和居住建筑。
③ 重要的资料室、重要的库房。
④ 影剧院等人员聚集较多的场所。
⑤ 连接与移动设备或敷设剧烈振动的场所。
⑥ 特别潮湿场所或对铝材质有严重腐蚀性的场所。
⑦ 易燃、易爆的场所。
⑧ 有特殊规定的其他场所。

3. 配电线路的敷设一般规定

(1) 配电线路的敷设应符合下列条件

① 符合场所环境的特征；
② 符合建筑物和构筑物的特征；
③ 人与布线之间可接近的程度。

(2) 配电线路的敷设，应避免下列外部环境的影响

① 应避免由外部热源产生热效应的影响；
② 应防止外部的机械性损害而带来的影响；
③ 应避免由于强烈日光辐射而带来的损害。

4. 导线选择常用估算法(估算法是以铝线为标准计算的)

① 1~$10mm^2$为五倍(其导线截面积乘以5为该导线的载流量，下同)，16~$25mm^2$为四倍，35~$50mm^2$为三倍，70~$95mm^2$为两倍半，$100mm^2$以上为两倍。当穿管时载

流量打八折，环境温度高于 25℃时，载流量应打九折，当选用铜芯导线时可按铝导线截面减小一级选用。

② 控制回路应使用铜芯绝缘导线，截面积应不小于 1.5mm² 为宜。

③ 单相回路中的中性线应与相线截面相等。

④ 在三相四线或二相三线的配电线路中，当用电负荷大部分为单相用电设备时，其 N 线或 PEN 线的截面不宜小于相线截面；以气体放电灯为主要负荷的回路中，N 线截面不应小于相线的截面：在采用可控硅调光的三相四线或二相三线配电线路中，其 N 线或 PEN 线的截面不应小于相线截面的 2 倍(表 7-1)。

表 7-1　绝缘导线最小允许截面

单位：mm²

序号	用途及敷设方式	线芯的最小截面			序号	用途及敷设方式	线芯的最小截面		
		铜芯软线	铜线	铝线			铜线软线	铜线	铝线
1	照明用灯头线 1 室内 2 室外	 0.4 1.0	 1.0 1.0	 2.5 2.5	3	1. 2m 及以下室内 2. 2m 及以下室外 3. 6m 及以下 4. 15m 及以下 5. 25m 及以下		1.0 1.5 2.5 4 6	2.5 2.5 4 6 10
2	移动时用电设备 1 生活用 2 生产用	 0.75 1.0							
3	架设在绝缘支持件上的绝缘导线其支持点间距				4	穿管敷设的绝缘导线	1.0	1.0	2.5
					5	塑料护套线沿墙敷设		1.0	2.5
					6	板孔穿线敷设的导线		1.5	2.5

5. 中性线截面

① 在三相四线制配电系统中，中性线(以下简称 N 线)的允许载流量不应小于线路中最大不平衡负荷电流，且应计入谐波电流的影响。

② 以气体放电灯为主要负荷的回路中，中性线截面不应小于相线截面。

③ 采用单芯导线作保护中性线(以下简称 PEN 线)干线，当截面为铜材时，不应小于 10mm²；为铝材时，不应小于 16mm²；采用多芯电缆的芯线作 PEN 线干线，其截面不应小于 4mm²。

6. 保护线(以下简称 PE 线)截面

① 当保护线(以下简称 PE 线)所用材质与相线相同时，PE 线最小截面应符合表 7-2 的规定。

表 7-2　PE 线最小截面

相线芯线截面 S/mm²	PE 线最小截面/mm²
$S \leq 16$	S
$16 < S \leq 35$	16
$S > 35$	$S/2$

② PE 线采用单芯绝缘导线时，按机械强度要求，截面不应小于下列数值：

- 有机械性的保护时为 2.5mm^2；
- 无机械性的保护时为 4mm^2。

③ 装置外可导电部分禁用作 PEN 线。

④ 在 TN-C 系统中，PEN 线严禁接入开关设备。

⑤ 在 TN-C 及 TN-C-S 系统中，禁止单独断开 PEN 线. 当保护电器的 PEN 极断开时，必须联动全部相线一起断开。

⑥ N 线上禁止安装可以独立操作的单极开关电器。

⑦ 严禁 PE 或 PEN 线穿过漏电保护电器的零序电流互感器。

7. 导线连接要求

导体与导体之间以及导体与其他电气设备之间应保证电气连续可靠和具有适当的机械强度及保护措施。

导线连接无特殊规定时，应使用合适的接线装置连接或采用焊接，连接前应先将导线表面打磨干净，焊接时应先将接头按工艺规程缠绕连接好，使其导线机械强度和电气性能都可靠，然后再施焊，连接好的导线应用与该导线绝缘等级一致的绝缘材料进行包扎，或使用统一绝缘等级的绝缘装置进行绝缘恢复。

各种导线的连接应符合下列安全要求。

① 当设计无特殊规定时，导线的新线应采用焊接、压板压接或套管接。

② 截面为 10mm^2 及以下的单股铜芯线可直接与设备、用电器具的端子连接。

③ 截面为 2.5mm^2 及以下的多股铜芯线的线芯应拧紧搪锡或压接端子后再与设备、用电器具的端子连接。

④ 截面大于 2.5mm^2 的多股铜芯线的终端，除设备自带插接端子外，应焊接或压接端子后再与设备、用电器具的端子连接。如图 7-60 所示。

(a) 线头盘圈后焊搪锡

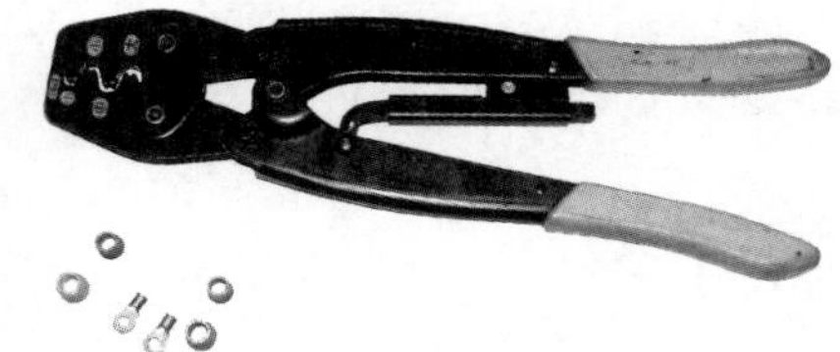

(b) 压接端子与压接钳

图 7-60 多股铜导线线头的处理

导线的接头必须牢固，安全可靠，并满足导线载流的要求，采用正确的压接和焊接，均可以满足这一要求。

缠绕接线方法，是一种很实用的连接方法，它是将导线绝缘层剥削后，线芯相互缠绕连接方法，为使连接处有良好的导电性能，连接前应将线芯金属表面清理干净，缠绕后搪锡，以防锈蚀和松动，并能保证导电性能。

为了防止电击和火灾，所有的导线接头必须使用能够承受与原导线所承受的相同环境条件和电压的绝缘材料包扎起来，500V 以下的低压导线的绝缘材料包括黝黑绝缘胶带、塑料绝缘胶带、自黏胶带等，以及批准使用的绝缘端帽和热缩套管。

8. 不同电路导线的颜色的有关规定

① 交流三相电路的 1 相……黄色
交流三相电路的 2 相……绿色
交流三相电路的 3 相……红色
零线或中性线……淡蓝色
安全用的接地线……绿/黄双色
② 用双芯导线或双根绞线连接的交流电路……红黑色并行
③ 直流电路的正极……棕色
直流电路的负极……蓝色
直流电路的接地中间极……淡蓝色

第八章 现场触电急救方法

一、迅速脱离电源

发生触电事故时，切不可惊慌失措，束手无策，首先要马上切断电源，使触电者脱离电流损害的状态，这是能否抢救成功的首要因素。因为当触电事故发生时，电流会持续不断地通过触电者，从影响电流对人体刺激的因素中可以知道，触电时间越长，对人体损害越严重。为了保护触电者只有马上切断电源。其次，当触电者触电时，身上有电流通过，已成为一个带电体，对救护者是一个严重威胁，如不注意安全，同样会使救护者触电。所以，必须先使病人脱离电源后，方可抢救。

1．使触电者脱离电源的方法

① 触电者触及低压带电设备时，救护人员应设法迅速切断电源。如关闭电源开头(图 8-1)、拔出电源插头等，或使用绝缘工具如干燥的木棒、木板、绳索等不导电的物品解脱触电者(图 8-2)，也可抓住触电者干燥而不贴身的衣服，将其拉开(切记要避免碰到金属物体和触电者的裸露身躯)，还可戴绝缘手套解脱触电者。另外，救护人员可站在绝缘垫上或干木板上，为使触电者与导电体解脱，在操作时最好用一只手进行操作。

图 8-1　迅速关闭电源开关

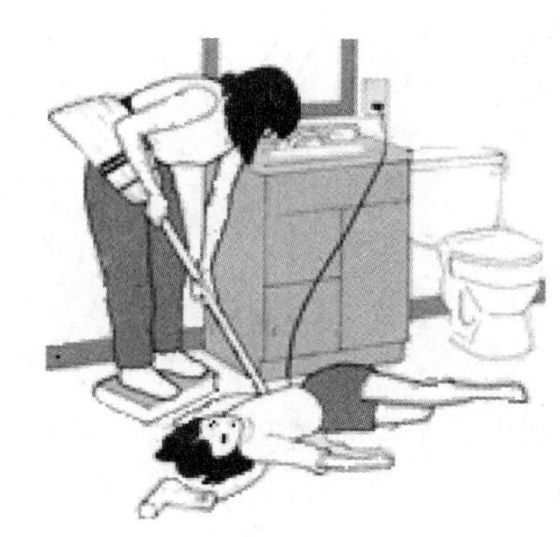

图 8-2　用干燥木棒使触电者脱离电源

如果电流通过触电者入地，并且触电者紧握电线，可设法用干木板塞到其身下，与地隔离，也可用干木把斧子或有绝缘柄的钳子等将电线弄断，用钳子剪断电线最好要分相，一根一根地剪断，并尽可能地站在绝缘物体或干木板上操作。

② 触电者触及高压带电设备，救护人员应迅速切断电源或用适合该电压等级的绝缘工具(戴绝缘手套，穿绝缘靴并用绝缘棒)解脱触电者，救护人员在抢救过程中应注意保护自身与周围带电部分必要的安全距离。

如果触电发生在架空线杆塔上，可采用抛挂足够截面积的适当长度的金属短路线的方法，使电源开头跳闸，抛挂前，将短路线一端固定在铁塔或接地引下线上，另一端系重物，抛掷短路线时，应注意防止电弧伤人或断线危及人员安全，同时还要注意再次触及其他有电线路的可能。

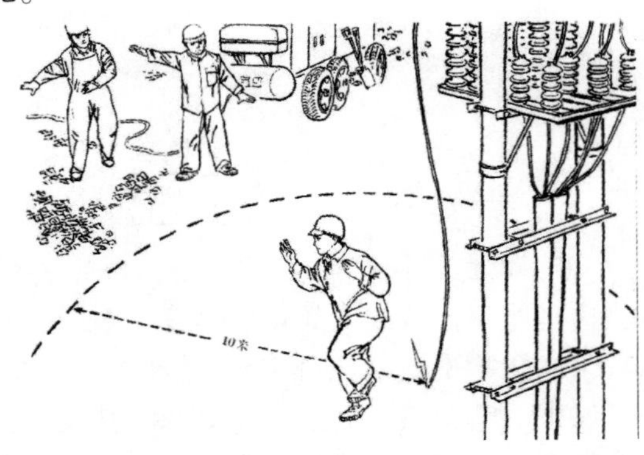

图 8-3　带电高压导线落地防止跨步电压

如果触电者触及断落在地上的带电高压导线，要先确认线路是否无电，救护人在未做好安全措施(如穿绝缘靴或临时双脚并紧跳跃以接近触电者)前，不得接近以断线点为中心的 8~10m 的范围内，防止跨步电压伤人(图 8-3)，救护人员将触电者脱离带电导线后，应迅速将其带至 20m 以外再开始进行心肺复苏急救，只有在确认线路已经无电时，才可在触电者离开触电导线后，立即就地进行急救。

2. 解脱电源时注意的问题

① 脱离电源后，人体的肌肉不再受到电流的刺激，会立即放松，病人可自行摔倒，造成新的外伤(如颅底骨折)，特别在高空时更是危险。所以脱离电源需有相应的措施配合，避免此类情况发生，加重病情。

② 解脱电源时要注意安全，绝不可再误伤他人，将事故扩大。

二、状态简单诊断

解脱电源后，病人往往处于昏迷状态，情况不明，故应尽快对心跳和呼吸的情况作一判断，看看是否处于“假死”状态，因为只有明确的诊断，才能及时、正确地进行急救。处于“假死”状态的病人，因全身各组织处于严重缺氧的状态，情况十分危险，故不能用一套完整的常规方法进行系统检查。只能用一些简单而有效的方法判断一下，看看是否“假死”及“假死”的类型，这就达到了简单诊断的目的(图 8-4)。

其具体方法如下：将脱离电源后的病人迅速移至比较通风、干燥的地方，使其仰卧，将上衣与裤带放松。

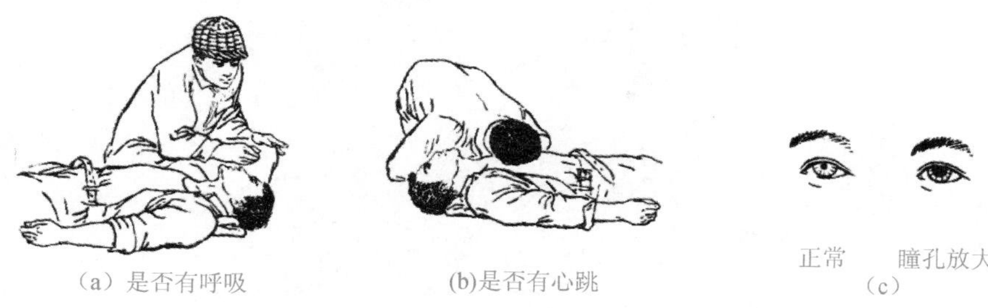

（a）是否有呼吸　　(b)是否有心跳　　（c）

图 8-4　触电后状态判断

① 观察一下是否有呼吸存在，当有呼吸时，可看到胸廓和腹部的肌肉随呼吸上下运动。用手放在鼻孔处，呼吸时可感到气体的流动；相反，无上述现象，则往往是呼吸已停止。

② 摸一摸颈部的动脉和腹股沟处的股动脉，有没有搏动，因为当有心跳时，一定有脉搏。颈动脉和股动脉都是大动脉，位置表浅，所以很容易感觉到它们的搏动，因此常常作为是否有心跳的依据。另外，在心前区也可听一听是否有心声，有心声则有心跳。

③ 看一看瞳孔是否放大，当处于“假死”状态时，大脑细胞严重缺氧，处于死亡的边缘，所以整个自动调节系统的中枢失去了作用，瞳孔也就自行扩大，对光线的强弱再也起不到调节作用，所以瞳孔扩大说明了大脑组织细胞严重缺氧，人体也就处于“假死”状态。通过以上简单的检查，即可判断病人是否处于“假死”状态。并依据“假死”的分类标准，可知其属于“假死”的类型。

三、触电后的处理方法

① 病人神志清醒，但感乏力、头昏、心悸、出冷汗，甚至有恶心或呕吐。此类病人应就地安静休息，减轻心脏负担，加快恢复；情况严重时，小心送往医疗部门，请医护人员检查治疗。

② 病人呼吸、心跳尚在，但神志昏迷。此时应将病人仰卧，周围的空气要流通，可做牵手人工呼吸法(图 8-5)，帮助触电者尽快恢复，并注意保暖。除了要严密地观察外，还要做好人工呼吸和心脏挤压的准备工作，并立即通知医疗部门或用担架将病人送往医院。在去医院的途中，要注意观察病人是否突然出现“假死”现象，如有“假死”现象，应立即抢救。

③ 如经检查后，病人处于“假死”状态，则应立即针对不同类型的“假死”进行对症处理。心跳停止的，则用体外人工心脏挤压法来维持血液循环；如呼吸停止，则用口对口的人工呼吸法来维持气体交换。呼吸、心跳全部停止时，则需同时进行体外心脏挤压法和口对口人工呼吸法，同时向医院告急求救。在抢救过程中，任何时刻抢救工作都不能中止，即便在送往医院的途中，也必须继续进行抢救，一定要边救边送，直到心跳、呼吸恢复。

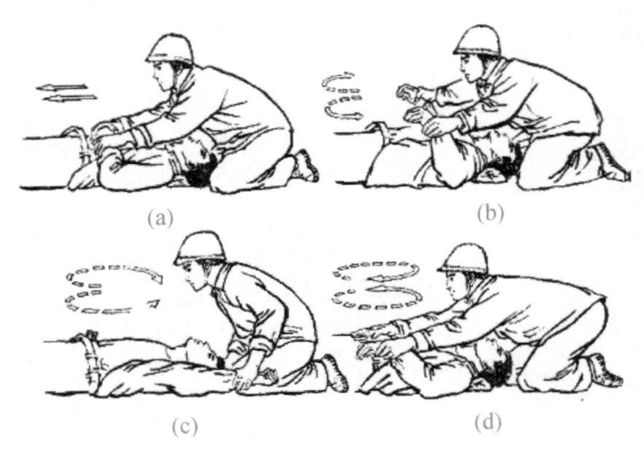

图 8-5 牵手呼吸法

④ 抢救触电者可以辅助针灸疗法，针刺触电者的百会、丰府、风池、人中、涌泉、十宣、内关、神门、少商等穴位是配合抢救治疗的好方法。触电急救针灸穴位如图 8-6 所示。

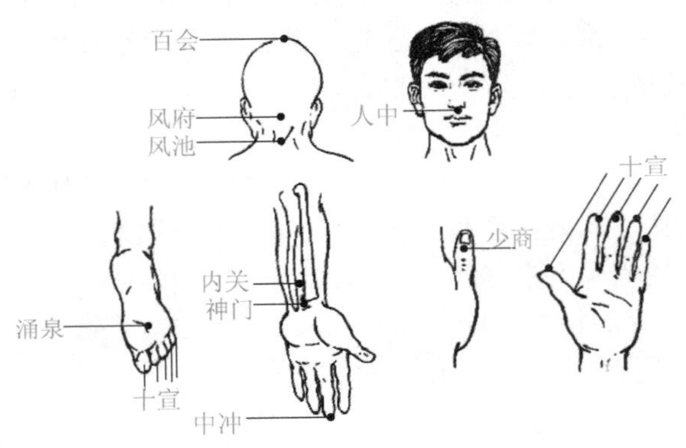

图 8-6 触电急救针灸穴位

四、口对口人工呼吸法

人工呼吸的目的，是用人工的方法来代替肺的呼吸活动，使气体有节律地进入和排出肺部，供给体内足够的氧气，充分排出二氧化碳，维持正常的通气功能。人工呼吸的方法有很多，目前认为口对口人工呼吸法效果最好。口对口人工呼吸法的操作方法如下。

图 8-7 将触电者仰卧

如图 8-7 所示，将触电者仰卧，解开衣领，松开紧身衣着，放松裤带，以免影响呼吸时胸廓的自然扩张。将触电者的头后仰，张开其嘴，如图 8-8 所示用手指清除口内的假牙、血块和呕吐物，使呼吸道畅通。

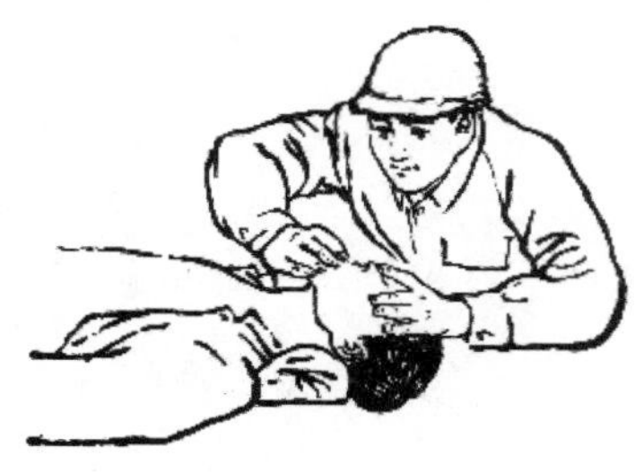

图 8-8　将触电者嘴张开

图 8-9　口对口吹气

抢救者在触电者的一边，以近其头部的一手紧捏病人的鼻子(避免漏气)，并将手掌外缘压住其额部，另一只手托在病人的颈后，将颈部上抬，使其头部充分后仰，以解除舌头下坠所致的呼吸道梗阻。

急救者先深吸一口气，然后用嘴紧贴病人的嘴或鼻孔大口吹气，吹 2s 放松 3s，同时观察胸部是否隆起，以确定吹气是否有效和适度(图 8-9)。

吹气停止后，急救者头稍侧转，并立即放松捏紧鼻孔的手，让气体从病人的肺部排出，此时应注意胸部复原的情况，倾听呼气声，观察有无呼吸道梗阻。

如此反复进行，每分钟吹气 12 次，即每 5s 吹一次。

五、口对口人工呼吸时应注意事项

① 口对口吹气的压力需掌握好，刚开始时可略大一点，频率稍快一些，经 10～20 次后可逐步减小压力，维持胸部轻度升起即可。对幼儿吹气时，不能捏紧鼻孔，应让其自然漏气，为了防止压力过高，急救者仅用颊部力量即可。

② 吹气时间宜短，约占一次呼吸周期的 1/3，但也不能过短，否则影响通气效果。

③ 如遇到牙关紧闭者，可采用口对鼻吹气，方法与口对口基本相同。此时可将病人嘴唇紧闭，急救者对准鼻孔吹气，吹气时压力应稍大，时间也应稍长，以利气体进入肺内。

六、体外心脏挤压法

体外心脏挤压是指有节律地以手对心脏挤压，用人工的方法代替心脏的自然收缩，从而达到维持血液循环的目的，此法简单易学，效果好，不需设备，易于普及推广，如图 8-10 所示。

心脏部位的确定方法如下。

方法一：在胸骨与肋骨的交汇点——俗称“心口窝”往上横两指，左一指，如图 8-11 所示。

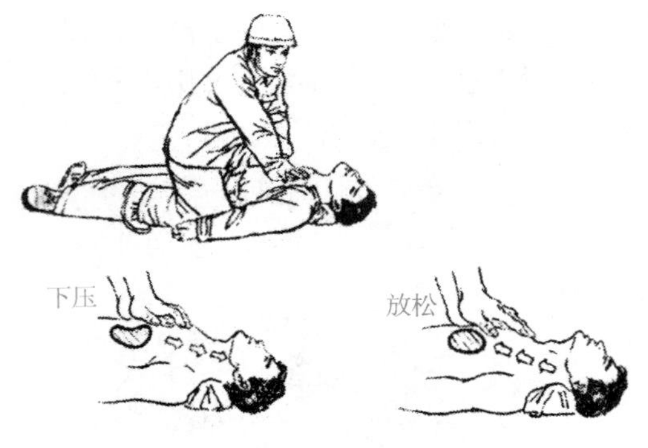

图 8-10　心脏挤压法

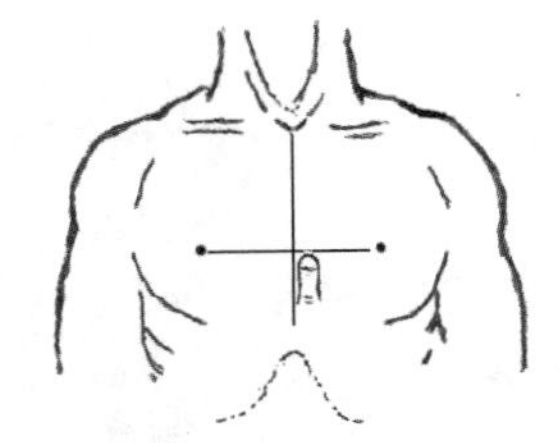

图 8-11　心脏部位确定方法一

方法二：两乳横线中心左一指，如图 8-12 所示。

方法三：又称同身掌法，即救护人正对触电者，右手平伸中指对准触电者脖下锁骨相交点(胸骨上凹)，下按一掌即可，如图 8-13 所示。

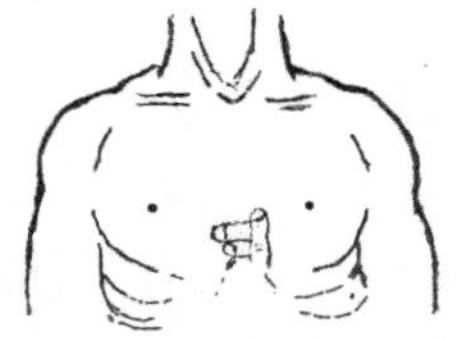

图 8-12　心脏部位确定方法二

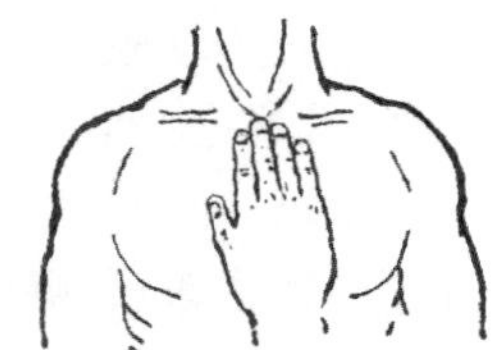

图 8-13　心脏部位确定方法三

七、心脏挤压法实施时的注意点

① 挤压时位置要正确，一定要在胸骨下 1/2 处的压区内，接触胸骨应只限于手掌根部，故手掌不能平放，手指向上与肋保持一定的距离。用力一定要垂直，并且有节奏和冲击性。为提高效果，应增加挤压频度，最好能达每分钟 100 次。

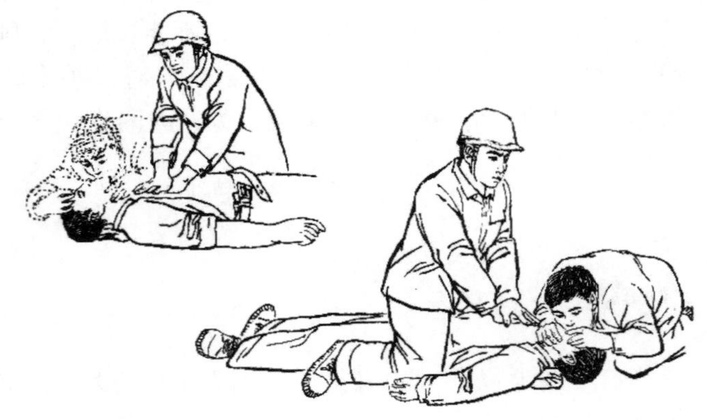

图 8-14　交替进行心脏挤压及口对口人工呼吸

② 挤压后突然放松(要注意掌根不能离开胸壁)，依靠胸廓的弹性使胸复位，此时，心脏舒张，大静脉的血液回流到心脏。

③ 用力一定要垂直，并要有节奏，有冲击性。

④ 对儿童只用一个手掌根部即可。

⑤ 挤压的时间与放松的时间应大致相同。

⑥ 为提高效果，应增加挤压频率，最好能达每分钟 100 次。

⑦ 病人心跳、呼吸全停止，应同时交替进行心脏挤压及口对口人工呼吸(图 8-14)。此时可先吹两次气，立即进行挤压五次，然后再吹两口气，再挤压，反复交替进行，不能停止。

八、触电急救中应注意的问题

① 使触电人脱离电源后，如需进行人工呼吸及胸外心脏挤压，要立即进行。

② 施救操作必须是连续的，不能中断，也不要轻易丧失信心。有经过 4h 的抢救而将“假死”的触电人救活的纪录。

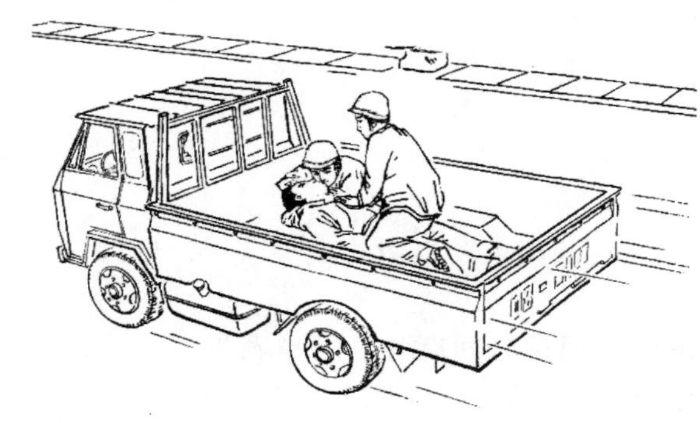

图 8-15 转院的途中不能中断救护操作

③ 如需送往医院或急救站，在转院的途中也不能中断救护操作(图 8-15)，交给医务人员时一定要说明此人是触电昏迷的，以防采用了错误的抢救方式。

④ 对于经救护开始恢复呼吸或心脏跳动功能的触电人，救护人不应离开，要密切观察，准备可能需要的再一次救护。

图 8-16 不可以泼冷水

⑤ 救护中慎用一般的急救药品，不可使用肾上腺素、强心针等药物，否则会加重心室纤维性颤动。更不能采用压木板、泼冷水等错误的急救方法(图 8-16)。

⑥ 夜间救护要解决临时照明问题。

九、电流对人体的危害程度与主要因素

电流对人体伤害的严重程度与通过人体电流的大小、频率、持续时间、途径以及人体的电阻大小等因素有关。

（1）人体被伤害程度与电流大小的关系　通过人体的电流越大，人体的生理反应越明显，感觉越强烈，引起心室颤动所需的时间越短，致命的危险就越大。

对于工频交流电，按照通过人体电流的大小和人体所呈现的不同状态大致可分为下列三种。

① 感觉电流　引起人的感觉的最小电流，称为感觉电流。实验表明，成年男性的平均感觉电流约为1mA，成年女性约为0.7mA。

② 摆脱电流　人触电后能自主摆脱电源的最大电流称为摆脱电流。实验表明，成年男性平均摆脱电流约为16mA，成年女性约为10mA。

从安全角度考虑，男性最小摆脱电流为10mA，女性为6mA，儿童的摆脱电流较成人小。

③ 致命电流　在较短时间内危及生命的最小电流，也可以说引起心室颤动的电流称为致命电流。

引起心室颤动的电流与通过时间有关。实验表明，当通过时间超过心脏搏动周期时，引起心室颤动的电流，一般是50mA以上。当通过电流达数百毫安时，心脏会停止跳动，可能导致死亡。

（2）人体被伤害程度与电流频率的关系　一致认为工频50~60Hz为最危险，大于或小于工频，危险性就降低。

（3）人体被伤害程度与通电时间的关系

① 通电时间愈长，人体电阻因出汗等原因而降低，导致通过人体电流的增加，触电的危险性亦随之增加。

② 通电时间愈长，愈容易引起心室颤动，即触电危险性愈大。

（4）人体被伤害程度与电流途径的关系　电流通过人体的途径以经过心脏为最危险。因为通过心脏会引起心室颤动，较大的电流还会使心脏停止跳动，这都会使血液循环中断导致死亡。

因此，从左手到胸部是危险的电流途径。从手到手，从手到脚也是很危险的电流途径。从脚到脚是危险性较小的电流途径。

（5）人体被伤害程度与人体电阻的关系　人体电阻，基本上按表皮角质层电阻大小而定，但由于皮肤状况、触电接触等情况不同，故电阻值亦有所不同。如皮肤较潮湿，触电接触紧密时，人体电阻就小，则通过的触电电流就越大，所以危险性也就增加。

十、人体的电阻值与安全电压

一般人体的电阻分为皮肤的电阻和内部组织的电阻两部分，由于人体皮肤的角

质外层具有一定的绝缘性能，因此，决定人体电阻主要是皮肤的角质外层。人的外表面角质外层的厚薄不同，电阻值也不相同。一般人体承受50V的电压时，人的皮肤角质外层绝缘就会出现缓慢破坏的现象，几秒后接触点即生水泡从而破坏了干燥皮肤的绝缘性能，使人体的电阻值降低。电压越高，电阻值降低越快。另外人体出汗、身体有损伤、环境潮湿、接触带有能导电的化学物质、精神状态不良等情况都会使皮肤的电阻值显著下降。人体内部组织的电阻不稳定，不同的人内部组织的电阻也不同，但有一个共同的特点就是人体内部组织的电阻与外加的电压大小基本没有关系。

据测量和估计，一般情况下人体电阻值在2kΩ~20MΩ范围内。皮肤干燥时，当接触电压在100~300V时人体的电阻值为100~1500Ω。对于电阻值较小的人甚至几十伏电压也会有生命危险。某些电阻值较低的人不慎触电，皮肤也碰破，其可能致命的危险电压为40~50V。对大多数人来说，触及100~300伏的电压，将具有生命危险。

安全电压：我国确定安全电压有42V、36V、24V、12V、6V五个额定等级。我国采用的安全电压以36V、12V居多。

为什么把36V规定为安全电压的界限呢？原来人体通过5mA以下的电流时，只产生“麻电”的感觉，没有危险。而人的干燥皮肤电阻一般在1kΩ以上，在36V电压下，通过人体的电流在5mA以下。所以，一般说来36V的电压对人体是安全的。

但应注意，在潮湿的环境中，安全电压值应低于36V。因为在这种环境下，人体皮肤的电阻变小，这时加在人体两部位之间的电压即使是36V也是危险的。所以，这时应采用更低的24V或12V电压才安全。

第九章 电气安全工作的基本要求

一、在低压线路上检修工作的安全要求

1. 低压检修作业

（1）遵守电气安全技术操作规程《通则》有关规定。

如图 9-1 所示，当电气设备出现故障后，应立即请电工来检修，不可带病运行，也不要让不懂电气知识的人修理，以免发生更大的事故。

图 9-1 请电工修理电器故障

图 9-2 检修时标示牌使用

（2）不准在设备运行过程中拆卸修理，必须停运并切断设备电源，按安全操作程序进行拆卸修理。临时工作中断或每班开始工作前，都必须重新检查电源是否已经断开，并验明是否无电。

如图 9-2 所示，电器设备检修时必须切断电源，并在开关柜上挂“禁止合闸，有人工作”的标识牌，其他人员不得随意移动。

（3）动力配电箱的刀开关，禁止带负荷拉闸。

如图 9-3 所示，设备检修时，应先将运行的设备停止后，再拉开电源开关，禁止带负荷拉闸。因为电源的刀开关的灭弧能力有限，当带负荷拉闸时，不能有效地熄灭电弧：①会造成弧光短路事故扩大；②开关接触面会因为电弧而烧损，造成开关损坏。

（4）电机检修后必须摇测相间及每相对地绝缘电阻，绝缘电阻合格，方可试车。空载电流不应超过规定范围。

如图 9-4 所示为电动机的绝缘电阻测量，新安装的电动机不应小于 1MΩ，运行中的检查绝缘电阻不应小于 0.5MΩ。

图 9-3　禁止带负荷拉闸

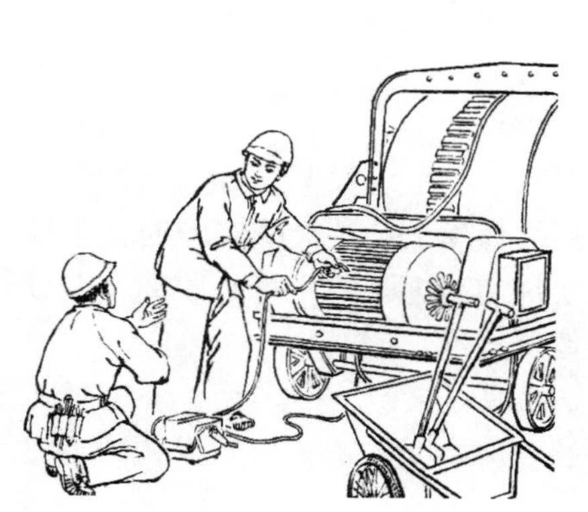

图 9-4　电动机绝缘电阻的测量

图 9-5　电动机试车检查

如图 9-5 所示为电动机试车检查。电动机绝缘电阻合格后，可接通电源试车，试车时应认真检查电动机的空载电流，电动机空载电流一般为额定电流的 30%～70%。并听电动机是否有噪声。方法可用一个较长的螺丝刀，一端触及电动机的外壳部分，另一端贴在耳朵上，即可听到电动机内部的声音。

① 轴承部位发出“咝咝”声：说明轴承缺油。

② 轴承部位出现：“咕噜”声：说明轴承损坏。

③ 电动机发出较大的、低沉的“嗡嗡”声：则可判断为电动机缺相运行；如声音较小，则可能是电动机过负荷运行。

④ 电动机出现刺耳的碰擦声：说明电动机有扫膛。

⑤ 电动机有低沉的吼声：说明电动机的绕组有故障，三相电流不平衡。

⑥ 电动机有时低时高的“嗡嗡”声，同时定子电流时大时小，发生振荡：说明可能是鼠笼式转子断条或绕线式转子断线。

⑦ 电动机发出较易辨别的撞击声：一般是机盖与风扇间混有杂物，或风扇故障。

（5）试验电机、电钻等，不能将其放在高处，需放稳后再试。

（6）定期巡检、维修电气设备，应确保其正常运行，安全防护装置齐备完好。

（7）熔断器熔丝的额定电流要与设备或线路的安装容量相匹配，不能任意加大。带电装卸熔体时，要戴防护眼镜和绝缘手套，必要时应使用绝缘夹钳，操作人站在绝缘垫上。

（8）电气设备的保护接地或接零必须完好，如图 9-6 所示为连接保护线。

电气设备裸露的不带电导体(金属外壳)经接地线、接地体与大地紧密连接起来，称保护接地，其电阻一般不超过 4Ω。正常情况下将电气设备不带电的金属部分与电网的零线相连接，称保护接零。在同一低压配电系统中，保护接零与保护接地不许混用。

图 9-6　连接保护线

图 9-7　螺丝灯口接线

（9）螺口灯头的开关必须接在相线上，灯口螺纹必须接在零线上，如图 9-7 所示。

螺丝灯头接线时，必须将相线接在灯头顶芯的接线螺丝上，装、摘灯泡时，手要拿在灯泡的玻璃部分，不要与金属螺口部分接触，更换灯泡是为了防止灯头脱离，造成灯口短路事故，应切断电源再拧动灯泡。禁止用湿布擦拭灯泡。

（10）在动力配电盘、配电箱、开关、变压器等各种电气设备的附近，不准堆放易燃易爆、潮湿或其他危及安全、影响维护检修的物品，应及时地清扫电器设备附近的杂物(图 9-8)。

图 9-8　及时清扫电器设备附近的杂物

图 9-9　更换电动机

（11）临时装设的电气设备，必须符合临时接线安全技术规程。

（12）每次检修完工后，必须清点所用工具、材料及零配件，以防遗失和留在设备内造成事故。将检修情况向使用人交代清楚，并送电与使用人一起试车。不能由维修电工单独试车。

（13）漏电保护器应定期清扫、维修，检查脱扣机构是否灵敏，定期测试绝缘电阻，阻值应不低于 1.5MΩ，电子式漏电保护器不准用兆欧表测量相邻端子间的绝缘电阻。

（14）认真分析、检查电气故障，不可随意更换电器元件型号规格，必须更换新的元件时应注意型号、规格与原先使用的是否一致。更换电动机时(图 9-9)应检查功率、转速、电压、接法是否一致。

（15）低压停电时，按规定办理停电手续，并会同申请停电人去现场检查、验电、挂地线或设遮栏，在开关的操作把上挂“禁止合闸，有人作业”的警示牌。在同一线路上有两组或以上人员同时工作时，必须分别办理停电手续，并在此路刀闸把上挂以数量相等的警示牌。

2. 低压带电作业

（1）在设备的带电部位上工作或在运行的电气设备外壳上工作，均称为带电工作。

如图 9-10 所示在低压线路上带电作业时，必须使用绝缘工具，头部与带电部分安全距离不应小于 0.3m，如果必须穿越导线之间工作时，应将身体两侧导线用绝缘材料包好后才可进行。

图 9-10　低压线路上带电作业

图 9-11　工作监护

（2）不允许在 6~10kV 及以上电压等级的设备上带电工作，但可以进行低压带电工作。带电工作必须两人进行，一人工作，一人监护。如图 9-11 所示为工作监护。

监护人应及时纠正一切不安全的动作和其他错误做法。监护人必须集中精力专门对某一项工作进行不间断地监护，监护人的安全技术等级应高于操作人；带电作业或在带电设备附近工作时，应立设监护人。工作人员要服从监护人的指挥。监护人在执行监护时，不应兼做其他工作；监护人因故离开工作现场时，应由工作负责人事先指派了解有关安全措施的人员接替监护，使监护工作不致间断。监护人发现某些工作人员中有不正确的动作时，应及时提出纠正，必要时令其停止工作。

（3）带电工作时要扎紧袖口，使用安全绝缘工具进行操作，不允许使手直接接触带电体，也不允许身体同时接触两相或相与地。

(4)站在地上的人员，不得与带电工作者直接传送物件。

(5)带电接线时应先接好开关及以下部分，在无负荷的情况下，先接零线，后接相线；当断线时，应断开负荷，先剪断相线，后剪断零线，如图 9-12 所示。

(6)下列情况下，禁止带电工作：

① 阴雨天气；

② 防爆、防火及潮湿场所；

③ 有接地故障的电气设备外壳上；

④ 在同杆多回路架设的线路上，下层未停电，检修上层线路或上层未停电且没有

防止误碰上层的安全措施检修下层线路。

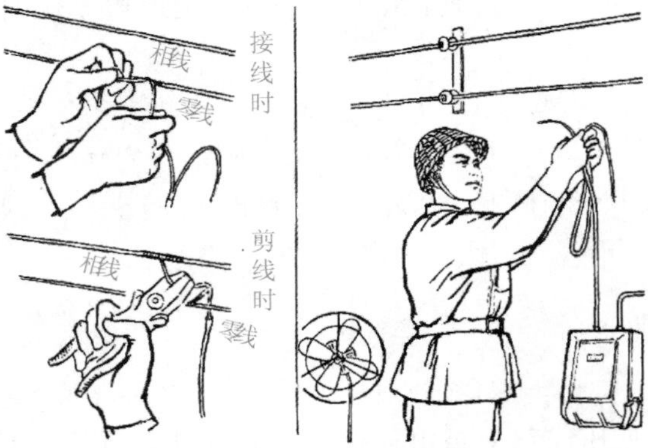

图 9-12　带电断、接线安全要求

二、暂设电源的安全要求

1. 暂设电源安全要求

① 暂设电源装置适用于 10kV 及以下临时用电设施的安装。暂设电源是指由于生产和工作急需，不能及时装设正式永久的供用电设施。

② 暂设电源必须办理审批手续，由使用单位填写"暂设电源申请单"，一式三联，经电力主管部门批准。暂设电源使用期限一般为 30 天，到期拆除。如需继续使用，必须办理延期申请手续，但延期不得超过 30 天，否则电力主管部门有权停止供电。

③ 对于基建工程使用的电焊机、搅拌机、卷扬机及现场照明等，由建筑部门按工期申请，经批准后接用，到期拆除。

④ 暂设电源线路，应采用绝缘良好、完整无损的橡皮线，室内沿墙敷设，其高度不得低于 2.5m，室外跨过道路时，不得低于 4.5m，不允许借用暖气、水管及其他气体管道架设导线，沿地面敷设时，必须加可靠的保护装置和明显标志。

⑤ 架空导线的最小截面，低压铜线不小于 $6mm^2$，铝线不小于 $10mm^2$，高压铜线不小于 $16mm^2$，铝线不小于 $25mm^2$。

⑥ 变压器容量≤315VA 时，可用熔断器保护并设有二次计量，变压器及其配套设施，应加遮栏防护，遮栏高度不得低于 2.5m。

⑦ 低压电表及计量装置，可采用立式或表箱。分路在两路及以下时，可不设总闸。

⑧ 电动机及附属设备(如启动器、开关、按钮等)装设在露天，均应有防雨措施并安装牢固。

⑨ 移动式电气设备和器具，应采用橡皮护套绝缘软线。与电源连接，应采用开关、插头座。严禁用导线直接插入插座，或挂在电源线上使用。3kW 及以上的电动机要配套完善的启动设备，并有可靠的接零保护。

⑩ 移动电动的导线不可在地上拖来拖去，以免绝缘层磨损，当移动导线时应不可硬拽，以防导线被物体轧住时，因为硬拽造成导线破损，如图 9-13 所示。

⑪ 行灯等手持式电动工具、器具应根据使用现场，分别采取可靠的安全保护措施，

图 9-13 移动导线不可硬拽

如漏电保护电器或使用36V以下的安全电压。安全变压器应采用双圈的，一、二次侧应有熔断器保护。

2. 临时照明和节日彩灯的安装要求

① 工地办公室、工作棚及现场地的临时灯线路，应采用橡皮线，灯具对地不得低于2.5m。

② 灯头与可燃物的净距，一般不应小于300mm；聚光灯、碘钨灯等高热灯具与可燃物的侧面净距，一般不应小于500mm；正面净距离一般不应小于1m。

③ 露天应采用防水灯头，与干线连接时，其接点应错开50mm以上。

④ 节日彩灯导线的最小截面，除应满足安全载流量外，不应小于2.5mm^2，导线不得直接承力，所有导线的支持物均应安装牢固。

⑤ 节日彩灯，对地高度小于2.5m时，必须采取安全电压。

3. 施工电气设备的防护

① 在建工程不得在高、低压线路下方施工，高低压线路下方，不得搭设作业棚、建造生活设施，或堆放构件、架具、材料及其他杂物。

② 施工时各种架具的外侧边缘与外电架空线路的边线之间必须保持安全操作距离。当外电线路的电压为1kV以下时，其最小安全操作距离为4m；当外电架空线路的电压为1～10kV时，其最小安全操作距离为6m；当外电架空线路的电压为35～110kV时，其最小安全操作距离为8m。上下脚手架的斜道严禁搭设在有外电线路的一侧。旋转臂架式起重机的任何部位或被吊物边缘与10kV以下的架空线路边线最小水平距离不得小于2m。

③ 施工现场的机动车道与外电架空线路交叉时，架空线路的最低点与路面的最小垂直距离应符合以下要求（图9-14）：外电线路电压为1kV以下时，最小垂直距离为6m；外电线路电压为1～35kV时，最小垂直距离为7m。

④ 对于达不到最小安全距离的，施工现场必须采取保护措施，可以增设屏障、遮栏、围栏或保护网，并要悬挂醒目的警告标志牌。在架设防护设施时应有电气工程技术人员或专职安全人员负责监护。

⑤ 对于既不能达到最小安全距离，又无法搭设防护措施的施工现场，施工单位必

图 9-14 架空线路对地应保证安全距离

须与有关部门协商，采取停电、迁移外电线或改变工程位置等措施，否则不得施工。

⑥ 搬动电动机、风扇等移动电器设备时，应先切断电源，拔掉电源插头，以免发生事故，如图 9-15 所示。

图 9-15 移动电器应先切断电源

4. 施工现场的配电线路

① 现场中所有架空线路的导线必须采用绝缘铜线或绝缘铝线。导线架设在专用电线杆上。

② 架空线的导线截面最低不得小于下列截面：当架空线用铜芯绝缘线时，其导线截面不小于 10mm^2；当用铝芯绝缘线时，其截面不小于 16mm^2；跨越铁路、公路、河流、电力线路档距内的架空绝缘铝线最小截面不小于 35mm^2，绝缘铜线截面不小于 16mm^2。

③ 架空线路的导线接头：在一个档距内每一层架空线的接头数不得超过该层导线条数的 50%，且一根导线只允许有一个接头；线路在跨越铁路、公路、河流、电力线路档距内不得有接头。

④ 施工架空线路的档距一般为 30m，最大不得大于 35m；线间距离应大于 0. 3m。

⑤ 施工现场内导线最大弧垂与地面距离不小于 4m，跨越机动车道时为 6m。

⑥ 架空线路所使用的电杆应为专用混凝土杆或木杆。当使用木杆时，木杆不得腐

杆，其梢径应不小于 130mm。

⑦ 架空线路所使用的横担、角钢及杆上的其他配件应视导线截面、杆的类型具体选用杆的埋设、拉线的设置均应符合有关施工规范。

5. 施工现场的电缆线路

① 电缆线路应采用穿管埋地或沿墙、电杆架空敷设，严禁沿地面明设。

② 电缆在室外直接埋地敷设的深度应不小于 0.7m，并应在电缆上下各均匀铺设不小于 100mm 厚的细砂，然后覆盖砖等硬质保护层。

③ 橡皮电缆沿墙或电杆敷设时应用绝缘子固定，严禁使用金属裸线作绑扎。固定点间的距离应保证橡皮电缆能承受自重所带的荷重。橡皮电缆的最大弧垂距地不得小于 2.5m。

④ 电缆的接头应牢固可靠，绝缘包扎后的接头不能降低原来的绝缘强度，并不得承受张力。

⑤ 在有高层建筑的施工现场，临时电缆必须采用埋地引入。电缆垂直敷设的位置应充分利用在建工程的竖井、垂直孔洞等，同时应靠近负荷中心，固定点每楼层不得少于一处。电缆水平敷设沿墙固定，最大弧垂距地不得小于 1.8m。

三、低压配电基本安装规程的安全要求

1. 低压配电室的要求

① 门应向外开，门口装防鼠板，防鼠板的高度不小于 0.5m。

② 有采光窗和通风百叶窗，百叶窗应防雨、雪、小动物进入室内。

③ 电缆沟底应有坡度和集水坑。

④ 不装盘的电缆沟应有沟盖板。

⑤ 盘前通道大于 1.5m，盘后通道大于 0.8m，并有安全护栏。

⑥ 配电的装置长度大于 6m 时，其通道应设两个出口，如图 9-16 所示。

⑦ 一层配电室地面标高应 0.5m 以上。

⑧ 配电屏单排布置时，屏前通道宽度不应小于 1.5m，如图 9-17 所示。

⑨ 配电屏双排布置时，面对面屏前通道宽度不应小于 2m，如图 9-18 所示。

2. 配电盘的安装

① 配电盘应为标准盘，顶有盖，前有门。

② 配电盘外表颜色应一致，表面无划痕。

③ 配电盘母线应有色标。

④ 配电盘应垂直安装，垂直度偏差小于 5 度。

⑤ 拉、合闸或开、关柜门时，盘身应无晃动现象。

⑥ 配电盘上电流表、电压表等按要求装全。

⑦ 配电盘上各出线回路应有路名标示。

⑧ 配电盘一次母线尽可能用铜排连接，压接螺丝两侧有垫片，螺母侧有弹簧垫片，

如用多股塑铜线连接，应压接铜鼻子。

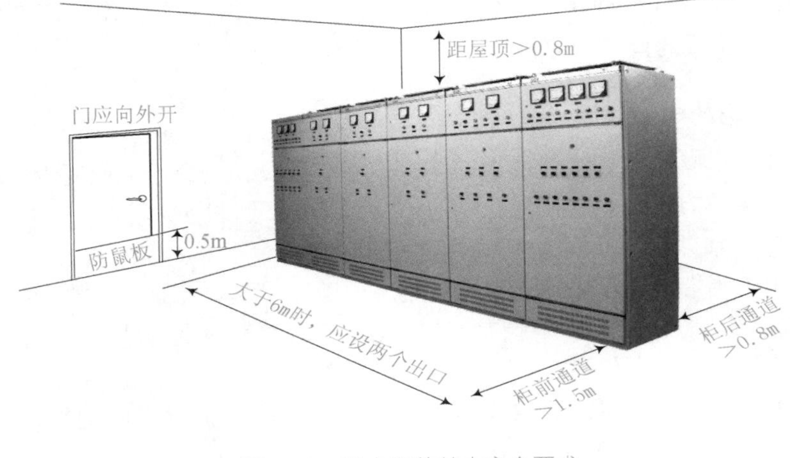

图 9-16　配电室的基本安全要求

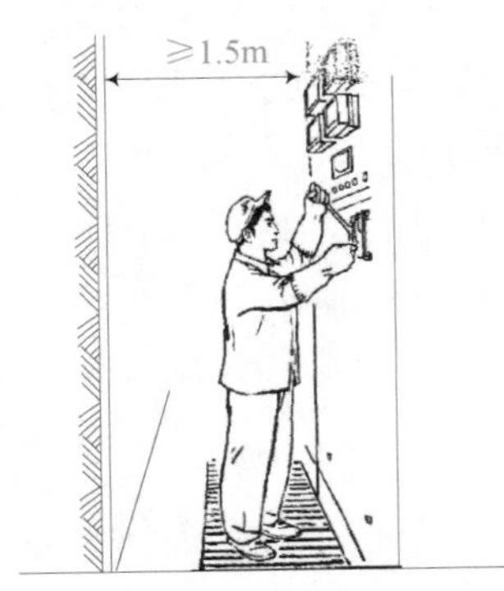

图 9-17　单排布置与墙壁间距

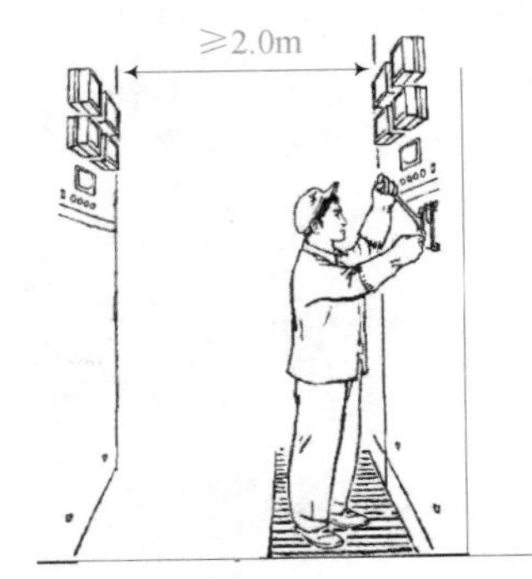

图 9-18　两配电屏的安全间距

母线接触面加工后必须保持清洁，并涂以电力复合脂。母线平置时，贯穿螺栓应由下往上穿，母线立置时，贯穿螺栓应由里往外穿，螺栓长度宜露出螺母 2~3 扣，贯穿螺栓连接的母线两外侧均应有平垫圈，相邻螺栓垫圈间应有 3mm 以上的净距，螺母侧应装有弹簧垫圈或锁紧螺母(图 9-19)。

导线的绝缘层剥削长度应为压接管长度的加 3~5mm(图 9-20)，目的是便于恢复绝缘时，绝缘层密封台的包扎，将线芯导体再用砂布和小钢丝刷将导体及管内壁的氧化层除去，再涂上凡士林锌粉膏(或其他防氧化、降温导电膏)，将线芯插入套管内，端头必须顶到套管的中心位置，线芯外径与套管内径应配合紧密，不得折弯、剪掉线芯或另用线芯填充，压接时，对于 50mm^2 以上的导线宜采用六角形压模压接(图 9-21)；对于 35mm^2 以下的导线可采用局部挤压法，如图 9-20 所示，每一次压接必须一次压完，不得中途退出，压制后不得有裂纹。

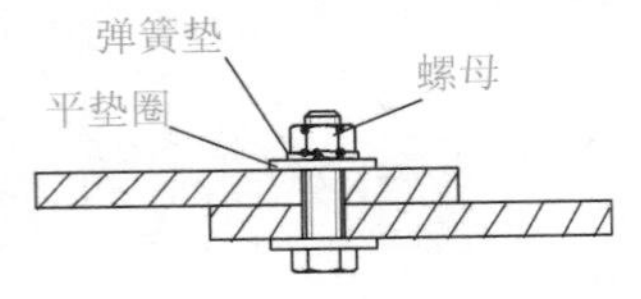

图 9-19　母线平面连接

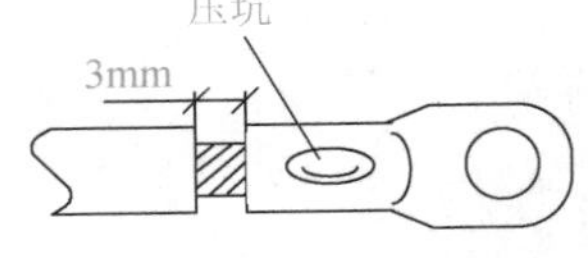

图 9-20　小截面导线的压接

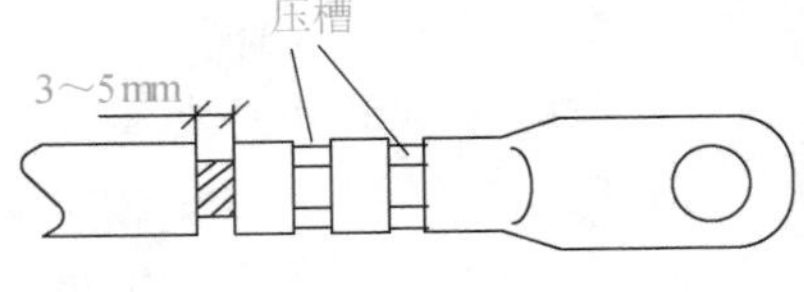

图 9-21　大截面导线的压接

⑨ 配电盘二次控制线应集中布线，并用塑料带及绑带包扎固定，控制电缆备用线

芯在控制电缆分支处螺旋缠绕好。

⑩ 配电盘的互感器、电动机保护器等元件应牢固良好。

⑪ 配电盘的零线应使用专用的接线端子，以保证连接可靠和便于检修检查，零线端子应与配电盘绝缘，如图 9-22 所示。

图 9-22　零线端子

图 9-23　保护线端子

⑫ 配电盘的保护线应使用专用的接线端子，以保证连接可靠和便于检修检查，保护线端子应与配电盘保持良好的连接，如图 9-23 所示。

3. 电动机的安装

① 检查电动机的铭牌，看功率、电压是否符合图纸要求。

② 检查电动机的接线盒是否正确，螺丝是否有松动，接线盒是否密封良好；如图 9-24 所示。

电动机接线盒内的接线应采用固定接线桩，不可使用铜丝缠绕接线方式，以免松动造成事故，电动机接线盒盖必须完整盖实用并螺钉固定。

图 9-24　电动机接线盒应牢固

图 9-25　定期检测电动机的绝缘电阻

③ 应定期检测电动机的绝缘电阻（图 9-25），新设备应大于 1MΩ，旧设备应大于 0.5MΩ。

④ 电动机电缆引出地面时应穿钢管保护，地上部分应大于 40cm，地下固定部分不应小于 30cm。

⑤ 电动机电缆接线应用线鼻子压接，接零线压在接零螺钉上。

⑥ 对电缆头分叉处和穿线钢管口应用塑料带包好，防止雨水进入。

⑦ 电动机电缆富裕长度应相同，弯度应一致。

⑧ 电动机电缆穿线管、电动机外壳、电动机电控柜都应做电气保护接地。

⑨ 把电动机的电流继电器、电动机保护器、时间继电器等调整好。

⑩ 应根据电动机的额定电流划好电流表的红色警戒线。

4. 电气设备的设置的安全要求

① 配电系统应设置室内总配电屏和室外分配电箱或设置室外总配电箱和分配电箱，实行分级配电。

② 动力配电箱与照明配电箱宜分别设置，如合置在同一配电箱内，动力和照明线路应分路设置，照明线路接线宜接在动力开关的上侧，如图 9-26 所示。

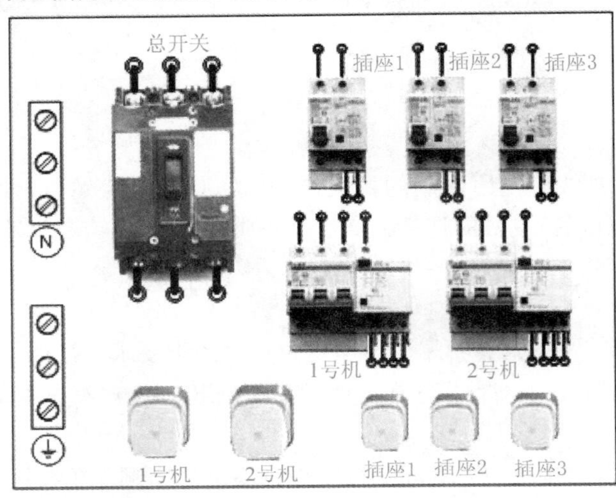

图 9-26 配电箱开关设置

③ 开关箱应由末级分配电箱配电。开关箱内应一机一闸，每台用电设备都应有自己的开关箱，严禁用一个开关电器直接控制两台及以上的用电设备。

④ 总配电箱应设在靠近电源的地方，分配电箱应装设在用电设备或负荷相对集中的地区。分配电箱与开关箱的距离不得超过 30m，开关箱与其控制的固定式用电设备的水平距离不宜超过 3m。

⑤ 配电箱、开关箱应装设在干燥、通风及常温场所。不得装设在有严重损伤作用的瓦斯、烟气、蒸汽、液体及其他有害介质中。也不得装设在易受外来固体物撞击、强烈振动、液体浸溅及热源烘烤的场所。配电箱、开关箱周围应有足够两人同时工作的空间，其周围不得堆放任何有碍操作、维修的物品。

⑥ 配电箱、开关箱安装要端正、牢固，移动式的箱体应装设在坚固的支架上。固定式配电箱、开关箱的下皮与地面的垂直距离应大于 1.3m，小于 1.5m，如图 9-27 所示。移动式分配电箱、开关箱的下皮与地面的垂直距离为 0.6~1.5m，如图 9-28 所示。配电箱、开关箱采用铁板或优质绝缘材料制作，铁板的厚度应大于重 0.5mm。

⑦ 配电箱、开关箱中导线的进线口和出线口应设在箱体下底面，严禁设在箱体的上顶面、侧面、后面或箱门处。

5. 电气设备的安装

① 配电箱内的电器应首先安装在金属或非木质的绝缘电器安装板上，然后整体紧

固在配电箱箱体内，金属板与配电箱体应作电气连接。

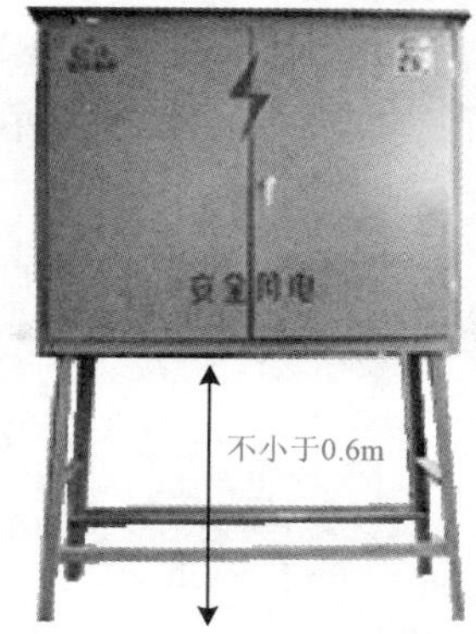

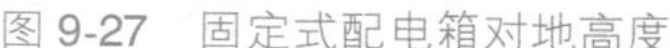

图 9-27　固定式配电箱对地高度　　图 9-28　移动式分配电箱对地高度

② 配电箱、开关箱内的各种电器应按规定的位置紧固在安装板上，不得歪斜和松动。并且电器设备之间、设备与板四周的距离应符合有关工艺标准的要求，如图 9-29 所示。

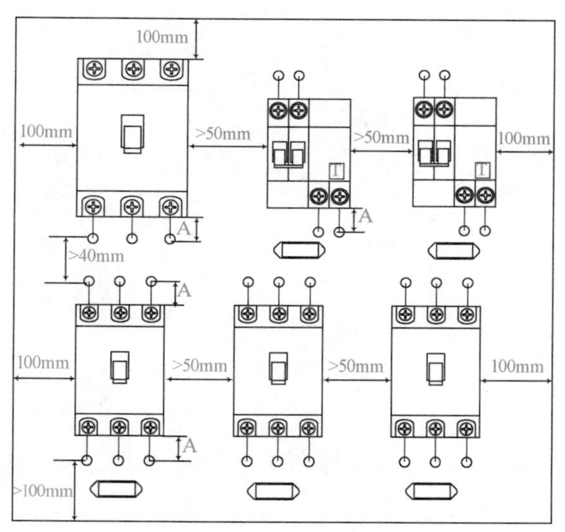

A	电器规格	10~15A	30mm
		20~30A	30~50mm
		60A	60mm以上

图 9-29　电器排列尺寸

③ 配电箱、开关箱内的工作零线应通过接线端子板连接，并应与保护零线接线端子板分设。

④ 配电箱、开关箱内的连接线应采用绝缘导线，导线的型号及截面应严格执行配电图纸标示的截面。各种仪表之间的连接线应使用截面不小于 2.5mm^2 的绝缘铜芯导线，导线接头不得松动，不得有外露带电部分。

⑤ 各种箱体的金属构架、金属箱体、金属电器安装板以及箱内电器的正常不带电的金属底座、外壳等必须做保护接零，保护零线应经过接线端子板连接。

⑥ 配电箱后面的排线需排列整齐，绑扎成束，并用卡钉固定在盘板上，盘后引出及引入的导线应留出适当余度，以便检修。

⑦ 导线剥削处不应伤线芯过长，导线压头应牢固可靠，多股导线不应盘圈压接，

应加装压线端子(有压线孔者除外)。如必须穿孔用顶丝压接时，多股线应刷锡后再压接，不得减少导线股数。

⑧ 导线穿过盘面时，应使用绝缘护口，防止导线刮伤，穿铁板应采用橡胶圈护口并加装绝缘套管，如图 9-30(a)所示，穿塑料板可采用塑料套管护口，如图 9-30(b)所示。

⑨ 导线连接活动面板时，应留有活动余弯，防止导线拉伤，如图 9-31 所示。

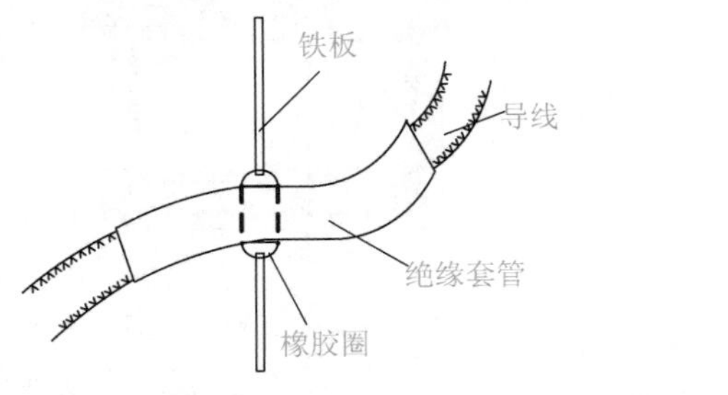

（a）导线穿过铁板护口

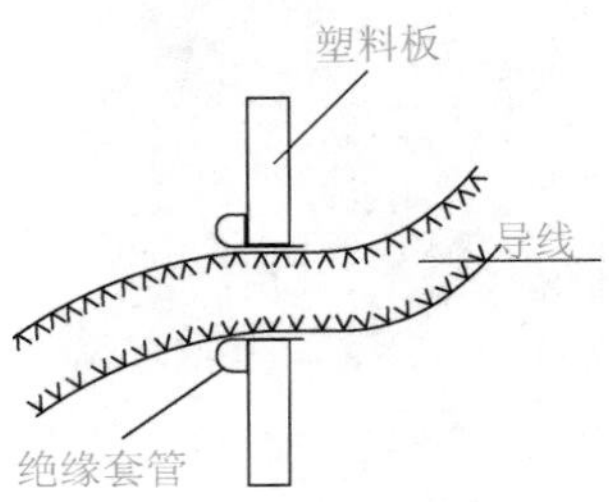

（b）导线穿过塑料板护口

图 9-30 导线穿盘护口

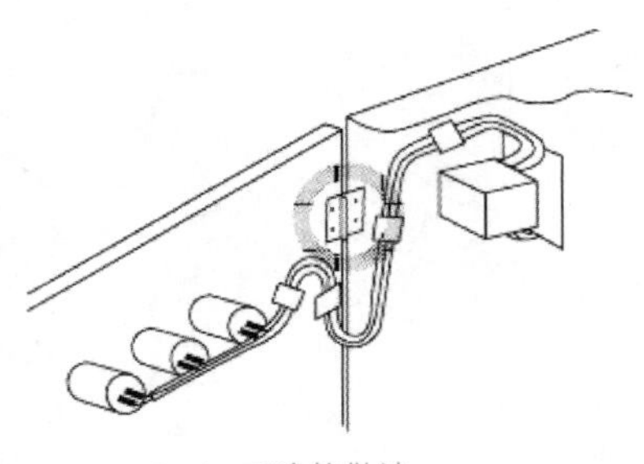

（a）正确的做法

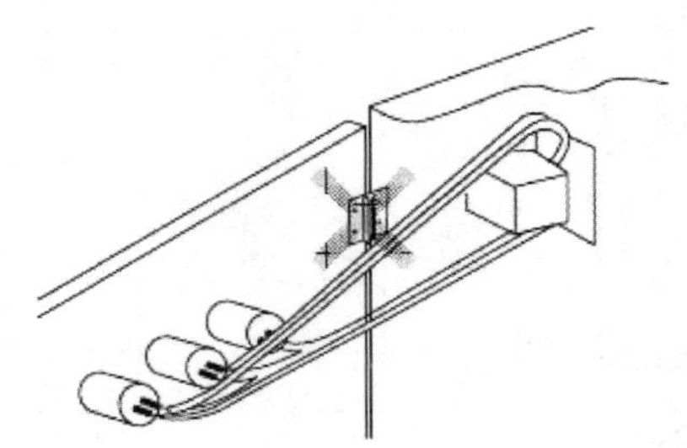

（b）错误的做法

图 9-31 导线与活动面板的连接做法

6. 电气设备的防护

① 在建工程不得在高、低压线路下方施工，高、低压线路下方，不得搭设作业棚、建造生活设施，或堆放构件、架具、材料及其他杂物。

② 施工时各种架具的外侧边缘与外电架空线路的边线之间必须保持安全操作距离，如图 9-32 所示。当外电线路的电压为 1kV 以下时，其最小安全操作距离为 4m；当外电架空线路的电压为 1~10kV 时，其最小安全操作距离为 6m；当外电架空线路的电压为 35~110kV 时，其最小安全操作距离为 8m。上下脚手架的斜道严禁搭设在有外电线路的一侧。旋转臂架式起重机的任何部位或被吊物边缘与 10kV 以下的架空线路边线最小水平距离不得小于 2m。

③ 施工现场的机动车道与外电架空线路交叉时，架空线路的最低点与路面的最小垂直距离应符合以下要求(图 9-33)：外电线路电压为 1kV 以下时，最小垂直距离为 6m；外电线路电电压为 1~35kV 时，最小垂直距离为 7m。

④ 对于达不到最小安全距离的，施工现场必须采取保护措施，可以增设屏障、遮栏、围栏或保护网，并要悬挂醒目的警告标志牌。在架设防护设施时应有电气工程技术人员或专职安全人员负责监护。

⑤ 对于既不能达到最小安全距离，又无法搭设防护措施的施工现场，施工单位必须与有关部门协商，采取停电、迁移外电线或改变工程位置等措施，否则不得施工。

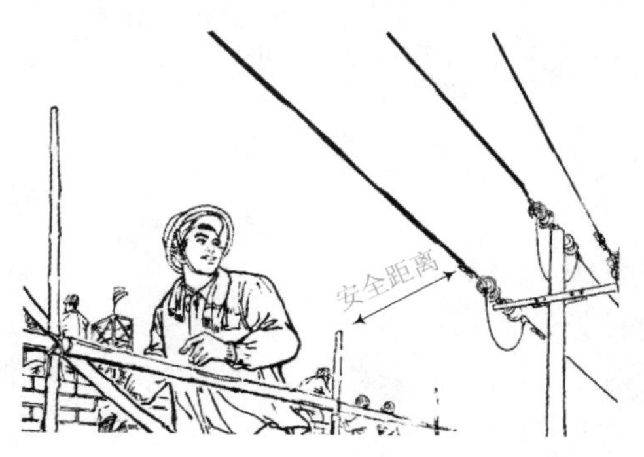

图 9-32　施工架具与架空线路安全距离

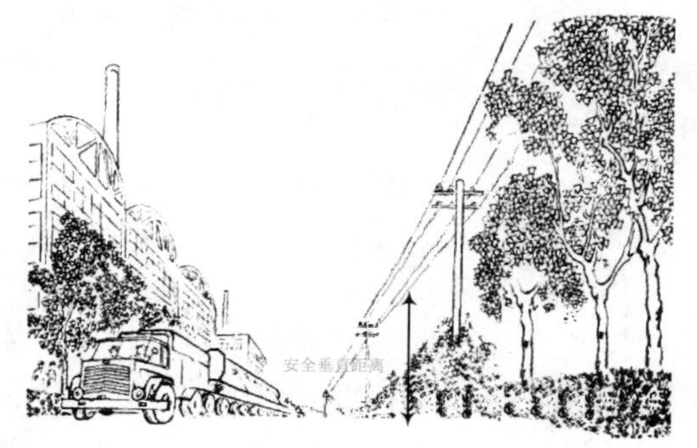

图 9-33　架空导线对地安全距离

四、电气火灾的防范安全要求

1. 造成电气火灾的原因

过载、短路、接触不良、电弧火花、漏电、雷电或静电等都能引起火灾，如图 9-34 所示，从电气防火角度看，电气设备质量不高，安装使用不当，保养不良，雷击和静电是造成电气火灾的几个重要原因。

(1) 过载　所谓过载，是指电气设备或导线的功率和电流超过了其额定值。造成过载的原因有以下几个方面。

① 设计、安装时选型不正确，使电气设备的额定容量小于实际负载容量。

② 设备或导线随意装接，增加负荷，造成超载运行。

③ 检修、维护不及时，使设备或导线长期处于带病运行状态。

过载使导体中的电能转变成热能，当导体和绝缘物局部过热，达到一定温度时，就会引起火灾。

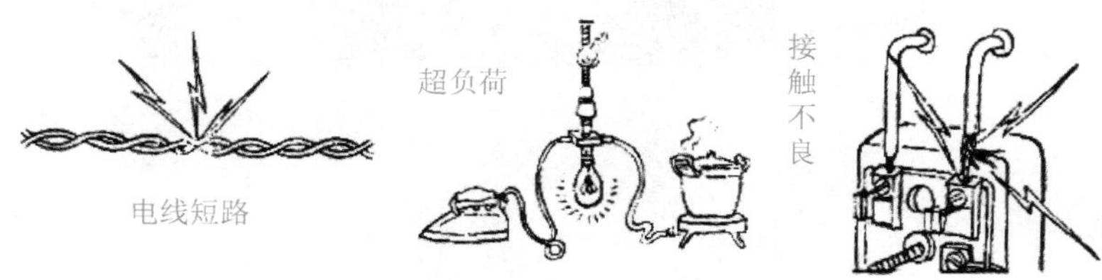

图 9-34　造成电气火灾的主要原因

(2) 短路、电弧和火花　短路是电气设备最严重的一种故障状态，产生短路的主要原因如下。

① 电气设备的选用、安装和使用环境不符，致使其绝缘体在高温、潮湿、酸碱环境条件下受到破坏。

② 电气设备使用时间过长，超过使用寿命，绝缘老化发脆。

③ 使用维护不当，长期带病运行，扩大了故障范围。

④ 过电压使绝缘击穿。

⑤ 错误操作或把电源投向故障线路。

短路时，在短路点或导线连接松弛的接头处，会产生电弧或火花。电弧温度很高，可达 6000℃以上，不但可引燃它本身的绝缘材料，还可将它附近的可燃材料、蒸气和粉尘引燃。

(3)接触不良　接触不良主要发生在导线连接处，会有以下情况。

① 电气接头表面污损，接触电阻增加。

② 电气接头长期运行，产生导电不良的氧化膜，未及时清除。

③ 电气接头因振动或由于热的作用，使连接处发生松动。

④ 铜铝连接处，因有约 1.69V 电位差的存在，潮湿时会发生电解作用，使铝腐蚀，造成接触不良。接触不良，会形成局部过热，形成潜在引燃源。

(4)烘烤　电热器具(如电炉、电熨斗等)和照明灯泡，在正常通电的状态下，就相当于一个火源或高温热源。当其安装不当或长期通电无人监护管理时，就可能使附近的可燃物受高温而起火。

(5)摩擦　发电机和电动机等旋转型电气设备，轴承出现润滑不良、干枯产生干磨发热或虽润滑正常但出现高速旋转时，都会引起火灾。

(6)雷电　雷电是在大气中产生的，雷云是大气电荷的载体。雷云电位可达 1 万~10 万千伏，雷电流可达 50kA，若以 0.00001s 的时间放电，其放电能量约为 10^7J，这个能量约为使人致死或易燃易爆物质点火能量的 100 万倍，足可使人死亡或引起火灾。如图 9-35 所示是雷电击毁的配电箱。

图 9-35　雷电击毁的配电箱

雷电的危害类型除直击雷外，还有感应雷(含静电和电磁感应)，雷电反击，雷电波的侵入和球雷等。这些雷电危害形式的共同特点就是放电时总要伴随机械力、高温和强烈火花的产生。会使建筑物破坏，输电线或电气设备损坏，油罐爆炸，堆场着火。

(7)静电　静电在一定条件下，会对金属物或地放电，产生有足够能量的强烈火花。此火花能使飞花麻絮、粉尘、可燃蒸气及易燃液体燃烧起火，甚至引起爆炸。

2. 防止电气火灾的措施

（1）合理选择、安装、使用和维护电气线路

① 在火灾、爆炸危险环境中，电力、照明线路的绝缘导线和电缆的额定电压，不应低于供电网路的额定电压，并不低于500V。

② 在爆炸危险环境内，工作零线和相线的绝缘等级应相等，并应穿在同一根管子内。

③ 电缆的型号应符合规程要求。

④ 1000V及以上的导线和电缆的截面，应进行短路电流热稳定校验。

⑤ 导线的载流量不应小于熔断器熔体额定电流的1.25倍和自动开关电磁脱扣器整定电流的1.25倍。

⑥ 电气线路应敷设在危险性较小的环境。

⑦ 移动式电气设备，应选用相应型式的无接头的重型或中型橡套电缆。

⑧ 爆炸危险环境中，配线钢管与钢管、钢管与设备及钢管与配件的连接，均应采用螺纹连接，螺纹的旋合应紧密、连接扣数足够。

⑨ 防爆危险环境的电气接线盒，应采用防爆型及隔爆型(图9-36)。

图9-36 危险环境的电气接线盒应采用防爆型及隔爆型

（2）保证对火灾的安全距离

① 区域变配电所和大型建设项目的总变配电所与爆炸危险环境的建、构筑物或露天设施的安全距离，一般不小于30m否则应加防火墙。

② 10kV及以下的变配电所，不应设置在火灾、爆炸危险环境的正上方或正下方。当变配电所与火灾、爆炸危险环境建、构筑毗邻时，共用的隔墙应是非燃烧体的实体墙，并应抹灰。

③ 露天不密闭的变配电所，不应设在易沉积可燃性粉尘或纤维的地方。

④ 变配电所的门、窗应通向既无爆炸，又无火灾危险的环境。

⑤ 10kV及以下的架空线路，严禁跨越火灾、爆炸危险环境。

⑥ 低压电气设备应与易燃物件和材料保证规定的安全距离。

（3）排除可燃、易燃物质

① 改善通风条件，加速空气流通和交换，使爆炸危险环境的爆炸性混合气体浓度降低到不致引起火灾和爆炸的限度之内，并起到降温作用。

② 对可燃易爆品的生产设备、储存容器、管道接头和阀门等应严密封闭，并应及时巡视检查，以防可燃易爆物质发生跑、冒、漏、滴现象。

（4）保证良好的接地（接零）

① 在爆炸危险环境中的接地（接零）要比一般环境要求要高。带电的电气设备金属外壳、构架、电气管线、均应保证可靠接地（接零）。设备可靠接地如图 9-37 所示，移动接地如图 9-38 所示。

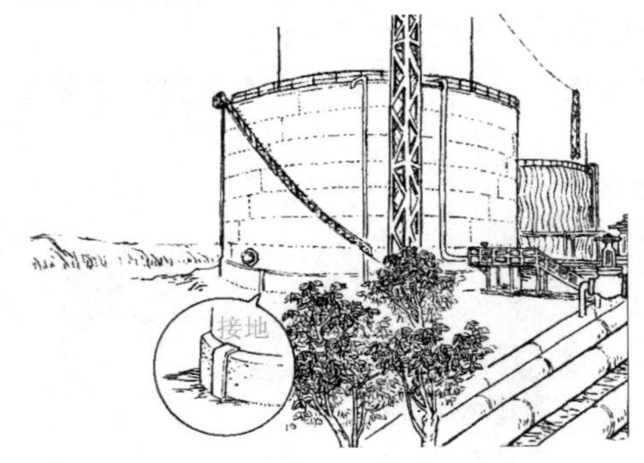

图 9-37　设备应可靠接地

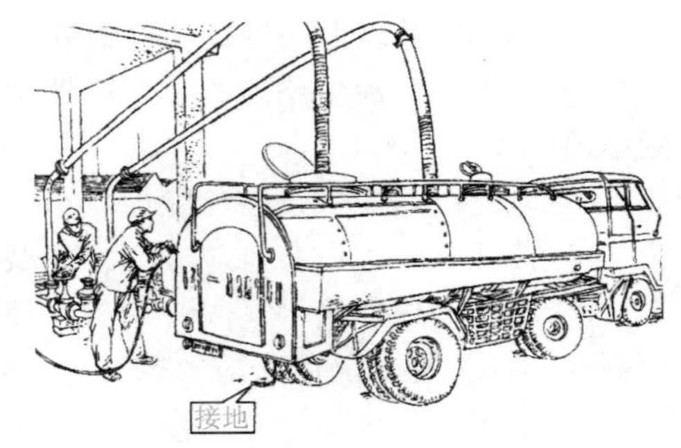

图 9-38　移动接地

② 在中性点不接地的低压供电系统中，应装设能发生信号的绝缘监视装置。

③ 电气金属管线，不允许作为保护地线（保护零线），应设专用的接地（接零）导线。该导线与相线的绝缘等级相同，并同管敷设（图 9-39）。

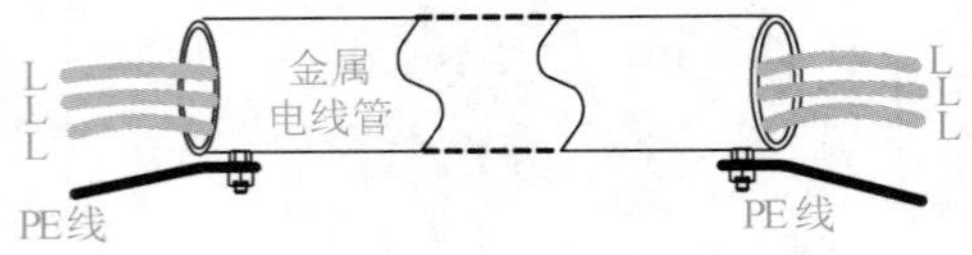

(a) 保护线错误的做法

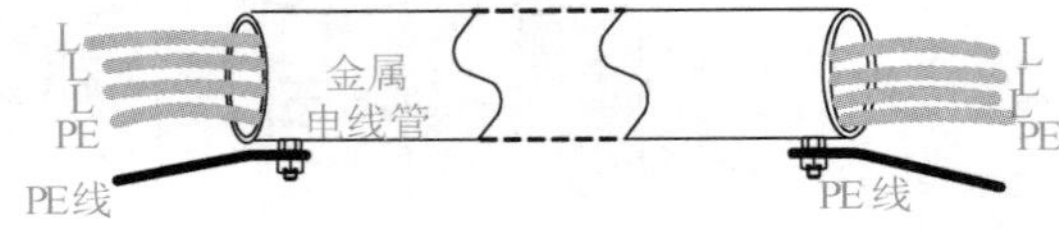

(b) 保护线正确的做法

图 9-39　保护线的敷设

④ 接地干线不少于两处与接地装置相连接。

⑤ 中性点直接接地的低压供电系统中，接地线截面的选择应使单相接地的最小短路电流不小于保护该段线路熔断器熔体额定电流的 5 倍。

（5）其他方面的措施

① 变配电室、酸性蓄电池室、电容器室均为耐火建筑，耐火等级不低于二级，变压器和油开关室不低于一级，变配电室门及火灾、爆炸危险环境房间的门均应向外开。

② 长度大于 7m 的配电装置，应设两个出入口。

③ 室内外带油的电气设备，应设置适当的储油池或挡油墙。

④ 木质配电箱、盘表面应包铁皮。

⑤ 火灾、爆炸危险环境的地面，应用耐火材料铺设。火灾、爆炸危险环境的房间，应采取隔热和遮阳措施。

3. 电气火灾的扑救

电气火灾灭火器有二氧化碳、化学干粉和喷雾水枪等灭火剂。电气火灾的扑救如

图 9-40 所示。

图 9-40 电气火灾的扑救

(1) 二氧化碳灭火器 二氧化碳灭火器是一种气体灭火剂，不导电，气体二氧化碳的相对密度为 1.529，在常温 20℃ 和 60atm(1atm = 101325Pa) 下液化。灭火剂为液态筒装，因二氧化碳极易挥发气化，在钢筒内常温下可保持 5.88MPa 的压力。当液态二氧化碳喷射时，体积扩大 400~700 倍，强烈吸热，冷却凝结成霜状干冰，干冰在火灾区直接变为气体，吸热降温并使燃烧物隔绝空气，从而达到灭火目的。当气体二氧化碳占空气浓度 30%~35%时，可使燃烧迅速熄灭。

(2) 干粉灭火器 干粉灭火剂主要由钾或钠的碳酸盐类加入滑石粉、硅藻土等掺和而成，不导电。干粉灭火剂在火区覆盖燃烧物，因其受热分解产生二氧化碳和水蒸气，具有隔热、吸热和阻隔空气的作用，将火灾熄灭。该灭火剂适用于可燃气体、液体、油类、忌水物质(如电石等)及除旋转电机以外的其他电气设备初起火灾。干粉灭火剂有人工投掷和压缩气体喷射两种。

(3) 喷雾水枪 喷雾水枪是由雾状水滴构成，其漏电流小，比较安全，可用来带电灭火。但扑救人员应穿绝缘靴、戴绝缘手套，并将水枪的金属喷嘴接地。接地线可采用截面为 2.5~6mm^2、长 20~30m 的编织软导线，接地极采用暂时打入地中的长 1m 左右的角钢、钢管或铁棒。接地线和接地体连接应可靠。

(4) 其他灭火器材 消防用水、泡沫灭火剂、干砂、直流水枪均属于能导电灭火器材，不能用于带电灭火，只能扑救一般性火灾。

(a)水能导电

(b)泡沫灭火剂有化学腐蚀

(c)干砂会损坏绝缘和轴承

图 9-41 不适用于电气火灾的灭火器材

水是一种最常用、最方便、来源最丰富的灭火剂，水是导电的，不能用于电气灭火(图 9-41)。水与高温盐液接触会发生爆炸；与水反应能产生可燃气体，容易引起爆炸的物质着火(如电石)。非水溶性可燃性液体的火灾；比水轻的油类物质能浮在水面上燃烧并蔓延；对于以上几种火灾，都不能用水来扑救。

泡沫灭火剂是利用硫酸铝与碳酸氢钠作用放出二氧化碳的原理制成的，这种化学物质是导电的，不能扑灭电气火灾。切断电源后，可用于扑灭油类和一般固体的火灾。在扑灭油类火灾时，应先射边缘，后射中心，以免油火蔓延扩大。

干砂的作用是覆盖燃烧物，吸热降温并使燃烧物与空气隔绝。干砂特别适用扑灭渗入土壤的油类和其他易燃液体的火灾。但禁止用于旋转电机灭火，以免损坏电机的绝缘和轴承。

4. 电气灭火的安全要求

(1) 发生火灾要立即处理

① 用电单位发生电气火灾时，应立即组织人员和使用正确的方法进行扑救。

② 立即向公安消防部门报警。

③ 通知供电局用电监察部门，由用电监察人员到现场指导和监护扑救工作。

(2) 灭火前的电源处理　电气火灾发生后，为保证人身安全，防止人身触电，应尽可能立即切断电源，其目的是把电气火灾转化成一般火灾扑救，切断电源时，应注意以下几点。

① 火灾发生后，因烟熏火烤，火场内的电气设备绝缘可能降低或破坏，停电时，应先做好安全技术措施，戴绝缘手套、穿绝缘靴，使用电压等级合格的绝缘工具。

② 停电时，应按照倒闸操作顺序进行，先停断路器(自动开关)，后停隔离开关(或刀开关)，严禁带负荷拉合隔离开关(或刀开关)，以免造成弧光短路。

③ 切断电源的地点要适当，以免影响灭火工作。

④ 切断带电线路时，切断点应选择在电源侧支持物附近，以防导线断落后触及人身或造成短路。

⑤ 切断电源时，不同相线应不在同一位置切断，并分相切断，以免造成短路。

⑥ 夜间发生电气火灾，切断电源后要解决临时照明问题，以利扑救。

⑦ 需要供电局切断电源时，应迅速用电话联系，说明情况。

(3) 带电灭火的安全技术要求　带电灭火的关键问题是在带电灭火的同时，防止扑救人员发生触电事故。带电灭火应注意以下几个问题。

① 应使用允许带电灭火的灭火器。

② 扑救人员所使用的消防器材与带电部位应保持足够的安全距离，10kV 电源不小于 0.7m，35kV 电源不小于 1m。

③ 对架空线路等高空设备灭火时，人体与带电体之间的仰角不应大于 45°，并站在线路外侧，以防导线断落造成触电。

④ 高压电气设备及线路发生接地短路时，在室内扑救人员不得进入距离故障点 4m 以内，在室外扑救人员不得进入距离故障点 8m 以内范围。凡是进入上述范围内的扑救人员，必须穿绝缘靴。接触电气设备外壳及架构时，应戴绝缘手套。

⑤ 使用喷雾水枪灭火时，应穿绝缘靴、戴绝缘手套。

⑥ 未穿绝缘靴的扑救人员，要防止因地面水渍导电而触电。

五、电气安全工作基本要求

1. 一般规定

（1）电气设备分为高压和低压两种。高压：设备对地电压在250V以上者。低压：设备对地电压在250V及以下者。对地电压是指带电后电气设备的接地部分(接地外壳、接地线、接地体)或带电体与大地零电位之间的电位差。

（2）电气工作人员应具备下列条件：

① 身体健康，经医生鉴定无妨碍工作的疾病；

② 具备必要的电气知识，并且按其职务和工作性质熟悉国家的有关规程，并经主管部门考试合格；

③ 必须会触电急救的方法和电气防火及救火的方法。

④ 特种作业操作证每3年由原考核发证部门复审一次。

（3）电气设备无论带电与否，凡没有做好安全技术措施的，均按有电看待，不得随意移开或越过遮栏进行工作。

（4）供电设备无论仪表有无电压指示，凡未经验电、放电，都应视为有电。

（5）经批准同意停电时，应按范围停电，不得随意扩大停电范围。

（6）所谓运行设备是全部带电或部分带电，或一经操作即可带电的设备。

2. 用电安全的基本原则

① 防止电流经由身体的任何部位通过，工作时应穿长袖工装。电工工作时，应穿着长袖紧口的工作服，不允许穿短衣、短裤、背心工作，女同志工作时应头戴工作帽，将头发盘在工作帽内，以防止在工作时意外接触带电体。戴工作帽也可防止头发卷入机械运动部件，造成人身伤害。

② 防止故障电流经由身体的任何部位通过。

③ 应使所在场所不会发生因过热或电弧引起可燃物燃烧或使人遭受灼伤的危险。

④ 故障情况下，能在规定的时间内自动断开电源。

3. 用电安全的基本要求

① 用电单位除应遵守国家安全标准的规定外，还应根据具体情况制定相应的用电安全规程及岗位责任制。

② 用电单位应对使用者进行用电安全教育，使其掌握用电安全的基本知识和触电急救知识。

③ 电气装置在使用前，应确认具有国家认定机构的安全认证标志或其安全性能已经国家认定的检验机构检验合格。

中国电工产品认证委员会(CCEE)质量认证标志和长城标志是表示电工产品已经符合中国电工产品认证委员会规定的认证要求的图形标识，适用于经CCEE认证合格的电工产品。已实施强制认证的产品有：电视机、收录机、空调机、电冰箱、电风扇、电动工具、低压电器。

④ 电气装置在使用前，应确认符合相应的环境要求和使用等级要求。

⑤ 电气装置在使用前，应认真阅读产品使用说明书，了解使用时可能出现的危险以及相应的预防措施，并按产品使用说明的要求正确使用。

⑥ 用电单位或个人应掌握所使用的电气装置的额定容量、保护方式和要求、保护装置的整定值和保护元件的规格。不得擅自更改电气装置和延长电气线路。不得擅自增大电气装置的额定容量，不得任意改变保护装置的整定值和保护元件的规格。

⑦ 任何电气装置都不应超负荷运行和带故障使用。

⑧ 用电设备和电气线路的周围应留有足够的安全通道和工作空间，电气装置附近不应堆放易燃、易爆和腐蚀性物品。

⑨ 使用的电气线路必须具有足够的绝缘强度、机械强度和导电能力并定期检查，禁止使用绝缘老化或失去绝缘性能的电气线路。

⑩ 软电缆或软线中的绿黄双色线在任何情况下只能用作保护线。

⑪ 移动使用的配电箱(板)应采用完整的、带保护线的多股铜芯橡皮护套软电缆或护套线作电源线，同时应装设漏电保护器。

⑫ 插头与插座应按规定正确接线，插头(座)保护线可靠连接，插座的保护接地及在任何情况下都必须禁止在插头(座)内将保护接地极与工作中性线连接在一起。

⑬ 在儿童活动场所，不应使用低位插座，否则应采取防护措施。

⑭ 在插拔插头时人体不得接触到电极，不应对电源线施加拉力。

⑮ 浴室、蒸汽房、游泳池等潮湿场所应使用专用插座，否则应采取防护措施。

⑯ 在使用Ⅰ类移动式设备时，应确认其金属外壳或构架以可靠接地，使用带保护接地极插头插座，同时宜装设漏电保护器，禁止使用无保护线插头插座。

⑰ 正常使用时会飞溅火花、有灼热飞屑或外壳表面温度较高的用电设备，应远离易燃物质或采取相应的密封、隔离措施。

⑱ 在使用固定安装的螺口灯座时，灯座螺纹端应接至电源的中性线上。

⑲ 电炉、电熨斗等电热器具应使用专用的连接器，并应放置隔热底座上。

⑳ 临时用电应经有关主管部门批准，并有专人负责管理，限期拆除。

㉑ 用电设备在暂停或停止使用，发生故障或遇突然停电时均应及时切断电源，否则应采取相应的安全措施。

㉒ 当保护装置动作或熔断器的熔体熔断后，应先查明原因，排除故障，并确认电气装置已恢复正常才能重新接通电源，继续使用，更换熔体时不应任意改变熔断器的熔体规格或用其他导线代替。

㉓ 当电气装置的绝缘或外壳损坏，可能导致人体触及导电部位时，应立即停止使用，并及时修复或更换。

㉔ 禁止擅自设置电网、电围栏或电具捕鱼。

㉕ 露天使用的用电设备，配电装置应采取合适的防雨、防雪、防雾和防尘的措施。

㉖ 禁止利用大地作工作中性线。

㉗ 禁止将暖气管、煤气管、自来水管等作为保护线使用。

㉘ 用单位的自备发电装置时，应采取与供电电网隔离的措施，不得擅自并入电网。

㉙ 当发生人身触电事故时，应立即断开电源，使触电人员与带电部分脱离，并立即进行急救，在切断电源之前禁止其他人员直接接触触电人员。

㉚ 当发生电气火灾时，应立即断开电源，并采取合适的消防器材进行消防。